土 壤 学

主　编　胡宏祥（安徽农业大学）
　　　　谷思玉（东北农业大学）

副主编　李孝良（安徽科技学院）
　　　　黄界颖（安徽农业大学）

编　委　（按姓氏笔画排序）
　　　　李孝良（安徽科技学院）
　　　　李道林（安徽农业大学）
　　　　杨　巍（东北农业大学）
　　　　谷思玉（东北农业大学）
　　　　赵建荣（安徽科技学院）
　　　　胡宏祥（安徽农业大学）
　　　　徐启荣（安徽农业大学）
　　　　黄界颖（安徽农业大学）
　　　　屠人凤（安徽农业大学）

科学出版社

北京

内 容 简 介

本书主要内容包括绪论、土壤母质与成土因素、土壤肥力的物质组成、土壤的基本性质、土壤养分状况、土壤形成与分类、土壤分布规律与中国土壤分布、中国土壤类型及土壤资源利用与管理。附录包含土壤样品的采集与制备、土壤形态要素的观察及土壤剖面的观察等土壤学基本技能知识。

本书可作为农学、园艺、植物保护、种子科学与工程、烟草、草业科学、设施农业科学与工程、茶学、气象学、环境科学与工程、生态学、土地资源管理等专业的本科生教材，也可作为广大环保、农林、土地等领域工作者的参考书目。

图书在版编目（CIP）数据

土壤学 / 胡宏祥，谷思玉主编. —北京：科学出版社，2021.5
ISBN 978-7-03-068392-2

Ⅰ．①土…　Ⅱ．①胡…②谷…　Ⅲ．①土壤学　Ⅳ．①S15

中国版本图书馆 CIP 数据核字（2021）第 046999 号

责任编辑：王玉时　田红雨 / 责任校对：严　娜
责任印制：张　伟 / 封面设计：蓝正设计

科 学 出 版 社 出版
北京东黄城根北街 16 号
邮政编码：100717
http://www.sciencep.com

北京凌奇印刷有限责任公司 印刷
科学出版社发行　各地新华书店经销

*

2021 年 5 月第 一 版　开本：787×1092　1/16
2022 年 11 月第三次印刷　印张：16 1/2
字数：444 000

定价：59.80 元
（如有印装质量问题，我社负责调换）

前　言

　　土壤学是研究土壤组成、性质、发生、分类和分布的学科，也是研究土壤调查、利用和改良的学科。土壤在农业生产和自然环境中具有重要的地位和作用，土壤的肥力质量和环境质量会影响农产品的产量和品质，甚至通过食物链影响人体健康；同时土壤圈处于水圈、岩石圈、生物圈和大气圈的核心位置，会影响人类居住的环境质量。因此，"土壤学"是高等院校农林类、资源环境类和生态类专业的一门专业基础课程，学习应用土壤学知识技能对于提高农林类、资源环境类和生态类专业人才的培养质量具有重要意义。

　　本教材结合当前土壤肥力问题和土壤环境问题的最新研究成果，针对农林类、资源环境类和生态类专业学生的特点，构建相应的内容体系和知识结构，既重视传统知识的传承，也重视现代新技术、新知识的补充。全书的章节分工如下：绪论由胡宏祥编写；第一章由李孝良编写；第二章由黄界颖编写；第三章由谷思玉编写；第四章由屠人凤编写；第五章由李道林、徐启荣编写；第六章由李道林、徐启荣编写；第七章由杨巍、徐启荣、赵建荣、屠人凤编写；第八章由胡宏祥编写；附录由黄界颖、胡宏祥编写。全书由胡宏祥负责统稿工作。

　　由于编者水平有限，教材中的不足之处在所难免，敬请使用本教材的师生与同仁给予批评指正。

编　者

2020 年 5 月

目　　录

绪　　论

第一节　土　壤　资　源

土壤资源是指具有农、林、牧业生产性能的土壤类型的总称，是人类生活和生产最基本、最广泛、最重要的自然资源，是地球上陆地生态系统的重要组成部分。土壤资源的合理利用与保护是发展农业和保持良性生态循环的基础和前提。

一、世界土壤资源概况

世界土壤资源比较突出的问题是耕地面积小，而且分布很不均衡。地球陆地总面积约为 14 900 万 km^2，而无冰覆盖陆地面积约为 13 000 万 km^2，其中可耕地面积约有 3000 万 km^2，约占无冰覆盖陆地面积的 23.08%，已耕地面积仅为 1400 万 km^2，只占无冰覆盖陆地总面积的 10.77%，可见耕地面积是很少的。尽管还有 14.7% 的耕地有待开发，但是其中有些在现有条件下是难以利用的土地，如冻土、沙漠、裸岩、陡坡山地等，真正肥沃而便于耕种的土地大部分已经被垦殖。同时耕地的分布又很不均衡，特别是与人口分布不相适应，非洲、南美洲、大洋洲人口较少，分别占世界人口的 12.3%、5.6% 和 0.5%，那里可耕地面积分别占世界可耕地的 12.6%、7.1% 和 3.8%。亚洲人口占世界人口的 60%，而耕地仅占世界的 36.1%。由此可见，耕地面积不仅小，分布还很不均衡。

美国、印度、俄罗斯和中国等国的耕地面积较大。这四个国家的耕地面积都大于 1 亿 hm^2；耕地面积占土地面积比例最高的国家是印度，超过 1/2，其次是法国和德国，约占 1/3，荷兰和英国大于 1/4，美国约占 1/5，中国和日本占 1/8 左右，澳大利亚约占 1/15，新西兰和加拿大则更低。世界草地的总面积有 67 亿 hm^2，约占陆地总面积的 1/2，它是由永久牧场、疏林地等组成，主要分布在亚洲和非洲，草场面积较大的国家有澳大利亚（4.1 亿 hm^2）、中国（4.0 亿 hm^2）、美国（2.4 亿 hm^2）。全球森林覆盖面积占世界陆地总面积的 26.6%，分布于发达国家的森林占 43.2%，发展中国家的森林占 56.8%。

但由于社会和自然原因，世界土壤资源的数量和质量正在不断下降。2015 年 12 月 4 日，由联合国粮食及农业组织政府间土壤技术小组编制的《世界土壤资源状况》中提到，土壤功能面临十大威胁：土壤侵蚀（soil erosion）、养分不平衡（nutrient imbalance）、土壤碳损失（soil carbon loss, organic carbon change）、土壤盐渍化（soil salination）、土地占用与土壤封闭（land take and soil sealing）、土壤生物多样性减少（soil biodiversity loss）、土壤污染（soil contamination）、土壤酸化（soil acidification）、土壤压实（soil compaction）和土壤滞水（soil waterlogging）。全球土壤变化主要驱动力：人口增长与城市化（population growth and urbanization），教育、文化价值与社会公平（education, cultural values and social equity），土地交易（marketing land），经济增长（economic growth），战争和内乱（war and civil strife），气候变化（climate change）等。

二、中国土壤资源的特点

（一）中国土壤资源概况

中国陆地面积约占世界陆地面积的 6.4%，亚洲大陆面积的 22.1%。

1. 耕地土壤资源　　指耕地或宜耕地，主要分布于东半部的大平原和三角洲。这些地区地形平坦、雨量充沛、冷热适宜，土壤养分储量和土层厚度均能满足作物或经济林木生长的需要。东部平原地区的土壤类型多属起源于草甸土或沼泽土的耕种土壤；东部丘陵和山地的土壤类型，自北而南为黑土、棕壤、褐土、黄棕壤、黄褐土、红壤、砖红壤等，此类土壤大多经开垦熟化而成为各种耕种土壤，肥力较高，也是中国土壤开发利用历史悠久的地区。但由于中国疆土从北到南的水热条件差异大，因此有可能出现不同的利用类型。例如，在秦岭—淮河一线以北地区，农业土壤资源的利用类型以旱地为主；该线以南地区则水田居多。中国西部因丘陵和山地面积大，并受寒冷、干旱、侵蚀及盐害等因素的影响，农业土壤资源较少，除四川盆地和陕西渭河谷地、汉中盆地耕地比较集中外，一般分布极为分散。但在云贵高原地区，某些山间小盆地却常是农业土壤资源高度集中的地方。西部地区的耕种土壤以秦岭为界，其北面主要起源于黑垆土、褐土、灰钙土和漠境土壤；其南面主要起源于黄褐土、紫色土、黄壤、红壤、砖红壤，以及在各种沉积物上发育的草甸土。农业土壤资源不仅在很大程度上决定着所能获得的生物产品的种类、质量和数量，还在一定程度上影响整个国民经济的发展。中国的宜垦荒地多集中于高纬度寒冷的东北地区和干旱缺水的西北地区，土壤生产力较低，采取疏干沼泽、排除盐碱、防止水土流失或防风固沙等措施则需要较大的投资。因此，农业土壤资源的利用目前仍以提高现有耕地的单位面积产量为主，措施包括重视养地，不使土壤肥力下降，以及加强水土保持，防止土壤侵蚀等。

2. 林业土壤资源　　指林地及宜林地，主要分布于以暗棕壤为主的东北地区大兴安岭、小兴安岭和长白山，以红壤、砖红壤为主的江南丘陵地及云南高原，以及以棕壤、黄棕壤为主的川西、藏东高原的边缘山地。全国森林面积为 2.2 亿 hm^2，森林覆盖率仅占国土总面积的 22.96%，低于世界平均森林覆盖率（30.7%）的水平且分布极不均衡。许多地方由于森林植被破坏而气候干燥、土壤缺水、侵蚀严重，抗旱、涝灾害的能力也大为降低。因此，加强对现有森林的经营管理，合理采伐，做好林木的抚育更新工作，并在宜林的荒地大力造林，是保护和发展林业土壤资源的主要途径。

3. 牧业土壤资源　　指牧场和草地，占国土总面积的近 40%。主要分布在以黑钙土、栗钙土、灰钙土为主的内蒙古、宁夏、甘肃、青海等地，以及以高山、亚高山草甸土、草原土为主的青藏高原东部、川西高原和新疆地区山地。在新疆地区的低平区域，黑钙土、栗钙土、棕钙土、灰钙土、灰漠土、风沙土及草甸土、沼泽土等也是重要的牧业土壤资源。上述几大牧区中的绝大部分具有优良的草原，适宜放牧多种畜群。在条件较好的地区，已采取草场灌溉、施肥、培育人工牧草和改善天然牧草组成等改良措施，以提高牧业土壤资源的生产力。

（二）中国土壤资源特点

1. 土壤资源丰富多样，适宜性广泛　　我国土地面积约占世界陆地总面积的 1/15，仅次于俄罗斯和加拿大。按中国土壤系统分类统计，全国有 14 个土纲，39 个亚纲，138 个土类和 588 个亚类。我国既有温暖湿润区的富铁土和铁铝土，又有西北内陆的干旱土和青藏高原的寒冻雏形土，还有古老的水耕人为土和旱耕人为土，这样丰富的土壤资源是其他国家无法比拟的。

这些土壤是在不同的自然环境条件和人为影响下形成的，各自具有不同的生产力及农、林、牧业发展的适宜性。南方丘陵富铁土和铁铝土区，水热充沛，生物资源丰富，为我国热带、亚热带的林木、果树和粮食生产基地。黄淮海平原为我国耕地面积最大的平原农业区，主要分布着雏形土，土体深厚，宜耕适种，是我国粮、棉、油作物的重要产区。东北平原区的湿润均腐土，盛产小麦、大豆、玉米、高粱等，已成为我国重要的粮食生产基地；东北山区的冷凉湿润淋溶土等类型，为我国林业用土壤资源，适宜于多种针、阔叶树种生长；东北平原西部的草原，多为半干润均腐土分布，地形平缓开阔，分布着优质的天然草牧场。西北漠境地区，以干旱土、盐成土和灌淤人为土为主，由于日照充沛、光能资源丰富，并具有引用高山融雪水灌溉之便，盛产长绒棉、小麦及优质瓜果。多样化的土壤类型具有不同的适宜性，大多数土壤类型具有多宜性，这为大农业全面发展和综合开发利用提供了优越条件。

2. 空间分异明显，地区差别大　　我国是季风气候十分活跃的国家，水热状况与土壤性状区域差异较大。在区域界线上，可从东北大兴安岭西坡算起，经通辽、张北、呼和浩特、榆林、兰州、玉树、那曲至日喀则附近，这大致是 400mm 年等降水量线，它对于土壤资源和土地利用有着重要的意义。在这条线以东、以南，季风盛行，雨量充沛，光、热、水配合较好，为湿润、半湿润区，适宜林木生长，是以乔木为主体的森林线分布范围，也是我国目前主要农业区。此线以西、以北降水量较少，气候由半干旱逐渐过渡到年降水量 200mm 以下的干旱和荒漠区，没有灌溉就没有农业，是我国的主要牧区，绝大部分广阔地区为草原、沙漠、戈壁与高寒山区，在高大山系背阴处，可见到森林与茂密草场。

800mm 年等降水量线基本上是以秦岭—淮河为分界线。此线以北的华北和东北区，土壤中的矿质淋溶适中，旱作农业发达，此线以南的华东和华南区土壤受降水的强烈淋溶作用影响，土壤往往偏酸性，农业以水稻种植为主。

我国是一个多山的国家，山地、高原和丘陵地占总面积的 69.27%。山地地貌起到能量与物质再分配作用。山区地形高低起伏，山区的不同部位具有明显的小气候变化特征，特别是在高山区还形成明显的气候条件垂直变化带谱，加上山区地质构造复杂、土壤母质类型多样，所形成的土壤各有特色。即使在小区域范围内，土壤类型也有分异。

3. 土壤资源自然条件优越，生产潜力较大　　我国疆土约有 98% 位于北纬 20°~50° 的中纬度地区，与地域广阔的俄罗斯、加拿大所处的高纬度相比，热量条件显得更具优势，与美国和位处南纬的澳大利亚相当，但与位处低纬度的巴西、印度相比，总体热量条件略逊。

我国亚热带、暖温带、中温带地区所占面积最大，约占国土总面积的 71.2%，其中亚热带占 25.7%，暖温带占 19.2%，中温带占 26.3%，农作物可一年两熟或三熟。我国大部分地区属夏季高温多雨、冬季寒冷干旱的季风气候，全年降水量有 2/3 集中于 4~9 月，在此期间，东部月均温为 5~28℃，西部为 8~23℃，这种雨热同期的气候特点，可以满足主要农区中各类农作物生长期间对水分和热量的需求，这是保证大部分土壤资源得以开发利用的重要条件。

西北部广大干旱区，年降水量小，特别是准噶尔盆地、吐鲁番盆地和塔里木盆地的年降水量仅在 25~50mm，水分极端匮缺，在很大程度上限制了土壤资源的开发利用。然而，该区四周高山环抱，构成高山与盆地相间的地貌，这些山脉的海拔在 4000m 以上，气温低，山区年降水量为 200~700mm，山顶冰雪覆盖。春夏季节山顶冰雪开始融化，补给径流，滋养形成干旱区内的绿洲，使干旱区内土壤资源的潜力得到发挥。

享有"世界屋脊"之称的青藏高原，大多数地区海拔在 4000~4800m，如此高海拔的区域，国际上通常为无农业区。但青藏高原地处北纬 25°~35°，与欧亚大陆其他高原相比，其纬度较低，在一些深切河谷地区，7 月平均气温可达 18~23℃，为主要农业区，在高寒环境下种植青稞、小麦、豌豆、油菜等。青藏高原的盆地、湖盆宽谷地及河谷地为良好的天然牧场，适合牦牛、绵羊、山羊等牲畜生长繁育。在青藏高原南部，森林也占有一定面积，为我国第二大林区。可见，青藏高原的土壤资源，除发展种植业外，同样具有发展牧业及林业的优势。上述优越的自然条件，决定了我国土壤资源具有较大的生产潜力。从目前粮食作物实际产量与潜在产量之间的差距来看，水稻、小麦、玉米、大豆等主要粮食作物实际单产仅为品种区试产量的 $58\% \sim 78\%$，为区域高产示范水平的 $48\% \sim 63\%$，粮食单产提高潜力很大。

4. 宜耕地面积小，总体质量不高　　我国土地面积居世界第三位，但人均土地面积仅为 $0.686hm^2$，相当于世界人均土地面积的 1/3；据自然资源部《2019 年中国国土资源公报》数据，全国现有耕地面积为 12 176.04 万 hm^2（18.26 亿亩[①]），人均耕地面积远低于世界平均水平。

第二次全国土地调查的耕地质量等别的成果显示，全国耕地平均质量总体偏低。优等地的面积为 385.24 万 hm^2，占全国耕地评定总面积的 2.9%；高等地的面积为 3586.22 万 hm^2，占全国耕地评定总面积的 26.5%；中等地面积为 7149.32 万 hm^2，占全国耕地评定总面积的 52.9%；低等地的面积为 2386.47 万 hm^2，占全国耕地评定总面积的 17.7%。

5. 受人为活动影响强烈，土地垦殖率高，耕地后备资源有限　　我国人口众多、农业开发历史悠久，土地垦殖率已达 13.7%，超过世界平均数 3.5 个百分点。绝大部分平原、沿河阶地、盆地和山间盆地、坝地和平缓坡地等条件优越的土壤资源均早已培育为水耕人为土或旱耕人为土，若依靠扩大耕地面积达到增产增收已很困难。

耕地后备资源潜力为 1333 万 hm^2 左右，可复垦土地为 400 万 hm^2，60% 以上分布在水源不足和生态脆弱的地区，开发利用的制约因素较多。耕地后备资源以东北冷凉淋溶土、湿润均腐土地区最多，占全国"三荒"资源的 28.2%。西北甘肃、新疆干旱土和盐成土地区次之，占 27.5%。中部内蒙古长城沿线干润均腐土、砂质新成土地区占 10%。

第二节　土壤在农业和自然环境中的地位

一、土壤是农业生产的基础

农谚"民以食为天，食以土为本"精辟地概括了人类、农业与土壤之间的关系。农业是人类生存的基础，而土壤是农业的基础。土壤与人类之间有着极为紧密的关系，人类生命活动所必需的物质和能量绝大多数来源于生物的生命活动。为了满足人类对生物产量的需求，就必须进行农业生产。

农业生产的基本特点是出产具有生命的生物有机体，其中最基本的任务首先是发展人类赖以生存的绿色植物。绿色植物生存所必需的基本前提条件有日光（光能）、热量（热能）、空气（主要为氧气和二氧化碳）、水分和养料，而这些前提条件大多来自泥土，同时土壤也是植物根系生存的基地。一种良好的土壤应该使植物能"吃饱"（养料充分）、"喝足"（水分充足）、"住好"（泥土空气畅通、温度相宜），而且"站得稳"（根系能舒展开，支持牢固），所以土壤的水肥气热状况是肥力质量高低的标志。

农业生产包括植物生产、动物生产两大类。植物生产包括粮食作物、经济作物、饲料、饲草作物，以及茶、桑、果和林木生产等，出产人类所必需的物质和能量，它属于低级生产。动物生产是人类把利用剩余的植物有机体用于饲养牲口，进一步为人类提供食物、衣物等，所以

[①]　1 亩≈666.7m²

它属于次级生产。而这两种出产过程中的动植物残体及排泄物通过施肥、耕作返还到泥土中去，使植物获得再出产的原料，以改良泥土，提高肥力，又进一步促进了植物生产和动物生产的发展。由此可见，土壤不仅是植物生产的基地，还是动物生产的基础。同时肥料是植物和微生物的食粮，在自然界里，营养物质和能量就是通过不断地循环，使农业生产连续不断地世代发展。

综合来说，土壤对生物具有支撑和调节过程，提供植物生长的养分、水分与适宜的理化条件（决定自然植被的分布），土壤中的各种限制因素会对生物生长产生不良的影响。

二、土壤是自然环境的重要组成部分

自然环境通常由大气圈、生物圈、岩石圈、水圈和土壤圈等构成。其中土壤圈覆盖于地球陆地表面，处于其他圈层的交接面上，成为它们连接的纽带，构成了结合有机界和无机界，即生命和非生命联系的中心环境，因此具有极为重要的作用。土壤圈有净化、降解、消纳各种污染物的功能：大气圈的污染物可降落到土壤中，水圈的污染物通过灌溉也能进入土壤。但是土壤圈的这种功能是有限的，如果污染超过了它能容纳的限度，土壤也会通过其他途径释放污染物。例如，通过地表径流进入河流或渗入地下水使水圈受污染，或者通过空气交换将污染物扩散到大气圈；生长在土壤之上的植物吸收了被污染的土壤中的养分，其生长和品质也会受到影响。

在地球表面系统中，土壤圈与其他各圈层间存在着错综复杂而又十分密切的联系和制约关系。一方面土壤是其他各圈层相互作用的产物；另一方面土壤是这些圈层的支撑者，对它们的形成、演化有深刻的影响。

三、土壤是地球陆地生态系统的基础

在陆地生态系统中，土壤作为最为活跃的生命层，与其他地上部生物和地下部生物之间进行复杂的物质与能量的迁移、转化和交换，构成一个动态平衡的统一体，成为生物同环境间进行物质和能量交换的活跃场所。土壤生态系统是陆地生态系统的一个亚系统，其结构组成包括：①生产者，如高等植物根系、藻类和化能营养细菌；②消费者，如土壤中的草食动物和肉食动物；③分解者，如细菌、真菌、放线菌和食腐动物等；④参与物质循环的无机物质和有机物质；⑤土壤内部水、气、固体物质等环境因子。土壤生态系统的结构主要取决于构成系统的生物组成分及其数量、生物组成分在系统中的时空分布和相互之间的营养关系，以及非生物组成分的数量及其时空分布。土壤生态系统的功能主要表现在系统内物质流和能量流的速度、强度及其循环和传递方式。不同土壤生态系统的上述功能各不相同，反映了土壤生产力相异的实质。土壤生态系统的结构和功能可通过人为管理措施加以调节和改善。土壤中物质转化和能量流动的能力和水平、土壤生物的活性、土壤中营养物质和水分的平衡状况及其对环境的影响等，是土壤生态系统研究的主要内容。

土壤生态系统通过影响生态系统中的生产者——绿色植物，从而影响整个系统。土壤在陆地生态系统中的作用包括：①保持生物活性、多样性和生产性；②对水体和溶质流动起调节作用；③对有机、无机污染物具有过滤、缓冲、降解、固定和解毒作用；④具有储存并循环生物圈及地表的养分和其他元素的功能。

四、土壤是人类社会的宝贵资源

资源是自然界中能为人类利用的物质和能量基础，是可供人类开发利用并具有应用前景和价值的物质。土壤是人类社会的宝贵资源，是指具有农、林、牧业生产性能的土壤类型的总称，是人类生活和生产最基本、最广泛、最重要的自然资源。陆地表面的土壤资源数量是有限的，但只要人类合理利用，就可以不断为人所用，也就是说，土壤是可再生资源，可持续利用。在开发利用土壤资源时应注意利用和保护相结合，土壤资源保护主要是防止土壤侵蚀、防止土壤沙化、培肥土壤、提高有机质和养分的含量、改善生态系统，使土壤资源显现出应有的生态效益和社会经济效益。

但是对于土壤资源如果利用不合理，就会产生严重的负面问题，如土壤侵蚀、土壤沙化、水土流失、土壤污染、肥沃度下降等。因此人类应珍惜宝贵的土壤资源，因地制宜地合理利用每寸土地，使土壤资源能够得到持续利用，发挥其永久的巨大潜能。

第三节　土壤与土壤肥力

一、土壤

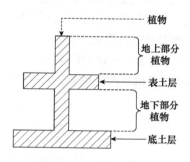

图 0-1　"土"字示意图

土壤对于任何人来说都不陌生，但土壤对不同的人而言具有不同的意义，不同学科、不同专业的科学家对土壤有不同的认识，也相应地出现了许多不同的定义。

我国东汉许慎编著的《说文解字》中说："土，地之吐生万物者也，壤，柔土也，无块曰壤。"从汉字上看（图 0-1），构成"土"字的"二"其上指表土，其下指底土，"丨"指植物的地上部分和地下部分。"土"字的二横、一竖形象化地表明了"土"与植物二者依存的关系。什么是"壤"？《周礼注疏》指出："以人所耕而树艺焉则言壤"。这句话精言深意，深刻阐明了"壤"的形成过程及其科学意义。有意思的是我国南方的土壤多称为"壤"，如红壤、黄壤等；北方的土壤多称为"土"，如黑土、褐土等。

生态学家从生物地球化学观点出发，认为"土壤是地球表层系统中，生物多样性最丰富，生物地球化学的能量交换、物质循环（转化）最活跃的生命层"。环境学家认为"土壤是重要的环境因素、环境污染物的缓冲带和过滤器"。工程专家则把土壤看作"承载建筑物的基地或作为工程材料的来源"。水文学家把土壤视为"能够储存水分的天然储水库"。

土壤学家和农学家把土壤定义为"地球陆地表面上，能够生长植物的疏松表层"。土壤的本质特征是具有肥力，即具有培育植物的能力。矿物、岩石形成的风化物经成土作用发育成土壤后，除含有植物生长所需的矿质营养元素外，还变得疏松多孔，具有了通气透水性、保水保肥性、结构性、可塑性，能够提供植物生长发育所需要的水、肥、气、热等生活条件。为了更好地认识土壤，应该清楚两个方面的基本观点：首先，土壤是环境的产物，环境因素及环境变化必将对土壤产生深刻的影响，因此考察土壤一定要把土壤与周围环境作为整体考虑，判定土壤类型应了解环境特征；其次，土壤是独立的自然综合体，有其本身的发生、发展与演化规律，受自然界规律所支配。

二、土壤肥力

（一）土壤肥力的概念

土壤肥力与土壤的概念一样，至今没有一个完全统一的定义。美国土壤学会 1989 年编写的《土壤科学名词汇编》中把土壤肥力定义为：土壤肥力是土壤满足植物生长所需养分的能力。苏联土壤学家对土壤肥力的定义为：土壤在植物生长过程中，同时不断供应给植物以最大数量的有效养分和水分的能力。侯光炯在1960年出版的《中国农业土壤概论》中认为：土壤肥力是土壤能够稳、匀、足、适地提供植物生长所需养分、水分和环境条件的能力。陈恩凤在《土壤肥力物质基础及其调控》中认为：土壤肥力是土壤满足植物生长所需的营养条件和环境的能力，以及土壤自动调节和抵抗外界不良条件的能力，具体包括土壤的体质和体形。而1998年全国科学技术名词审定委员会颁布的《土壤学名词》中把土壤肥力定义为：土壤为植物正常生长供应和协调养分、水分、空气和热量的能力，其是土壤的基本属性和本质特征。该定义与熊毅1987年《中国土壤》中的定义非常接近，是土壤从营养条件和环境条件方面供应和协调植物生长的能力，其中水、肥、气、热是肥力四大因子，彼此并不孤立，而是相互联系和相互制约的。因此，土壤肥力虽然是土壤本质的特性，但肥力不是固定不变的，它的发生发展有自己的规律，它的高低和演变取决于自然条件与人类的活动，特别是科学技术的发展对土壤肥力起到决定性的作用。

（二）土壤肥力类型

1. 自然肥力和人为肥力　　在自然条件下，岩石、矿物的风化产物，经过自然环境因素，即五大自然成土因素（气候、生物、母质、地形和时间）的长期作用，也就是经过长时期的土壤形成过程，肥力逐步发生与演变，这种未经人类开垦的土壤称为自然土壤，自然土壤具有的肥力称为自然肥力。也就是说，自然肥力是指土壤在自然因子即五大成土因素的综合作用下发育而来的，未受人类影响的肥力。

在人类进行耕作开垦以后，虽然土壤不能脱离自然因素的影响，但因为人类的正确生产活动，肥力的发展大大加快了，促进了土壤的迅速变化。随着耕种时间的延伸、科学技术的应用、生产水平的提高，以及在认识自然肥力演变规律的基础上，通过利用、改良培育等农业措施，改变了土壤的物质组成，调节了肥力因素存在的矛盾，物质和能量的大量投入使土壤肥力得到迅速的提升。也就是说，人为肥力是指耕作熟化过程发育而来的肥力，是在耕作、施肥及其他技术措施等人为因素影响作用下所产生的结果。

可见，只有从来不受人类影响的自然土壤才仅具有自然肥力。

2. 潜在肥力和有效肥力　　肥力是土壤所具有的一种潜在能力，但它不一定能在植物生长当季都表现出来。因此从肥力在生产上可发挥出来的效果来看，土壤肥力可以分为潜在肥力和有效肥力。能够在当季生产中表现出来的肥力就是有效肥力，而在当季不能直接表现出来的肥力称为潜在肥力。有效肥力和潜在肥力之间可以相互转化。

（三）土壤肥力和土壤生产力的关系

土壤生产力和土壤肥力是两个相互联系但又不同的概念。土壤肥力是指土壤为植物正常生长供应和协调养分、水分、空气和热量的能力，其是土壤的基本属性和本质特征。土壤生产力是指由土壤肥力属性和发挥肥力作用的环境条件及人为因素（外因）所决定的生产植物收获物的能力。土壤肥力高为土壤生产力高提供了重要的基础条件，但是土壤肥力高并不能确保土壤生产力也一定高，这是由于植物生长的良好与否或产量高低并不完全取决于土壤肥力的高低，因为植物生长状况不单纯取决于土壤本身，也与当地的外界环境关系十分密切。例如，植物产量的高低还要受大气、温度、降水、日照、地形、灌排条件及有无污染等因素的影响。也就是说，土壤生产力是由土壤肥力与发挥肥力作用的外界条件所决定的，从这个意义上来看，肥力只是生产力的基础，而不是生产力的全部。因此，可以说土壤肥力因素的各种性质和土壤的自然、人为环境条件构成了土壤生产力。区分土壤肥力和土壤生产力，对于土壤管理和农业生产具有重要意义，它使我们认识到，要提高土壤生产力（提高植物产量），既要重视土壤肥力的研究，又要研究土壤与环境间的相互关系。

第四节　土壤学的发展历程

土壤学是以地球表面能够生长绿色植物的疏松层为对象，研究其中的物质运动规律及其与环境间关系的科学，是农业科学的基础学科之一。其主要研究内容包括土壤组成、土壤的物理、化学和生物学特性，土壤的发生和演变，土壤的分类和分布，土壤的肥力特征及土壤的开发利用、改良和保护等。其目的在于为合理利用土壤资源、消除土壤低产因素、防止土壤退化和提高土壤肥力水平等提供理论依据和科学方法。

一、土壤学的起源

人类在大约 18 000 年以前就开始农耕，并接触和认识土壤。土壤学的兴起和发展与近代自然科学，尤其是化学和生物学的发展息息相关。16 世纪以前，人们对土壤的认识仅是以土壤的某些直观性质和农业生产经验为依据。例如，中国战国时期《尚书·禹贡》中根据土壤颜色、土粒粗细和水文状况等进行的土壤分类，其后许多农学家有关多粪肥田和深耕细锄可以提高土壤肥力的论述，以及古罗马的加图所描述的古罗马境内的土壤类型等，都反映了当时人们对土壤的认识水平。

16～18 世纪，现代土壤学随着自然科学的蓬勃发展而开始孕育、萌芽。在西欧，许多学者为论证土壤与植物的关系，提出了各种假说。17 世纪中叶，海尔蒙特根据他长达 5 年的柳枝土培试验结果，认为土壤除供给植物水分以外，仅起着支撑物的作用。

17 世纪末，伍德沃德将植物分别置于雨水、河水、污水及污水加腐殖土四种介质中生长，发现后两种介质中的植物生长较好，因而他认为细土是植物生长的"要素"，从而否定了海尔蒙特的观点。

18 世纪末，泰伊尔提出"腐殖质营养学说"，认为除水分以外，腐殖质是土壤中唯一能作为植物营养的物质。这一学说在西欧曾风行一时。这些假说虽未能全面正确地指出土壤的本质及其与植物生长的关系，但对于启发后人从不同的侧面认识土壤仍有裨益。

直到 18 世纪以后，比较有影响的代表学派和观点才逐步产生和形成。

二、西欧土壤学派

其主要包括农业化学土壤学派和农业地质土壤学派。

（一）农业化学土壤学派

1840 年，李比希的《化学在农业和生理学上的应用》一书问世，书中提出的"矿质营养学说"，认为矿质元素（无机盐类）是植物的主要营养物质，而土壤则是这些营养物质的主要给源。这是农业化学土壤学派的开端。

李比希指出，土壤中矿质养分的含量是有限的，必将随着耕种时间的推移而日益减少，因此必须增施矿质肥料予以补充，否则土壤肥力水平将日趋衰竭，作物产量将逐渐下降。这个主张即著名的"归还学说"，正确地指出了土壤对植物营养的重要作用，从而促进了田间试验、温室试验和实验室化学分析的兴起，以及化肥工业的发展，并为土壤学的发展做出了划时代的贡献。

该学说的积极意义在于：产生人类有意识地调节人与土壤之间物质交换的思想；所建立的化学方法用于土壤化学过程研究具有重要作用。但是，其局限性也比较明显：以纯化学观点来对待复杂的土壤肥力问题，片面强调植物是土壤养料的消耗者，却忽视了植物对土壤养料的积聚和提高肥力的作用。

（二）农业地质土壤学派

19世纪后期，以德国的地质学家法鲁为代表的一些土壤学家用地质学的观点和方法认识和研究土壤，因而被称为农业地质土壤学派。他们认为土壤是陆地的一个淋溶层；甚至认为土壤过去是岩石，而今正在重新形成岩石。土壤形成过程是岩石风化过程，即认为土壤是岩石经过风化而成的地表疏松层。由此导出，随着土壤的发育，风化和淋溶作用趋于增强，必然引起土壤养料越来越少，肥力下降。

尽管这个学派未能阐明土壤形成的实质，混淆了土壤和母质的本质区别，忽视了生物在土壤形成过程中的作用，但是他们从发生学角度研究土壤，对土壤矿物质形成过程深入研究，提出的土壤改良、耕作和施肥等主张，对土壤学的发展也有一定意义。

三、俄国土壤学派

19世纪末至20世纪初，俄国的道库恰耶夫创立了土壤发生学派，提出发生土壤学观点。该学派认为土壤形成过程是岩石风化过程和成土过程所推动的，具体表现在道库恰耶夫1883年编写的《俄国的黑钙土》一书：①土壤是独立历史自然体，有自己的发生和发育历史，使土壤学不再是农业化学和地质学的分支，而成为一门独立学科；②把土壤形成与环境条件联系起来，提出了著名的成土因素学说，即土壤是五大成土因素（母质、气候、生物、地形和时间）综合作用的产物，并创立了土壤生成因子公式；③在土壤形成与环境条件的复杂关系上，认识到土壤在空间分布的规律性，提出了土壤地带性学说；④提出了土壤调查和制图及土壤剖面性状作为土壤分类的依据。

他的学说得到各国土壤学家的公认，为现代土壤学奠定了基础。第一，他创立了以发生学观点来研究和认识土壤的发生学派，为近代土壤地理学的发展奠定了基础；第二，从此土壤学或土壤地理学才确定了自己的研究对象和研究方法，产生现代土壤地理学；第三，在道库恰耶夫的成土因素学说基础上，俄国威廉斯提出了土壤生物发生学说，该学说包括：土壤形成过程是物质的生物小循环和地质大循环的对立统一过程；生物因素和生物小循环起主导作用；威廉斯同时指出土壤的本质是土壤肥力。土壤发生学派的局限性在于，其相关研究局限于定性的相关分析，尚无可能进行定量关系的研究。

四、美国土壤学派

美国希尔格德是世界上最早的土壤发生学研究者。美国土壤学家马伯特是美国土壤学派的代表，曾把俄国土壤发生学派观点引进美国，他的主要功绩在于：以土壤剖面等土壤本身的形态为研究核心，制定了美国的第一个土壤分类系统；确立了基层分类单元土系和鉴定标准，在美国沿用至今。

1949年，梭颇、里肯和史密斯着手修正1938年的分类，标志着美国现代土壤分类时期的开始。史密斯等在20世纪60年代以来，对土壤形态、属性和分类进行定量研究，用电子计算机储存土壤资料。

1975年，美国农业部水土保持局出版了《土壤系统分类》，该书是以土壤诊断层和诊断特性为依据，对土壤进行定量分类的一部有特色的现代土壤分类著作，对世界土壤学也产生了重大影响，并与土壤发生学派并列于土壤学领域中。

五、中国土壤学的发展

我国古代土壤科学不但起源较早，而且造诣很深，对世界土壤科学的发展曾做出过重要贡献。例如，我国战国时期《尚书·禹贡》，距今有2000多年的历史，其中所概述的九州土壤的一些特征、地理分布及肥力等级，是世界上最早的土壤专著；而后的《管子·地员篇》可以说是我国最早的土壤分类文献；其他如《周礼》《齐民要术》等也都有关于土壤地理知识的记载和总结。

在中国，现代土壤科学的研究工作始于20世纪30年代。1906年，京师大学堂农科大学才开始土壤学教学；1930年，北京地质调查所成立土壤研究室，开始了土壤调查研究，出版了《土壤专报》《土壤季刊》等。当时主要进行了某些土壤调查、制图和一般的分析试验。对中国的土壤资源、主要的土壤类型、分布规律、理化性质，以及土壤改良等也做了初步研究。

直到1949年以后，土壤科学事业才有了较大发展。中国科学院和农业部相继成立了专门的研究机构，高等农业院校开设了土壤和农业化学的有关专业。1950年后，我国土壤科学研究紧紧围绕国家的经济建设，结合农、林、牧业规划和发展，广泛开展土壤资源综合考察、农业区划、流域治理、地产田改良，水土保持及改土培肥；1979年、1985年先后两次进行全国性土壤普查，编写了各地区以至全国的土壤志，绘制了土壤图。广大土壤科学工作者对中国土壤的基本性质、发生分类、肥力特征进行的系统研究，以及对华南地区红壤和黄淮海平原盐渍土等低产土壤进行的改良研究都取得积极成果，并在此基础上对土壤肥力概念等提出了新的见解。在研究内容上，科研人员除继续深入进行土壤物理、化学、生物，土壤分类和土壤肥力等基础研究外，更侧重于研究土壤中生物物质的循环和能量交换，以及重金属、化学制品（农药及化肥）和各种有机废弃物对土壤、作物、森林以至人类健康的有害影响及其防治措施。而在研究手段上，大型分析仪器和电子计算机的应用将使土壤分析的分辨力、精密度和分析速度进一步提高，并能为土壤学研究开辟新的领域；而土壤数据库和土壤信息系统的建立，则将使数据处理和某些模拟研究更为有效。

总体来说，我国近代土壤学的发展，在20世纪30年代至1949年前，受马伯特思想影响；1949年后主要受俄国土壤学派影响较大，甚至延续至今；从80年代后期起，又受到美国土壤学派的影响，且逐渐加剧。

六、土壤学的学科分支

土壤学就是研究土壤组成、性质、发生、分类和分布的学科，并且也是研究土壤调查、利用和改良的学科。土壤学分为理论土壤学和应用土壤学两大方面。其中理论土壤学进一步分为土壤物理学、土壤化学、土壤生物学、土壤地理学、土壤分类学等。应用土壤学分为土壤调查与制图学、土壤耕作学、土壤改良学、水土保持学、土壤地理信息学等。

第五节　土壤学的研究方法

土壤学的研究方法很多，在此根据土壤学学科性质和近些年的发展，重点从以下几个方面进行分析。

一、宏观研究和微观研究相结合

自然科学发展到现在，有的向宏观方面发展，有的向微观方面发展。在宏观方面，土壤作为地球表层系统中一个独立的自然体，研究土壤全球变化则站在"土壤圈"的高度上。而研究区域土壤则要研究一个区域的自然地理，区域的地形、水分气候、地质特征对成土过程有着相应的影响。研究某个单一土体时，则要研究土壤剖面，土壤剖面包括若干土层，每个土层又是由不同粒径颗粒组成的团聚体构成的，团聚体决定了土壤的通气性、持水性和排水状况。以上这些都是肉眼可见的宏观研究。在微观方面，任何一种土壤颗粒都是由原生矿物质和次生矿物质及有机质以复杂的方式组合而成的，并含有数量庞大、种类繁多的微生物。而矿物质和有机质都是由大、小分子构成的。土壤中所有的化学反应，几乎都发生于土壤微细颗粒与溶液之间的界面或与之相邻的溶液中，这些只能用现代新技术、新仪器去探索。

二、综合交叉研究

土壤科学在研究方法上还必须综合交叉，因为人类社会对土壤的需求增加，土壤学面临的矛盾是一些直接关系到社会发展的重大问题。农业可持续发展、粮食安全、环境保护、区域治理和全球变化等都直接与土壤学有密切的联系。例如，研究农业的可持续性，必须首先考虑土壤肥力的持续性，因而就需要土壤学（包括土壤物理、土壤化学、土壤生物、土壤矿物、土壤分类和土壤制图等）与农业科学、环境科学、生态学、社会经济学进行综合交叉、相互渗透。多学科的合作是今后土壤学研究创新的一个趋势。

三、野外调查与实验室研究结合

自然土壤具有时空变化的特点，是一个时间上处于动态、空间上具有异向性的三维连续体。因而，土壤学有实验科学和野外科学的双重特点。野外调查包括传统的调查制图、应用遥感技术，即通过用航片和卫片，进行土壤解释判读等。实验室研究有室内的理化定量分析、实验室模拟研究等。如何把野外、实验室和模型研究结果应用到自然土壤中去，这对土壤的研究和发展具有重要意义。

四、新技术的应用

从土壤学各分支学科应用的研究技术来看，土壤学的研究手段也有较大的更新。遥感技术、数字化技术、地理信息系统技术已较成功地被应用于建立土壤信息技术、土壤数据库等。一些现代生物技术和方法已被土壤微生物学等相关分支学科所采用并正在向更深度开发。而一些理化分析的新仪器、新设备，如各种光谱仪、电子显微镜等现代仪器，已普遍在土壤实验室中应用。

第一章　土壤母质与成土因素

第一节　地球圈层与地壳化学元素组成

一、地球圈层

地球是人类的摇篮和家园。在长期的演化进程中，地球形成一系列同心圈层。组成地球的不同状态和物质成分的同心圈层称为地球圈层。按其性质和状态的不同划分为外部圈层和内部圈层。外部圈层包括大气圈、水圈和生物圈，内部圈层包括地壳、地幔和地核。

（一）地球的外部圈层

图 1-1　地球的外部圈层

地球外部圈层包括大气圈、水圈和生物圈（图 1-1），其中生物圈占大气圈的底部、水圈的全部和岩石圈的上部。各个圈层之间相互吸引、相互制约，形成人类赖以生存和发展的自然环境。

1. 大气圈　大气圈是地球最外部的气体圈层，包围着海洋和陆地。大气圈没有确切的上界，在离地表 2000～16 000km 的高空仍有稀薄的气体和基本粒子，在地下，土壤和某些岩石中也会有少量气体，它们也可被认为是大气圈的一个组成部分，地球大气的主要成分为氮（78%）、氧（21%）、氩（0.93%）和微量气体，这些混合气体被称为空气。尽管二氧化碳、水汽、二氧化硫、臭氧和甲烷等微量气体含量不高，但它们对环境影响较大，受到人们高度关注。根据大气成分、性质和运动特点，大气圈自下而上分为对流层、平流层、中间层、热层和散逸层（图 1-2）。

（1）对流层　位于大气的最底层，从地球表面至平流层底部的大气层。平均厚度约为 12km，是大气中最稠密的一层，集中了约 75% 的大气质量和 90% 以上的水汽质量。对流层高度因纬度而不同，在低纬度地区平均高度为 17～18km，在中纬度地区平均为 10～12km，在高纬度地区平均为 8～9km，并且夏季高于冬季。对流层有三个显著特点。

1）温度随高度的增加而降低。对流层不能直接吸收太阳短波辐射，但能吸收地面反射的长波辐射从而加热下部大气。每升高 1km，气温约下降 6.5℃。

2）空气对流。地球热辐射使对流层下部温度高于上部，冷热空气发生垂直对流；同时海陆之分、昼夜之别及纬度高低之差，造成不同地区温度差异，形成空气的水平运动。

3）温度、湿度等各要素水平分布不均匀。大气与地表接触，水蒸气、尘埃、微生物及人类活动产生的有毒物质进入空气层，故该层中除气流做垂直和水平运动外，化学过程十分活跃，并伴随气团变冷或变热，水汽形成雨、雪、雹、霜、露、云、雾等一系列天气现象。

（2）平流层 又称同温层，是距地表12～55km处的大气层，位于对流层之上，中间层之下。平流层是地球大气层里上热下冷的一层，气流主要表现为水平方向的运动，基本上没有水汽，晴朗无云，很少发生天气变化，适于飞机航行。在20～30km高处，氧分子在紫外线作用下，形成臭氧层，像一道屏障保护着地球上的生物免受太阳紫外线及高能粒子的袭击。

（3）中间层 又称中层，自平流层顶到85km的大气层。因臭氧含量低，同时，能被氮、氧等直接吸收的太阳短波辐射已经大部分被上层大气吸收，所以温度垂直递减率很大，顶部气温可低至160～190K。中间层对流运动强盛。

（4）热层 又称暖层，自中间层顶到800km高空的大气层。热层中的大气物质（主要是氧原子）能强烈吸收紫外辐射，气温随高度增加迅速升高。热层大气密度小，处于高度电离状态，故又称电离层。电离层能反射无线电波，在远距离无线电通信中具有重要作用。

（5）散逸层 又称磁力层，是大气层的最外层，是大气层向星际空间过渡的区域。散逸层温度可达数千度；大气极其稀薄，其密度为海平面处的10^{-16}，其大气质量只有大气层总质量的10^{-11}。大气受地心引力小，运动速度快，常有大气质点逸散至星际空间。

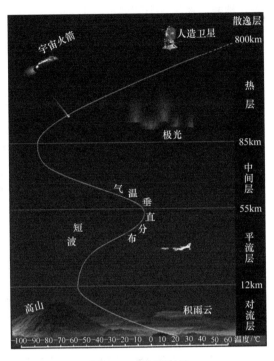

图 1-2 大气圈结构

2. 水圈 地球上各种水体（海洋、冰川、河流、湖泊、地下水、气态水等）构成的连续而不规则的圈层称为水圈。水圈总储量为$1.37×10^9 km^3$，其中海水占97%，冰川占2.1%，陆地水占0.629%，极少部分存在于生物体和大气。淡水只有地表水的一半，约占地球总水量的万分之一。地球上的水以气态、液态和固态三种形式存在于空中、地表和地下，这些水不停地运动着和相互联系着，以水循环的方式共同构成水圈。

水圈与大气圈、生物圈和地球内圈的相互作用，直接关系到影响人类活动的表层系统的演化。水圈也是外动力地质作用的主要介质，是塑造地球表面最重要的角色。例如，沟谷、河谷、瀑布都是由流水侵蚀作用形成的；溶洞、石林、石峰等喀斯特地貌都是由流水溶蚀作用形成的。

3. 生物圈 生物圈（biosphere）是指地球上出现并感受到生命活动影响的区域，是地表有机体及其自下而上环境的总称。生物圈是地球特有的圈层，是人类诞生和生存的空间，是地球上最大的生态系统。生物圈范围为海平面上下垂直约10km，包括大气圈底部（可飞翔的鸟类、昆虫、细菌等）、岩石圈的表面（是一切生物的"立足点"）、水圈的全部（距离海平面150m内的水层）。

生物活动是地壳表面一种强大的地质动力，参与和加速了地表及岩石的破坏和再造过程。

（二）地球的内部圈层

地球内部情况主要是通过地震波的记录间接获得的。地震时，地球内部物质受到强烈冲击而产生波动，称为地震波。它主要分为纵波（P）和横波（S）。由于地球内部物质不均一，地震波在不同弹性、不同密度的介质中，其传播速度和通过的状况也就不一样。例如，P波在固体、液体和气体介质中都可以传播，速度也较快；S波只能在固体介质中传播，速度比较慢。地震波在地球深处传播时，如果传播速度突然发生变化，这突然发生变化所在的面，称为不连续面。根据地球内部两个主要不连续面（莫霍面、古登堡面），科学家把地球内部分为地壳、地幔、地核三个圈层（图1-3）。

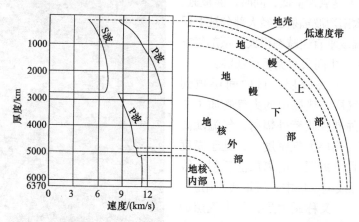

图 1-3　地球内部地震波 P 波、S 波传播曲线与地球内部圈层划分

1. 地壳　地表以下、莫霍面以上为地壳，是地球固体地表构造的最外圈层。地壳平均厚度约为17km，其中大陆地壳厚度较大，平均为39～41km，大洋地壳厚度只有5～8km。地壳上层化学成分以氧、硅、铝为主，平均化学组成与花岗岩相似，称为花岗岩层，也有人称之为"硅铝层"。下层富含硅和镁，平均化学组成与玄武岩相似，称为玄武岩层，也有人称之为"硅镁层"。

虽然地壳厚度不大，但与人类关系最密切，构造运动、岩浆作用、变质作用等地质作用发生在此处，人类的生产活动也与此密切相关，是地球科学研究的主要对象。

2. 地幔　莫霍面与古登堡面之间的部分称为地幔。与地壳相比，铁镁成分明显增多。地幔分上地幔与下地幔，两者界面深度为984km。在上地幔的中部（50～250km处），存在一个塑性层，称为软流层。软流层以上的地幔及整个地壳称为岩石圈。软流层物质可缓慢流动，板块运动、岩浆活动与此有关。

3. 地核　古登堡面以下部分称为地核，化学组成主要为铁、镍及少量硅、硫。地核也称铁镍核，分内地核、外地核，外地核推测为液态，地震波在此有变化。地核的压力为 3.039×10^{11}Pa，密度为 13g/cm³。

总之，地球的内部结构就像一个煮熟的鸡蛋，地壳是蛋壳，软流层类似壳下的一层薄膜；地幔好比蛋白，而地核同蛋黄一样位居中央。

二、地壳的化学元素组成

固体地球与地壳元素的平均含量相差悬殊。固体地球主要由铁、氧、硅、锰、镍、硫、钙、铝等8种元素构成，占总质量的99%以上。地壳主要由氧、硅、铝、铁、钙、钾、钠等

8 种元素构成，占总质量的 99% 以上。岩石圈中元素组成以氧、硅、铝、氢、钠、铁、钙、镁、钾为主，分别占总质量的 60.4%、20.5%、6.2%、2.9%、2.49%、1.8%、1.88%、1.77%、1.37%。

各种化学元素在地壳中的平均含量称为克拉克值，也称元素的丰度。地壳中主要化学元素的克拉克值如表 1-1 所示。

表 1-1　地壳中主要化学元素的克拉克值

元素	克拉克值 /%				
O	49.52	49.13	47.00	46.40	46.95
Si	25.75	26.00	29.00	28.15	27.88
Al	7.51	7.45	8.05	8.23	8.13
Fe	4.70	4.20	4.65	4.63	5.17
Ca	3.29	3.25	2.96	4.15	3.65
Na	2.64	2.40	2.50	2.36	2.78
K	2.40	2.35	2.50	2.09	2.58
Mg	1.94	2.25	1.87	2.33	2.06
H	0.88	1.00	—	—	0.14
Ti	0.58	0.61	0.45	0.57	0.26

资料来源：张祖陆，2012

第二节　地壳的矿物组成

一、矿物的概念及类型

由地质作用形成的具有相对固定的化学成分、内部结构和一定物理化学性质的单质或化合物称为矿物。矿物是由组成地壳的化学元素在各种地质作用下不断化合、分解所形成的，是组成岩石、矿石的基本单元，是组成地壳的物质单元。

已知自然界中的矿物有 3000 余种。人们按照矿物成分和构造（晶体化学分类），将矿物分为五大类 12 种类型。常见矿物的化学类型见表 1-2。

二、原生矿物

由于岩浆的冷却分异，其中的物质通过各种物理化学反应的作用而形成的矿物，称为原生矿物。土壤原生矿物直接来源于母岩，特别是岩浆岩，它只受不同程度的物理风化作用，而其化学成分和结晶结构并未改变。土壤中原生矿物的种类和含量随母岩类型、风化强度和成土过程的不同而异。随着土壤发育，土壤中原生矿物逐渐分解，其含量和种类逐渐减少。在风化和成土过程中，原生矿物为植物生长提供一定量的矿质营养元素，如磷、钾、硫、钙、镁和其他微量元素。土壤原生矿物主要包括硅酸盐和铝硅酸盐类、氧化物类、硫化物类、磷灰石类及某些特别稳定的原生矿物。

表 1-2　常见矿物的化学类型

分类	描述	代表矿物	化学式
自然元素	单质金属或非金属	自然铜	Cu
		自然金	Au
		金刚石	C
硫化物	元素同硫结合	方铅矿	PbS
		闪锌矿	ZnS
卤化物	卤族元素化合物	岩盐	NaCl
		萤石	CaF_2
氧化物及氢氧化物	元素同氧结合	石英	SiO_2
		赤铁矿	Fe_2O_3
	金属氧化物与水联合派生	褐铁矿	$Fe_2O_3 \cdot nH_2O$
		铝土矿	$Al_2O_3 \cdot 2H_2O$
含氧盐			
硅酸盐	元素同 $[SiO_4]^{4-}$ 结合	钾长石	$K(AlSi_3O_8)$
		橄榄石	$(Mg, Fe)_2(SiO_4)$
含水硅酸盐（黏土矿物）	水同 $[SiO_4]^{4-}$ 盐矿物联合派生的化合物	高岭石	$Al_4(Si_4O_{10})(OH)_8$
		绿泥石	$(Mg, Al, Fe)_6((Si, Al)_4O_{10})(OH)_8$
硫酸盐	元素同 $[SO_4]^{2-}$ 结合	硬石膏	$CaSO_4$
		石膏	$CaSO_4 \cdot 2H_2O$
碳酸盐	元素同 $[CO_3]^{2-}$ 结合	方解石	$CaCO_3$
		白云石	$CaMg(CO_3)_2$
磷酸盐	元素同 $[PO_4]^{3-}$ 结合	磷灰石	$Ca_5(PO_4)_3(F, Cl, OH)$

（一）硅酸盐及铝硅酸盐类

硅酸盐及铝硅酸盐类矿物是土壤中最主要的原生矿物，它们一般为晶质矿物。常见的有长石类、云母类、辉石类、角闪石类和橄榄石类等。

1. **长石类矿物**　长石类矿物占地壳质量的 $50\% \sim 60\%$，占土壤圈质量的 $10\% \sim 15\%$，是广泛存在于土壤中的较稳定的原生矿物，多集中于土壤粗粒级之中。长石类矿物是钾长石 $[K(AlSi_3O_8)]$、钠长石 $[Na(AlSi_3O_8)]$、钙长石 $[Ca(Al_2Si_2O_8)]$ 的固熔体。钾和钠含量多而钙含量少的称为碱性长石，钙和钠含量多而钾含量少的称为斜长石。它们的风化产物为高岭石、二氧化硅，并释放大量盐基离子，是土壤中钾素的重要来源。

2. **云母类矿物**　云母类矿物占地壳质量的 3.8%，按其颜色不同可分为白云母 $[KAl_2(AlSi_3O_{10})(OH, F)_2]$、金云母 $[KMg_3(AlSi_3O_{10})(OH)_2]$ 及黑云母 $[K(Mg, Fe)_3(AlSi_3O_{10})(OH, F)_2]$。在土壤中白云母不易风化，而黑云母极易风化分解，故在土壤细砂或粉粒中常有云母碎片。云母风化是植物钾素的最重要来源。

3. **橄榄石类矿物**　橄榄石 $[(Mg, Fe)_2(SiO_4)]$ 是基性和超基性岩浆岩的重要造岩矿物，在土壤中极易被风化变成蛇纹石。橄榄石类矿物因含铁多少不同可由浅黄绿至深绿色。

4. **辉石与角闪石类矿物**　辉石与角闪石类矿物占地壳中岩浆岩总质量的 17% 左右，是重要的造岩矿物。其中辉石 $\{(Ca, Na)(Mg, Fe, Al)[(Si, Al)_2O_{10}]\}$ 为基性和超基性岩、变质岩的主要造岩矿物，在土壤中易于被风化变成绿帘石和绿泥石；角闪石，其分子式为

$Ca_2Na（Mg，Fe^{II}）_4（Al，Fe^{III}）[（Si，Al）_4O_{11}]_2（OH，F）_2$，是中性岩的主要造岩矿物，在土壤中易被风化变成绿帘石和绿泥石。

（二）氧化物类

石英（SiO_2）在地壳中含量仅次于长石，占地壳质量的12%，是许多岩浆岩、沉积物和土壤中最为常见的矿物。在土壤中石英颗粒表面常被黄棕色的氧化铁、氧化锰胶膜所包裹，而呈现黄棕色。在土壤砂粒（0.01～2.00mm）中石英的含量在80%以上。石英在土壤中极为稳定，是土壤的基底物。

（三）硫化物类

土壤中常见的原生硫化物主要是黄铁矿和白铁矿，两者为同质异构体，分子式为FeS_2。黄铁矿是地壳中最为常见的硫化物，在各类岩石中都可出现。在土壤中黄铁矿易于被风化变成褐铁矿，并释放大量硫素供给植物生长发育之需要。

（四）磷灰石类

磷灰石[$Ca_5（PO_4）_3（F，Cl，OH）$]常以微小晶粒散布于岩浆岩之中。在风化与成土过程中磷灰石的分解会逐渐释放磷化物，这是土壤中植物生长发育所需磷素的重要来源。

土壤是由母岩风化形成的，土壤中原生矿物的种类和数量，可反映土壤与母岩之间发生联系的紧密程度及土壤的发育程度。在成土过程中凡是不稳定的矿物首先被风化而在土壤中消失，而稳定的矿物则保存于土壤中。

三、次生矿物

原生矿物在风化成土过程中形成的新矿物称为次生矿物，包括各种简单盐类、次生氧化物和次生铝硅酸盐类矿物。次生矿物是土壤矿物中最细小的部分（粒径小于0.002mm），与原生矿物不同，多数次生矿物具有活动的晶格，呈高度分散性，并具有强烈的吸附交换、吸水和膨胀性能，因而具有明显的胶体特性，又称为黏土矿物。黏土矿物影响土壤的许多理化性质，如土壤吸附性、胀缩性、黏着性及土壤结构等，在土壤发生学、土壤环境学及农业生产上均具有重要意义。

（一）次生矿物的形成过程

次生矿物是在原生矿物分解过程中，晶体结构逐渐解体而形成的新矿物。钾长石吸水脱钾后形成水化云母，继续脱钾变成蒙脱石，继而脱硅变成高岭石，最后彻底分解而成含水的铁铝氧化物。不同的原生矿物在不同地理环境中，具体分解过程及其产物是不同的。

（二）次生矿物的类型

1. 易溶盐类　　由原生矿物脱盐基过程或土壤溶液中易溶盐离子析出而形成，主要包括碳酸盐（CO_3^{2-}）、重碳酸盐（HCO_3^-）、硫酸盐（SO_4^{2-}）、氯化物（Cl^-）。常见于干旱半干旱地区和大陆性季风气候区的土壤中，在许多滨海地区的土壤中也会大量出现。土壤中易溶盐过多会引起植物根系的原生质核脱水收缩，危害植物正常生长发育。

2. 次生氧化物类　　主要由原生矿物脱盐基、水解和脱硅过程而形成，主要包括二氧化硅、氧化铁、氧化铝及氧化锰等。

二氧化硅主要由土壤溶液中溶解的SiO_2在酸性介质中聚合为凝胶而成，以氧化硅凝胶和蛋白石（$SiO_2·nH_2O$）为主。

氧化铝是铝硅酸盐在高湿高温条件下高度风化的产物，是土壤中极为稳定的矿物，主要包括三水铝石（$Al_2O_3·3H_2O$）和水铝石（$Al_2O_3·H_2O$），多见于热带地区的土壤中。

氧化铁是原生矿物在高湿高温条件下高度风化或潜水条件下氧化还原过程的产物，是土壤中重要的染色矿物，主要包括褐红色的赤铁矿（Fe_2O_3）、黄棕色的针铁矿（$Fe_2O_3 \cdot H_2O$）、棕褐色的褐铁矿（$Fe_2O_3 \cdot nH_2O$）。土壤中的氧化铁不断水化形成黄色的水化氧化铁。

氧化锰是原生矿物在高湿高温条件下高度风化或潜水条件下氧化还原过程的产物，也是土壤中重要的染色矿物，包括 MnO 和 MnO_2，常以棕色、黑色胶膜或结核状存在于土壤颗粒表面。

3. 次生铝硅酸盐 次生铝硅酸盐是原生矿物风化过程中的重要产物，也是土壤中化学元素组成和结晶结构极为复杂的次生黏土矿物。

次生铝硅酸盐类矿物晶体的基本结构单元是由若干硅氧四面体连接形成的硅氧片和若干铝氧八面体连接形成的水铝片构成（图 1-4）。

根据次生铝硅酸盐矿物晶体内所含硅氧四面体层（硅氧片）和铝氧八面体层（水铝片）的数目和排列方式，将其划分为 1∶1 型和 2∶1 型两大类，其中 1∶1 型矿物主要为高岭石类矿物，2∶1 型矿物主要为蒙脱石类、水云母类和蛭石类矿物。

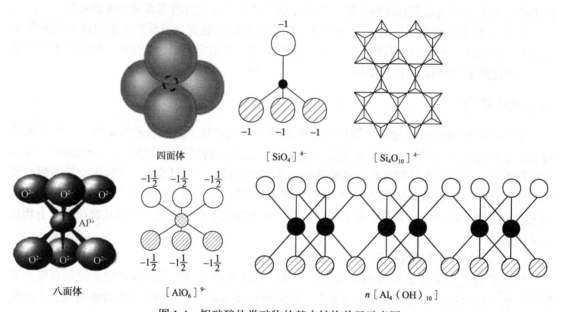

四面体　　　[SiO_4]$^{4-}$　　　[Si_4O_{10}]$^{4-}$

八面体　　　[AlO_6]$^{9-}$　　　n[$Al_4(OH)_{10}$]

图 1-4　铝硅酸盐类矿物的基本结构单元示意图

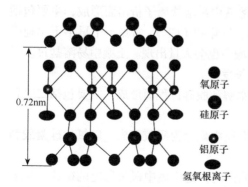

0.72nm

氧原子
硅原子
铝原子
氢氧根离子

图 1-5　1∶1 型高岭石类矿物晶体结构模型图

（1）高岭石类矿物　包括高岭石和埃洛石，典型的分子式为 $Al_4(Si_4O_{10})(OH)_8$ 或 $Al_2O_3 \cdot 2SiO_2 \cdot 2H_2O$，硅铝铁率为 2。其晶体结构由一个硅氧四面体层和一个铝氧八面体层重叠而成，属于 1∶1 型矿物（图 1-5）。高岭石类矿物层间通过氢键连接，无胀缩性，吸水力、可塑性、黏着性均较弱。

（2）蒙脱石类矿物　主要包括蒙脱石、绿泥石等，其典型分子式为 $Al_4Si_8O_{20}(OH)_4 \cdot nH_2O$ 或 $Al_2O_3 \cdot 4SiO_2 \cdot H_2O + nH_2O$，硅铝铁率为 4。其晶

体结构由两个硅氧四面体层和一个铝氧八面体层重叠而成，属于2：1型矿物（图1-6）。矿物晶体单元两面均为氧，相邻晶层连接力弱，有巨大内表面，属于胀缩性矿物。2：1型矿物普遍具有同晶置换现象，矿物带负电荷，有较强的吸附阳离子的能力、可塑性和膨胀收缩性能。

蛭石与蒙脱石同属2：1型矿物，但蛭石晶体八面体中部分铝被镁取代，其性质与蒙脱石类似。

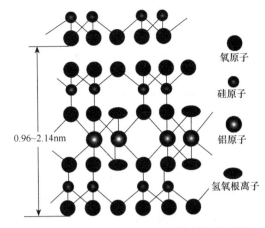

图1-6 2：1型蒙脱石类矿物晶体结构模型图

（3）水云母类矿物　　包括水云母或伊利石等，同属2：1型矿物，典型分子式为$[OH_4K_y(Al_4Fe_4)Mg_4 \cdot Mg_6](Si_{8-y} \cdot Al_y) \cdot O_{20}$，硅铝铁率为4。水云母类矿物结晶结构与蒙脱石类似，只是在相邻晶层间有K^+存在，K^+的盐桥作用使得晶层间紧密结合，胀缩性较小。水云母类矿物也存在同晶置换现象，带负电荷，其吸附阳离子的能力介于高岭石和蒙脱石之间，且主要吸附K^+，含水云母多的土壤钾素养分较丰富。

（三）次生矿物分布的地带性

土壤黏土矿物或来源于成土母质，或产生于成土过程之中。土壤黏土矿物的类型组合随土壤类型的不同而异。在同一生物气候条件下，即使成土母质不同，土壤中的主要黏土矿物类型仍大体相同；表土层中的黏土矿物是各种成土过程综合作用的结果，其代表该土壤所在的生物气候条件下比较稳定的黏土矿物组合，具有明显的地带性分异规律。根据中国土壤黏土矿物分布特点，可将其划分为以水云母为主、以水云母 - 蒙脱石为主、以水云母 - 蛭石为主、以水云母 - 蛭石 - 高岭石为主、以高岭石 - 水云母为主、以高岭石为主的地带及高山土壤矿物区。

1. 以水云母为主的地带　　在我国新疆、甘肃西部和内蒙古西部的荒漠与半荒漠地区，气候干燥，土壤矿物风化过程处于初级阶段，以物理风化过程占优势，其土壤表层中黏土矿物以水云母为主，并含少量绿泥石、蒙脱石和长石类矿物，表土中黏粒的硅铝率大于3.5。

2. 以水云母 - 蒙脱石为主的地带　　在内蒙古中部、黄土高原北部和东北西部等半干旱草原地区，土壤黏粒矿物组合随着湿度增加，蒙脱石含量明显增加，且蒙脱石结晶程度较高，并含少量绿泥石和高岭石。表土中黏粒的硅铝率为3.0～3.8，土壤矿物中碱金属元素绝大多数已淋失殆尽，而且碱土金属也发生明显的淋溶 - 淀积过程，土壤表层中的部分黏粒被淋溶 - 淀积于心土层中，形成了心土层质地相对黏重紧实的钙层土壤。

3. 以水云母 - 蛭石为主的地带　　在黄土高原东南部、黄淮海平原和东北平原大部分等的半湿润区，发育在黄土性母质上的土壤，其黏土矿物组成与母质差异较小，以水云母、蛭石和蒙脱石为主；而发育在花岗岩、变质岩和页岩风化物上的土壤，其黏土矿物则以水云母和蛭石为主，表土中黏粒的硅铝率为2.6～3.4，土壤矿物中碱金属元素绝大多数已淋失殆尽，碱土金属发生明显的淋溶 - 淀积过程，且淀积深度明显加大，淀积量减少，土壤表层中黏粒被淋溶 - 淀积过程明显加强，形成了心土层质地黏重紧实的黏化土壤。

4. 以水云母 - 蛭石 - 高岭石为主的地带　　在我国北亚热带湿润区，属江淮平原或低缓丘陵区，其气候、植被和土壤都具有明显的亚热带向暖温带过渡的特点。其土壤表层的黏土矿物以水云母、蛭石、高岭石为主，表土中黏粒的硅铝率为2.5～3.8，土壤矿物中碱金属和碱土金属元素绝大多数已淋失殆尽，矿物风化过程进一步加强，在局部土壤中已有少量三水铝石矿物。

5. **以高岭石-水云母为主的地带**　在我国江南丘陵、四川盆地及云贵高原北部的中亚热带湿润区，广泛分布有第四纪红色黏土，这类成土母质及其发育的土壤富含高岭石、赤铁矿和水云母，伴有少量蛭石、蒙脱石混层矿物。表土中黏粒的硅铝率在 2.5 左右，土壤矿物中碱金属和碱土金属元素绝大多数已淋失殆尽，二氧化硅开始大量淋失，铁铝氧化物逐渐累积。

6. **以高岭石为主的地带**　在我国华南及云南南部的南亚热带、热带湿润区，土壤表层的黏土矿物均以结晶良好的高岭石类矿物为主，其伴随矿物有水云母、蛭石和三水铝石矿物等。表土中黏粒的硅铝率小于 2.0。随水热作用的加强，表土中高岭石类矿物已经代替水云母矿物取得主导地位，次生铝硅酸盐矿物中的二氧化硅已经大量淋失，而铁铝氧化物大量积累，形成了质地黏重的土壤。

第三节　地壳的岩石组成

一、岩石的概念及类型

自然界中矿物往往很少单独存在，而是以一定的规律结合形成岩石。岩石是指天然产出的、具有一定的结构和构造、由一种或多种矿物组成的固态集合体。

自然界中岩石种类很多，按其成因可将其分为岩浆岩（或火成岩）、变质岩和沉积岩三大类，分别由岩浆作用、变质作用和沉积作用所形成，三类岩石在陆地的表面积分布以沉积岩最广，达 75%；占地壳总体积以岩浆岩最多，达 64.7%，变质岩其次，为 27.4%。

二、岩浆岩

（一）岩浆作用与岩浆岩

上地幔或地壳深处，天然产出的成分以硅酸盐为主的高温熔融物质为岩浆。依据 SiO_2 含量的多少，岩浆可分为超基性岩浆（$SiO_2 < 45\%$）、基性岩浆（SiO_2 为 45%～52%）、中性岩浆（SiO_2 为 52%～65%）和酸性岩浆（$SiO_2 > 65\%$）四种基本类型。

岩浆在地下深处形成之后，常沿着静岩压力较小的破碎带或软弱带向上运移或喷溢到地表面上来，这个作用过程就称为岩浆作用。岩浆经冷凝、固化所形成的岩石称为岩浆岩。

岩浆在向上运移、侵位后，在地壳上部某处冷凝下来，此作用过程称为侵入作用。冷凝而成的岩石称为侵入岩。

岩浆直接喷出地表后冷凝成岩的作用过程，称为火山作用。冷凝而成的岩石称为火山岩或喷出岩。

岩浆岩是由常见的几十种矿物所组成的。其中以 7 种矿物最为重要，通常它们占岩浆岩总量的 90%～99% 及以上。根据化学成分，这 7 种主要造岩矿物可分为暗色矿物和浅色矿物两大类。暗色矿物为富含镁铁的硅酸盐矿物，简称铁镁矿物，包括橄榄石、辉石、角闪石、黑云母等；浅色矿物为富含钾、钠、钙的铝硅酸盐，包括钾长石、斜长石与石英。

（二）岩浆岩的结构与构造

1. **结构**　岩浆岩的结构指岩石中矿物的结晶程度、颗粒大小、形状和晶粒相对大小、晶粒之间及晶粒与玻璃质之间相互结合关系所表现出来的特征。按岩浆岩的结晶程度，将其结构分为玻璃质、隐晶质和显晶质结构。

（1）玻璃质结构　　岩石全部由未结晶的火山玻璃组成，是岩浆快速冷却而来不及结晶、质点不规则排列的结果。

（2）隐晶质结构　　岩石中矿物颗粒极为细小（＜0.2mm），肉眼（包括放大镜）无法分辨，但在显微镜下能明显看出矿物颗粒。

（3）显晶质结构　　岩石中矿物颗粒较大（＞0.2mm），肉眼能够分辨矿物颗粒。

2. 构造　　岩浆岩的构造指岩石的不同矿物集合体之间的排列方式及充填方式。岩石的构造可用来判断岩石的形成条件和环境，是岩浆岩分类的重要依据。

（1）喷出岩的构造

1）气孔构造和杏仁构造：岩浆喷出地表后气体膨胀逸出，在岩石中留下圆形、长条形的空腔。在岩浆冷凝后被保留下来的孔洞构造称为气孔构造，如果气孔被后来的次生矿物（方解石、沸石、蛋白石等）填充，则称为杏仁构造。

2）流纹构造：岩浆流动过程中冷却，由不同颜色的条纹和被拉长的气孔等表现出来的一种流动构造。

3）绳状构造：流动性较强的熔浆在冷却过程中外部先冷却，内部尚未冷却的岩浆继续向前运动，推动前缘已冷却但未完全凝固的熔浆向前滚动，形成绳状构造。

4）柱状节理：由熔浆均匀而缓慢冷却形成，岩浆从地表开始冷却，体积收缩导致裂纹形成，裂纹逐渐向下发展形成垂直于地面的柱体。

5）枕状构造：岩浆在水下喷发时，由于在水中冷却收缩速度快，形成的熔岩具有不规则的椭球状外形，称为枕状构造。

（2）侵入岩的构造

1）块状构造：组成岩石的矿物在岩石中均匀分布，无定向排列，也无特殊聚集现象，是侵入岩特别是深成侵入岩常见的构造类型。

2）流动构造：片状、板状矿物平行排列形成的构造称为流面构造；柱状、针状矿物平行排列形成的构造称为流线构造。流面构造和流线构造统称为流动构造。

3）带状构造：颜色或粒度不同的矿物相间排列，并成带出现的现象。主要发育在基性、超基性岩体中。

（三）岩浆岩的分类

研究者一般根据化学成分、矿物成分和形成深度对岩浆岩进行分类。

根据 SiO_2 含量（%），岩浆岩分为超基性岩（SiO_2＜45%）、基性岩（SiO_2 为 45%～52%）、中性岩（SiO_2 为 52%～65%）和酸性岩（SiO_2＞65%）四种类型。

根据形成深度，岩浆岩分为喷出岩、侵入岩。其中位于地壳深处的侵入岩称为深成岩，在地壳浅部（＜3km）的侵入岩称为浅成岩。

（四）常见岩浆岩

1. 橄榄岩　　属超基性岩，主要由橄榄石和辉石组成，有时含少量角闪石、黑云母、铬铁矿等，颜色深绿色，全晶质结构。

2. 辉长岩　　属基性深成岩，由辉石和基性斜长石组成，二者比例近于 1∶1。可含少量橄榄石、黑云母和角闪石，全晶质结构，块状构造，颜色黑色或黑灰色。

3. 玄武岩　　为分布最广的基性喷出岩，矿物组成与辉长岩类似，多为黑色、黑灰或暗褐色，多斑状结构，少数细粒至隐晶质结构，多具气孔或杏仁构造。

4. **正长岩**　　属中性深成岩，浅色矿物几乎全部由肉红色或灰白色的钾长石（占90%）组成。含少量中性斜长石和石英（<5%），暗色矿物有角闪石、辉石和黑云母，等粒结构，块状构造。岩石颜色取决于钾长石的颜色，多为淡红色、浅灰色或白色。

5. **花岗岩**　　属酸性深成岩，SiO_2含量超过70%。主要矿物有石英（20%左右）、钾长石和酸性斜长石，次要矿物为黑云母和角闪石，等粒显晶质结构，块状构造，一般多呈灰白色、肉红色。

6. **流纹岩**　　属酸性喷出岩，矿物成分与花岗岩相当，常为斑状结构，具明显的流纹构造或带状构造，有时有气孔构造和杏仁构造，多呈浅灰、砖红、粉红、灰白或黑色。

三、沉积岩

（一）沉积作用与沉积岩

沉积岩是在地表和接近地表的常温、常压条件下，原有岩石的风化剥蚀产物在原地或经过搬运、沉积和压固所形成的岩石。

形成和堆积成层状沉积物的作用称为沉积作用。沉积作用的结果是形成松散、富含水分的各种沉积物，再经一系列的地质过程最终固结成为坚硬的沉积岩。

沉积岩中的矿物多为常温、常压环境下的稳定矿物，常见的有石英、长石、白云母、方解石、黏土矿物、白云石、绿泥石等。几乎没有橄榄石、辉石、角闪石。

（二）沉积岩的结构与构造

1. **结构**　　沉积岩的结构类型取决于岩石的形成作用。由母岩机械破碎作用的产物经胶结形成的岩石具有碎屑结构，根据颗粒大小（粒度）分为砾（>2mm）、砂（0.05～2mm）、粉砂（0.005～0.05mm）；以母岩化学分解过程中新形成的黏土矿物为主构成的岩石具有泥质结构；由化学沉积和生物沉积作用形成的岩石具有化学结构；由生物遗体或生物碎屑组成的岩石具有生物结构。

2. **构造**　　沉积岩的构造是指沉积岩各个组成部分的空间分布和排列方式所反映的岩石外貌特征，为沉积岩重要的宏观特征。根据沉积岩的构造可以推断沉积环境，为恢复古地理提供依据。

（1）层理构造　　由沉积岩的物质成分、颜色、结构沿着垂直于层面的方向上的变化所显示出来的成层现象。层理构造是沉积岩最重要的特征之一，也是野外区别沉积岩与岩浆岩及某些变质岩的最主要标志。

（2）层面构造　　机械运动或生物活动在未固结的沉积物表面留下的痕迹被后来的沉积物覆盖后保留在层面上的构造现象。

（三）沉积岩的分类

按成因、物质成分和结构将沉积岩分为碎屑岩类、泥质岩类、化学岩类和生物化学岩类。

（四）主要沉积岩

1. **砾岩**　　直径>2mm的碎屑含量在50%以上的沉积岩。

2. **砂岩**　　砂粒（粒度为0.05～2mm）含量大于50%的沉积岩。

3. **粉砂岩**　　粉砂（粒度为0.005～0.05mm）含量大于50%的沉积岩。

4. **泥质岩**　　又称黏土岩，指黏土矿物含量大于50%的沉积岩。以页岩分布最广，页岩是黏土岩中固结程度最高的岩石，有平行分裂的薄层状构造。典型的页岩层理薄如纸，称为页理，是鳞片状的黏土矿物（伊利石、绿泥石等）在压实过程中平行排列、层层累积而成。

5. 碳酸盐岩 以石灰岩和白云岩为代表，碳酸盐岩主要矿物成分是方解石和白云石。以方解石为主的碳酸盐岩称为石灰岩；以白云石为主的碳酸盐岩称为白云岩。碳酸盐岩主要是在海洋环境条件下由化学沉积作用和生物化学沉积作用形成。碳酸盐岩在我国约占沉积岩总出露面积的 55%，西南地区分布最广。

四、变质岩

（一）变质作用与变质岩

岩石基本上在固态下，由于温度、压力及化学活动性流体的作用，岩石成分、结构、构造等发生变化的地质作用，称为变质作用。按引起变质作用的主要因素，变质作用分为接触变质作用、动力变质作用、区域变质作用、混合岩化作用。

由变质作用所形成的岩石称为变质岩。变质岩的化学成分与原岩密切相关，也与变质作用的特点相关。在矿物组成上，一部分矿物为岩浆岩、沉积岩共有矿物，如石英、长石、辉石、角闪石、方解石等；另一部分为变质岩特有矿物，由变质作用形成，称为变质矿物，如红柱石、蓝晶石、硅线石、硅灰石、石榴子石、滑石、十字石、透闪石、阳起石、蛇纹石、石墨等。

（二）变质岩的结构与构造

1. 结构 按成因，变质岩的结构主要包括变晶结构、变余结构。

（1）变晶结构 原岩在变质过程中发生重结晶作用而形成的结晶结构。重结晶作用形成的晶粒称为变晶。

（2）变余结构 指重结晶作用不完全而使原岩的某些结构特征保留在变质岩中的现象，命名方法是在原岩结构的前面加上"变余"，如变余砂状结构。

2. 构造 按成因分为变成构造、变余构造与混合构造三大类。

（1）变成构造 变质作用过程中形成的构造，按矿物在岩石中的排列是否定向及它们的定向程度，无定向而且均匀分布时，可称为块状构造（如石英岩）；有定向时可统称为片理构造（如片岩、片麻岩）。

（2）变余构造 指变质岩中保留有原来岩石的构造。

（3）混合构造 指变质作用过程中，因外来成分加入或原来岩石局部重熔，形成的脉体（浅色部分）和由原岩变成的基体（深色部分）组合而成的构造，如条带状构造（脉体与基体呈条带状相间）、肠状构造、眼球状构造等。

（三）变质岩的分类

不同主导变质因素分别导致相应的变质作用，形成相应的变质岩，即接触变质岩、区域变质岩、动力变质岩和混合岩。

1. 接触变质岩 发生在岩浆岩（主要是侵入岩）与围岩之间的接触带上，并主要由温度和挥发性物质所引起的变质作用为接触变质作用，其形成的岩石为接触变质岩。代表性岩石有角岩、大理岩、石英岩、夕卡岩等。

2. 区域变质岩 在大范围内发生，并由温度、压力及化学活动性液体等多种因素引起的变质作用为区域变质作用，其形成的岩石为区域变质岩。代表性岩石有板岩、千枚岩、片岩、片麻岩、变粒岩等。

3. 动力变质岩 动力变质岩由动力变质作用形成，与地壳发生断裂有关。代表性岩石有角砾岩、糜棱岩。

4. 混合岩 由混合岩化作用形成的变质岩。混合岩化作用即超深变质作用，由变质作用向岩浆作用转变的过渡性地质作用。代表性岩石有混合花岗岩、条带状混合岩等。

（四）主要变质岩

1. **大理岩**　　主要由石灰岩或白云岩经过热接触变质作用形成，为粒状变晶结构，块状构造。纯粹的大理岩几乎不含杂质，洁白似玉，称为汉白玉。

2. **石英岩**　　属热接触变质岩，主要由石英组成，具有粒状变晶结构，块状构造。岩石极为坚硬，原岩为石英砂岩。

3. **板岩**　　属区域变质岩，具有板状构造，原岩主要是黏土岩、黏土质粉砂岩和中酸性凝灰岩。重结晶作用不明显，变质程度轻，常具变余泥质结构或显微鳞片变晶结构。

4. **千枚岩**　　属区域变质岩，具有千枚状构造。原岩性质与板岩相似，但重结晶程度较高，基本已全部重结晶，具显微鳞片变晶结构。

5. **片岩**　　属区域变质岩，具有千枚状构造。原岩已全部重结晶，以鳞片变晶、纤维状变晶及粒状变晶结构为主。

6. **片麻岩**　　属区域变质岩，具有片麻状构造，中、粗粒粒状变晶结构并含长石较多的岩石。

五、三大类岩石的关系

当原已形成的岩石，一旦改变其所处的形成时的环境，岩石将随之发生改变，而转化为其他类型的岩石。出露到地表面的岩浆岩、变质岩与沉积岩，在大气圈、水圈与生物圈的共同作用下，可以经过风化、剥蚀、搬运作用而变成沉积物，沉积物埋到地下浅处就硬结成岩，重新形成沉积岩。埋到地下深处的沉积岩或岩浆岩，在温度不太高的条件下，可以以固态的形式发生变质，变成变质岩。无论什么岩石，一旦进入高温（700～800℃及以上）状态，岩石就将逐渐熔融成岩浆。岩浆在地下浅处冷凝成侵入岩，或喷出地表而形成火山岩。三大岩类特征比较见表1-3。

表1-3　三大岩类特征比较

特征	岩浆岩（火成岩）	沉积岩（水成岩）	变质岩
	岩浆作用	外力地质作用	变质作用
岩石分类	按SiO$_2$含量分类： 超基性岩类（SiO$_2$<45%） 基性岩类（SiO$_2$为45%～52%） 中性岩类（SiO$_2$为52%～65%） 酸性岩类（SiO$_2$>65%）	按物质来源分类： 泥质岩类 碎屑岩类 化学岩及生物化学岩类	按变质作用类型分类： 接触变质岩 区域变质岩 混合岩 动力变质岩
分布最多的岩石	花岗岩、玄武岩、安山岩、流纹岩	页岩、砂岩、石灰岩	片麻岩、片岩、大理岩
矿物成分	石英、长石、云母等；橄榄石、辉石、角闪石	石英、长石、云母等；富含黏土矿物、方解石、白云石、有机质等	除石英、长石、云母、角闪石、辉石外，常含变质矿物，如石榴子石、石墨、红柱石等
结构	粒状、似斑状、斑状结构等，部分为隐晶质、玻璃质结构	典型的碎屑结构、化学结构和生物结构	粒状、斑状、鳞片状等各种变晶结构、变余结构等
构造	多为块状构造，喷出岩常具有气孔、杏仁、流纹构造	各种层理构造：水平层理、斜层理、交错层理，常含生物化石	大部分具有片理构造：片麻状、片状、千枚状、板状等，部分为块状构造

第四节　岩石的风化

一、风化作用

暴露在地表的岩石处在和它们形成时不同的物理、化学环境，即由高温高压的成岩环境转变为常温常压的地表环境，从而受到氧、二氧化碳、水、生物和温度变化的作用，因而会产生变化。变化的性质可以是机械的，表现为由整块岩石变为碎块或碎屑；也可以是化学的，表现为岩石的化学成分和矿物成分发生改变，从而使坚硬的岩石最终变成松散的碎屑和土壤，这就是风化作用。

风化作用是指组成地壳的岩石在地表的常温、常压下，由于气温变化、气体、水溶液及生物的共同作用，在原地遭受破坏的过程。

松散的风化产物易被流水、冰川、风等外力作用再破坏和搬运、沉积，最后又固结成岩，此地质循环过程在自然界发生，与土壤形成密切相关。风化作用为剥蚀作用的进行创造了有利条件，是其他外力作用的先导，在外力作用过程中占特殊重要地位。

二、风化作用的类型

按照风化作用的影响因素、性质和方式，把风化作用分为物理风化、化学风化和生物风化三类。

1. 物理风化作用　　物理风化作用又称机械风化，是地表岩石发生机械破碎而不改变其化学成分也不形成新矿物的作用。其产物主要是岩石碎屑及少数矿物碎屑。产生物理风化的原因以地表温度的变化为主，主要包括以下作用方式。

（1）矿物岩石的差异性胀缩　　首先，岩石是热的不良导体，其表层和内部在昼夜及季节温差变化的条件下并不能同步发生热胀冷缩，因而在表层与内部之间受到引张力作用，产生平行和垂直于岩石表层的裂缝，从而使岩石破碎。其次，岩石由多种矿物组成，不同矿物的膨胀系数不同，比热不同，颜色深浅不一，接受热量不同，温度的反复变化就会引起差异性胀缩，从而破坏矿物之间的结合能力，促使岩石破碎。一般由多种矿物组成的岩石、含暗色矿物多的岩石易发生物理风化，由单一矿物组成的岩石，如石灰岩、石英岩受温度影响小，崩解较慢。

（2）冰劈作用　　渗入岩石中的水在温度低于0℃时结冰，体积膨胀近9%，从而给周围岩石的压力达960kg/cm^2，扩大岩石空隙。若冻融反复交替，必然使岩石空隙逐渐增多、扩大，最终使岩石崩裂，此过程为冰劈作用。在高纬度和中纬度的高山区最为显著，因是水的反复冻结所致，也称寒冻风化作用。

（3）盐分结晶的撑裂作用　　岩石中含有的潮解性盐类，在夜间因吸水而潮解，其溶液渗入岩石内部，并将沿途盐类溶解；白天在烈日照晒下，水分蒸发，盐类结晶，对周围岩石产生压力。此作用反复进行，使岩石崩解，常见于气候干旱区。

（4）层裂或卸荷作用　　深部岩石处于上覆岩石的强大压力下，一旦上覆岩石剥去，压力解除，岩石随之产生向上或向外的膨胀，形成平行于地面的层状裂隙。其常见于花岗岩出露区。

2. 化学风化作用　　化学风化作用是地表岩石在水、氧及二氧化碳的作用下发生化学成分变化，并产生新矿物的作用。主要包括以下作用方式。

（1）溶解作用　　水作为溶剂，对自然界中的矿物有溶解能力，特别是含有 O_2、CO_2 及其他酸、碱物质时，溶解能力增强。矿物的溶解度是由其化学成分及内部结构属性决定的，常见矿物溶解度大小顺序为岩盐、石膏、方解石、橄榄石、辉石、角闪石、滑石、蛇纹石、绿帘石、钾长石、黑云母、白云母、石英。此外，水的温度、压力及 pH 等因素对矿物的溶解度有明显影响，热带地区岩石风化速度较快。

（2）水化作用　　矿物吸收的水分渗透到矿物晶格中，形成含水分子的矿物，称为水化作用，如硬石膏水化后形成石膏，反应式如下：

$$CaSO_4 + 2H_2O \longrightarrow CaSO_4 \cdot 2H_2O$$
（硬石膏）　　　　　　（石膏）

（3）水解作用　　弱酸强碱盐或强酸弱碱盐遇水解离成带不同电荷的离子，这些离子分别与水中含有的 H^+ 和 OH^- 发生反应，形成含有 OH^- 的新矿物，称为水解作用，如钾长石发生水解形成高岭石、氢氧化钾和二氧化硅，反应式如下：

$$4K\left[AlSi_3O_8\right] + 6H_2O \longrightarrow Al_4\left[Si_4O_{10}\right](OH)_8 + 8SiO_2 + 4KOH$$
（钾长石）　　　　　　（高岭石）

（4）碳酸化作用　　溶解于水中的 CO_2，与水结合形成碳酸，使水解作用加速进行，称为碳酸化作用，如钾长石的碳酸化作用，反应式如下：

$$4K\left[AlSi_3O_8\right] + 4H_2O + 2CO_2 \longrightarrow Al_4\left[Si_4O_{10}\right](OH)_8 + 8SiO_2 + 2K_2CO_3$$
（钾长石）　　　　　　（高岭石）

（5）氧化作用　　许多元素有与氧结合的能力，氧化是一种普遍的自然现象，如黄铁矿在水的帮助下的氧化作用：

$$2FeS_2 + 7O_2 + 2H_2O \longrightarrow 2FeSO_4 + 2H_2SO_4$$
（黄铁矿）　　　　　　（硫酸亚铁）

$$12FeSO_4 + 3O_2 + 6H_2O \longrightarrow 4Fe_2(SO_4)_3 + 4Fe(OH)_3$$
（硫酸铁）

$$Fe_2(SO_4)_3 + 6H_2O \longrightarrow Fe_2O_3 \cdot 3H_2O + 3H_2SO_4$$
（褐铁矿）

3. 生物风化作用　　生物风化作用是指生物在其生命活动中对岩石、矿物产生的机械的和化学的破坏作用。地表岩石在水、氧及二氧化碳的作用下发生化学成分变化，并产生新矿物的作用。主要包括以下作用方式。

（1）根劈作用　　由于岩石裂隙中的植物根系变长、变粗、增多，对裂隙产生压力，劈裂岩石的作用。

（2）生物化学风化作用　　通过生物的新陈代谢和生物死亡后遗体腐烂分解来进行的岩石风化过程。

物理风化、化学风化、生物风化常常相互促进，共同作用。物理风化扩大岩石裂隙，有利于水、气体及生物的活动，加速岩石化学风化；而化学风化使矿物和岩石性质改变，破坏原有岩石的完整性和坚固性，为物理风化的深入进行提供了有利条件；生物风化总是与各种物理、化学风化作用配合发生的。

三、风化阶段

岩石风化后，部分物质随水流失，部分疏松物质残留于原地，称为残积物。从整个岩石圈来看，上层部分都是风化的残余物（残积物及经过搬运的疏松物质），构成一层薄薄的外壳，称为风化壳。

按风化作用的方式、过程和强度及元素在风化壳中的迁移状况，风化作用可分为以下几个阶段。

1. 机械破碎为主的碎屑阶段　岩石风化的最初阶段，以物理风化的机械破碎为主，化学风化不明显，只有最易淋失的氯和硫发生移动，风化壳中主要是粗大的碎屑。在北方干旱的山区与常年积雪的高山及两极地区，广泛分布这一阶段的风化壳。

2. 钙淀积或饱和硅铝阶段　化学风化的早期阶段，所有的氯和硫都已从风化壳中淋失，钙、镁、钾、钠等大部分仍保留在风化壳中，并且有一些钙在风化过程中淋溶出来，形成碳酸钙，淀积在岩石碎屑的孔隙中。该风化壳呈碱性或中性反应，所含的黏土矿物以蛭石、水云母和蒙脱石为主，风化壳类型所形成的土壤为钙层土，如我国东北、内蒙古等地的黑钙土和栗钙土，气候比较干旱的草原或荒漠地区，如新疆的灰钙土、漠钙土，以及河南的褐土等可为代表。

3. 酸性硅铝阶段　化学风化的中期阶段，风化壳遭到强烈的淋溶作用，钙、镁、钾、钠元素都受到淋失，同时硅酸盐与铝硅酸盐中分离出来的硅酸也部分淋失。风化壳呈酸性反应，颜色以棕或红棕为主，所含的黏土矿物以水云母、蛭石和高岭石为主。我国秦岭、大巴山之间及长江以北的谷地和丘陵的黄棕壤可为代表。

4. 富铝阶段　风化作用的最后阶段，风化壳受到相当彻底的风化和淋溶，大部分2∶1型黏土矿物遭受进一步破坏，向1∶1型和铁铝氧化物转化。盐基及硅酸盐中相当部分的硅酸淋失，残留的铁铝氧化物明显富集，形成鲜明的红色。我国华南沿海的砖红壤可为代表。

由此可见，自然界的风化作用是一个由浅入深的连续过程。但在一定气候区、母岩和地形条件下，其风化过程只停留在某一阶段。总体而言，我国由北向南和由西向东，风化壳的发育由浅至深，由以物理风化为主转化为以化学风化为主，除部分石英外，原生矿物被分解破坏，形成的黏土矿物也由2∶1型→1∶1型→铁铝氧化物转化。

第五节　土　壤　母　质

一、土壤母质的概念

土壤形成和发育的物质来源及载体是岩石圈。岩石经风化后形成的母质，很少能留在原地，多经各种自然动力（水、风、冰川、重力等）的一次或多次搬运被转移到其他地方，形成各种沉积物。

科学家通常把与土壤有直接发生联系的母岩风化物或堆积物称为母质。母质是形成土壤的物质基础，在生物气候的作用下，母质表面逐渐转变为土壤。

二、土壤母质的类型

（一）按搬运方式和堆积特点

1. 残积物　一般分布在山区比较平缓的高地上，是山区主要成土母质之一。残积物经水流淋洗，具有粗骨性的特征。残留在原地的岩石碎屑和难风化的矿物颗粒，多具棱角，组成和性质与原岩石有较大差异。

2. 坡积物　山坡上部的风化碎屑物质，经雨水或融雪水的冲刷，搬运到山坡的中下部堆积形成坡积物。在山坡上部，堆积层薄，物质较粗；在山坡下部，堆积层厚，物质较细。坡积物分选性差，质地多为含砾质壤土。

3. **洪积物**　　在干旱与半干旱地区的山地，由于骤融的雪水或间歇性的暴雨，形成流速湍急的洪水，将山区的风化碎屑夹杂泥沙，搬运到山谷出口处，由于地势宽坦而水流减缓，所挟带物质沉积下来，形成扇面地形，为洪积扇，其沉积物称为洪积物。洪积物多具一定分选性，地势高处含有较多的砾石和粗砂，在洪积扇边缘，物质逐渐变细，多为细砂质或粉砂质。

4. **冲积物**　　风化碎屑物质受河流（经常性流水）的侵蚀、搬运和堆积而形成的沉积物。冲积物有明显的分层性，层内质地或砂或黏，粗细均匀。冲积物具有较好的磨圆度和分选性。

5. **湖积物**　　属湖相静水沉积，分布在湖泊周围。由于湖水激荡，沉积物颗粒细腻，质地黏重，有机质含量高，呈暗褐色或褐色。

6. **滨海沉积物**　　又称海积物，属海相沉积。滨海沉积物是河流挟带入海的物质，颗粒粗细不一，往往硅质含量高。

7. **风积物**　　由风力所夹带的矿物碎屑，经吹扬作用而沉积形成的。风积物分选性强，粗细均匀，砂粒磨圆度高，但因缺水土壤肥力较低。

8. **塌积物**　　山地陡崖上的风化岩石，受重力作用而坍塌坠落，是山麓及谷地局部地段上母质的类型，组成以碎石砾为主，无分选性和层次性，在山麓形成倒石堆地形。

9. **黄土沉积物**　　第四纪一种特殊沉积物，是在气候干旱或半干旱、季节变化极明显的条件下形成的。我国黄土沉积物分布广，在太行山以西，大别山、秦岭以北，遍及陕西、甘肃、宁夏、山西、河南等省（自治区），另外在新疆、青海、河北、山东、内蒙古等省（自治区）也有部分分布。我国黄土地层从早更新世（Q_1）到全新世（Q_4）均有堆积。①早更新世（Q_1）午城黄土，主要分布在陕甘高原，标准地点是山西省隰县午城镇柳树沟，色较红，质地均匀黏重，结构致密而坚实，大孔隙少，分布面积小，厚度多为 10~20m。②中更新世（Q_2）离石黄土，主要分布在甘肃、陕西、山西及河南西部，以山西省吕梁市离石区陈家崖为典型分布区，颜色较午城黄土淡，质地为粉砂质黏壤土，分布遍及黄河中游，厚度一般为 100m 左右，是形成黄土高原的主体。③晚更新世（Q_3）马兰黄土，新黄土，北方各地广泛分布，质地为粉砂壤土，结构疏松，是黄土高原主要的成土母质，厚度一般不超过 30m。④全新世（Q_4）现代黄土，分布在局部山前山脚、洪积扇表层及河流泛滥区，仅数米厚，土质疏松。

10. **黄土状沉积物**　　又称次生黄土，是黄土经流水侵蚀、搬运后，再沉积而形成的。在江苏西部、南京至镇江一线，广泛分布由次生黄土构成的丘陵，常称下蜀黄土。在安徽江淮丘陵区的岗地也广泛分布。黄土状沉积物常土层深厚，无明显层次，颗粒细小均匀，为棕黄色粉砂质黏土，具有棱柱状结构，并含有大量铁锰结核及胶膜。

11. **红土沉积物**　　受海洋性气候影响，气候炎热潮湿，各种堆积物强烈风化，形成深厚的富含铁、铝质的红色黏土，属富铝化类型的风化物，含较多的铁铝氧化物及高岭石等。红土沉积物质地黏重，通气透水不良，常呈酸性至强酸性反应，广泛分布于我国南方各地，尤其以华南地区发育最好。根据红土沉积物发育时代可划分为以下层段：①早更新世（Q_1）红土发育；②中更新世（Q_2），此时代的地层发育最为典型，为网纹状红土；③晚更新世（Q_3），在北纬 30° 以南才有发育，但红土化作用弱；④全新世（Q_4），红土化作用基本停止，仅在华南夏季才有弱发育。

12. **冰碛物**　　冰川期的遗迹，在我国分布广，多呈零星式小片分布。青藏高原气候干燥寒冷，第四纪沉积物以各种冰碛物为主。

（二）按空间分布规律

我国境内的成土母质（风化壳）可归结为 6 个主要类型（表 1-4）。

1. **碎屑状成土母质**　主要分布在青藏高原和其他高山地区。

2. **富含易溶盐的成土母质**　集中分布在新疆、甘肃、柴达木盆地、内蒙古西部等干旱区。

3. **富含碳酸钙的成土母质**　多分布于华北及西北丘陵山区，与黄土、次生黄土、石灰岩、石灰质灰岩等碳酸盐类岩石的分布区一致。

4. **铝硅酸盐的成土母质**　主要分布在东北、华北的山区，这类母质中的易溶盐和碳酸盐已经基本淋失。

5. **富铁铝成土母质**　集中分布在华南广大地区，母质中可溶盐、碱金属和碱土金属比较缺乏，富含铁铝氧化物，在未遭受侵蚀的情况下，此类母质常具有质地细腻、层次深厚的特点。

6. **还原风化物**　主要分布在局部洼地、湿地区域。由于地势低洼排水不畅，母质中还原性物质相对较多，氧化还原电位较低。

表 1-4　成土风化壳对土壤形成的影响

成土风化壳类型	分布地区	发育主要土壤类型
富铁铝风化壳	中国南部热带、亚热带地区	铁铝土、富铁土
硅铝风化壳		
饱和硅铝风化壳	东北、华北地区	干润淋溶土、干润均腐土
不饱和硅铝风化壳	东北、华北山地丘陵区	湿润淋溶土、湿润雏形土
弱富铝硅铝风化壳	长江流域及北亚热带地区	铁质湿润淋溶土
碎屑风化壳	高海拔山区、青藏高原	寒性干旱土、寒冻雏形土
碳酸盐风化壳		
碳酸盐风化壳	东北、华北、黄土高原	干润均腐土、干润雏形土
残余碳酸盐热风化壳	热带、亚热带喀斯特地区	钙质湿润雏形土、钙质常湿雏形土
紫色残余碳酸盐风化壳	四川盆地及其周围地区	紫色湿润雏形土、紫色正常新成土
含盐风化壳	内陆盆地、黄淮海平原、内蒙古高原、东北平原西部、东部滨海地区	盐成土
还原风化物	局部洼地、湿地	潜育土及相关的潜育类型、有机土

第六节　土壤的形成因素

一、土壤形成因素学说

（一）成土因素学说

土壤是多种因素作用下形成的自然体。早在 19 世纪末，俄国土壤学家道库恰耶夫（Dokuchaev，1846—1903）通过对欧亚大陆的调查，创立土壤发生学理论，认为土壤是地理景观的一部分，是在五大成土因素（气候、母质、生物、地形和时间）作用下形成的。土壤是成土因素综合作用的产物，成土因素在土壤形成中起着同等重要和相互不可替代的作用，成土因素的变化制约着土壤的形成和演化，土壤分布受成土因素的影响而具有地理规律性。

20 世纪 40 年代，美国著名土壤学家汉斯·詹尼（Hans Jenny）在其《成土因素》一书中，发展了道库恰耶夫的成土因素学说，提出了土壤形成因素函数的概念：

$$S=f\ (Cl,\ O,\ R,\ P,\ T,\ \cdots)$$

式中，S 为土壤；Cl 为气候；O 为生物；R 为地形；P 为母质；T 为时间；省略号代表尚未确定的其他因素。

（二）成土因素学说的基本原理

1. 土壤是成土因素综合作用的产物　　道库恰耶夫研究指出："土壤总是有它自己本身的起源，始终是母岩、活的和死的有机体、气候、陆地年龄和地形的综合作用的结果。"即使从当今地球系统科学理论的角度来看，道库恰耶夫的这种综合研究土壤观点，仍然具有鲜明的科学价值和实践意义。

2. 成土因素的同等重要性和不可代替性　　成土因素学说认为，所有的成土因素始终是同时地、不可分割地影响着土壤的发生和发育，它们同等重要和不可替代地参与了土壤的形成过程。各个因素的"同等性"绝不意味着每一个因素始终处处都在同样地影响着土壤形成过程，土壤形成过程中各个因素同等重要，但对于某个具体的土壤形成过程而言，必然有某一个或几个因素起主导作用。

3. 成土因素的时空分异与土壤演化　　成土因素学说认为土壤是永远发展变化的，即随着成土因素的变化土壤也在不断变化，土壤有时进化，有时退化以至消亡，这取决于成土因素的变化特征，随时间与空间的不同，成土因素及其组合方式也会改变，故土壤也跟着不断发生变化。土壤是一个动态的自然体，是一个有生有灭的自然体。

二、成土因素的作用

（一）概述

土壤处于岩石圈、水圈、大气圈、生物圈和人类智慧圈相互作用的交互地带，是连接地表各环境要素的枢纽。土壤发生学认为：①母质是岩石风化的产物，是土壤形成的物质基础，母质的组成和性状都直接影响土壤发生过程的速度和方向，这种作用在土壤发生的初期最明显，母质的某些性质往往被土壤所继承；②生物因素包括植物、动物和土壤微生物，它们将太阳辐射转化为化学能引入土壤发育过程中，是土壤腐殖质的生产者，又是土壤有机质的分解者，是促使土壤发生发展的最活跃因素；③气候因素是土壤发生发育的能量源泉，它直接影响土壤的水热状况，影响着土壤中矿物、有机质的迁移转化过程，是决定着土壤发生过程的方向和强度的基本因素；④地形因素与土壤之间未进行物质和能量的交换，只是通过对地表物质和能量进行再分配影响土壤发生过程；⑤时间因素阐明土壤发生发育的动态过程，其他所有成土因素对土壤发生发育的综合作用随时间的增长而加强；⑥人类活动对土壤发生发育的影响是广泛而深刻的，一是通过改变成土条件，二是通过改变土壤组成和性状来影响土壤发生发育过程。

各成土因素的作用具有本质差异，对土壤的发生发育是同等重要、不可替代的。土壤也正是各成土因素综合作用的产物。

（二）气候因素对土壤发生发育的影响

气候是土壤形成的能量源泉。土壤与大气之间经常进行水分和热量的交换。气候直接影响着土壤的水热状况、土壤中物质的迁移转化过程，并决定着母岩风化与土壤形成过程的方向和强度。气候要素，如气温、降水及风力对土壤形成发育具有重要的影响（图1-7）。

1. 对风化成土作用的影响　　温度及其变化对土壤矿物体的物理崩解、土壤有机物与无机物的化学反应速率有明显作用；对土壤水分蒸散、土壤矿物溶解与沉淀、有机质的分解与腐殖质合成有重要影响，从而制约土壤中元素迁移转化的能力和方式。温度对土壤化学反应的影响可用 van't Hoff 温度定律说明，即温度每升高 10℃，化学风化速率增大 1 倍。该定律适用于风化速率较低的自然界矿物质风化过程和生物学过程，热带风化速率约是温带地区的 3 倍、寒带地区的 9 倍。

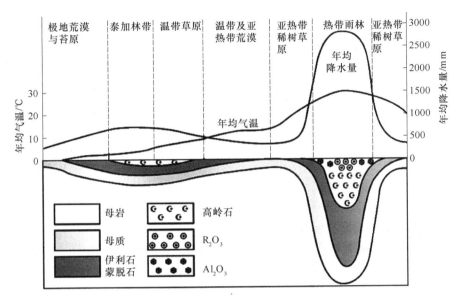

图 1-7　不同温度带风化壳分异图式（李天杰等，2004）

2. 对土壤中物质迁移的影响　　湿润条件下，土壤含水量丰富，可溶盐、黏粒等物质随土体中下行水淋溶至剖面下部，甚至完全淋失；干旱气候条件下，蒸散率高，土壤中水上行，可溶性土壤物质从土体下部迁移至上部，甚至到达地表。

3. 对土壤有机质积累和矿化的影响　　气候因素通过影响地表原生植被类型及其生物量，控制有机质进入土壤环境的数量及特性；水热因素通过影响土壤微生物活性，控制土壤有机质的分解与矿化速率。

（三）生物因素对土壤发生发育的影响

生物将太阳辐射能转变为化学能引入成土过程，并合成土壤腐殖质。在土壤中生活着数百万种植物、动物和微生物，它们的生理代谢过程构成了地表营养元素的生物小循环，使得养分在土壤中保持与富集，从而促使了土壤的发生与发展。

1. 对土壤有机质含量、性质与分布的影响　　植物在成土过程中最重要的作用是将分散在母质、水圈、大气圈中的营养元素选择性吸收，利用太阳辐射能合成有机质，从而将太阳辐射能转化为化学能并引入成土过程之中。不同类型的生态系统所生产的有机物数量、组成和向土壤归还的方式不同，且土壤有机质在生物作用下腐殖化过程和矿化过程也各不相同，生物因素影响土壤有机质的来源与转化。不同植物作用下形成的土壤有机质的垂直分布比较见图 1-8。

2. 对植物营养循环的影响　　植物通过选择性的营养吸收，并在新陈代谢过程中及死亡之后归还土壤，使生物体内矿质营养元素释放。土壤生物的生理代谢过程构成地表营养元素的生物小循环，从而形成了土壤腐殖质层，并使 C、H、O、N、P、K、Ca、Mg、S 及微量营养

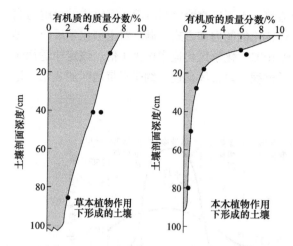

图 1-8 不同植物作用下形成的土壤有机质的垂直分布比较（熊毅和李庆逵，1990）

元素在土壤层中富集，最终结果是造成土壤中矿质营养元素的相对富集和土壤性状的改善。因此，生物生理活动不仅对土壤性质有重要影响，在土壤肥力、自净能力的形成中也起决定性作用。

3. 对土壤风化淋溶作用的影响　生物小循环归还土壤的养分数量，直接影响土壤中盐基离子的组成。例如，在亚热带季风气候区及热带季风气候区，强淋溶使土壤呈现强酸性，而森林植被返还的盐基离子，使表层土壤 pH 和盐基饱和度明显高于亚表层。同时，腐殖质对土壤结构的改良影响土壤中水分运移状况、生物分泌或有机质分解对难溶性盐及金属离子的溶解作用、可溶性有机质对土壤中铁、铝等的难溶性氧化物的螯合作用，这些均可对土壤风化淋溶作用产生影响。

（四）母质因素对土壤发生发育的影响

成土母质对土壤形成发育和土壤特性的影响，是在母质被风化、侵蚀、搬运和堆积的过程中对成土过程施加的影响。母质是土壤形成的物质基础，母质的组成和性状都直接影响土壤发生过程的速度和方向。

1）母质的机械组成直接影响到土壤的机械组成、矿物组成及其化学成分，从而影响土壤的物理化学性质、土壤物质与能量的迁移转化过程。例如，华北一些花岗岩、片麻岩分布区，由于岩石组成抗风化能力弱，常形成平缓的坡地和相对深厚的风化层，且风化层疏松通透性能好，有利于土壤形成发育，常形成土层深厚的壤质肥沃土壤。

2）非均质的母质对土壤形成的影响较均质母质更复杂，它不仅直接导致土体机械组成和化学组成的不均一性，还会造成地表水分运行状况与物质能量迁移的不均一性。例如，质地层次上轻下黏型的土体，就下行水来说，在两个不同质地土层界面造成水分聚积和物质的淀积，如果土层界面具有一定的倾斜度，则在界面处形成土内径流，从而形成物质淋溶作用较强的淋溶层。

3）母岩种类、母质的矿物与化学元素组成，不仅直接影响到土壤的矿物、元素组成和物理化学特性，还对土壤形成发育的方向和速率有决定性影响，如灰化作用一般都发生在盐基贫乏的砂质结晶岩或酸性母质上。

（五）地形因素对土壤发生发育的影响

岩石圈表面形态即地形，它是土壤形成发育的空间条件，对成土过程的作用与母质、气候、生物等不同，它通过影响地表物质能量的再分配，从而影响成土过程（图 1-9）。新构造运动及地形演变更是影响土壤发生发育的重要因素。

1. 对降水与辐射再分配的影响　地形支配着地表径流、土内径流、排水情况，因而在不同的地形部位（上部、中部和较低处）会有着不同的土壤水分状况类型。地形不仅控制着近地表的土壤过程（侵蚀与堆积过程），还影响着成土作用（如淋溶作用）的强度和土壤特性，以及成土过程的方向和土链的形成与发育。

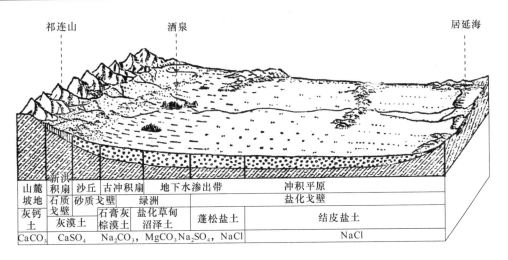

山麓坡地	新洪积扇	沙丘	古冲积扇	地下水渗出带		冲积平原	
	石质戈壁	砂质戈壁		绿洲		盐化戈壁	
灰钙土	灰漠土		石膏灰棕漠土	盐化草甸沼泽土	蓬松盐土	结皮盐土	
$CaCO_3$	$CaSO_4$		Na_2CO_3，$MgCO_3$	Na_2SO_4，$NaCl$		$NaCl$	

图 1-9　祁连山、居延海间含盐风化壳盐分地球化学分异图（熊毅和李庆逵，1990）

2. 对土壤形成过程中物质再分配的影响　　由于地形影响地表水、热条件的再分配，从而影响地表物质组成和地球化学分异过程。另外地形高度、坡向（向阳坡和阴坡、迎风坡和背风坡）、坡度和位置等不同，常引起地表接受太阳辐射、蒸发与蒸腾、大气水分与温度的不同，从而导致土壤剖面中水热条件的垂直分异，继而影响土壤形成发育过程和土壤性状的垂直分异。

3. 地形 - 土壤关系　　地形发育对土壤演变有深刻影响。地壳升降或侵蚀基准面变化，不仅影响土壤侵蚀与堆积过程和地表年龄，还会引起地表水文状况及植物等一系列自然因素的变化，从而使土壤形成过程逐渐转向，使土壤类型依次发生演变。

总之，由于地形制约着地表物质和能量的再分配，地形的发育也支配着土壤类型的演替，因此在不同的地貌形态上，形成了不同的土壤类型。同样，在一定的生物气候条件下，同一类型和同一年龄的地貌单元上常形成相同或相近的土壤类型。随地貌（或地形）的演化，土壤类型也随之发生演变。

（六）时间因素对土壤发生发育的影响

时间和空间是一切事物存在的基本形式。气候、生物、母质、水文和地形都是土壤形成的空间因素。时间作为成土因素则是阐明土壤形成发展的历史动态过程。母质、气候、生物、水文和地形等对成土过程的作用随着时间延续而加强。时间因素对成土过程的作用，不仅涉及土壤发育的年龄问题，更重要的还体现在土壤的系统发育或土壤圈随同整个地球表层系统一起形成、发展和演变的历史。

一般来说，土壤年龄越大，土壤发育经历的时间也越长，其成土环境条件（或景观）的变化也越复杂，其不仅具有反映现代自然景观的土壤特性，也具有反映过去景观条件的性状。这些过去景观条件下形成的而仍保持下来的土壤性质，称为土壤的残遗特征，是环境与成土过程发生演变的重要见证之一。

土壤圈发展变化的总趋势：由初级到高级、由简单到复杂；新的土壤不断产生，旧的土壤不断衰亡；土壤类型不断趋于多样化；土壤圈的范围不断扩展，土层增厚，空间格局日趋复杂化；土壤圈储存营养元素的质与量逐渐丰富，土壤环境容量和调节能力不断提高。

（七）人为因素对土壤发生发育的影响

人为活动作为一个成土因素，对土壤的形成和演化有重要作用。但人为因素对土壤影响的性质与其他自然因素有着本质区别。人为活动的基本特点如下。

1. **人为活动对土壤的影响是有意识、有目的的** 在生产实践过程中，人们在逐步认识土壤发生发展规律的基础上，利用和改造土壤，并定向培育土壤，最终形成不同熟化程度的耕种土壤。

2. **人为活动是社会性的** 它对土壤形成发育的影响受社会制度和社会生产力水平的制约，在不同社会制度和不同生产力水平条件下，人为活动对土壤的影响有很大不同。

3. **人为活动对土壤发生发育的影响具有双向性** 既可通过合理利用，使土壤向良性循环方向发展，也可因不合理利用引起土壤退化。

4. **人为活动的影响比较强烈** 人为活动可以在很短的时间内，强烈改变土壤的成土因素或基本性状。

人为活动可以通过改变成土条件，或是通过改变土壤组成和性状来影响土壤的成土过程或土壤现状性质。人为活动主要表现为以下一些形式：人类可以通过采取生物措施和工程措施，或通过灌溉、施肥、轮作、耕作等农艺技术措施，调整土壤形成过程中的物质循环及成土因素的作用，来提高土壤的肥力，培植高度熟化的肥沃土壤（耕作土壤）；或者通过增加土壤中的有机质，保持水土，提高土壤水库容量，消除土壤中有害因素的作用，来改良土壤。

第二章 土壤肥力的物质组成

土壤是由固体、液体和气体三相物质组成的疏松多孔体。固相物质包括经成土作用改造后留下来的岩石风化产物，即土壤矿物质；土壤中动植物残体的分解产物和再合成的物质，以及生活在土壤中的各种生物，主要是微生物。前者构成土壤的无机体，后两者构成土壤的有机体。土壤液相主要是指溶有可溶盐类和简单有机物的水溶液。土壤气相指土壤中存在的各种气体。土壤的液相和气相主要存在于土壤固相物质之间的孔隙中。

第一节 土壤矿物质

土壤矿物质是土壤固相的主体物质，构成了土壤的"骨骼"，占土壤固相总质量的95%以上。固相的其余部分为有机质、土壤微生物，所占比例较小，占固相质量的5%以下。土壤矿物质的组成、性质和结构如何，对土壤物理性质（结构性、水分性质、通气性、热学性质、力学性质和耕性）、化学性质（吸附性能、表面活性、酸碱性、氧化还原电位、缓冲作用等）及生物与生物化学性质（土壤微生物、生物多样性、酶活性等）均有深刻影响。分析土壤矿物质及其组成对鉴定土壤类型、识别土壤形成过程具有重大的意义。

一、土壤颗粒分级

土壤颗粒（土粒）是构成土壤固相骨架的基本颗粒，其形状和大小多种多样（图 2-1），可以呈单粒，也可能结合成复粒存在。通常将复粒进行物理和化学处理后，分散成单粒后分析其颗粒性质。土壤单粒的大小不同，其成分和性质往往也不同。

为了认识和研究的方便，根据单个土粒的当量粒径（假定土粒为圆球形的直径）的大小，将土粒划分为若干粒径等级，即土壤粒级（soil separates），或称为粒组（fraction）。

如何把土粒按其大小分级，分成多少个粒级，各粒级间的分界点（当量粒径）定在哪里，至今尚缺公认的标准。在许多国家，各个部门采用的土粒分级制也不同，当前，在国内常见的几种土壤粒级制列于表 2-1。几种土壤颗粒分级的标准虽有差异，但主要的粒级范围大致相近，4 种粒级制把土壤颗粒分为石砾（cobble，gravel）、砂粒（sand）、粉粒（曾称粉砂，silt）和黏粒（包括胶粒，clay）4 个组。一般大于 2mm（或 1mm）的土壤颗粒称为石砾；砂粒与粉粒的分界线为 0.02mm 或 0.05mm；而黏粒直径的上限为 0.002mm。各级土壤颗粒的空间大小类比见图 2-2，最大与最小的颗粒粒径相差可大于 4 个数量级，常见土壤颗粒的半径为 0.000 1～1mm。

目前国际上通行的粒级制是把粒径小于 0.002mm 的称为黏粒，我国土壤系统分类中与之相同。近年美国农业部和世界土壤资源参比基础对黏粒作了细分，粒径小于 0.002mm 的称为细黏粒。

土壤各粒级之间的界限划分主要是根据粒级间颗粒的理化性质的转折来确定的，但分级是按当量粒径来划分的，与实际土壤颗粒的大小是有差异的，另外，土壤有机质和测定颗粒组成时土壤颗粒的分散程度、溶液的温度等都对土壤颗粒分级结果有影响。

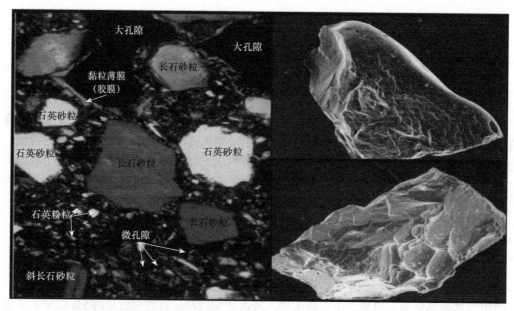

图 2-1　土壤颗粒的显微照片（Weil and Brady，2017）

　　图 2-1 中，左图是一个壤质土壤切片的偏光显微照片（孔隙呈黑色），从中可以看出土壤砂粒和粉粒的大小和形状是不规则的，粉粒较小，石英是该土壤中砂粒和粉粒的主要成分，也可看到其他硅酸盐矿物，如斜长石、长石。黏粒薄膜覆盖在大孔隙的壁上（见箭头所指）。右下图是石英砂粒的电子显微照片，右上图是长石的电子显微照片（放大 40 倍）（左图照片由马里兰大学 Martin Rabenhorst 提供；右图照片由美国联合石油研究所的 J. Reed Glasmann 提供）。

表 2-1　常见的土壤粒级制

当量粒径 /mm	国际制（1930）	美国农业部制（1951）	卡钦斯基制（1957）		中国制（1987）
2～3	石砾	石砾	石砾		石砾
1～2		极粗砂粒			
0.5～1	粗砂	粗砂粒		粗砂粒	粗砂粒
0.25～0.5		中砂粒		中砂粒	
0.2～0.25		细砂粒	物理性砂粒	细砂粒	细砂粒
0.1～0.2	细砂				
0.05～0.1		极细砂粒			
0.02～0.05		粉粒		粗粉粒	粗粉粒
0.01～0.02	粉粒				
0.005～0.01				中粉粒	中粉粒
0.002～0.005			物理性黏粒	细粉粒	细粉粒
0.001～0.002					粗黏粒
0.000 5～0.001	黏粒	黏粒		粗黏粒	
0.000 1～0.000 5			黏粒	细黏粒	细黏粒
<0.000 1				胶质黏粒	

资料来源：朱祖祥，1983

二、矿物质土壤颗粒的组成和性质

（一）土壤颗粒的元素组成

土壤中的矿物质主要由岩石中的矿物变化而来。为此，讨论土壤矿物质的化学组成，必须知道地壳的化学组成。土壤矿物质部分的元素组成很复杂，元素周期表中的全部元素几乎都能从土壤中发现，但主要的约有 20 种，包括氧、硅、铝、铁、钙、镁、钛、钾、钠、磷、硫，以及一些微量元素，如锰、锌、铜、钼等。表 2-2 列出了地壳和土壤的平均化学组成，从此表中可见：①氧和硅是地壳中含量最多的两种元素，分别占了 47.0% 和 29.0%，两者合计占地壳质量的 76.0%，铝、铁次之，四者相加共占 85.7% 的质量。也就是说，地壳中其余 90 多种元素合在一起，也不过占地壳质量的 14.3%。所以，在组成地壳的化合物中，绝大多数是含氧化合物，其中以硅酸盐最多。②在地壳中，植物生长必需的营养元素含量很低，其中磷、硫均不到 0.1%，氮只有 0.01%，而且分布很不平衡。由此可见，地壳所含的营养元素远远不能满足植物和微生物营养的需要。③土壤矿物质的化学组成，一方面继承了地壳化学组成的特点，另一方面有的化学元素在成土过程中增加了，如氧、硅、碳、氮等，有的显著下降了，如钙、镁、钾、钠。这反映了成土过程中元素的分散、富集特性和生物积聚作用。

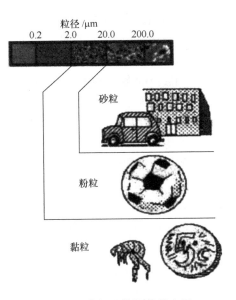

图 2-2　各级土壤颗粒的空间大小类比示意图

表 2-2　地壳和土壤的平均化学组成（质量）

元素	地壳中 /%	土壤中 /%	元素	地壳中 /%	土壤中 /%
O	47.0	49.0	Mn	0.1	0.085
Si	29.0	33.0	P	0.093	0.08
Al	8.05	7.13	S	0.09	0.085
Fe	1.65	3.8	C	0.023	2.0
Ca	2.96	1.37	N	0.01	0.1
Na	2.5	1.67	Cu	0.01	0.002
K	2.5	1.36	Zn	0.005	0.005
Mg	1.37	0.6	Co	0.003	0.000 8
Ti	0.45	0.4	B	0.003	0.001
H	0.15	?	Mo	0.003	0.000 3

资料来源：宋春青等，1996；黄昌勇，2000；陈怀满，2010
注：? 表示不确定

（二）土壤颗粒的矿物组成

土壤矿物按矿物的来源，可分为原生矿物和次生矿物。原生矿物是直接来源于母岩的矿物，其中岩浆岩是其主要来源；而次生矿物则是由原生矿物分解转化而成的。

1. 原生矿物　　土壤原生矿物是指那些经过不同程度的物理风化，未改变化学组成和晶体结构的原始成岩矿物，它们主要分布在土壤的砂粒和粉粒中。表 2-3 中列出了土壤中主要的原生矿物组成。由表 2-3 可见：①土壤原生矿物以硅酸盐和铝硅酸盐占绝对优势。常见的有石英、长石、云母、辉石、角闪石和橄榄石，以及其他硅酸盐类和非硅酸盐类。②土壤中原生矿物类型和数量的多少在很大程度上取决于矿物的稳定性，石英是极稳定的矿物，具有很强的抗风化能力，因而土壤的粗颗粒中其含量就高。长石类矿物占地壳质量的 50%～60%，同时也具有一定的抗风化稳定性，所以以土壤粗颗粒中的含量也较高。③土壤原生矿物是植物养分的重要来源，原生矿物中含有丰富的 Ca、Mg、K、Na、P、S 等常量元素和多种微量元素，经过风化作用释放供植物和微生物吸收利用。

表 2-3　土壤中主要的原生矿物组成

原生矿物	分子式	稳定性	常量元素	微量元素
橄榄石	$(Mg, Fe)_2SiO_4$	易风化	Mg、Fe、Si	Ni、Co、Mn、Li、Zn、Cu、Mo
角闪石	$Ca_2Na(Mg, Fe)_2(Al, Fe^{3+})$ $(Si, Al)_4O_{11}(OH)_2$		Mg、Fe、Ca、Al、Si	Ni、Co、Mn、Li、Se、V、Zn、Cu、Ga
辉石	$(Mg, Fe, Al)Ca(Si, Al)_2O_6$		Ca、Mg、Fe、Al、Si	Ni、Co、Mn、Li、Se、V、Pb、Cu、Ga
黑云母	$K(Mg, Fe)(Al, Si_3O_{10})(OH)_2$		K、Mg、Fe、Al、Si	Rb、Ba、Ni、Co、Se、Mn、Li、Mn、V、Zn、Cu
斜长石	$CaAl_2Si_2O_8$		Ca、Al、Si	Sr、Cu、Ga、Mo
钠长石	$NaAlSi_3O_8$		Na、Al、Si	Cu、Ga
石榴子石	$(Mg, Fe, Mn)_3Al_2(SiO_4)_3$ 或 $Ca_3(Cr, Al, Fe)_2(SiO_4)_3$	较稳定	Ca、Mg、Fe、Al、Si	Mn、Cr、Ga
钾长石	$K(AlSi_3O_8)$		K、Al、Si	Ra、Ba、Sr、Cu、Ga
白云母	$KAl_2(AlSi_3O_{10})(OH)_2$		K、Al、Si	F、Rb、Sr、Ga、V、Ba
钛铁矿	Fe_2TiO_3		Fe、Ti	Co、Ni、Cr、V
磁铁矿	Fe_3O_4		Fe	Zn、Co、Ni、Cr、V
电气石	$(Ca, K, Na)(Al, Fe, Li, Mg, Mn)_3$ $(Al, Cr, Fe, V)_6(BO_3)_3Si_6O_{18}(OH, F)_4$		Cu、Mg、Fe、Al、Si	Li、Ga
锆石	$ZrSiO_4$		Si	Zr、Hg
石英	SiO_2	极稳定	Si	

资料来源：黄昌勇和徐建明，2010

注：大箭头代表按照箭头方向，矿物的稳定性程度或易风化程度递增

2. 次生矿物　　原生矿物在母质或土壤的形成过程中，经化学分解、破坏（包括水合、氧化、碳酸化等作用）而形成的新矿物称为次生矿物。土体中次生矿物的种类繁多，包括次生层状硅酸盐类（如高岭石、蒙脱石、伊利石、绿泥石等）、晶质和非晶质的含水氧化物类（如氧化铁、氧化铝、氧化硅、氧化锰等）及少量残存的简单盐类（如碳酸盐、重碳酸盐、硫酸盐等）。其中，层状硅酸盐类和含水氧化物类是构成土壤黏粒的主要成分，因而土壤学上将此两类矿物称为次生黏土矿物，是土壤矿物中最活跃的组分。

不同粗细的土壤颗粒中原生矿物和次生矿物的组成及比例不同（图 2-3）。一般粗颗粒中原生矿物较多，石砾、砂粒几乎全部由原生矿物组成，且多以石英、长石为主；粉粒绝大多数也是由石英和原生的硅酸盐矿物组成。土壤颗粒中的原生矿物对土壤肥力贡献较小，但可以作为土壤颗粒形成的骨架，也可作为土壤发育与形成过程的指标。细颗粒中次生矿物较多，在黏粒中主要是次生的铝硅酸盐矿物，具有明显的胶体特性，对土壤肥力有重要的影响。

（三）土壤颗粒的化学组成

同级土粒的大小相近，其成分和性质基本一致。不同粒级土粒的矿物组成有很大差别，因而其化学成分也有所不同。表 2-4 是寒带和温带各一种代表性土壤各粒级的化学组成资料，从中可见，SiO_2 含量随颗粒由粗到细逐渐减少，而 Al_2O_3、Fe_2O_3、P_2O_5 和 K_2O 等盐基的含量则逐渐增加，因而 SiO_2 与 R_2O_3 分子比率随之而降低。因此，细土粒中各种植物养分的含量要比粗土粒多得多。不同类型土壤中各粒级的化学组成有所不同，但大体上符合上述规律。

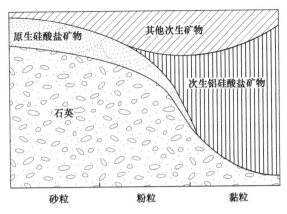

图 2-3　土粒的矿物组成示意图

表 2-4　两种代表性土壤各粒级的化学组成

土类	粒级 /mm	化学组成 /%（灼干重）									
		SiO_2	Al_2O_3	Fe_2O_3	TiO_2	MnO_2	CaO	MgO	K_2O	Na_2O	P_2O_5
灰色森林土	0.01～0.1	89.90	3.90	0.94	0.51	0.06	0.61	0.35	2.21	0.81	0.04
	0.005～0.01	82.63	8.13	2.39	0.97	0.06	0.95	1.94	2.77	1.45	0.14
	0.001～0.005	76.75	11.32	3.95	1.34	0.04	1.00	1.05	3.32	1.30	0.25
	<0.001	58.03	23.40	10.19	0.73	0.17	0.44	2.40	3.15	0.24	0.46
	全土	85.10	5.96	2.64	0.53	0.12	0.92	0.68	2.38	0.75	0.11
黑钙土	0.01～0.1	88.12	5.75	1.29	0.45	0.04	0.74	0.29	1.99	1.21	0.02
	0.005～0.01	82.17	7.69	2.73	1.00	0.02	0.94	1.19	2.31	1.84	0.12
	0.001～0.005	67.37	17.16	7.51	1.38	0.03	0.75	1.77	3.04	1.38	0.23
	<0.001	57.47	22.66	11.54	0.66	0.08	0.38	2.48	3.17	0.19	0.39
	全土	71.52	13.74	5.52	0.70	0.18	2.21	1.73	2.67	0.75	0.21

（四）土壤颗粒的特性

土壤各粒级的形状不一，砂粒和粉粒是不规则的多角形，有的近似球形，云母颗粒则呈片状，黏粒多为片状和棒状。由于粗、细土粒的形状、比表面和矿物组成的不同，其理化性质有明显的差异，主要表现在水分物理性质与表面性质上的变化（表 2-5）。颗粒愈细，比表面愈大，表面能愈高，而固相颗粒的表面能的增加，使吸附力增强；土粒由大变小，粒间孔隙愈小，则吸水数量愈多，透水性愈差，持水性、湿胀性、可塑性、黏结性、黏着性均明显增强。当粒径小到 0.01mm 时，其水分物理性质发生突变，产生质的飞跃，而粒径小于 0.001mm 的土粒，上述性质都变化得很强烈。所以，在卡钦斯基制中把粒径小于 0.01mm 的土壤颗粒称为物理性黏粒，因为它们具有黏粒的某些特性。以下是几个粒级的主要特性。

1. 石砾　　由母岩碎片和原生矿物粗粒组成，其大小和含量直接影响耕作难易。

2. 砂粒　　砂粒（＞0.02mm）是土壤颗粒的粗骨部分，矿物组成以原生矿物为主，与母质或母岩的矿物组成相似。颗粒比表面小，无黏结性、黏着性、可塑性；不带电荷，没有胶体特性；土粒表面吸湿性和吸肥性很小，没有胀缩性；养分释放慢，有效养分缺乏；对土壤肥力贡献较小。

表 2-5　各级土粒的水分性质和物理性质

土粒名称	粒径/mm	最大吸湿量/%	最大分子持水量/%	毛管水上升高度/cm	渗透系数/（cm/s）	湿胀/%（按最初的体积计）	塑性（上、下塑限含水量/%）
石砾	2.0～3.0	—	0.2	0	0.5		
	1.5～2.0	—	0.7	1.5～3	0.3		
	1.0～1.5	—	0.8	4.5	0.12		
粗砂粒	0.5～1.0	—	0.9	8.7	0.072		不可塑
	0.25～0.5	—	1	20～27	0.056	—	
细砂粒	0.10～0.25	—	1.1	50	0.03	5	
	0.05～0.10	—	1.2	91	0.005	6	
粗粉粒	0.01～0.05	<0.5	3.1	200	0.004	16	
中粉粒	0.005～0.01	1～3	15.9	—	—	105	可塑（28～40）
细粉粒粗黏粒	0.001～0.005		31			160	塑性较强（30～48）
细黏粒	<0.001	15～20				405	塑性强（34～87）

资料来源：严健汉和詹重慈，1985

　　石砾和砂粒构成土体的粗骨架和大孔隙，使土体具有良好通透性，为根系插入与深扎、空气与水进入土体提供了通道；因粒间孔隙大，透水、排水快，保水性极差，热容量小导致保温能力也很差；石砾和砂粒含量高的土壤对水、热缺乏保存和调节能力，土壤易冷、易热，易干、易湿，溶解性养分易随水流失，土壤容易受到污染。

　　3. 黏粒　　黏粒（<0.002mm）是土壤形成过程的产物，是土壤中最细小、最活跃的部分，又称为土壤无机胶体。黏粒的矿物成分主要为次生矿物，与母岩或母质的成分差异较大；黏粒的颗粒小，比表面大，如蒙脱石可达 800m²/g，具有很高的表面能，吸附能力强；次生铝硅酸盐黏粒矿物多为次生层状构造，有较强的黏结性、黏着性、可塑性；蒙脱石类黏土矿物具有很强的膨胀性；黏粒本身养分含量高，胶体特性强，具有很强的吸附能力，是储藏土壤养分的仓库。

　　由于黏粒粒间孔隙很小，其中的水分难于移动；小于 1μm 的细孔，微生物无法进入生存，基本失去孔隙的意义；表面吸湿性强，有显著的毛管作用和强烈的吸水膨胀、失水收缩的特点；有较强的持水性能，透水缓慢，排水困难，透气不畅；黏粒有很强的黏结性、可塑性等，黏粒相互黏结形成土壤团聚体、土团或土块，干时土块易龟裂，遇水分散。微细的黏粒还有胶体特征，能吸附养料；含黏粒多的土壤保水、保肥力强，有效养分储量较多。

　　4. 粉粒　　粉粒（0.002～0.02mm）的颗粒大小介于黏粒和砂粒之间；岩石矿物物理风化的极限产物；其矿物组成以原生矿物为主，也有次生矿物。氧化硅及铁硅氧化物的含量分别为 60%～80% 及 5%～18%。就物理性质而言，粒径为 0.01mm，是颗粒的物理性质发生明显变化的分界线，即物理性砂粒与物理性黏粒的分界线。粉粒颗粒的大小和性质均介于砂粒和黏粒之间，有微弱的黏结性、可塑性、吸湿性和胀缩性。黏结力在湿时明显，干时微弱。粉粒很容易进一步风化，是土壤养料的潜在供应力。粉粒含量高的土壤往往是地区性水土流失和干旱威胁的内在原因。土壤含有适量粉粒，对黏土来说有利于"化块"，促进大土块分裂，形成较小土团；对砂土而言能增加其保水、保肥和保温能力。

三、土壤质地

土壤质地是土壤的最基本物理性质之一，对土壤的各种性状，如土壤的通透性、保蓄性、耕性及养分含量等都有很大的影响；是评价土壤肥力和作物适宜性的重要依据。不同的土壤质地往往具有明显不同的农业生产性状，了解土壤的质地类型，对农业生产具有指导价值。

（一）土壤机械组成和土壤质地的概念

关于土壤质地的定义，在早期土壤学研究中，常把它与土壤机械组成直接等同起来，这实际上是把两个有紧密联系而不同的概念混淆了。

根据机械分析，计算土壤中各级土粒所占的质量百分数，即土壤机械组成（soil mechanism makeup），或称土壤颗粒组成（soil particle makeup），可由此确定土壤质地。

土壤质地是根据土壤机械组成划分的土壤类型。每种质地的土壤机械组成都有一定变化范围，土壤质地主要继承了成土母质的类型和特点，又受人们耕作、施肥、灌溉、平整土地等的影响。一般分为砂土、壤土和黏土三组，不同质地组反映不同的土壤性质，因而在农田种植、管理或工程施工上有很大差别。而根据此三组质地中机械组成的组内变化范围，又可细分出若干种质地名称。土壤质地是土壤的一种十分稳定的自然属性，反映了母质来源及成土过程的某些特征，对肥力有很大的影响，因而常被用作土壤分类系统中基层分类的依据之一。所以，在制定土壤利用规划、进行土壤改良和管理时必须考虑土壤质地的特点。

（二）土壤质地分类制

古代的土壤质地分类是根据人们对土壤砂黏程度的感觉（类似于现在的"指测法"）及其在农业生产上的反映。在《尚书·禹贡》中把土壤按其质地分为砂、壤、埴、垆、涂和泥等6级，记载了各种质地土壤的一些特征。19世纪后期，开始测定土壤机械组成并由此划分土壤质地，至今世界各国提出了二三十种土壤质地分类制，但尚缺为各国和各行业公认的土壤粒级-质地制，影响到相互交流。这里介绍国内外几种使用多年的土壤质地分类制：国际制、美国农业部制和卡钦斯基制等，它们都是与粒级分级标准和机械分析前的土壤分散方法相互配套的。

在众多的质地制中，有三元制（砂、粉、黏三级含量比）和二元制（物理性砂粒与物理性黏粒两级含量比）两种分类法，前者如国际制（图2-4）、美国农业部制（图2-5）及多数其

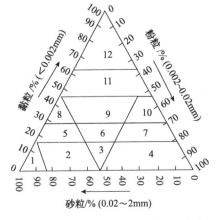

图 2-4　国际制土壤质地分类三角表
1. 砂土及壤砂土；2. 砂壤；3. 壤土；4. 粉壤；
5. 砂黏壤；6. 黏壤；7. 粉黏壤；8. 砂黏土；
9. 壤黏土；10. 粉黏土；11. 黏土；12. 重黏土

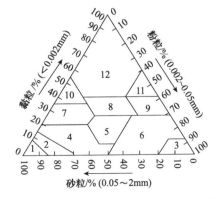

图 2-5　美国农业部土壤质地分类三角表
1. 砂土；2. 壤砂土；3. 粉土；4. 砂壤；
5. 壤土；6. 粉壤；7. 砂黏壤；8. 黏壤；
9. 粉黏壤；10. 砂黏土；11. 粉黏土；12. 黏土

他质地分类制，后者如卡钦斯基制（表 2-6）。有时还考虑不同发生类型土壤的差别。

表 2-6 卡钦斯基制土壤质地基本分类（简制）

质地组	质地名称	不同土壤类型的<0.01mm 粒级含量 /%		
		灰化土	草原土壤、红黄壤	碱化土、碱土
砂土	松砂土	5	0～5	0～5
	紧砂土	5～10	5～10	5～10
壤土	砂壤	10～20	10～20	10～15
	轻壤	20～30	20～30	15～20
	中壤	30～40	30～45	20～30
	重壤	40～50	45～60	30～40
黏土	轻黏土	50～65	60～75	40～50
	中黏土	65～80	75～85	50～65
	重黏土	>80	>85	>65

1. 国际土壤质地分类制　　国际土壤质地分类制是根据黏粒（<0.002mm）含量的多少，把土壤质地分为砂土类、壤土类、黏壤土类和黏土类四大类，其分界线分别为 15%、25%、45% 和 65%，然后再依据砂粒、粉粒和黏粒三种粒级的数量（%），细分为四类 12 级（图 2-4）。

2. 美国农业部土壤质地分类制　　美国土壤质地分类标准是由美国农业部制定的，它采用三角坐标图解法。根据黏粒（<0.002mm）、粉粒（0.002～0.05mm）及砂粒（0.05～2mm）三个粒级的含量（%），划定 12 个质地名称。按三个粒级含量分别于三角形的三条底边划三条垂线，三线相交点即所查质地区（图 2-5）。

3. 卡钦斯基土壤质地分类制　　有土壤质地基本分类（简制）及详细分类（详制）两种。简制是按物理性黏粒（<0.01mm）和物理性砂粒（0.01～1mm）含量，并根据不同土壤类型，将土壤质地划分为砂土类、壤土类和黏土类（表 2-6）。

4. 中国土壤质地分类制　　我国首个较完整的土壤质地分类是于 20 世纪 30 年代由熊毅提出，包括砂土、壤土、黏壤和黏土 4 组共 22 种质地。后于《中国土壤》（第二版）中公布"中国土壤质地分类"，增加了"砾质土"部分，此后又稍做了修改并沿用至今（表 2-7）。中国土壤质地分类制目前尚不十分完善，主要为：①主要质地分类中使用的黏粒是细黏粒（<0.01mm），与粒级制中黏粒划分不统一；②中国制中三粒级不都互相衔接，不能构成三角形质地图，不便查用；③难以反映黏质土壤受粗粉质影响的问题。

表 2-7 中国土壤质地分类

质地组	质地名称	颗粒组成 /%		
		砂粒（0.05～1mm）	粗粉粒（0.01～0.05mm）	细黏粒（<0.001mm）
砂土	极重砂土	>80		<30
	重砂土	70～80		
	中砂土	60～70		
	轻砂土	50～60		
壤土	砂粉土	≥20	≥40	
	粉土	<20		
	砂壤	≥20	<40	
	壤土	<20		

质地组	质地名称	颗粒组成 /%		
		砂粒（0.05～1mm）	粗粉粒（0.01～0.05mm）	细黏粒（<0.001mm）
黏土	轻黏土			30～35
	中黏土			35～40
	重黏土			40～60
	极重黏土			＞60

资料来源：熊毅和李庆逵，1987

　　对比各种土壤质地分类制，不难看出其中的共同点，就是各分类制均粗分为砂土、壤土和黏土三类，不同质地制的砂土（或黏土）之间，在农业利用上和工程建设上的表现是大体相近的。

四、土壤质地与土壤肥力的关系

　　我国农民历来重视土壤质地问题，历代农书中都有因土种植、因土管理和质地改良经验的记载。至今农民仍以"土质"好坏来评价土壤质地及有关性质。现简要介绍砂质土、壤质土和黏质土三个基本类别土壤的肥力特征及管理特点，以及对质地不良土壤的改良方法等。

（一）不同质地土壤的肥力特点

　　1. 砂质土　　以砂土为代表，也包括缺少黏粒的其他轻质土壤（粗骨土、砂壤），主要分布于我国西北地区，如新疆、甘肃、宁夏、内蒙古、青海的山前平原，以及各地河流两岸、滨海平原一带。它们都有一个松散的土壤固相骨架，砂粒很多而黏粒很少，粒间孔隙大，降水和灌溉水容易渗入，内部排水快，但蓄水量少而蒸发失水强烈，水汽由大孔隙扩散至土表而丢失。砂质土的毛管较粗，毛管水上升高度小，若地下水位较低，则不能依靠地下水通过毛管上升作用来回润表土，所以抗旱力弱。只有在河滩地上，地下水位接近土表，砂质土才不致受旱。因此，砂质土在利用管理上要注意选择种植耐旱品种，保证水源供应，及时进行小定额灌溉，要防止漏水漏肥，采用土表覆盖以减少土表水分蒸发。

　　砂质土的养分少，又因缺少黏粒和有机质而保肥性弱，人畜粪尿和硫酸铵等速效肥料易随雨水和灌溉水流失。砂质土上施用速效肥料往往肥效猛而不长久，前劲大而后劲不足，农民称为"少施肥、一把草，多施肥、立即倒"。所以，砂质土上要强调增施有机肥，适时施追肥，并掌握勤浇薄施的原则。

　　砂质土含水少，热容量比黏质土小，白天接受太阳辐射增温快，夜间散热降温也快，因而昼夜温差大，对块茎、块根作物的生长有利。早春时砂质土的温度上升较快，称为"暖土"，在晚秋和冬季，一遇寒潮则砂质土的温度就迅速下降。

　　由于砂质土的通气性好，好氧微生物活动强烈，有机质迅速分解并释放出养分，使农作物早发，但有机质累积难而其含量常较低。

　　砂质土体虽松散，但有的（如细砂壤和粗粉质砂壤）在泡水耕耙后易板结闭结，农民称为"闭砂"。因为这些土壤中细砂粒和粗粉粒含量特别高，黏粒和有机质很少，不能黏结成微团聚体和大团聚体，大小均匀而较粗的单粒在水中迅速沉降并排列整齐紧密，呈现淀浆板结性。这种质地的水田在插秧时要边耕边插，混水插秧，但因土粒沉实，稻苗发棵难、分蘖少。

　　2. 黏质土　　包括黏土和黏壤（重壤）等质地黏重的土壤，而其中以重黏土和钠质黏土（碱化黏土、碱土）的黏韧性表现最为明显。此类土壤的细粒（尤其是黏粒）含量高而粗粒

（砂粒、粗粉粒）含量极低，常呈紧实黏结的固相骨架。粒间孔隙数目比砂质土多但甚为狭小，有大量非活性孔（被束缚水占据的孔隙）阻止毛管水移动，雨水和灌溉水难以下渗而排水困难，易在犁底层或黏粒积聚层形成上层滞水，影响植物根系下伸。所以，采用深沟、密沟、高畦或通过深耕和开深沟破坏紧实的心土层，以及采用暗管和暗沟排水等，以避免或减轻涝害。

黏质土含矿质养分（尤其是钾、钙等盐基离子）丰富，而且有机质含量较高。它们对带正电荷的离子态养分（如 NH_4^+、K^+、Ca^{2+}）有强大的吸附能力，使其不致被雨水和灌溉水淋洗损失。农民群众说"大粪不过丘，清水淌肥田"，正是说明黏质土的这一特性。

黏质土的孔隙往往被水占据，通气不畅，好氧微生物活动受到抑制，有机质分解缓慢，腐殖质与黏粒结合紧密而难以分解，因而容易积累。所以，黏质土的保肥能力强，氮素等养分含量比砂质土中要多得多，但"死水"（植物不能利用的束缚水）容积大，难溶性养分也多。

黏质土蓄水多、热容量大、昼夜温度变幅较小。在早春，水分饱和的黏质土（尤其是有机质含量高的黏质土），土温上升慢，农民称为"冷土"。反之，在受短期寒潮侵袭时，黏质土降温也较慢，作物受冻害较轻。

缺少有机质的黏土，往往黏结成大土块，俗称大泥土，其中有机质特别缺乏者，称为死泥土。这种土壤的耕性特别差，干时硬结，湿时泥泞，对肥料的反应呆滞，即所谓"少施不应，多施勿灵"。黏质土的犁耕阻力大，所以也称"重土"，它干后龟裂，易损伤植物根系。对于这类土壤，要增施有机肥，注意排水，选择在适宜含水量条件下精耕细作，以改善结构性和耕性。

此外，由于黏土的湿胀干缩剧烈，常造成土地裂缝和建筑物倒塌。

3. 壤质土　　它兼有砂质土和黏质土的优点，是较为理想的土壤，其耕性优良，适种的作物种类多。不过，以粗粉粒占优势（60%～80%）而又缺乏有机质的壤质土，即粗粉壤，淀浆板结性强，不利于幼苗扎根和发育。

从以上三种不同质地土壤的农业生产性状分析看出，土壤质地对土壤性状（养分含量、保水保肥能力及耕性等）的影响，主要是通过不同土壤质地的矿物组成、化学成分、比表面和孔隙分布（粗细孔比例）而体现的。因此，在考虑质地的影响时，应对这几方面给予充分注意。

（二）土壤质地剖面和肥力的关系

除以上提到的土壤表层（耕层）质地粗细有较大差别外，在同一土壤上下层之间，其质地粗细和厚度也有很大差异，土壤不同质地层次在土体中的排列状况，称为土壤质地剖面。其形成层次性的原因很多，主要有三个方面：一是母质本身排列的层次性；二是成土过程中物质的淋溶和淀积；三是人为耕作管理活动。土壤剖面中质地层次排列对水分运行及其他肥力因素都有影响。另外，剖面中砂土层、壤土层或黏土层的厚度及其在剖面中所处的部位对水分运动和肥力发挥也有重要影响。

母质本身原有的层次性常见于河流冲积母质，如黄淮海平原主要由冲积物多次冲积而成，质地剖面层次复杂多样。一般的模式有通体均一型（通体砂、通体黏或通体壤）、上粗下细型（砂盖黏、蒙金型）、上细下粗型（黏盖砂）、中间夹砂型和夹黏型。

在黄淮海平原，砂土剖面中有中位或深位黏土夹层的，可增加土壤抗旱和保水保肥能力，有利于作物根系的发育，也便于进行耕作、施肥、灌排等措施，是一种良好的土壤质地剖面类型，群众称为"蒙金土"。反之，在黏土 - 壤土剖面中，若上层的黏土层厚度大，因其紧实而通气透水性能差，干时坚硬易龟裂，湿时膨胀易闭结，不耐旱也不耐涝，不利于作物根系发育，是一种不良的质地剖面，群众称为"倒蒙金"。土壤剖面中的黏土夹层的厚度超过 2cm 时即减缓水分的运行，而超过 10cm 时就阻止来自地下水的毛管水上升运行，减少对耕层土壤水分供应，但在盐碱土地区则有利于防止土壤次生盐渍化。

成土过程中形成的层次性主要是土壤在长期风化和成土过程中，黏粒或细土粒随水渗漏向下移动或下层化学风化使黏粒增多，致使土体各层出现不同质地的分异现象。一般剖面上部较轻，下部在一定深度黏粒增多，形成黏化层（如华北地区的褐土）；雨水长期冲洗、地表径流也可出现表层黏粒大量流失，形成上砂下黏的剖面层次。这种层次具有托水、托肥的优点，但过于靠上不利于作物生长。

长期耕作形成的层次性则是由于经常不断地耕、耙、糖、中耕及农具的重压，土壤在耕层底下形成犁底层，这层土壤变得紧实，土粒成层排列，通气透水不良，在土体中影响上下土层水、气、热、肥的交换。对旱地而言，应该通过深耕破除。对水稻土来说，一种良好的水稻土质地剖面，是不砂不黏，并有一个合适的犁底层的土壤剖面，既有一定的渗漏作用，又能保水保肥，有利于水稻根系发育，也便于人为调节。

五、土壤质地的改良

适宜作物种植的土壤条件称为土宜。不同作物要求的土壤条件有较大的差异，如花生、西瓜喜温，适宜在砂质土壤上种植，这是由各种作物的生物学特性所决定的。

在我国现有耕地中，因耕层过砂过黏需要改良的面积有 700 万～1400 万 hm^2，土壤耕层过砂过黏、夹砂夹黏、通体砂、通体黏等土体构型，均不能满足作物对水、肥、气、热协调供应的需要，需加以改良。其改良途径和措施要因地制宜、就地取材、循序渐进地进行。

（一）客土法

各地改良低产土壤的经验表明，客土，即通过砂掺黏或黏掺砂，是一个有效的措施。如果在沙地附近有黏土、胶泥土、河泥，可采用搬黏掺砂的办法；黏土地附近有砂土、河砂者可采取搬砂压淤的办法，逐年客土改良，使之达到三泥七砂或四泥六砂的壤土质地范围。但是，客土时的土方量和人工量很大，可逐年进行，果、桑、茶园等可先改良树墩或树行间的土壤。在有条件的地方，如河流附近，可采用引水淤灌，把富含养分的黏土覆盖在砂土上，通过耕翻拌和之。

土壤质地改良一般是就地取材，因地制宜，逐年进行。例如，我国南方的红壤丘陵上，酸性的黏质红壤与石灰质的紫色土往往相间分布，就近挑紫色土来改良红壤，可收到改良质地、调节土壤酸碱度及提供钙质养分等作用。在进行农田基本建设及土地平整工作时，可有计划地搬运土壤，进行客土改良。在电厂和选铁厂附近，可利用其管道排出的粉煤灰和铁尾矿（粗粉质），改良附近的黏质土，降低红壤的酸性，提供硅、钙养分。施用焦泥灰、厩肥和削草皮泥等，均有改良质地、加厚耕层等作用。

（二）深耕、深翻、人造塥

如果表土是砂土，而心土为黏土，或者相反，则可用深耕深翻的方法，把两层土壤混合，以改良质地。如离地表不深处有黏质紧实的硬磐层（如铁磐、砂姜层等），不利于植物根系（尤其是桑、果、茶树）下伸，应深耕深刨以破除之。反之砂砾底的土壤，开辟为水田时，可以移开表土，再铺上一层黄泥加石灰，打实后成为人造塥以防止漏水漏肥，然后再将表土覆回。

（三）增施有机肥，改良土性

每年大量施有机肥，不仅能增加土壤中的养分，还能改善过砂过黏土壤的不良性质，增强土壤保水、保肥性能。因为有机肥施入土壤中形成腐殖质，可增加砂土的黏结性和团聚性，降低黏土的黏结性，促进土壤中团粒结构的形成。因此，施用有机肥对砂土或黏土都有改良作用，它是一种后效长的、常用的改良措施，其改良效果黏土大于砂土，因为腐殖质在黏土中容易累积，而在砂土中容易分解。

（四）种树种草，培肥改土

在过砂过黏的不良质地土壤上，种植耐瘠薄的草本植物，特别是种植豆科绿肥，如沙打旺、草木犀，翻入土中既可增加土壤的有机质，又能丰富土壤的氮素。黏质土种植绿肥，地下根系发达，地上部分生长茂盛，还能促进土壤团粒结构的形成，增加土壤有机质和养分含量。

（五）因土制宜，加强管理

大面积的砂土或黏土短期内难以有效改变其质地状况，必须因土制宜，从选择优势作物、耕作和综合治理着手进行改良。例如，对于砂土，一是营造防护林，种树种草，防风固沙；二是选择宜种作物（喜温耐旱作物）；三是加强管理，如采取平畦宽垄，播种宜深，播后镇压，早施肥、勤施肥，勤浇水，水肥宜少量多次等措施。对大面积黏质土，根据水源条件种植水稻或水旱轮作都可收到良好的效果。

第二节　土壤有机质

有机质是土壤的重要组成部分。尽管土壤有机质只占土壤总质量的很小一部分，但其数量和质量是表征土壤质量的重要指标，它在土壤肥力、环境保护、农业可持续发展等方面都有着很重要的作用和意义。一方面，它含有植物生长所需要的各种营养元素，是一个缓释营养库，有机物为大多数生物提供能量和自身组成成分，是土壤微生物生命活动的能源，土壤有机质提供了大部分土壤的阳离子交换能力（CEC）和持水能力，土壤的某些有机质成分主要负责土壤团聚体的形成和稳定，更有一些有机化合物直接刺激植物的生长，对土壤的物理、化学、生物学特性和生态系统功能都有着深刻的影响。另一方面，土壤有机质对重金属、农药等各种有机、无机污染物的行为都有显著的影响，而且，由于世界土壤剖面中的有机碳储量是世界上所有植被中碳储量的4～6倍，因此土壤有机质对全球碳平衡起着重要作用，被认为是影响全球"温室效应"的主要因素。

土壤有机质是一种复杂多变的有机物质混合物。土壤有机质是指存在于土壤中的所有含碳的有机物质，碳大约占土壤有机质质量的一半，它包括土壤中各种动植物残体、微生物体及其分解和合成的各种有机物质。显然，土壤有机质由生命体和非生命体两大部分有机物质组成。

一、土壤有机质的来源和含量

（一）土壤有机质的来源

土壤有机质的来源主要包括微生物来源、植物来源、动物来源和人类活动来源。在风化和成土过程中，最早出现于母质中的有机体是微生物，所以对原始土壤来说，微生物是土壤有机质的最早来源。随着生物的进化和成土过程的发展，动植物残体就成为土壤有机质的基本来源。在自然条件下，地面植被残落物和根系是土壤有机质的主要来源，如树木、灌丛、草类和其他植物的地上部和地下部，每年都向土壤提供大量有机残体，对森林土壤尤为重要。森林土壤相对农业土壤而言具有大量的凋落物和庞大的树木根系等特点。我国林业土壤每年归还土壤的凋落物干物质量按气候植被带划分，依次为热带雨林、亚热带常绿阔叶林和落叶阔叶林、暖温带落叶阔叶林、温带针阔叶混交林、寒温带针叶林。热带雨林凋落物的干物质量可达16 700kg/（hm^2·年），而荒漠植物群落凋落物干物质量仅为530kg/（hm^2·年）。动物残体及排泄物质也是土壤有机质的重要来源，土壤动物，如昆虫、田鼠和蚯蚓等，它们的残体及分泌物也是数量可观的有机质来源，且对土壤有机质的转化起着非常重要的作用。

农业土壤中，土壤有机质的来源较广，主要有：①作物的根茬、还田的秸秆和翻压绿肥；②人畜粪尿、工农副产品的下脚料（如酿酒厂酒糟、罐头厂下脚料、亚铵法造纸废液等）；③城市生活垃圾、污水；④土壤微生物、动物的遗体及分泌物（如蚯蚓、昆虫等）；⑤人为施用的各种有机肥料（厩肥、堆沤肥、腐殖酸肥料、污泥及土杂肥等）。

（二）土壤有机质的含量

不同土壤类型，土壤有机质含量的差异很大，含量高的可达 200g/kg 或 300g/kg 以上（如泥炭土、某些肥沃的森林土壤等），含量低的不足 10g/kg 或 5g/kg（如荒漠土和风沙土等）。在我国耕地土壤表层有机质的平均含量为 20g/kg，华北地区土壤大多在 10g/kg 左右，西北地区小于 10g/kg，南方水田土壤为 15～35g/kg，东北的黑土可高达 80～100g/kg，有些地区的沼泽土、泥炭土，有机质含量可超过 200g/kg。在土壤学中，一般把耕作层中含有机质 200g/kg（20%）以上的土壤称为有机质土壤，含有机质在 200g/kg 以下的土壤称为矿质土壤。一般情况下，耕作层土壤有机质含量通常在 50g/kg 以下（表 2-8）。土壤有机质含量与气候、植被、地形、土壤类型、农耕措施密切相关。目前，我国土壤有机质含量普遍偏低。总体而言，北方土壤有机质含量高于南方土壤。一般降雨量大、植物生物量大、温度低、周年降解时间短、土壤质地黏重、低洼排水不良等条件都有利于土壤有机质的积累。

表 2-8　不同地区旱地和水田耕层土壤有机质含量

地区	有机质含量 /（g/kg）	
	旱地	水田
东北平原	44.5	49.6
黄淮海平原	9.9	12.7
长江中下游平原	17.4	27.4
南方红壤丘陵	16.5	25.2
珠江三角洲平原	20.1	27.3

资料来源：熊顺贵，2001

二、土壤有机质的组成

土壤有机质的主要元素组成是 C、O、H、N，C 占 52%～58%、O 占 34%～39%、H 占 3.3%～4.8%、N 占 3.7%～4.1%，其次是 P 和 S，C/N 为 10～12。

土壤有机质中主要的化合物组成是木质素和蛋白质，其次是半纤维素、纤维素，以及乙醚和乙醇等可溶性化合物。与植物组织相比，土壤有机质中木质素和蛋白质含量明显增加，而纤维素和半纤维素含量则明显减少。大多数土壤有机质组分为非水溶性。

土壤腐殖质是除未分解的动植物组织和土壤生命体等以外的土壤中有机化合物的总称。它与矿物质颗粒紧密结合在一起，不能用机械的方法分离。土壤腐殖质由非腐殖物质（non-humic substances）和腐殖物质（humic substances）组成，是土壤有机质的主体，通常占土壤有机质的 80%～90%。非腐殖物质为有特定物理化学性质、结构已知的有机化合物，包括可溶性糖、多糖类（淀粉、半纤维素、纤维素、果胶）、木质素、脂肪、树脂、蜡质等。这些主要来自动植物残体和微生物代谢的再合成产物，已成为土壤体系中不可分割的组成部分（表 2-9）。尽管这些化合物在土壤中的含量很低，但相对容易被降解和作为基质被微生物利用，这无论是对土壤肥力或是土壤自净能力而言，均有一定的贡献。非腐殖物质占土壤腐殖质的 20%～30%，其中，碳水化合物（包括糖、醛、酸）占土壤有机质的 5%～25%，平均为 10%，它在增加土壤团聚体稳定性方面起着很重要的作用。腐殖物质是经土壤微生物作用后，由多酚和多醌类物质聚合而成的含芳香环结构的、新形成的黄色至棕黑色的非晶形高分子有机化合物。它是土壤有机质的主体，也是土壤有机质中最难降解的组分，一般占土壤有机质的 60%～80%。

表 2-9　土壤有机质的构成（以 C 计）

组别	含量 /%
糖类物质	10～20
含氮组分（氨基糖、氨基酸）	20
脂肪族脂肪酸、链状烷烃	10～20
芳香化合物	40～60

三、土壤有机质的存在状态

土壤有机质通常以下列几种状态存在于土壤之中。

（一）机械混合状态

进入土壤中的处于未分解和半分解状态的有机残体，与土壤矿物质部分机械地混合在一起。处于这种状态的有机质占土壤有机质总量的 0.6%～48.4%。有时为了研究工作的需要，利用重液（相对密度为 1.8～2.03）将这部分有机质（通常称为轻组）与已和土壤矿物质部分相结合的有机质（通常称为重组）分离开来，并分别对它们的数量、组成、性质进行研究。

（二）生命体

生活在土壤中的各种活体（如植物根、土壤动物、微生物等），可以把它们视为土壤中的一个独立部分，也可以视为土壤有机质的一部分，生命体就是指土壤中各种活体的数量。据 Jenkinson 的估算，土壤的生命体占土壤有机质总量的 0.56%～4.6%，平均为 2.59%。这部分有机质主要吸附在土壤矿物质表面或其他有机物质的表面上。

（三）溶液态

土壤有机质中有极少一部分以溶解状态（或称游离态）存在，但这部分有机质一般不会超过土壤有机质总量的 1%。处于游离态的有机质有游离单糖、游离氨基酸和游离有机酸等。

（四）有机 - 无机复合体态

有机 - 无机复合态有机质，是土壤中与矿物质部分相结合的有机质，腐殖物质属于此类状态。由于有机无机之间结合方式的不同，因此它们之间的牢固程度各异。结合态的腐殖物质是土壤有机质的主体。

四、土壤腐殖质

人们对土壤腐殖质的研究较早，在 19 世纪初，由于人们认识和研究的局限性，曾一度认为植物直接靠吸收腐殖质而生存和生长；直到 19 世纪中叶，德国化学家李比希提出植物矿质营养学说，才从根本上推翻腐殖质营养学说，植物吸收的是矿质营养元素，土壤腐殖质必须经微生物的分解，变成简单的无机化合物才能被植物吸收。这为土壤腐殖质的进一步研究打下了基础，具有划时代意义。

（一）土壤腐殖物质的分组及存在状态

腐殖物质是一类组成和结构都很复杂的天然高分子聚合物，其主体是各种腐殖酸及其与金属离子相结合的盐类，它与土壤矿物质部分密切结合形成有机-无机复合体，因而难溶于水。因此要研究土壤腐殖酸的性质，首先必须用适当的溶剂将它们从土壤中提取出来，但此项工作十分困难。理想的提取剂应满足：①对腐殖酸的性质没有影响或影响极小；②获得均匀的组分；③具有较高的提取能力，能将腐殖酸几乎完全分离出来。但是，由于腐殖酸的复杂性及组成上的非均质性，满足所有这些条件的提取剂尚未找到。

目前一般所用的方法，是先把土壤中未分解或半分解的动植物残体分离掉，通常是用水浮选、手挑和静电吸附法移去这些动植物残体，或者采用相对密度为1.8或2.0的重液（如溴仿-乙醇混合物），可以更有效地除尽这些残体，被移去的这部分有机物质称为轻组，而留下的土壤组成则称为重组。然后根据腐殖物质在碱、酸溶液中的溶解度可划分出几个不同的组分。传统的分组方法是将土壤腐殖物质划分为胡敏酸、富里酸和胡敏素三个组分（图2-6），其中胡敏酸是碱可溶、水和酸不溶，颜色和分子量中等；富里酸是水、酸、碱都可溶，颜色最浅、分子量最低；胡敏素则水、酸、碱都不溶，颜色最深、分子量最高，但其中一部分能被热碱提取。目前对富里酸和胡敏酸的研究最多，它们是腐殖物质中最重要的组成，通常占腐殖酸总量的60%左右。但需要特别指出的是，这些腐殖物质的组分仅是操作定义上的划分，而不是特定化学组分的划分。

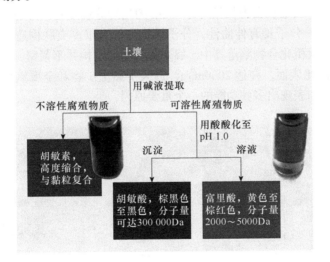

图2-6　土壤腐殖物质的分组方法（Weil and Brady，2017）

土壤腐殖质一般情况下以游离态腐殖质和结合态腐殖质两种状态存在。土壤中游离态腐殖质很少，绝大多数是以结合态腐殖质存在。即腐殖质与土壤无机组成，尤其是黏粒矿物和阳离子紧密结合，以有机-无机复合体的方式存在。通常52%～98%的土壤有机质集中在黏粒部分。结合态腐殖质一般分为三种状态类型：①腐殖质与矿物质成分中的强盐基化合成稳定的盐类，主要为腐殖酸钙和腐殖酸镁；②腐殖质与含水三氧化物，如 $Al_2O_3 \cdot XH_2O \cdot Fe_2O_3 \cdot YH_2O$ 化合成复杂的凝胶体；③与土壤黏粒结合成有机-无机复合体，土壤有机-无机复合体的形成过程十分复杂，通常认为范德瓦耳斯力、氢键、静电吸附、阳离子键桥等是土壤有机-无机复合体键合的主要机理。

有机-无机复合体形成过程中可能同时有两种或更多种机理起作用，主要取决于土壤腐殖质类型、黏粒矿物表面交换性离子的性质、表面酸度、系统的水分含量等。我国南方酸性土壤中主要是铁离子键、铝离子键结合的腐殖质，这种结合具有高度的坚韧性，有时甚至可以把腐殖质和砂粒结合起来，但不一定具备水稳性，所以对土壤团粒结构形成和提高肥力上关系不十分大。我国北方的中性和石灰性土壤主要以钙离子键结合的腐殖质为主，具有较强的水稳性，对改善土壤结构和提高肥力有重要意义，尤其在农业土壤上显得特别重要。

（二）土壤腐殖物质的性质

1. 土壤腐殖酸的物理性质

（1）分子量大小与形状　　腐殖酸在土壤中的功能与分子的形状和大小有密切的关系。腐殖酸的分子量因土壤类型及腐殖酸组成的不同而异，即使同一样品用不同的方法测得的结果也有较大差异。据报道，腐殖酸分子量的变动范围为几至几百万。但共同的趋势是，同一土壤，富里酸的平均分子量最小，胡敏素的平均分子量最大，胡敏酸介于二者之间。我国几种主要土壤类型的胡敏酸和富里酸的平均分子量分别为 890～2500Da 和 675～1450Da。一般认为，腐殖酸分子结构的核心是由芳香化羟基化合物和含氮化合物组成，在结构外围连着多种取代基——含氧和含氨基官能团，通过这些取代基还可以连接一些含氮的多肽、氨基酸、脂肪和碳水化合物。

土壤胡敏酸的直径为 0.001～1μm，富里酸则更小些。利用透射电子显微镜（TEM）推断，腐殖酸是非晶体物质，分子结构十分松散，形状呈无规则的变化，但受环境 pH 所控制（图 2-7），可以是纤维状、类海绵状、颗粒状、棒状的，在中性溶液中是网状的海绵体结构，当 pH 升高至 10.0 时，胡敏酸变为粒径约为 50nm 的光滑球状结构。芳香基和烷基结构的存在使得腐殖酸结构松散，分子具有伸曲性，分子结构内部有很多交联构造，含有大量的微细孔隙，能使一些有机和无机化合物陷落其中。腐殖酸的整体结构并不紧密，整个分子表现出非晶质特征，具有巨大的比表面，高达 2000m²/g，远大于黏土矿物和金属氧化物的比表面。这是腐殖酸性质极其活跃和表现出多种功能的一个重要原因。

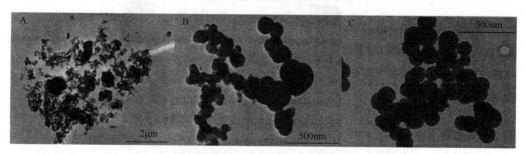

图 2-7　胡敏酸在不同 pH 溶液中的 TEM 成像（王龙飞，2016）
A. pH 5.26；B. pH 7.00；C. pH 10.00

（2）吸水性及溶解度　　腐殖酸是一种亲水胶体，有强大的吸水能力，单位质量腐殖酸的持水量是硅酸盐黏土矿物的 4～5 倍，最大吸收量可以超过其自身质量的 500%。腐殖酸又是一种弱酸，可溶于碱性溶液生成腐殖酸盐，在酸性条件（pH<3）时，胡敏酸有沉淀析出。胡敏酸不溶于水，呈酸性，它与 K^+、Na^+、NH_4^+ 等形成的一价盐溶于水，而与钙离子、镁离子、铁离子、铝离子等多价盐基离子形成的盐类溶解度相当低。胡敏酸及其盐类在环境条件发生变化时，如干旱、冻结、高温及与土壤矿质部分的相互作用等都能引起变性，其化学性质不变，成为不溶于水的、较稳定的黑色物质。

富里酸在水中溶解度很大，其水溶液呈强酸性反应，富里酸一价、二价的盐类均溶于水，易造成养分流失；与三价离子形成的盐类，在中性以上的碱性环境中溶解度较低。

（3）颜色及光学性质　　腐殖质整体呈黑褐色，而其不同组分腐殖酸的颜色则略有深浅之别。富里酸的颜色较淡，呈黄色至棕红色，而胡敏酸的颜色较深，为棕黑色至黑色，腐殖酸的光密度与其分子量大小和分子的结构化程度大体呈正相关。

2. 土壤腐殖物质的化学性质

（1）腐殖酸的元素及化合物组成　　腐殖酸的主要元素组成是 C、H、O、N、S，此外还含有少量的 Ca、Mg、Fe、Si 等灰分元素。不同土壤中腐殖酸的元素组成不完全相同，有的甚至相差很大。腐殖酸含碳 55%~60%，平均为 58%；含氮 3%~6%，平均为 5.6%；其 C/N 为 10：1~12：1。

腐殖酸主要由芳香族的酚、醌化合物、含氮化合物组成，还有一些碳水化合物、脂肪酸等。用酸解法对腐殖酸中的氮素分布进行大量研究表明，氮主要是氨基酸氮、氨基糖氮、铵态氮和残渣氮，其中氨基酸氮占腐殖酸氮的 20%~50%，氨基糖氮占 1%~8%，其余约 50% 的氮是残渣氮，目前，其性质还不清楚。氨基酸、多肽、蛋白质是腐殖酸的组成部分。用酚可以从腐殖酸中分离出"腐殖酸蛋白质"，其含量随胡敏酸中全氮含量的增加而提高，说明部分多肽是通过氢键与腐殖酸结合的，并非腐殖酸的组成部分。腐殖酸中也有一定的碳水化合物，部分也是以氢键或配位键与腐殖酸相连，而且采用不同方法测得的含量差别较大。

（2）腐殖酸的官能团、带电性及交换量　　腐殖质分子中含各种官能团，其中最主要的是含氧的酸性官能团，包括芳香族和脂肪族化合物上的羧基（R—COOH）和酚羟基（—OH），其中羧基是最重要的官能团。此外，腐殖物质中还存在一些中性和碱性官能团，中性官能团主要有醇羟基（R—OH）、醚基（—O—）、酮基（C＝C）、醛基（—CHO）和酯（ROOC—）；碱性官能团主要有氨基（—NH$_2$）和酰胺基（—CONH$_2$），富里酸的羧基和酚羟基含量及羧基的解离度均较胡敏酸高，醌基含量较胡敏酸低；胡敏素的醇羟基含量比富里酸和胡敏酸高，但富里酸中羰基含量最高。

腐殖物质的总酸度通常是指羧基和酚羟基的总和。总酸度是以胡敏素、胡敏酸和富里酸的次序增加的，富里酸的总酸度最高，主要与其较高的羧基含量有关。总酸度数值的大小与腐殖物质的活性有关，一般较高的总酸度意味着有较高的阳离子交换量（CEC）和配位容量。腐殖酸带电性的主要来源是分子表面的羧基和酚羟基的解离及氨基的质子化。羧基和酚羟基的解离产生负电荷，氨基的质子化则产生正电荷。羧基在 pH 为 3 时质子开始解离，产生负电荷；酚羟基在 pH 超过 7 时才开始解离质子，羧基和酚羟基的脱质子解离随着 pH 的升高而增加，因而负电荷也随之增加。羧基、酚羟基等官能团的解离及氨基的质子化，使腐殖酸分子具有两性胶体的特征，在分子表面上既带负电荷又带正电荷，而且电荷随着 pH 的变化而发生变化，在通常的土壤 pH 条件下，腐殖酸分子带净负电荷，故可吸附土壤的盐基离子，腐殖酸具有较大的阳离子交换量，其交换量为 2000~5000mmol/kg，平均为 3500mmol/kg。在中性条件下，灰化土中胡敏酸的交换量为 3000~5000mmol/kg。

正是由于腐殖酸中存在各种官能团，因此腐殖酸表现出多种活性，如离子交换、对金属离子的配位作用、氧化-还原性及生理活性等。

（3）腐殖物质的凝聚与分散　　腐殖物质是带有负电荷的有机胶体，根据电荷同性相斥原则，新形成的腐殖物质胶粒在水中呈分散的溶胶状态，但增加电解质浓度或高价离子，则电性中和而相互凝聚，腐殖物质在凝聚过程中可使土粒胶结在一起，形成结构体。另外，腐殖物质是一种亲水胶体，可以通过干燥或冻结脱水变性，形成凝胶。腐殖物质的这种变性是不可逆的，因此，能形成水稳性的团粒结构。

腐殖物质的凝聚与分散主要取决于分子的大小。例如，红壤中胡敏酸的分子较小，分散性大，难于被电解质絮凝，对土壤结构形成作用不大。黑土的胡敏酸分子较大，只要少量电解质就可以使之完全絮凝，可促进土壤团粒结构的形成。

（4）腐殖物质的稳定性　腐殖物质不同于土壤中动植物残体的有机成分，抗微生物分解的能力较强，因此分解速率非常缓慢，要使它彻底分解，少则需要近百年，多则几百年至几千年。一般胡敏酸比富里酸稳定。这说明在自然土壤中腐殖物质的矿化率是很低的，一般腐殖酸的年矿化率平均为 1%～2%，但一经开垦，土壤有机质的矿化率就大大增加。例如，我国东北的黑土，经开垦种植后，土壤有机质含量迅速下降，需 50～100 年才能达成新的平衡。

（三）土壤腐殖物质的地带性变异性

土壤腐殖质形成过程也是土壤形成中的一个重要过程。不同的土壤，不仅腐殖物质的含量不同，组分的比例和各组分的复杂程度也有差异。这是和土壤形成的条件（如气候、植被、地形、母质、时间长短及农业技术措施等）分不开的，有的土壤以胡敏酸为主，有的土壤以富里酸为主。即使同是胡敏酸，在不同土壤中其组分的分子量和分子结构也有差别。随着时间、条件的变化，胡敏酸和富里酸还可以相互转化。

土壤腐殖质组成（soil humus composition）是指腐殖物质中胡敏酸（HA）和富里酸（FA）的比值（HA/FA），常用来说明腐殖物质在不同的形成条件下的腐殖化程度和分子复杂程度。其比值愈大，胡敏酸的含量愈多，腐殖物质的腐殖化程度和分子复杂程度愈高。在不同地区各土类间 HA/FA 有明显的地带性变异。

黑土不但有机质含量丰富，而且腐殖物质的移动性较小，对矿物的分解作用较弱。

腐殖物质中以胡敏酸为主（HA/FA 为 1.5～2.5），胡敏酸的芳香度和相对分子质量都较大。由黑土带向西，依次为栗钙土、灰钙土、漠土带，胡敏酸的含量逐渐降低，胡敏酸的芳香度和相对分子质量也逐渐减小，HA/FA 栗钙土为 1，灰钙土、棕钙土、灰漠土仅为 0.6～0.8，其变化主要反映干燥度对腐殖物质形成的影响。

由黑土带向南，经棕壤、黄棕壤到红壤和砖红壤，胡敏酸在腐殖质组成中的比重逐渐减少，芳香度和相对分子质量逐渐降低。毗邻黑土的暗棕壤，其 HA/FA 一般为 1～2，而黄棕壤的 HA/FA 仅为 0.45～0.75。砖红壤的腐殖物质中不但以富里酸为主体（HA/FA 在 0.45 以下），而且其少量的胡敏酸与富里酸已较接近，它们几乎全部以游离态或与活性铁铝氧化物呈结合态存在。

可见，由黑土带至红壤带，土壤腐殖质体系逐渐向相对分子质量较小、复杂程度较低的方向变化，活性逐渐增大，对土壤矿物质的分解作用逐渐增加。其变化不仅是受生物气候条件的影响，同时也是由于土壤黏土矿物的组成和 pH 的变化。

在高山地区，腐殖物质体系的变化，随海拔的升高、气候、植被发生的变化而有明显的变化，各高山土壤中腐殖物质体系的复杂程度要小得多。可见，低温不利于胡敏酸的形成，也不利于芳香度的增大，高山土壤的胡敏酸移动性均较大。

渍水条件使各地带中水稻土有机质的组成、性质具有一些共同的特点：HA/FA 大多较相应的自然植被下的土壤或旱地土壤高，但胡敏酸的光密度大多较低。

五、土壤有机质的转化过程

进入土壤中的各种有机残体，在以土壤微生物为主导的各种作用综合影响下进行着复杂的转化过程，这些过程可以概括为两个方面的过程，即矿化过程和腐殖化过程。二者在土壤中同时同地彼此互相渗透着进行，在不同条件下强度各有不同。

（一）土壤有机质的矿化过程

有机残体进入土壤后，在微生物酶的作用下发生氧化反应，彻底分解而最终释放出 CO_2、H_2O 和能量；所含 N、P、S 等营养元素在一系列特定反应后，释放成为植物可利用的矿质养料，这一过程称为有机质的矿化过程（mineralization）。

这一过程使土壤有机质转化为二氧化碳、水、氨和矿质养分（磷、硫、钾、钙、镁等的简单化合物或离子），同时释放出能量。这一过程为植物和土壤微生物提供了养分和活动能量，并直接或间接地影响着土壤性质，同时也为合成腐殖质提供了物质基础。

土壤有机质的矿化作用，主要是靠微生物的酶来完成。整个过程往往是分阶段进行的，在分解过程中，可以产生各种类型的中间产物。

如果环境条件适宜，微生物活动旺盛，则分解作用可进行得较快，最终大部分有机物就变成了 CO_2 和 H_2O，而 N、P、S 等则以矿质盐类释放出来，同时对微生物提供较多的能量。

如环境不适宜，微生物活动受到阻碍，则分解作用进行得既慢又不彻底，因此有机质消失也慢，并有时中间产物累积，释放出的养料和能量也少。

因此，环境条件和有机质的组成部分不同，微生物的分解能力和最终产物及提供的养分和能量也不同。下面以植物残体为例，将各有机成分的一般分解速率和分解产物简介如下。

1. 糖类的分解　　糖类包括单糖类（六碳糖、五碳糖）和多糖类（淀粉、半纤维素、纤维素）。多糖首先在微生物分泌的水解酶的作用下，水解成单糖，由单糖进一步分解成简单的物质。

在好氧条件下分解迅速，最终产物为 CO_2 和 H_2O，反应式如下：

$$（C_6H_{10}O_5）_n + nH_2O \longrightarrow nC_6H_{12}O_6$$
$$（纤维素）\qquad\qquad（葡萄糖）$$

葡萄糖在好氧条件下，在酵母菌和醋酸菌等微生物作用下，生成简单的有机酸（乙酸、草酸等）、醇类、酮类。这些中间物质在氧气充足的条件下继续氧化，最后完全分解成二氧化碳和水，同时放出热量。

$$C_6H_{12}O_6 + 5O_2 \longrightarrow 2C_2H_2O_4 + 2CO_2 + 4H_2O + 2822（J）$$
$$2C_2H_2O_4 + O_2 \longrightarrow 4CO_2 + 2H_2O$$

在通气不良的条件下，糖类的分解是在厌氧微生物的作用下进行的，其分解的速度很慢，释放出的能量也少，并形成一些有机酸、乙醇等，在极厌氧的情况下，还产生 H_2、CH_4 等还原性物质，对植物生长不利。

2. 脂肪、树脂、蜡质、单宁等的分解　　这类物质的分解除脂肪族稍快些外，其他均很缓慢，不易彻底分解，在好氧条件下除生成 CO_2 和 H_2O 并放出能量外，还常常产生有机酸。在厌氧条件下，则可产生多元酚类化合物（形成腐殖物质的材料）。

3. 木质素的分解　　植物种类不同，木质素的化学组成和结构也不相同，但其共同点是都含有芳香核，并以多聚体的形式存在于组织中，是最不易分解的植物有机成分。在好氧条件下，受真菌和放线菌的作用，先进行氧化脱水，再缓慢降解，使其原来分子中的甲氧基显著减少，酚羟基增加，出现烃基，并有酸化的趋势。木质素降解的中间产物可参与腐殖物质的形成。在厌氧条件下木质素分解极慢，所以沼泽泥炭土中木质素含量特别高。

4. 含氮有机化合物的分解　　土壤中含氮有机化合物，主要是蛋白质等化合物，这类化合物较易分解，土壤中含氮的有机物在土壤微生物作用下，最终分解为无机态氮（NH_4^+-N 和

NO_3^--N）。其分解转化过程如下。

（1）水解过程　　蛋白质在微生物分泌的蛋白酶的作用下，分解成为简单的氨基酸类含氮化合物。其过程是：蛋白质→水解蛋白质→消化蛋白质→多肽→氨基酸。这类物质一般不能被作物吸收利用，只为进一步转化提供原料。

（2）氨化过程　　蛋白质水解生成的氨基酸在多种微生物及其分泌酶的作用下，产生氨的过程。氨化过程只要温度、湿度适宜，在好氧、厌氧条件下均可进行，只是不同种类微生物的作用不同。氨化过程可以通过以下几个途径进行。

水解：$RCHNH_2COOH + H_2O \longrightarrow RCHOHCOOH + NH_3\uparrow$

或　　　　$RCHNH_2COOH + H_2O \longrightarrow RCH_2OH + CO_2\uparrow + NH_3\uparrow$

氧化：$RCHNH_2COOH + O_2 \longrightarrow RCOOH + CO_2 + NH_3$

还原：$RCHNH_2COOH + H_2 \longrightarrow RCH_2COOH + NH_3$

或　　　　$RCHNH_2COOH + H_2 \longrightarrow RCH_3 + CO_2 + NH_3$

氨化过程所生成的氨，与土壤溶液中各种酸类化合成铵盐后，可以直接为作物利用。

$$2NH_3 + H_2CO_3 \longrightarrow (NH_4)_2CO_3$$

（3）硝化过程　　在通气良好的情况下，氨化作用产生的氨在土壤微生物的作用下，可经过亚硝酸的中间阶段，进一步氧化成硝态氮，这个由氨经微生物作用氧化成硝酸的作用称为硝化作用。将硝酸盐转化成亚硝酸盐的作用称为亚硝化作用。硝化过程是一个氧化过程，由于亚硝酸转化为硝酸的速度一般比氨转化为亚硝酸的速度快得多，因此土壤中亚硝酸盐的含量在通常情况下是比较少的。亚硝化过程只有在通气不良或土壤中含有大量新鲜有机物及大量硝酸盐时发生，对农业生产而言此过程有害，是降低土壤肥力的过程，因此应尽量避免。

（4）反硝化过程　　硝态氮在土壤通气不良的情况下，还原成气态氮（N_2O 和 N_2），这种生化反应称为反硝化作用。在生产上应采取加强中耕、调节土壤通气性等措施来减少土壤氮的损失。

5. 含磷有机化合物的分解　　土壤中有机态的磷经微生物作用，分解为无机态可溶性物质后，才能被植物吸收利用。

土壤表层中有 26%～50% 是以有机磷状态存在，主要有核蛋白、核酸、磷脂、核素等，这些物质在多种腐生性微生物作用下，分解的最终产物为正磷酸及其盐类，可供植物吸收利用。

在厌氧条件下，很多厌氧性土壤微生物能引起磷酸还原反应，产生亚磷酸，并进一步还原成磷化氢。

6. 含硫有机化合物的分解　　土壤中含硫的有机化合物，如含硫蛋白质、胱氨酸等，经微生物的腐解作用产生硫化氢。硫化氢在通气良好的条件下，在硫细菌的作用下氧化成硫酸，并和土壤中的盐基离子生成硫酸盐，不仅消除硫化氢的毒害作用，还能成为植物易吸收的硫素养分。

在土壤通气不良的条件下，已经形成的硫酸盐也可以还原成硫化氢，即发生反硫化作用，造成硫素散失。当硫化氢积累到一定程度时，对植物根系有毒害作用，应尽量避免。

其他非蛋白质类而含氮、硫、磷的有机化合物的矿化过程和速率，虽与蛋白质有所不同，但其最终的主要产物仍是 NH_4^+、HPO_4^{2-} 和 SO_4^{2-}。

综上所述，有机物质矿化的结果，不仅为植物提供了营养物质，也为微生物提供了营养物质和能量，而且在矿化过程中同时也改变了一些有机物的结构特征和组成，为腐殖物质的形成提供原料。

（二）土壤有机质的腐殖化过程

进入土壤中的有机残体，在微生物的作用下，进行矿化的同时，还进行一系列复杂的腐殖化过程（humification）。即有机质在微生物的作用下，形成复杂的腐殖物质的过程。

腐殖质形成过程大体包括两个阶段，第一阶段：产生腐殖质分子的各个组成成分，如多元酚、氨基酸、多肽等有机物质。第二阶段：由多元酚和含氮化合物缩合成腐殖质单体分子，此缩合过程包括两步，首先是多元酚在多酚氧化酶作用下氧化为醌，然后醌和含氮化合物（氨基酸）缩合，最后腐殖质单体分子继续缩合成高级腐殖质分子。

有机残体的矿化和腐殖化是同时发生的两个过程，矿化过程是进行腐殖化过程的前提，而腐殖化过程是有机残体矿化过程的部分结果。应当注意，腐殖质仅处于相对稳定的状态，它也在缓慢地进行着矿化。所以，矿化和腐殖化在土壤形成中是对立统一的两个过程。

（三）影响土壤有机质转化的因素

有机质是土壤中最活跃的物质组成。一方面，外来有机物质不断地输入土壤，并经微生物的分解和转化形成新的腐殖质；另一方面，土壤原有有机质不断地被分解和矿化，离开土壤。进入土壤的有机物质主要由每年加入土壤中动植物残体的数量和类型决定，而土壤有机质的损失则主要取决于土壤有机质的矿化及土壤侵蚀的程度。进入土壤的有机物质与从土壤中损失的有机碳之间的平衡决定了土壤有机质的含量。

有机物质进入土壤后由其一系列转化和矿化过程所构成的物质流统称为土壤有机质的周转。由于微生物是土壤有机物质分解和周转的主要驱动力，因此，凡是能影响微生物活动及其生理作用的因素都会影响有机物质的转化。一般而言，有利于矿化作用的因素几乎都是有损于腐殖化作用的。现将影响土壤有机质转化的主要因素分析如下。

1. 有机残体的组成和状态

（1）有机残体的物理状态　　有机残体的物理状态直接影响到转化速率。幼嫩多汁的绿肥比老化干枯的绿肥容易分解；磨细或粉碎了的植物残体，比未粉碎的容易分解。由于粉碎后，植物残体暴露的表面积加大，与外界作用的机会多了。同时，通过磨碎，把包裹在残体外面的蜡质弄开，把木质素撕碎，使得残体中的各种成分更易受到酶的作用，使其腐烂过程加快。

（2）有机残体的化学组成　　有机残体中含有成分和性质差别很大的各种有机化合物，这些化合物分解的难易也很不相同。概括讲，单糖、淀粉、水溶性蛋白质、粗蛋白质等属于易分解的有机化合物；纤维素、木质素、脂肪、蜡质等属于难分解的有机化合物；而半纤维素、果胶等的分解难易介于两者之间。因而，含易分解的有机化合物多的有机残体，如幼嫩绿肥、豆科绿肥比干枯秸秆易于分解，因为前者含有较高比例的简单碳水化合物和蛋白质，后者含有较高比例的纤维素、木质素、脂肪、蜡质等难于降解的有机物。含蛋白质多的有机残体有利于矿化，有利于释放养分，含木质素多的有机残体有利于腐殖质的形成，矿化速度缓慢。因此，豆科绿肥的施用有利于释放养分，稻草还田更有利于增加土壤腐殖质。

（3）有机残体的碳氮比　　众所周知，植物体的碳氮比（C/N）变异很大，豆科植物和幼叶的 C/N 为 $10:1 \sim 30:1$，而一些植物锯屑的 C/N 可高达 $600:1$，它与植物种类、生长时期、土壤养分状况等有关。与植物相比，土壤微生物的 C/N 要低得多，稳定在 $5:1 \sim 10:1$，平均为 $8:1$。由此可知，微生物每吸收 1 份氮大约需要 8 份碳。但由于微生物代谢的碳只有 1/3 进入微生物细胞，其余的碳以 CO_2 的形式释放。因此，对微生物来说，同化 1 份氮到体内，必须相应需要约 24 份碳。显然，植物残体进入土壤后由于氮的含量太低而不能使土壤微生物将加入的有机碳转化为自身的组成。为了满足微生物分解植物残体对氮养分的需要，土壤微生物必须从土壤中吸收矿质态氮，此时土壤中矿质态氮的有效性控制了土壤有机质的分解速率，最终的结果是微生物与植物之间竞争土壤矿质态氮。为了防止植物缺氮，在施用含氮量低的水稻、小麦等作物秸秆时应同时适度补施速效氮肥。随着有机物质的分解和 CO_2 的释放，土壤中有机质的 C/N 降低，微生物对氮的要求也逐步降低。最后，当 C/N 降至 25∶1 以下时，微生物不再利用土壤中的有效氮，相反由于有机质较完全地分解而释放矿质态氮，使得土壤中矿质态氮的含量比原来有显著的提高。但无论有机物质的 C/N 大小如何，当它被翻入土壤中，经过微生物的反复作用后，在一定条件下，它的 C/N 或迟或早都会稳定在一定的数值。一般耕作土壤表层有机质的 C/N 为 8∶1～15∶1，平均为 10∶1～12∶1，处于植物残体和微生物 C/N 之间。土壤 C/N 的变异主要受地区的水热条件和成土作用特征控制，如我国湿润中温带的土壤中 C/N 稳定于 10∶1～12∶1。而热带、亚热带地区的红壤、黄壤则可高达 20∶1。

除 C/N 外，C/P、C/S 也对有机物质的分解有一定的影响，但作用一般不如 C/N 大。

2. **土壤环境条件** 有机残体在土壤中转化，主要依靠微生物。因而，凡是会影响到土壤微生物的类群、数量和活动强度的土壤环境条件，都会影响到土壤有机质的转化。

（1）土壤温度 温度影响到植物的生长和有机质的微生物降解。一般说来，在 0℃ 以下，土壤有机质的分解速率很小。在 0～35℃，提高温度能促进有机物质的分解，加速土壤微生物的生物周转。温度每升高 10℃，土壤有机质的最大分解速率提高 2～3 倍。一般土壤微生物活动的最适宜温度范围为 25～35℃，超出这个范围，微生物的活动就会受到明显的抑制。在夏秋高温季节，只要土壤湿度适宜，微生物活动旺盛，有机质的分解也快；在冬季或早春土温低的季节，微生物活动弱，土壤有机质的分解也慢。

（2）土壤水分和通气状况 土壤水分对有机质分解和转化的影响是复杂的。土壤中微生物的活动需要适宜的土壤含水量。在土壤湿度适宜而通气良好的情况下，好氧微生物活动旺盛，有机物质进行好氧分解，其特点是分解速度快、释放出的养分多，且以氧化状态存在，对植物无毒害影响，很少有中间产物有机酸累积，释放出的热能也多些，但由于矿化过快，不利于土壤有机质的积累；反之，如果土壤湿度过大，水分充满了大部分大孔隙，土壤通气受阻，厌氧微生物活动旺盛，有机残体则进行厌氧分解，其特点是分解速度慢、释放养分少，且多为还原态的有毒物质，还有中间产物有机酸累积，在高度厌氧条件下，这些有机酸可进一步形成 CH_4 等还原性气体，释放的热能要低得多，由于矿化慢，有利于土壤有机质的累积。植物残体分解的最适水势为 −0.1～−0.03MPa，当水势降到 −0.3MPa 以下时，细菌呼吸作用迅速降低，而真菌一直到 −5～−4MPa 时可能还有活性。

土壤有机质的转化也受土壤干湿交替作用的影响。一方面，干湿交替作用使土壤呼吸强度在很短时间内大幅度地提高，并使其在几天内保持稳定的土壤呼吸强度，从而增加土壤有机质的矿化作用。另一方面，干湿交替作用会引起土壤胶体，尤其是蒙脱石、蛭石等黏粒矿物的收缩和膨胀作用，使土壤团聚体崩解，其结果一是使原先不能被分解的有机物质因团聚体的分散而能被微生物分解，二是干燥引起部分土壤微生物死亡。

（3）土壤 pH 一般微生物活动的适宜土壤酸碱度为中性附近（pH 6.5～7.5）。土壤过酸（pH＜4.5）和过碱（pH＞8.5）时，多数微生物活动都会受到显著的影响。细菌在 pH 6.0～8.0 时活动旺盛，也有极少数能在极低 pH 下生存。例如，硫细菌喜欢在偏酸性条件下生长；霉菌在酸性、中性及碱性条件下均可生存；真菌最适的 pH 范围一般为 3.0～6.0；而放线菌一般适宜在中性或碱性环境生长（表 2-10）。由于土壤 pH 不同会影响到土壤微生物的类群、数量和活动强度，因此有机质转化的速度、产物也不一样。

表 2-10　土壤微生物活动的 pH

微生物种类		微生物生长的 pH 范围		
		最低	最适	最高
细菌	腐败细菌	4.5	6.0～8.0	9.0
	根瘤菌	4.3	6.0～8.0	10.0
	自生固氮菌	5.0	6.0～8.0	9.0
	硝化细菌	4.0	7.8～8.0	10.0
	硫细菌	3.0		10.0
真菌	霉菌	1.5	6.5～7.5	9.0
放线菌		5.0	7.0～8.5	9.0
原生动物		3.5	7.0	9.0

资料来源：熊顺贵，2001

（4）土壤质地　　气候和植被在较大范围内影响土壤有机质的分解和积累，而土壤质地在局部范围内影响土壤有机质的含量。土壤有机质的含量与其黏粒含量具有极显著的正相关，黏质和粉砂质土壤通常比砂质土壤含有更多的有机质。质地愈黏重，由于黏粒的吸附可减弱土壤酶、土壤微生物的活性，有机质愈不易分解。

（5）灰分营养元素　　微生物除了需要碳、氮元素以合成自身细胞，还需其他各种灰分营养元素，如磷、钾、硫、钙、镁及一些微量元素。一般情况下，有机残体分解所含的灰分元素的种类和数量，能基本满足微生物的需求，有些微生物只有在某些灰分元素充足时，活性才较高。多数细菌在交换性钙丰富时活动最旺盛，与豆科作物共生的根瘤菌对磷的要求比较严格，还要求一定数量的钼、铜等微量元素。蚯蚓在肥力高的土壤中生长旺盛，尤其在钙、镁丰富的土壤中繁殖率较高。因此，在调节生物活性时，要注意补充钙、镁营养元素。

（6）其他因素　　土壤溶液中盐分浓度低于 0.2% 时，微生物能正常生活。当高于此水平时，往往因为土壤溶液渗透压增高，微生物吸水困难，造成土壤微生物活动弱，不利于有机质转化，盐土往往是这种情况。

某些重金属盐类，某些脂肪族和芳香族的有机化合物，在一定浓度时对微生物有毒害作用。例如，把细菌浸在汞、硝酸银、铝、铜、铀等的 0.1%～0.5% 溶液中，微生物在几分钟内即死亡。可见这些有机、无机的毒物对微生物的活性和有机质的转化都有明显影响。因此，在一些重金属或有机污染的土壤中，有机物质的转化受到抑制。

六、土壤有机质在肥力中的作用及其调节

有机质是土壤肥力（soil fertility）的基础，其在提供植物需要的养分和改善土壤肥力特性上均具有不可忽略的重要意义。其中，它对土壤肥力特性的改善又是通过影响土壤物理、化学及生物学性质而实现的。

（一）土壤有机质在土壤肥力中的作用

1. 提供植物需要的养分　　土壤有机质中含有大量的植物营养元素，如 N、P、K、Ca、Mg、S、Fe 等重要元素，还有一些微量元素。土壤有机质经矿化过程释放大量的营养元素，为植物生长提供养分；有机质的腐殖化过程合成腐殖质，保存了养分，腐殖质又经矿化过程再

度释放养分，从而保证植物生长全过程的养分需求。

有机质的矿化过程分解产生的 CO_2 是植物碳素营养的重要来源，据估计，土壤有机质的分解及微生物和根系呼吸作用产生的 CO_2，每年可达 135 亿 t，大致相当于陆地植物的需要量。由此可见，土壤有机质的矿化过程产生的 CO_2 既是大气中 CO_2 的重要来源，也是植物光合作用的重要碳源。土壤有机质还是土壤 N、P 最重要的营养库，是植物速效性 N、P 的主要来源。土壤全 N 的 92%～98% 都是储藏在土壤中的有机态 N，且有机态 N 主要集中在腐殖质中，一般是腐殖质含量的 5%，据研究，植物吸收的氮素有 50%～70% 是来自土壤；土壤有机质中有机态 P 的含量一般占土壤全 P 的 20%～50%，随着有机质的分解而释放出速效磷，供给植物营养；在大多数非石灰性土壤中，有机质中有机态 S 占全 S 的 75%～95%，随着有机质的矿化过程而释放，被植物吸收利用。土壤有机质在分解转化过程中，产生的有机酸和腐殖酸对土壤矿物部分有一定的溶解能力，可以促进矿物风化，有利于某些养分的有效化。一些与有机酸和富里酸络合的金属离子可以保留在土壤溶液中，不致沉淀而增加其有效性；土壤腐殖质与铁形成的某些化合物，在酸性或碱性土壤中对植物及微生物是有效的。

2. 改善土壤的物理性质　　有机质在改善土壤物理性质中的作用是多方面的，其中最主要、最直接的作用是改良土壤结构，促进团粒结构的形成，从而提高土壤的疏松性，改善土壤的通气性和透水性。腐殖质是土壤团聚体的主要胶结剂，土壤中的腐殖质很少以游离态存在，多数和矿质土粒相互结合，通过官能团、氢键、范德瓦耳斯力等机制，以胶膜形式包被在矿质土粒外表，形成有机 - 无机复合体。所形成的团聚体，大、小孔隙分配合理，且具有较强的水稳性，是较好的结构体。土壤腐殖质的黏结力比砂粒强，在砂性土壤中，可增加砂土的黏结性而促进团粒结构的形成。腐殖质的黏结力比黏粒小，一般为黏粒的 1/12，黏着力为黏粒的 1/2，当腐殖质覆盖黏粒表面时，减少了黏粒间的直接接触，可降低黏粒间的黏结力，有机质的胶结作用可形成较大的团聚体，更进一步降低黏粒的接触面，使土壤的黏性大大降低，因此可以改善黏土的土壤耕性和通透性。有机质通过改善黏性，降低土壤的胀缩性，防止土壤干旱时出现大的裂隙。土壤腐殖质是亲水胶体，具有巨大的比表面和亲水基团，据测定腐殖质的吸水率为500% 左右，而黏土矿物的吸水率仅为 50% 左右，因此，能提高土壤的有效持水量，这对砂土有着重要的意义。腐殖质为棕色至褐色或黑色的物质，被土粒包围后使土壤颜色变暗，从而增加了土壤吸热的能力，提高土壤温度，这一特性对北方早春时节促进种子萌发特别重要。腐殖质的热容量比空气、矿物质大，而比水小，导热性居中，因此，土壤腐殖质含量高的土壤，其土壤温度相对较高，且变幅小，保温性好。

3. 提高土壤保肥性和缓冲性　　土壤腐殖质是一种胶体，有着巨大的比表面和表面能，腐殖质胶体以带负电荷为主，从而可吸附土壤溶液中的交换性阳离子，如 K^+、NH_4^+、Ca^{2+}、Mg^{2+} 等，一方面可避免随水流失，另一方面又能被交换下来供植物吸收利用，其保肥性能非常显著。腐殖酸本身是一种弱酸，腐殖酸和其盐类可构成缓冲体系，缓冲土壤溶液中 H^+ 浓度的变化，使土壤具有一定的缓冲能力；同时，由于腐殖质胶体具有较强的吸附性能和阳离子代换能力，可吸附土壤溶液中的盐基离子，对肥料起缓冲作用。

4. 促进植物生长发育　　土壤有机质，尤其是胡敏酸，具有芳香族的多元酚官能团，可以加强植物呼吸过程，提高细胞膜的渗透性，促进养分迅速进入植物体。胡敏酸的钠盐对植物根系生长具有促进作用，试验结果证明胡敏酸钠对玉米等禾本科植物及草类的根系生长发育具有极大的促进作用。

5. 提高土壤生物活性和酶活性　　土壤有机质是土壤微生物生命活动所需养分和能量的

主要来源，没有它就不会有土壤中所有的生物化学过程。土壤微生物的种群、数量和活性随有机质含量增加而增加，具有极显著的正相关。土壤有机质的矿化率低，不会像新鲜植物残体那样对微生物产生迅猛的激发效应，而是持久稳定地向微生物提供能源。因此，富含有机质的土壤，其肥力平稳而持久，不易造成植物的徒长和脱肥现象。土壤动物中有的（如蚯蚓等）也以有机质为食物和能量来源；有机质能改善土壤物理环境，增加疏松程度和提高通透性（对砂土而言则降低通透性），从而为土壤动物的活动提供了良好的条件，而土壤动物本身又加速了有机质的分解（尤其是新鲜有机质的分解），进一步改善土壤通透性，为土壤微生物和植物生长创造了良好的环境条件。此外，土壤有机质通过刺激生物活动而增加土壤酶活性，直接影响土壤养分转化的生物化学过程。

6. 提高养分有效性　　土壤有机质矿化过程中产生的有机酸、腐殖化过程中产生的腐殖酸，一方面促进土壤矿质养分溶解释放养分；另一方面可以络合金属离子，减少金属离子对养分的固定，提高养分的有效性。例如，土壤中的磷一般不以速效态存在，常以迟效态和缓效态存在，因此土壤中磷的有效性低。土壤有机质具有与难溶性的磷反应的特性，可增加磷的溶解度，从而提高土壤中磷的有效性和磷肥的利用率。

7. 减轻或消除土壤中农药的残毒和重金属污染　　土壤腐殖物质胶体具有络合和吸附的作用，因而能减轻或消除农药的残毒和重金属的污染。据报道，腐殖物质能作为还原剂而改变农药的结构，如滴滴涕（DDT）经开环反应后，其毒性降低或消失；腐殖物质能与重金属离子络合，从而有助于消除土壤溶液中过量的重金属离子对作物的毒害作用。

（二）土壤有机质的调节

1. 保持和提高土壤有机质含量是土壤有机质调节的关键　　土壤有机质是土壤肥力的物质基础，其含量的高低是评价土壤肥力的重要标志。因此，保持与提高耕地土壤有机质含量，是农业生产上的重要环节。

在提高土壤有机质含量时，要注意处理好养分释放和腐殖质累积的关系问题，也就是矿化和腐殖化的关系，使之既能及时适度矿化，释放出的养分能满足作物的营养需要，又使腐殖质有累积，不断培肥土壤，使土壤物理条件和物理化学条件能满足作物的生态需要。因此，这是一个极为复杂的问题，既要注意当地自然条件，又要考虑当地生产条件。不同地区（如气候、地形等）耕作制度、施肥种类和数量等都会影响到有机残体在土壤中的转化。其中，有机残体的矿化率和腐殖化系数是考虑保持和提高土壤有机质含量到某一水平时的两项指标。

土壤有机质的矿化率（mineralization rate）是指每年因矿化作用而消耗掉的有机质量占土壤有机质含量的百分数。土壤有机质矿化率的大小说明有机物质分解的快慢。一般来讲，高温多湿地区的矿化率要比气温和降水量都较低的地方高。耕作频繁地和旱地的矿化率要比少耕地、水田高些。经常施用新鲜有机肥的土地，由于突然获得大量能量，微生物活性被激发，往往会提高土壤原有有机质的矿化率。有资料表明，土壤有机质的矿化率为 1%～3%。

例如，某一土壤原来的有机质含量为 20g/kg，有机质矿化率为 4%，则每年土壤有机质的矿化量：150 000kg（每亩耕层土重）×20g/kg×4%=120kg。只有每年向每亩耕地中补充的各种有机物质的矿化量为 120kg 或超过 120kg 时，才能保持土壤有机质的平衡或提高其含量水平。

腐殖化系数（humification coefficient）是指有机物质施入土壤中后形成的腐殖质量与原来施入的有机物质量的比值。作为有机物质转化为土壤有机质的换算系数，腐殖化系数的大小说明土壤有机质形成数量的多少。一般来讲，有机物质的类型、土壤水热条件等因素对腐殖化系数的影响不一样（表 2-11）。

表 2-11　几种有机物质的腐殖化系数

土壤	紫云英	紫云英＋稻草	稻草
旱地	0.20	0.25	0.29
水田	0.26	0.29	0.31

例：某土壤每亩耕层土重为 150 000kg，有机质含量为 20g/kg，其矿化率为 2%，为维持土壤有机质水平不下降，假定所施有机物质为紫云英，其腐殖化系数为 0.25，紫云英含水率为 86%。则每年需要施多少有机物质呢？

每年被矿化消耗掉的土壤有机质每亩为：150 000kg×20g/kg×2%＝60kg。因此每年至少要补充 60kg 的腐殖质，才能维持原有土壤有机质含量水平。要在土壤中形成 60kg 的腐殖质需要施多少有机物质呢？设紫云英用量为 X，则 X×（100%-86%）×0.25＝60kg，X≈1700kg。

也就是说，每年至少要补充 1700kg 的紫云英，才能基本维持原有土壤有机质水平不下降。有必要指出的是，这种计算仅说明一个概念，与实际有很大出入。因为计算中没有将原耕地中的残茬、根系等计算在内，也没有考虑当地的农业生产条件，以及由于新鲜有机物质的施用而产生的激发效应等。总之，土壤有机质的动态变化是个极复杂的问题。

2. 土壤有机质的调节措施　提高土壤有机质含量的措施，概括来讲有两个，一是增加土壤有机质来源，即广辟肥源问题，二是调节土壤有机质的转化条件，处理好供应养分和培肥土壤的关系。

（1）施用有机肥　我国农民素有施有机肥的习惯，而且施用的种类和数量很多，如粪肥、厩肥、堆肥、青草、幼嫩枝叶、饼肥、蚕沙、鱼肥等，其中粪肥和厩肥是普遍使用的主要有机肥。有些土壤，如塿土，就是因为长期施用大量的掺土有机肥而形成的具有层状堆积物表层的土壤。长期使用有机肥，使土壤的熟化度提高，其肥力几千年来壮而不衰。若以每公顷施用 22 500t 厩肥计，则土壤中增加的有机物质干重可达 500t 以上。

（2）种植绿肥　绿肥是指把还在生长着的豆科绿色植物体翻入土壤的肥料。绿肥历来是我国农业生产中有机肥料的重要来源，绿肥分解得快，腐殖物质形成也较快。种植绿肥是一个培肥土壤、提高产量的有效措施。种植绿肥必须按各地的生产条件和栽培特点而定，在长江中下游及其以南地区有大面积种植，如水稻 - 紫云英轮作制。据估算，每公顷产绿肥紫云英 27 000kg（包括地下鲜重），可提高土壤腐殖质含量 0.04%～0.08%；在华北主要采用休闲绿肥，在麦茬夏季休闲和秋茬冬季休闲时种植绿肥，主要的绿肥品种有田菁、菽麻、草木犀和越冬毛叶苕子等，适用于耕地较多而肥力差的土壤；也采用粮肥间套，在冬闲、早春或夏季麦地行间套入毛叶苕子、草木犀或夏季田菁等。

种植绿肥应依据"因地制宜、充分用地、积极养地、养用结合"的原则，同时也要考虑经济效益。在翻压绿肥时要注意翻压的深度、时间、灌水及播种等农业措施综合考虑，如翻压后立即灌水和播种，则有可能因绿肥剧烈分解，土壤中氧气缺乏而处于厌氧状态，产生一些有毒害的物质，影响种子萌发。在某些情况下，绿肥还可能引起激发效应，所谓激发效应是指加入了有机物质而使土壤有机质的矿化速率加快（正激发）或变慢（负激发）的效应。正激发加速了土壤中原有有机质的消耗，不利于有机质的积累，对土壤的培肥不利。

（3）秸秆还田　一般是指将作物收获后将秸秆切碎，不经堆腐直接翻入土壤。秸秆还田不但节省劳力和运输，而且对促进土壤结构的形成、固定和保存氮素，以及促进土壤难溶性养分的释放比施用腐熟的有机肥效果更好。

在进行秸秆还田时，要根据秸秆还田的 C/N 和田间肥力情况，适当添加速效氮肥，尤其是禾本科作物的秸秆的 C/N 范围较宽（80∶1～100∶1）。如果土壤较瘦且前期施用粪肥较少，施用时必须添加适量的速效氮肥，如碳铵等，以避免秸秆在土壤中腐解引起微生物和作物竞争有效氮素，影响作物的生长发育。秸秆的施用量，一般由距播种期的远近、土壤的肥瘦及化肥的供应来决定，距播种期较近、土壤较瘦、化肥较少的层次，不可大量施用秸秆；而在距播种期较远、土壤较肥沃、化肥供应充足的情况下，则可加大秸秆的施用量甚至全部秸秆还田。将秸秆切碎后均匀翻入土壤，有利于加速秸秆的腐解。通常翻压秸秆应在播种前半个月以上为宜，翻压的深度一般在 20～25cm。

秸秆翻入后要适当镇压、灌水，有利于促进秸秆的分解，也可防止因秸秆架空影响种子萌发。

（4）其他途径　　增加土壤有机质含量的途径很多，可以说一切能增加土壤有机物含量的方法都是增加土壤有机质的途径。例如，在南方平原地区，河泥、塘泥含有大量的有机质，施用河泥、塘泥是增加土壤有机质的途径之一。城市近郊常利用城市生活污水和生活垃圾堆制的垃圾肥作为菜园地的主要有机肥源。另外，一些农产品加工的废渣可用来增加土壤有机质。例如，亚铵法造纸的废液中含有机物约 20%，含氮约 1%，还有其他营养元素，经过处理来灌溉土壤不但增产效果良好，而且可提高土壤有机质和氮素含量，如每公顷施用 15m³ 废液，相当于施用有机质 1500kg（干物重）、氮素 150kg。

总之，在我国广大农村，要根据当地气候、土壤，以及农民的施肥习惯和经营特点来确定土壤有机质的调节措施。例如，以牧业为主的地区可采用粮草轮作或轮牧制度，以维持土壤有机质的含量；山区则应综合发展林牧业，并充分利用山青堆制青草肥；平原地区或集约化程度较高的地区可种植绿肥或秸秆还田，以增加土壤有机质的含量，使土壤肥力不断提高。

第三节　土　壤　生　物

土壤生物是土壤具有生命力的主要成分，在土壤形成和发育过程中起主导作用。因此，生物群体是评价土壤质量和健康状况的重要指标之一。

一、土壤生物类型

土壤生物是栖居在土壤（还包括枯枝落叶层和枯草层）中的生物体的总称，主要包括土壤微生物、土壤动物和高等植物根系。它们有多细胞的后生动物，单细胞的原生动物，真核细胞的真菌（酵母菌、霉菌）和藻类，原核细胞的细菌、放线菌和蓝细菌，以及没有细胞结构的分子生物（如病毒）等。

（一）土壤微生物

在土壤-植物整个生态系统中，微生物分布广、数量大、种类多，是土壤生物中最活跃的部分。其分布与活动，一方面反映了土壤生物因素对生物的分布、群落组成及其种间关系的影响和作用；另一方面也反映了微生物对植物生长、土壤环境及物质循环与迁移的影响和作用。

目前已知的微生物绝大多数是从土壤中分离、驯化、选育出来的，但只占土壤微生物实际总数的 10% 左右。一般 1kg 土壤可含 10^{11}～10^{12} 个细菌、10^{10}～10^{11} 个放线菌和 10^{8}～10^{9} 个真菌。其种类主要有原核微生物、真核微生物、非细胞型生物（分子生物）——病毒。

1. 原核微生物

（1）古细菌　　古细菌包括甲烷产生菌、极端嗜热嗜酸菌和极端嗜盐菌。这三个类型的细菌都生活在特殊的极端环境（水稻土、沼泽地、盐碱地、盐水湖和矿井等），在物质转化中担负着重要的角色，有关研究对揭示生物进化的奥秘、深化对生物进化的认识有重要意义。现已探明生物适应环境因子的遗传基因普遍存在于质粒上。因此，有可能把这类生活在极端环境的古细菌作为特殊基因库，用以构建有益的新种。

（2）细菌　　细菌是土壤微生物中分布最广泛、数量最多的一类，占土壤微生物总数的70%～90%，其个体小、代谢强、繁殖快，与土壤接触的表面积大，是土壤中最活跃的因素。因其可利用各种有机物为碳源和能源，富集土壤中重金属及降解农药等有机污染物，在污染土壤修复研究中备受关注。

按营养类型划分，土壤中存在各种细菌生理群，包括纤维分解菌、固氮菌、硝化细菌、亚硝化细菌、硫化细菌等，均在土壤 C、N、P、S 循环中担当重要角色。而就细菌属而言，土壤中常见的主要有节杆菌属（*Arthrobacter*）、芽孢杆菌属（*Bacillus*）、假单胞菌属（*Pseudomonas*）、产碱杆菌属（*Alcaligenes*）、黄杆菌属（*Flavobacterium*）等。其中假单胞菌属是一个大而庞杂的属，分布极广，土壤中这类细菌一部分为腐生菌，一部分为兼性寄生菌，具有代谢多种化合物的能力，在降解土壤、水体中的农药和除草剂、处理石油废水中能发挥重要作用，又是制造多种产品的经济微生物。但嗜冷性假单胞菌属是冷藏食品、制品的有害菌。

（3）放线菌　　土壤放线菌是指生活于土壤中呈丝状单细胞、革兰氏阳性的原核微生物。放线菌以孢子或菌丝片段存在于土壤中，其栖居数量及种类很多，占土壤微生物总数的5%～30%，其生物量与细菌接近。用常规方法监测时，大部分为链霉菌属（*Streptomyces*），占70%～90%；其次为诺卡氏菌属（*Nocardia*），占 10%～30%；小单胞菌属（*Micromonospora*），占第三位，只有 1%～15%。放线菌除极少数是寄生型外，大部分均属好氧腐生菌；它的作用主要是分解有机质，对新鲜的纤维素、淀粉、脂肪、木质素、单宁和蛋白质等均有分解能力，除了形成简单化合物以外，还产生一些特殊有机物，如生长刺激物质、维生素、抗生素及挥发性物质等，对其他有害菌起拮抗作用。最适宜生长在中性、偏碱性、通气良好的土壤中，pH 为 5.5 以下时生长即受抑制。

（4）蓝细菌　　蓝细菌是光合微生物，过去称为蓝（绿）藻，由于原核特征现改称蓝细菌，与真核藻类区分开。其在潮湿的土壤和稻田中常常大量繁殖。蓝细菌有单细胞和丝状体两类形态，现已知的 9 科 31 属蓝细菌中有固氮的种类。

（5）黏细菌　　黏细菌在土壤中的数量不多，是已知的最高级的原核生物。具备形成子实体和黏孢子的形态发生过程。子实体含有许多黏孢子，具有很强的抗旱性、耐温性，对超声波、紫外线辐射也有一定抗性，条件合适时萌发为营养细胞。因此黏孢子有助于黏细菌在不良环境中，特别是在干旱、低温和贫瘠的土壤中存活。

2. 真核微生物

（1）真菌　　土壤真菌是指生活在土壤中、菌体多呈分枝丝状的菌丝体，少数菌丝不发达或缺乏菌丝的具真正细胞核的一类微生物。真菌是土壤微生物的第三大类，由于真菌菌丝体长，真菌菌体远比细菌大。据测定，每克表土中真菌菌丝体长度为 10～100m，每公顷表土中真菌菌体质量可达 500～5000kg。因而在土壤中细菌与真菌的菌体质量比较接近 1:1，可见土壤真菌是构成土壤微生物生物量的重要组成部分。

土壤真菌是常见的土壤微生物，适宜于通气良好和酸性的土壤中生长，最适 pH 为 3～6，在 pH 低于 4 的条件下，细菌和放线菌已难以生长，而真菌却能很好发育。真菌生长还要求较高的土壤湿度，因此，在森林土壤和酸性土壤中，真菌往往占优势或起主要作用。我国土壤真菌种类繁多，资源丰富，分布最广的是青霉属（Penicillium）、曲霉属（Aspergillus）、木霉属（Trichoderma）、镰刀菌属（Fusarium）、毛霉属（Mucor）和根霉属（Rhizopus）。土壤真菌为化能有机营养型，以氧化含碳有机物质获取能量，是土壤中糖类、纤维类、果胶和木质素等含碳物质分解的积极参与者。按其营养方式，真菌又可分为腐生真菌、寄生真菌、菌根真菌（共生真菌）等。其中，菌根真菌目前在污染土壤修复方面的应用备受关注，不少研究均涉及接种菌根真菌快速降解土壤中有机污染物的课题。例如，有研究者将丛枝菌根（VA 菌根）应用于土壤中邻苯二甲酸二辛酯（DEHP）降解试验，证明了菌根真菌菌丝在 DEHP 降解和转移过程中起着至关重要的促进作用。

（2）藻类　　土壤藻类是指土壤中的一类单细胞或多细胞、含有各种色素的低等植物。土壤中藻类主要由硅藻、绿藻和黄藻组成。土壤藻类构造简单，个体微小，并无根、茎、叶的分化。大多数土壤藻类为无机营养型，可由自身含有的叶绿素利用光能合成有机物质，所以这些土壤藻类常分布在表土层中，能进行光合作用，吸收二氧化碳而放出氧气，有利于其他植物的根部吸收利用。也有一些不含叶绿素的藻类可分布在较深的土层中，这些藻类常是有机营养型，其作用在于分解有机质，它们利用土壤中有机物质为碳营养，进行生长繁殖，但仍保持叶绿素器官的功能。藻类是土壤生物的先行者，对土壤的形成和熟化起重要作用，它们凭借光能自养的能力，成为土壤有机质的最先制造者。

土壤藻类可以和真菌结合成共生体，在风化的母岩或瘠薄的土壤上生长，积累有机质，同时加速土壤形成。有些藻类可直接溶解岩石，释放出矿质元素，如硅藻可分解钾长石、高岭石，补充土壤钾素。许多藻类在其代谢过程中可分泌出大量黏液，从而改良土壤结构性。藻类形成的有机质比较容易分解，对养分循环和微生物繁衍具有重要作用。在一些沼泽化林地中，藻类进行光合作用时，吸收水中的二氧化碳，放出氧气，从而改善了土壤的通气状况。

（3）地衣　　地衣是真菌和藻类形成的不可分离的共生体。其广泛分布在荒凉的岩石、土壤和其他物体表面，通常是裸露岩石和土壤母质的最早定居者，于土壤发生的早期起重要作用。

3. 非细胞型生物（分子生物）——病毒　　病毒是一类超显微的非细胞生物，每一种病毒只有一种核酸，它们是一种活细胞内的寄生物，凡有生物生存之处，都有相应的病毒存在。随着电子显微镜技术和分子生物学方法的应用，人们对病毒本质的认识不断深化，发现非细胞生物包括真病毒和亚病毒。但目前对土壤中病毒了解较少，只知道土壤中病毒可以保持寄生能力，并以休眠状态存在。病毒在控制杂草及有害昆虫的生物防治方面已显示出良好的应用前景。

（二）土壤动物

土壤动物是指长期或一生中大部分时间生活在土壤或地表凋落物层中的动物。它们直接或间接地参与土壤中物质和能量的转化，是土壤生态系统中不可分割的组成部分。土壤动物通过取食、排泄、挖掘等生命活动破碎生物残体，使之与土壤混合，为微生物活动和有机物质进一步分解创造了条件。土壤动物活动使土壤的物理性质（通气状况）、化学性质（养分循环）及生物化学性质（微生物活动）均发生变化，对土壤形成及土壤肥力发展起着重要作用。

土壤动物种类繁多、数量庞大，几乎所有动物的门、纲都可在土壤中找到它们的代表。按照系统分类，土壤动物可分为脊椎动物、节肢动物、软体动物、环节动物、线形动物和原生动物等。

1. 土壤脊椎动物　　土壤脊椎动物是生活在土壤中的大型高等动物，包括土壤中的哺乳动物（如鼠类等）、两栖类（蛙类）、爬行类（蜥蜴、蛇）等，它们多是食植物型或食动物型的。多具掘土习性，对于疏松和混合上、下层土壤有一定作用。

2. 土壤节肢动物 主要包括依赖土壤而生活的某些昆虫（甲虫）或其幼虫，如螨类、弹尾类、蚁类、蜘蛛类、蜈蚣类等，在土壤中的数量很大。其主要以死的植物残体为食源，是植物残体的初期分解者。

3. 土壤环节（蠕虫）动物 环节动物是进化的高等蠕虫，在土壤中最重要的是蚯蚓类。土壤蚯蚓属环节动物门的寡毛纲，是被研究最早（自1840年达尔文起）和最多的土壤动物。蚯蚓体圆而细长，其长短、粗细因种类而异，最小的长0.44mm，宽0.13mm；最大的达3600mm，宽24mm。身体由许多环状节构成，体节数目是分类的特征之一，蚯蚓的体节数目相差悬殊，最多达600多节，最少的只有7节，目前全球已命名的蚯蚓有2700多种，中国已发现有200多种。蚯蚓是典型的土壤动物，主要集中生活在表土层或枯落物层，由于它们主要捕食大量的有机物和矿质土壤，因此有机质丰富的表层，蚯蚓密度最大，平均最高可达每平方米170多条。土壤中枯落物类型是影响蚯蚓活动的重要因素，不具蜡层的叶片是蚯蚓容易取食的对象（如榆树、柞树、椴树、槭树、桦树等的叶片），因此，此类树林下土壤中蚯蚓的数量比含蜡层叶片的针叶林土壤要丰富得多（柞树林下，每公顷294万条蚯蚓，而云杉林下每公顷仅61万条）。蚯蚓可促进植物残枝落叶的降解、有机物质的分解和矿化这一复杂的过程，并具有混合土壤、改善土壤结构、提高土壤透气、排水和深层持水能力的作用。蚯蚓通过大量取食与排泄活动富集养分，促进土壤团粒结构的形成，并通过掘穴、穿行改善土壤的通透性，提高土壤肥力。因此，土壤中蚯蚓的数量是衡量土壤肥力的重要指标。

4. 土壤线虫 线虫属线虫动物门的线虫纲，是一种体形细长（1mm左右）的白色或半透明无节动物，是土壤中最多的非原生动物，已报道种类达1万多种，每平方米土壤的线虫个体数达$10^5 \sim 10^6$条。线虫一般喜湿，主要分布在有机质丰富的潮湿土层及植物根系周围。线虫可分为腐生型线虫和寄生型线虫，前者的主要取食对象为细菌、真菌、低等藻类和土壤中的微小原生动物。腐生型线虫的活动对土壤微生物的密度和结构起控制和调节作用，另外通过捕食多种土壤病原真菌，可防止土壤病害的发生和传播。寄生型线虫的寄主主要是活的植物体的不同部位，寄生的结果通常导致植物发病。线虫是多数森林土壤中湿生小型动物的优势类群。

5. 土壤原生动物 原生动物是生活于土壤和苔藓中的真核单细胞动物，属原生动物门，相对于原生动物而言，其他土壤动物门类均称为后生动物。原生动物结构简单、数量巨大，只有几微米至几毫米，而且一般每克土壤有$10^4 \sim 10^5$个原生动物，在土壤剖面上的分布为上层多，下层少。已报道的原生动物有300种以上，按其运动形式可把原生动物分为三类：①变形虫类（靠假足移动）；②鞭毛虫类（靠鞭毛移动）；③纤毛虫类（靠纤毛移动）。数量上以鞭毛虫类最多，主要分布在森林的枯落物层；其次为变形虫类，通常能进入其他原生动物所不能到达的微小孔隙；纤毛虫类分布相对较少。原生动物以微生物、藻类为食物，在维持土壤微生物动态平衡上起着重要作用，可使养分在整个植物生长季节内缓慢释放，有利于植物对矿质养分的吸收。

原生动物在土壤中的作用有：①调节细菌数量；②增进某些土壤的生物活性；③参与土壤植物残体的分解。

二、土壤微生物特性

前已述及，微生物是土壤重要的组成部分，土壤中普遍分布着数量众多的微生物。土壤微生物是土壤有机质、土壤养分转化和循环的动力；土壤微生物多样性是土壤的重要生物学性质之一。土壤微生物多样性包括其种群多样性、营养类型多样性及呼吸类型多样性三个方面。

（一）土壤微生物种群多样性

土壤微生物种群多样性又称微生物群落结构，是指微生物群落的种类和种间差异，包括生理功能多样性、细胞组成多样性及遗传物质多样性等，种群多样性在前面的土壤微生物介绍中已有所体现。微生物多样性能较早地反映环境质量的变化过程，并揭示微生物的生态功能差异，被认为是最有潜力的敏感性生物指标之一。但是，由于微生物的种类庞大，有关微生物区系的分析工作十分耗时费力。因此，微生物多样性的研究主要通过微生物生态学的方法来完成，即通过描述微生物群落的稳定性、微生物群落生态学机理，以及自然或人为干扰对一群落的影响，揭示环境质量与微生物多样性的关系。

（二）土壤微生物营养类型多样性

根据微生物对营养和能源的要求，一般可将其分为四大类型。

1. 化能有机营养型　　又称化能异养型，所需能量和碳源直接来自土壤有机物质。这类土壤微生物需要有机化合物作为碳源，通过氧化有机化合物来获取能量。土壤中大多数细菌和几乎全部真菌都属于此类，这类微生物是土壤中起主导作用的微生物。其中，细菌又可分为腐生和寄生两类：①腐生型细菌能够分解死亡的动植物残体，获得营养能量而生长发育；②寄生型细菌必须寄生在活的动植物体内，以活的蛋白质为营养，离开寄主便不能生长繁殖。

2. 化能无机营养型　　又称化能自养型，不需要现成的有机物质，能直接利用空气中二氧化碳或无机盐类生存的细菌。这类土壤微生物以 CO_2 作为碳源，再从氧化无机物中获取能量。这种类型的微生物数量、种类不多，但在土壤物质转化中起重要作用。根据它们氧化不同底物的能力，可分为亚硝酸细菌、硝酸细菌、硫化细菌、铁细菌和氢细菌 5 种主要类群。

3. 光能有机营养型　　又称光能异养型，其能源来自光，但需要有机化合物作为供氢体以还原 CO_2，并合成细胞物质。例如，紫色非硫细菌中的深红红螺菌（*Rhodospirillum rubrum*）可利用简单有机物作为供氢体。

4. 光能无机营养型　　又称光能自养型，利用光能进行光合作用，以无机物作供氢体以还原 CO_2，合成细胞物质。藻类和大多数光合细菌都属光能自养微生物。藻类以水作供氢体，光合细菌，如绿色硫细菌、紫色硫细菌都是以 H_2S 作为供氢体。

上述营养型的划分都是相对的。在异养型和自养型之间、光能型和化能型之间都有中间类型存在。而在土壤中，都可以找到具有适宜各类型微生物生长繁殖的土壤环境条件。

（三）土壤微生物呼吸类型多样性

根据土壤微生物对氧气的要求不同，可分为好氧、厌氧和兼性三类。好氧微生物是指在生活中必须有游离氧气的微生物。土壤中大多数细菌，如芽孢杆菌、假单胞菌、根瘤菌、固氮菌、硝化细菌、硫化细菌等，以及霉菌、放线菌、藻类等属好氧微生物；在生活中不需要游离氧气而能还原矿物质、有机质的微生物称为厌氧微生物，如梭菌、产甲烷细菌和脱硫弧菌等；兼性微生物在有氧条件下进行有氧呼吸，在微氧环境中进行无氧呼吸，但在两种环境中呼吸产物不同，这类微生物对环境变化的适应性较强，最典型的例子就是酵母菌和大肠杆菌。同时，土壤中存在的反硝化假单胞菌、某些硝酸还原细菌、硫酸还原细菌是一类特殊类型的兼性细菌。在有氧环境中，与其他好氧细菌一样进行有氧呼吸；在微氧环境中，能将呼吸基质彻底氧化，以硝酸或硫酸中的氧作为受氢体，使硝酸还原为亚硝酸或分子氮，使硫酸还原为硫或硫化氢。

三、土壤动物特性

与土壤微生物特性一样，土壤动物特性也是土壤生物学性质之一。土壤动物特性包括土壤动物组成、个体数或生物量、种类丰富度、群落的均匀度、多样性指数等，是反映环境变化的敏感生物学指标。

土壤动物作为生态系统物质循环中的重要分解者，在生态系统中起着重要的作用，一方面积极同化各种有用物质以建造其自身，另一方面又将其排泄产物归还到环境中不断地改造环境。它们同环境因子间存在相对稳定、密不可分的关系。因此，当前研究多侧重于应用土壤动物进行土壤生态与环境质量评价的方面。例如，依据蚯蚓对重金属元素具有很强的富集能力这一特性，已普遍采用蚯蚓作为目标生物，将其应用到土壤重金属污染及毒理学研究上。有些污染物的降解是几种土壤动物及土壤微生物密切协同作用的结果，所以土壤动物对环境的保护和净化作用将会受到更大的重视。

四、土壤酶特性

在土壤成分中，酶是最活跃的有机成分之一，土壤酶是土壤生态系统代谢的一类重要动力，土壤中所进行的生物学和化学过程都要在酶的催化下才能完成。土壤酶活性与土壤质量的许多理化指标相关，酶的催化作用对土壤中元素（包括 C、N、P、S）循环与迁移有着重要作用。土壤酶活性值的大小可较灵敏地反映土壤理化性质、土壤中生化反应的方向和强度，它的特性是重要的土壤生物学性质之一。在土壤中很难区分土壤酶的来源，土壤酶绝大部分来自微生物，动物和植物也是其来源之一，但土壤动物对土壤酶的贡献十分有限。因此，通过探讨土壤酶活性的变化，在一定程度上能反映微生物的活性。在土壤中已发现的酶有 50~60 种，研究较多的包括氧化还原酶、转化酶和水解酶等，旨在对土壤环境质量进行酶活性表征。

（一）土壤酶的存在形态

土壤酶较少游离在土壤溶液中，主要是吸附在土壤有机质和矿质胶体上，并以复合物状态存在。土壤有机质吸附酶的能力大于矿物质，土壤微团聚体中酶活性比大团聚体的高，土壤细粒级部分比粗粒级部分吸附的酶多。酶与土壤有机质或黏粒结合，固然对酶的动力学性质有影响，但它也因此受到保护，稳定性增强，防止被蛋白酶或钝化剂降解。

（二）土壤环境与土壤酶活性

酶是有机体的代谢动力，因此，酶在土壤中起重要作用，其活性大小及变化可作为土壤环境质量的生物学表征之一。土壤酶活性受多种土壤环境因素的影响。

1. **土壤理化性质与土壤酶活性** 不同土壤中酶活性的差异，不仅取决于酶的存在量，还与土壤质地、结构、水分、温度、pH、腐殖质、阳离子交换量、黏粒矿物及土壤中 N、P、K 含量等相关。土壤酶活性与土壤 pH 有一定的相关性，如转化酶的最适 pH 为 4.5~5.0，在碱性土壤中受到不同程度的抑制；而在碱、中、酸性土壤中都可检测到磷酸酶的活性，最适 pH 是 4.0~6.7 和 8.0~10.0；脲酶则在中性土壤中的活性最高；脱氢酶则在碱性土中的活性最高。土壤酶活性的稳定性也受土壤有机质的含量和组成，以及有机矿质复合体组成、特性的影响。此外，轻质地的土壤酶活性强；微团聚体的土壤酶活性较大团聚体的强；而渍水条件引起转化酶的活性降低，但能提高脱氢酶的活性。许多重金属、有机化合物，包括杀虫剂、杀菌剂等外源污染物均对土壤酶活性有抑制作用。重金属与土壤酶的关系主要取决于土壤有机质、黏粒等含量的高低及它们对土壤酶的保护容量和对重金属缓冲容量的大小。

2. 根际土壤环境与土壤酶活性　　植物根系生长会释放根系分泌物于土壤中，使根际土壤酶活性产生很大变化，一般而言，根际土壤酶活性要比非根际土壤高。同时，不同植物的根际土壤中，酶的活性也有很大差异。例如，在豆科作物的根际土壤中，脲酶的活性要比其他作物根际土壤高；三叶草根际土壤中蛋白酶、转化酶、磷酸酶及过氧化氢酶的活性均比小麦根际土壤高。此外，土壤酶活性还与植物生长过程和季节性的变化有一定的相关性，在作物生长最旺盛期，酶的活性也最活跃。

3. 耕作管理与土壤酶活性　　耕翻通常会降低上层土壤的酶活性，进行长期耕翻和不耕翻处理的表土中，磷酸酶和脱氢酶的活性与有机碳、氮和含水量呈正相关，不耕翻的表层土壤较耕翻的土壤酶活性呈加大趋势。但也有例外，如白浆土的白浆层，深耕结合施厩肥或秸秆，可使白浆层中的脲酶、蔗糖酶活性比未深耕的提高3～6倍。土壤灌溉增加脱氢酶、磷酸酶的活性，但降低转化酶的活性。施用无机肥对酶活性的影响有增有降，有些则无影响，因土壤和酶不同而异。

第四节　土壤水分状况

土壤水分是土壤的重要组成部分之一。它在土壤形成过程中起着极其重要的作用，因为形成土壤剖面的土层内各种物质的运移，主要是以溶液形式进行的，也就是说，这些物质随同液态土壤水分一起运动。同时，土壤水分在很大程度上参与了土壤内进行的许多物质转化过程，如矿物质风化、有机化合物的合成和分解等。不仅如此，土壤水分是作物吸水的最主要来源，它也是自然界水循环的一个重要环节，处于不断变化和运动中，势必影响到作物的生长和土壤中许多化学、物理和生物学过程。

一、土壤水分的基本知识

土壤水分主要来自大气降水和灌溉水。如果地下水位较高也可上升补给土壤水分，空气中的蒸汽遇冷也会凝结为土壤水。

土壤水分并不是纯水，实际上是溶有各种无机物与有机物的水溶液。溶解在土壤水中的无机物有各种无机盐类，如硝酸盐、亚硝酸盐、碳酸盐、重碳酸盐、硫酸盐、磷酸盐与氯化物等。溶解在土壤水中的有机物主要是各种水溶性有机酸、富里酸及其盐类、可溶性氨基酸等。但土壤水溶液浓度除盐碱土和刚施过化肥的土壤外，一般都不高，为0.1%～0.4%。

土壤水分在植物生命活动中具有特别重要的作用。水分不仅是植物有机体的重要组成部分（许多植物体含水量高达80%～90%），还是植物体中一些最重要的生命活动的参与者，如植物的光合作用就是植物叶片在光的作用下将二氧化碳和水合成有机物质的过程。植物对养分的吸收与运转也都离不开水。此外，水分还具有调节植物体温、防止植物烧伤的功能。为了进行光合作用，植物的巨大叶面积全都处在直接照射之下，如果没有叶面蒸腾、大量散热，植物将会被烧死。植物叶面蒸腾量巨大，比形成植物有机体自身所需要的水分多很多倍。所以植物在其生长发育过程中需要消耗大量水分。单位面积作物从种到收所消耗的水量称为田间需水量。小麦的田间需水量为750～4500m^3/hm^2；水稻则更高，其田间需水量为6000～9000m^3/hm^2。这样大量的水分都得由土壤供给。

水分又是土壤的重要组成部分，对土壤中发生的物理过程、化学过程和生物学过程，以及土壤中热、气和养分状况都有重要影响，从而影响作物生长。

　　由此可见，土壤水分对作物生产是极为重要的。农谚有"有收无收在于水"，如果严重缺水，其他条件再好，也会严重减产甚至颗粒无收。但是若水分过多，则会形成氧气不足、土温过低、有毒物质积累，同样会危害作物生长发育，导致产量和品质下降。因此为了保证作物正常生长发育，要求土壤在作物整个生长发育期间都具有适宜的水分状况。

二、土壤水分类型与土壤含水量

（一）土壤水分类型

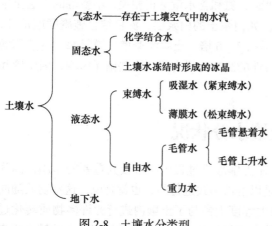

图 2-8　土壤水分类型

　　水在土壤中受到各种力（如重力、土粒表面分子引力、毛管力等）的作用，因而表现出不同的物理状态，这决定了土壤水分的保持、运动及对植物的有效性。在土壤学中，一般按照存在状态将土壤水大致划分为如下几种类型（图 2-8）。

　　1. 吸湿水　　由干燥土粒的吸附力所吸附的气态水而保持在土粒表面的水分称为吸湿水。吸附力主要指土粒分子引力（土粒表面分子和水分子之间的吸引力）及胶体表面电荷对水的极性引力。土粒分子引力产生的主要原因是土粒表面的表面能，其吸附力可达上万个大气压。极性引力是因为水分子是极性分子，土粒吸引水分子的一个极，另一个被排斥的极本身又可作为固定其他水分子的点位。

　　土粒对吸湿水的吸持力很大，最内层可达 $1.013\,25\times10^9$ Pa（pF[①]＝7.0），最外层约为 $3.141\,08\times10^6$ Pa（pF＝4.5），因此不能移动。它的密度为 1.2～2.4，平均达 1.5，具固态水性质，对溶质无溶解力。由于植物根细胞的渗透压一般为 $1.013\,25\times10^6$～$2.026\,50\times10^6$ Pa（平均为 $1.519\,88\times10^6$ Pa，因此吸湿水不能被作物根系吸收，重力也不能使它移动，只有在转变为气态水的先决条件下才能运动，因此又称为紧束缚水，属于无效水分。土壤吸湿水的含量主要取决于空气的相对湿度和土壤质地。空气的相对湿度愈大，水汽愈多，土壤吸湿水的含量也愈多；土壤质地愈黏重，表面积愈大，吸湿水量愈多。此外，腐殖质含量多的土壤，吸湿水量也较多。

　　2. 薄膜水　　把达到吸湿系数的土壤，再用液态水来继续湿润，土壤吸湿水层外可吸附液态水分子而形成水膜，这种由吸附力吸附在吸湿水层外的液态水膜称为薄膜水。薄膜水的形成是由于土粒表面吸附水分子形成吸湿水层以后，尚有剩余的吸附力，它不能再吸附动能较大的气态水分子，只能吸附动能较小的液态水分子，在吸湿水层外面形成水膜。薄膜水所受吸附力比吸湿水小，其吸附力为 $6.332\,81\times10^5$～$3.141\,08\times10^6$ Pa（一般为 pF 为 3.8～4.5）。

　　薄膜水的性质和液态水相似，但黏滞性较高而溶解能力较小。它能移动，是以湿润的方式从一个土粒水膜较厚处向另一个土粒水膜较薄处移动，但速度非常缓慢，一般为 0.2～0.4mm/h。薄膜水能被植物根系吸收，但数量少，不能及时补给植物的需求，对植物生长发育来说属于弱有效水分，又称为松束缚水。

　　薄膜水的含量取决于土壤质地、腐殖质含量等。土壤质地黏重，腐殖质含量高，则薄膜水含量高，反之则低。

---

① pF＝log［土水势转换成的水柱高度（cm）］

3. 毛管水　　土壤中粗细不同的毛管孔隙连通一起形成复杂的毛管体系。毛管水是土壤自由水的一种，其产生主要是土壤中毛管力吸持的结果。毛管力的实质是毛管内气水界面上产生的弯月面力。土壤孔隙的毛管作用因毛管直径大小而不同，当土壤孔隙直径为 0.5mm 时，毛管水达到最大量；土壤孔隙直径为 0.001~0.1mm 时，毛管作用最为明显；孔隙直径小于 0.001mm 时，则毛管中的水分为薄膜水所充满，不起毛管作用，故这种孔隙可称为无效孔隙。根据土层中地下水与毛管水相连与否，可分为毛管悬着水和毛管上升水两类（图 2-9）。

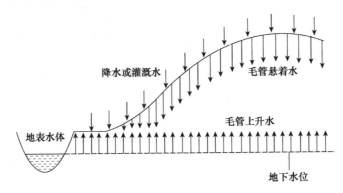

图 2-9　毛管悬着水与毛管上升水示意图

在地下水较深的情况下，降水或灌溉水等地面水进入土壤，借助于毛管力保持在上层土壤的毛管孔隙中的水分与来自地下水上升的毛管水并不相连，好像悬挂在上层土壤中一样，称为毛管悬着水。毛管悬着水是山区、丘陵等地势较高处植物吸收水分的主要来源。

借助于毛管力由地下水上升进入土壤中的水称为毛管上升水，从地下水面到毛管上升水所能到达的相对高度称为毛管水上升高度。毛管水上升的高度和速度与土壤孔隙的粗细有关，在一定的孔径范围内，孔径愈大，上升的速度愈快，但上升高度愈低；反之，孔径愈小，上升速度愈慢，上升高度则愈高。不过孔径过细的土壤，则不但上升速度极慢，上升的高度也有限。砂土的孔径粗，毛管上升水上升快，高度低；无结构的黏土，孔径小，非活性孔多，上升速度慢，高度也有限；而壤土的上升速度较快，高度最高。

毛管水上升的高度与毛管半径成反比，其公式为

$$H=0.15/r$$

式中，H 为毛管水上升高度；r 为毛管半径。

土壤质地不同，其毛管孔隙不一样，所以毛管水上升的高度也不一样（表 2-12）。

表 2-12　不同质地毛管水上升的高度

土壤质地	毛管水上升的高度 /m
砂土	0.5~1.0
砂壤土、轻壤土	1.5
粉砂质壤土	2.0~3.0
中壤土、重壤土	1.2~2.0
轻黏土	0.8~1.0

毛管水是土壤中最宝贵的水分，因为土壤对毛管水的吸力只有在 pF 为 2.0~3.8 时，接近于自然水，可以向各个方向移动，根系的吸水力大于土壤对毛管水的吸力，所以毛管水很容易

被植物吸收。毛管水中溶解的养分也可以供植物利用。

4. 重力水 当土壤水分超过田间持水量时，多余的水分就受重力的作用沿土壤中的大孔隙向下移动，这种受重力支配的水称为重力水，其不受土壤吸附力和毛管力的作用。当土壤被重力水所饱和，即土壤大小孔隙全部被水分充满时的土壤含水量称为饱和持水量，或称全蓄水量或最大持水量。

重力水虽然能被植物吸收，但因为下渗速度很快，实际上被植物利用的机会很少。

5. 地下水 土壤上层的重力水流至下层遇到不透水层，积聚起来形成地下水。它是重要的水利资源。土壤中重力水向下移动时，遇到第一个不透水层并在其上较长期聚积起来的水分称为潜水。它具有自由表面，在重力作用下能从高处向低处流动。潜水面离地表面的深度称为地下水位。地下水位要适当，不宜过高或过低。地下水位过低，地下水不能通过毛管上升水方式供应植物，则引起土壤干旱；地下水位过高不但影响土壤通气性，而且有的土壤会产生沼泽化及盐渍化。

上述各种水分类型，彼此密切交错联结，很难严格划分，在一定条件下可以相互转化。例如，超过薄膜水的水分成为毛管水；超过毛管水的水分成为重力水；重力水下渗聚积成为地下水；地下水上升又成为毛管上升水；当土壤水分大量蒸发，土壤中就只有吸湿水。在不同土壤中，其存在的形态也不尽相同。例如，粗砂土中毛管水只存在于砂粒与砂粒之间的触点上，称为触点水，彼此呈孤立状态，不能形成连续的毛管运动，含水量较少。在无结构的黏质土中，非活性孔多，无效水含量高。而在质地适中的壤质土和有良好结构的黏质土中，孔隙分布适宜，水、气比例协调，毛管水含量高，有效水也多。

（二）土壤含水量的表达方法

土壤含水量（soil water content）是表征土壤水分状况的一个指标，又称为土壤水分含量、土壤湿度等。土壤含水量有多种表达方式，数学表达式也不同，常用的有以下几种。

1. 质量含水量 土壤质量含水量（mass water content）即土壤中水分的质量（M_w）与干土质量 M_s 的比值，又称为重量含水量，无量纲，常用符号 θ_m 表示。质量含水量常用百分数形式表示，但目前的标准单位是 g/kg，它是指土壤中水分的实际含量，可由下式表示：

$$\theta_m = M_w / M_s$$

土壤质量含水量（g/kg）＝［（湿土质量－干土质量）/干土质量］×1000，定义中的"干土"一词，一般是指在 105℃ 条件下烘干 24h 的土壤。而另一种意义的干土是含有吸湿水的土，通常称为"风干土"，即在当地大气中自然干燥的土壤，其质量含水量一般比烘干土高几个百分点。由于大气湿度是变化的，因此风干土的含水量不恒定，故一般不以此值作为计算质量含水量的基础。

2. 体积含水量 土壤体积含水量（volumetric water content）即单位土壤总体积中水分所占的体积分数，又称体积湿度、土壤水的体积分数，无量纲，常用符号 θ_v 表示。它表明土壤中水分占据孔隙的程度，从而可据此计算土壤三相比（单位体积原状土中，土粒、水分和空气体积间的比例）。体积含水量常用百分数形式表示，但目前的标准单位是 m^3/m^3。由下式表示：

$$\theta_v = V_w / V_t$$

式中，V_w 为水分体积；V_t 为土壤体积。

由质量含水量换算而得：

土壤体积含水量（%）＝水分体积/土壤体积×100

$$=\frac{水质量／水密度}{烘干土质量／土壤密度}×100$$

$$=（水质量／烘干土质量）×100×土壤密度$$

$$=土壤质量含水量（\%）×土壤密度$$

3. 田间持水量与相对含水量　　田间持水量（field capacity）的定义为：在一个地下水埋藏较深、排水条件良好的平地上，充分供水，覆盖地表避免蒸发，待水入渗 1～2d 后，测得土壤含水量的数值即田间持水量，以 θ_f 表示。田间持水量是一个应用相当普遍的土壤水分"常数"。

相对含水量（relative water content）指土壤质量含水量（θ_m）占田间持水量（θ_f）的百分数。它可以说明土壤毛管悬着水的饱和程度、有效性和水、气的比例等，是农业生产上常用的土壤含水量（θ'）的表示方法：

$$\theta'=（\theta_m/\theta_f）×100\%$$

$$土壤相对含水量（\%）=土壤质量含水量／田间持水量×100\%$$

4. 土壤贮水量　　土壤贮水量（soil water pondage）即一定面积和厚度土壤中含水的绝对数量，土壤物理学、农田水利学、水文学等学科中经常用到这一术语和指标，它主要有两种表达方式。

（1）水深　　水深（D_w）指一定厚度（h）、一定面积（A）土壤中所含水量相当于相同面积水层的厚度，其单位为长度单位，可用 cm 表示，为与气象资料中常用的 mm 计算单位一致，更多以 mm 表示：

$$D_w=\theta_v×h×A/A=\theta_v×h$$

$$水层厚度（mm）=土层厚度（mm）×土壤体积含水量（\%）$$

$$=土层厚度（mm）×土壤质量含水量（\%）×容重$$

水深的方便之处在于它适于表示任何面积土壤一定厚度的含水量，可与大气降水量、土壤蒸发量等直接比较。

（2）水容量（绝对水体积）　　即一定面积、一定厚度土壤中所含水量的体积，量纲是 L^3。在数量上，它可简单地由水储量深度与所指定面积相乘即可，但要注意二者单位的一致性。并且，水储量容积与计算土壤面积和厚度都有关系，在参数单位中应标明计算面积和厚度，所以不如水深方便，一般在不标明土体深度时，通常指 1m 土深。在灌溉排水计算中常用到这一参数，以确定灌水量和排水量。若以 1m 土深计，水深 D_w 以 mm 表示，每公顷含水容量（以 $V m^3/hm^2$ 表示）与水深之间的换算关系为 $V m^3/hm^2=10D_w$。

土壤含水量的计算示例如下。

例1：土壤烘干前湿重为 95g，烘干后重 79g，求质量含水量。

$$\theta_m=（95-79）/79×1000=203（g/kg）$$

例2：设例1土壤容重为 1.2g/cm³，求其 θ_v。

$$\theta_v=0.203×1.2=0.244（m^3/m^3）$$

例3：某土层厚度为 10cm，体积含水量为 0.25m³/m³，求水深。

$$D_w=10×10×0.25=25（mm）$$

（三）土壤水分常数

土壤水分从完全干燥到饱和持水量，按其含水量的多少及其与土壤水能量的关系，可分为若干阶段，每一个阶段即代表着一定形态的水分，表示这一阶段的水分含量，称为土壤水分常数。包括吸湿系数、萎蔫系数、田间持水量、饱和持水量、毛管持水量等。就质地和结构相同或相似的土壤而言，其数值变化很小或基本固定，可作为土壤水分状况的特征型指标。

对于某一具体土体而言，水分常数都应该有一个固定的常数值，但由于土壤组成和性质的复杂性，以及测定条件和测定方法的差异，土壤水分常数的值并不是一个完全准确的常数值，而是一个比较固定的数值范围。

1. **吸湿系数** 吸湿水的最大含量称为吸湿系数，也称最大吸湿量。吸湿水的含量受空气相对湿度的影响，因此测定吸湿系数是在空气相对湿度为 98% 的条件下（或 99%K_2SO_4 饱和溶液在密闭条件下），让土壤充分吸湿（通常为 1 周时间），此时土粒表面有 15～20 层水分子，厚 4～5nm。达到稳定后在 105～110℃ 条件下烘干测定得到吸湿系数。测定吸湿系数不能在空气相对湿度为 100% 的条件下测定，这是由于相对湿度为 100% 条件下可产生液态水滴，这时吸附的就不仅是气态水，还有液态水。吸湿系数的大小与土壤质地和有机质含量有关。质地愈黏重，有机质含量愈高，吸湿系数值也愈高。

2. **萎蔫（凋萎）系数** 当植物因根无法吸水而发生永久萎蔫时的土壤含水量，称为萎蔫系数或萎蔫点，它因土壤质地、作物和气候等不同而不同。萎蔫系数是土壤水分状况与植物生长之间的一个有意义的水分常数。土壤萎蔫系数的大小，通常用吸湿系数的 1.5～2.0 倍来衡量。一般土壤质地愈黏重，萎蔫系数愈大（图 2-10）。

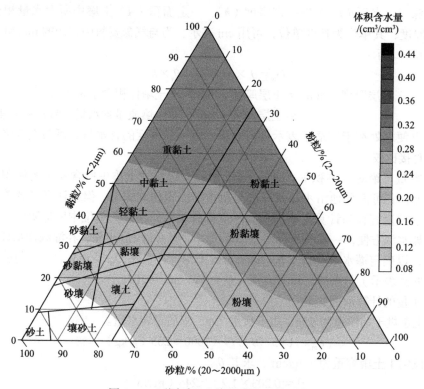

图 2-10 不同质地土壤的萎蔫系数示意图

3. **田间持水量** 田间持水量是毛管悬着水达最大量时的土壤含水量。在数量上它包括吸湿水、薄膜水和毛管悬着水（图 2-11）。当一定深度的土体储水量达到田间持水量时，若继续供水，就不能使该土体的持水量再增大，而只能进一步湿润下层土壤。田间持水量是确定灌溉水量的重要依据，是土壤学重要的水分常数之一。田间持水量的大小，主要受土壤质地、

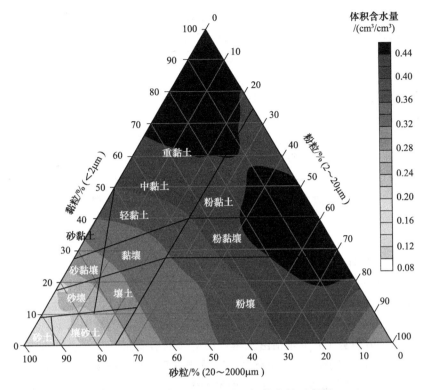

图 2-11 不同质地土壤的田间持水量示意图

有机质含量、结构、松紧状况等的影响（图 2-11），它是反映土壤保水能力大小的一个指标。用田间持水量减去萎蔫系数可以得到土壤保蓄有效水的最大量。在计算土壤灌溉水量时以田间持水量为指标，既可节约用水，又能避免超过田间持水量的水分作为重力水下渗后抬高地下水位。在我国西北地区，不合理的大水漫灌，抬高地下水位，是造成土壤返盐的重要原因，形成次生盐渍化土壤。

4. 毛管持水量　即毛管上升水达最大量时的土壤含水量。毛管上升水与地下水有联系，受地下水压的影响，因此毛管持水量通常大于田间持水量。毛管持水量是计算土壤毛管孔隙度的依据。

5. 饱和持水量　土壤孔隙全部充满水时的含水量称为饱和持水量。饱和持水量可以根据土壤孔隙度计算出来。

三、土壤水的能量

（一）土水势及其分势

土壤中水分的保持和运动，如它被植物根系吸收、转移及在大气中散发都是与能量有关的现象。像自然界其他物体一样，土壤学中将土水势定义为：单位数量土壤水的自由能与标准状态水的自由能的差值，为一负值。土壤水总是由土水势高处流向土水势低处。同一土壤，湿度愈大，土壤水能量水平愈高，土壤水势也愈高，土壤水便由湿度大处流向湿度小处。但是不同土壤则不能只看土壤含水量的多少，更重要的是要看它们土水势的高低，才能确定土壤水的流向。例如，含水量为 15% 的黏土的土水势一般低于含水量只有 10% 的砂土，当这两种土壤相互接触时，水流将由砂土流向黏土。

在土水势的研究和计算中，一般要选取一定的参比标准。土壤水在各种力，如吸附力、毛管力、重力等的作用下，与同样温度、高度和大气压等条件下的纯自由水相比（以自由水作为参比标准，假定其势能值为零），其自由能必然不同，这个自由能的差用势能来表示，即土水势（符号为 Ψ）。

由于引起土水势变化的原因或动力不同，因此土水势包括若干分势，如基质势、压力势、溶质势、重力势等。

1. **基质势**　　在不饱和的情况下，土壤水受土壤吸附力和毛管力的制约，其水势自然低于纯自由水参比标准的水势。假定纯自由水的势能值为零，则土水势是负值。这种由吸附力和毛管力所制约的土水势称为基质势（Ψ_m）。土壤含水量愈低，基质势也就愈低。反之，土壤含水量愈高，则基质势愈高。至土壤水完全饱和时基质势达最大值，与参比标准相等，即等于零。

2. **压力势**　　土壤水在饱和状态下呈连续水体，除承受大气压外，还要承受其上部水柱的静水压力。以大气压作参比标准（压力势为零），其水势与此之差即压力势（Ψ_p）。由于压力势大于参比标准，故为正值。不饱和土壤中，土壤水的压力势一般与参比标准相同，等于零。但在饱和的土壤中孔隙都充满水，并连续成水柱，土表的土壤水与大气接触，仅承受大气压，压力势为零。在饱和土壤愈深层的土壤水，所受的压力愈高，正值愈大。

3. **溶质势**　　溶质势（Ψ_s）是指由土壤水中溶解的溶质而引起土水势的变化，也称渗透势，一般为负值。土壤水中溶解的溶质愈多，溶质势愈低。在饱和及不饱和情况下，土壤水都有溶质势存在，但其中的溶质极易随水运动而呈均匀状态分布，所以溶质势对土壤水运动的影响不大。

4. **重力势**　　重力势（Ψ_g）是指由重力作用而引起的土水势变化。土壤水都受重力作用，与参比标准的高度相比，高于参比标准的土壤水，其所受重力作用大于参比标准，故重力势为正值。高度愈高则重力势的正值愈大。参比标准高度一般根据研究需要而定，可设在地表或地下水面。

5. **总水势**　　土壤水势是以上各分势之和，又称总水势（Ψ_t），由下式表示：

$$\Psi_t = \Psi_m + \Psi_p + \Psi_s + \Psi_g$$

在不同的土壤含水状况下，决定土水势大小的分势不同：在土壤水饱和状态下，若不考虑半透膜的存在，则 Ψ_t 等于 Ψ_p 与 Ψ_g 之和；若在不饱和情况下，则 Ψ_t 等于 Ψ_m 与 Ψ_g 之和；在考察根系吸水时，一般可忽略 Ψ_g，因为根吸水表皮细胞存在半透膜性质，Ψ_t 等于 Ψ_m 与 Ψ_s 之和；若土壤含水量达饱和状态，则 Ψ_t 等于 Ψ_s。

应当注意，土水势的值并非绝对值，而是与参比标准的差值，故在根据各分势计算 Ψ_t 时，必须分析土壤含水状况，且应注意参比标准及各分势的正负符号。土壤含水量与能量关系见图 2-12。

（二）土水势的定量表示

土水势的定量表示是以单位数量土壤水的势能值为准（最常用的是单位体积和单位质量）。单位体积土壤水的势能值用压力单位，标准单位为帕（Pa），也可用千帕（kPa）和兆帕（MPa），习惯上也曾用巴（bar）和大气压（atm）表示；单位质量土壤水的势能值则用静水压力或相当于一定压力水柱高度的厘米数（cmH_2O）表示。

它们之间的转换关系为

$$1MPa = 10^3 kPa = 10^6 Pa$$

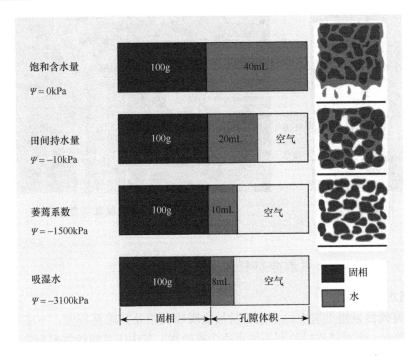

图 2-12　土壤含水量与能量关系示意图（Weil and Brady，2017）

$$1Pa=1.02\times10^{-2}cmH_2O$$
$$1bar=1020cmH_2O=10^5Pa$$
$$1atm=1033cmH_2O=pF\ 3.0\approx1bar=1000mbar$$

为了简便起见，也有用土水势的水柱高度厘米数（负值）的对数表示。例如，土水势为 $-1000cmH_2O$，则 pF＝3；土水势为 $-10\ 000cmH_2O$，则 pF＝4。这样可以用简单的数字表示很宽的土水势范围。

（三）土壤水吸力

土壤水吸力是指土壤水在承受一定吸力的情况下所处的能态，简称吸力，但并不是指土壤对水的吸力。上面讨论的基质势 Ψ_m 和溶质势 Ψ_s 一般为负值。在使用中不太方便，所以将 Ψ_m 和 Ψ_s 的相反数（正数）定义为吸力（S），也可分别称为基质吸力和溶质吸力。由于在土壤水的保持和运动中，不考虑 Ψ_s，因此一般谈及的吸力是指基质吸力，其值与 Ψ_m 相等，但符号相反。

吸力同样可用于判明土壤水的流向，土壤水总是有自吸力低处向吸力高处流动的趋势，但具体运动方向还需考虑其他作用力（或能量驱动）。

土壤水吸力的范围，大致可区分为三段，即低吸力段（吸力值＜1×10^5Pa）、中吸力段（吸力值为 $1\times10^5\sim1.5\times10^6Pa$）、高吸力段（吸力值＞$1.5\times10^6Pa$）。而 1.5×10^6Pa 以下的中、低吸力段正相当于植物有效水的范围。

近些年来，土壤水吸力的测定有很大的进展，发展了许多方法。例如，离心机法可测定低、中、高吸力段；压力膜法（图 2-13）可测定低、中吸力段；真空表张力计法（图 2-14）、U 形汞柱型张力计法和土壤水吸力测定仪法等可测定低吸力段。其中又以真空表张力计法为测定基质吸力的常用方法。

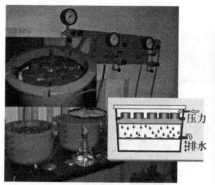

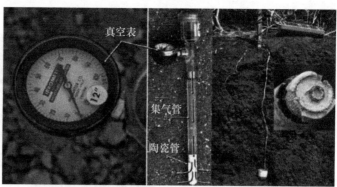

图 2-13　土壤压力膜仪　　　　　　　图 2-14　土壤真空表张力计

四、土壤水分有效性与土壤水分特征曲线

（一）土壤水分有效性

土壤水分有效性是指土壤中的水能否被植物吸收利用及其难易程度。不能被植物吸收利用的水称为无效水，能被植物吸收利用的水称为有效水。其中因其吸收难易程度不同又可分为速效水和迟效水。土壤水分有效性实际上是以生物学的观点来划分土壤水的类型。

通常把土壤萎蔫系数看作土壤有效水的下限，低于萎蔫系数的水分，作物无法吸收利用，所以属于无效水。一般把田间持水量视为土壤有效水的上限。因此，土壤有效水范围的经典概念是从田间持水量到萎蔫系数，田间持水量与萎蔫系数之间的差值即土壤有效水最大含量。

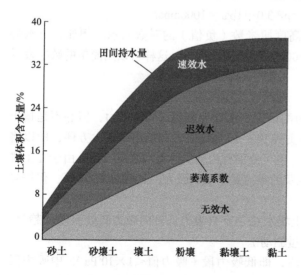

图 2-15　土壤质地与有效水含量的关系
（Weil and Brady，2017）

土壤有效水最大含量，因不同土壤和不同作物而异，图 2-15 给出了土壤质地与有效水含量的关系。

随着土壤质地由砂变黏，田间持水量和萎蔫系数也随之增高，但增高的比例不同。黏土的田间持水量虽高，但萎蔫系数也高，所以其有效水最大含量并不一定比壤土高，因而在相同条件下，壤土的抗旱能力反而比黏土强。

一般情况下，土壤含水量往往低于田间持水量。所以有效水含量就不是最大值，而只是当时土壤含水量与该土壤萎蔫系数之差。在有效水范围内，其有效程度也不同。在田间持水量至毛管水断裂量之间，由于含水多，土水势高，土壤水吸力低，水分运动迅速，容易被植物吸收利用，因此称为"速效水"。当土壤含水量低于毛管水断裂量时，粗毛管中的水分已不连续，土壤水吸力逐渐加大，土水势进一步降低，毛管水移动变慢，根吸水困难增加，这一部分水属于"迟效水"。

（二）土壤水分特征曲线

土壤水分特征曲线是土壤水的基质势或水吸力与土壤含水量的关系曲线，反映了土壤水的能量和含量之间的关系及土壤水分基本物理特性。通常是用原状土样测定其在不同基质势下的相应含水量后绘制出来的，如图 2-16 所示。由土壤水分特征曲线可以看出，总体而言土壤含水量与土壤水吸力呈负相关的关系。即土壤含水量越低，吸力越大；反之，含水量越高，吸力越小。

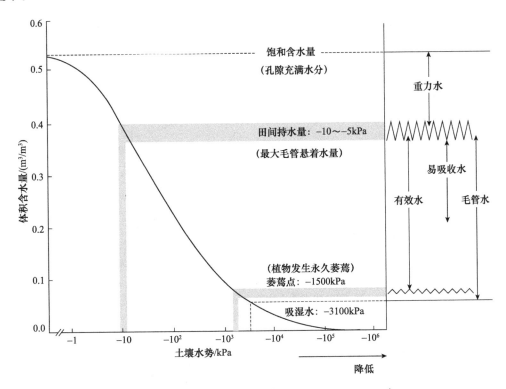

图 2-16　土壤水分特征曲线（Weil and Brady，2017）

土壤含水量与吸力之间的关系受许多因素影响。由图 2-17 可见，土壤水分特征曲线强烈地受土壤质地影响。一般而言，黏粒含量愈高，同一吸力条件下土壤的含水量愈大，或同一含水量下其吸力值愈高，这是因为土壤黏粒含量增多会促使土壤中的细小孔隙发育。图 2-17 是低吸力下实测的几种土壤的水分特征曲线（只绘出脱湿过程）。其中黏质土壤随着吸力的提高含水量缓慢减少；而与之相比，砂质土壤曲线则变化突出。究其原因在于，黏质土壤孔径分布较为均匀，故水分特征曲线变化平缓；而砂质土壤，由于绝大部分孔隙都比较大，随着吸力的增大，这些大孔隙中的水首先排空，土壤中仅有少量的水存留，故呈现出一定吸力以下缓平，而较大吸力时陡直的特点。

此外，土壤结构也会影响水分特征曲线，在低吸力范围内此种作用更为明显。土壤愈密实，则大孔隙数量愈少，中小孔径的孔隙愈多。因此，在同一吸力值下，干容重愈大的土壤，相应的含水量一般也要大些。此外，温度升高，水的黏滞性和表面张力下降，基质势相应增大，或者说土壤水吸力减小。在低含水量时，这种影响表现得更加明显。

在测定土壤水分特征曲线时，发现一个有趣的现象，由土壤脱湿（由湿变干）过程和土壤吸湿（由干变湿）过程测得的水分特征曲线不同（图 2-18），这一现象称为滞后现象。

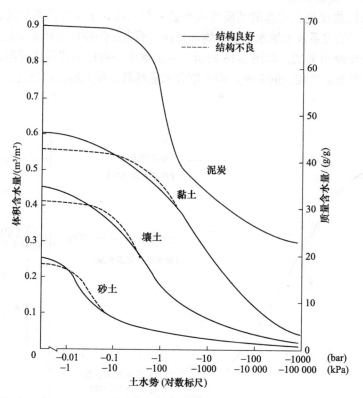

图 2-17　四种代表性土壤的水分特征曲线（脱湿过程）

（Weil and Brady，2017）

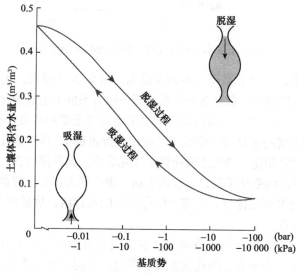

图 2-18　土壤水分特征曲线的滞后现象

（Weil and Brady，2017）

滞后现象在砂土中比在黏土中明显，这是因为在一定吸力下，砂土由湿变干时，要比由干变湿时含有更多的水分。产生滞后现象的原因可能与土壤颗粒的胀缩性及土壤孔隙的分布特点（如封闭孔隙、大小孔隙的分布等）有关。

五、土壤水运动状况

土壤水分的运动包括液态水运动和水汽（气态水）运动，液态水运动又分为饱和流动和非饱和流动两种。

（一）土壤水的饱和流动与土壤的透水性

1. 土壤的透水性　　土壤接受并允许水分通过土体的性能称为土壤透水性。土壤透水性分为两个阶段：渗吸和渗透。当水分进入土壤后，开始时水在下渗过程中不断被细小毛管孔隙所吸收，直到水分达到饱和为止，这个阶段称为渗吸。此后如果继续有水分进入土壤，水分将向下渗透补充地下水，这个阶段称为渗透（渗漏）。由于土壤进水前含水量不同，渗吸速度可以有很大差别；而渗透速度对一定土壤来说是一个常数，因此它可以作为评价土壤透水性好坏的尺度。

2. 土壤水的饱和流动　　土壤中所有孔隙始终充满水时的水分运动称为饱和流动。土壤水分总是由水势高处向低处运动，在水分饱和时土水势主要为重力势和压力势，所以重力势和压力势梯度是水分饱和流动的主要推动力。在实际生产中，有几种情况属于土壤水分饱和流动。例如，大量持续灌水或降水，造成土壤水饱和，表层积水，土壤水分的流动是在重力势和压力势推动下的饱和流动。泉水沿孔隙向上涌出，是向上的饱和流动，水体向下渗水，属于向下的饱和流动，而水库沿坝体向周围的渗水属于水平饱和流动。

土壤水分饱和流动遵循达西定律（Darcy's law），即单位时间内通过单位面积土壤的水量（土壤水通量）与土水势梯度成正比，用公式表示为

$$q = -K_s \Delta H / L$$

式中，q 为土壤水通量；ΔH 为饱和水流两端土水势差；L 为水流两端的直线长度；$\Delta H / L$ 为水势梯度；K_s 为土壤饱和导水率（单位水势梯度下的水流通量）。

土壤饱和导水率 K_s 的大小受土壤质地、结构和孔隙状况的影响。一般情况下，质地越粗，孔隙越大，K_s 值越大；质地越细，K_s 值越小。

水分在土壤中流动的速度与孔径的关系见表 2-13。

表 2-13　水分在土壤中流动的速度与孔径的关系

孔径 /mm	>0.3	0.06～0.3	<0.01	<0.001
水流动情况	自由通过	轻易通过	流动较慢	流动很慢

具有稳定团粒结构的土壤比不稳定团粒结构的土壤 K_s 值大。土壤饱和导水率反映土壤水分饱和时的渗透性能，是设计水渠、排水沟，制定灌溉制度的重要参数。土壤具有适当的饱和导水率有利于灌水和降水及时渗入土壤（表 2-14），避免产生大的地表径流，造成土壤和养分的流失。稻田保持每日 10～15mm 的饱和导水率，有利于调节土壤的氧化还原电位，排出毒性物质，减少对水稻根系的毒害。

表 2-14 土壤饱和导水率的分级

级别	饱和导水率 /（cm/h）
很慢	＜0.125
慢	0.125～0.5
稍慢	0.5～2.0
中	2.0～6.25
稍快	6.25～12.5
快	12.5～25.0
很快	＞25.0

（二）土壤水的非饱和流动与土壤的供水性能

土壤中部分孔隙充满水时的水分运动称为非饱和流动。在土壤水分不饱和的情况下，土水势主要是基质势和重力势，而重力势对水分运动的影响较小，所以，土壤水分非饱和流动的推动力主要是基质势。在土壤中只含吸湿水和薄膜水的时候，水分由吸附力低处（水膜厚处）向吸附力高处（水膜薄处）运动；而土壤中的毛管水则由毛管力低处（毛管弯月面曲率半径大处）向毛管力高处（毛管弯月面曲率半径小处）运动。

土壤水分非饱和流动也可以用达西定律来描述，一维垂直方向非饱和流动的表达式为

$$q = -K（\Psi_m）d\Psi/dx$$

式中，$K（\Psi_m）$为非饱和导水率；$d\Psi/dx$ 为非饱和水流两端总水势梯度。

土壤非饱和导水率不是一个常数，而是基质势 Ψ_m（或含水量）的函数，在土水势较高时，土壤含水量大，孔隙被水分占据的比例大，非饱和导水率高；土水势较低时，土壤含水量小，孔隙被水分占据的比例小，非饱和导水率低。土壤非饱和导水率和饱和导水率一样（表 2-15），也受土壤质地和孔隙状况的影响，只是在不同的土水势范围的趋势不同，在土水势较高时，砂质土非饱和导水率比黏质土高，而在土水势较低时趋势相反，这是因为在一定土水势下，黏质土中充水孔隙比砂质土多，土壤水分的连续性好，运动速度相对较大。

表 2-15 几种质地的土壤在不同吸力的导水率 （单位：cm/h）

吸力 /Pa	砂土		粉质砂土		壤质砂土		粉质黏壤土	
	K_u	K_u/K_o	K_u	K_u/K_o	K_u	K_u/K_o	K_u	K_u/K_o
0	6.59	1.0	1.69	1.0	2.4	1.0	0.723	1.0
1	1.3	0.197	0.13	0.077	0.82	0.34	0.06	0.083
20	0.65	0.099	0.12	0.071			0.038	0.058
40	0.37	0.065	0.11	0.065			0.013	0.018
80			0.059	0.035			0.006 4	0.008 9
200	0.000 12	0.000 008	0.005 9	0.000 35	0.000 58	0.000 24	0.001 15	0.001 6

注：K_u 代表土壤非饱和导水率，K_o 代表饱和导水率

在土壤非饱和流动中，毛管水的运动对土层中水分的再分配、水分向植物根际运动、表层土壤水分的蒸发都有重要作用。

（三）水汽（气态水）运动

土壤水汽运动可以分为内部与外部两方面。在土壤内部水分变为水汽在土壤孔隙中运动

是内部运动。外部运动发生在土壤表面，水汽通过扩散、对流散失到大气中，这个现象称为土面蒸发。

1. **土壤内部的水汽运动**　土壤中水汽扩散遵循一般气体的扩散规律，即水汽的扩散量与水汽压梯度成正比，用公式表示为

$$q_v = -D_v \mathrm{d}p_v / \mathrm{d}x$$

式中，q_v 为水汽扩散量（水汽通量）；D_v 为水汽扩散系数（单位时间、单位水汽压梯度下，通过单位面积的水汽扩散量）；$\mathrm{d}p_v/\mathrm{d}x$ 为水汽压梯度（单位距离水汽压差）。负号表示水汽向水汽压减小的方向运动。

在水汽压梯度的推动下，水汽自水汽压高处向低处扩散，而水汽压梯度由土水势梯度和温度梯度所决定，当土壤中温度相同时，土水势高处水汽压大，水汽由土水势高处向土水势低处运动；当湿度相同时，温度高处水汽压大，水汽由温度高处向低处运动。一般土壤的最小含水量也高于最大吸湿量，而且土壤孔隙多呈封闭状态，因此，土壤中的水汽经常处于饱和状态，其运动主要受温度变化的影响。

土壤的温度受气温的影响，随着昼夜和季节气温的变化，土壤上下层温度产生明显差异，水汽压也随之发生变化，引起土壤水汽的运动。在夏、秋季节天气晴朗时，昼夜温差较大的情况下，夜间表土温度低，含水量小，而下层土壤温度高，水汽压大，引起水汽向表土层运动，并在温度较低的地表凝结，形成凌晨的露水，使表土潮湿，这种现象称为"夜潮"，在干旱地区一昼夜能增加 4～8mm 水分，对缓解干旱有很大的作用。冬季土壤表层冻结，水汽压急剧下降，下层土壤水汽不断向冻层运动、冻结，使表层土壤含水量不断增加，这种现象称为"冻后聚墒"。冻后聚墒能使上层土壤水分增加 2%～4%，为缓解春旱、及时春播提供了必要条件（表 2-16）。

表 2-16　温度和饱和水汽压的关系

温度 /℃	0	10	20	30	40	50
水汽压 /kPa	0.611	1.227	2.336	4.243	7.373	12.333

2. **土面蒸发**　土壤水分以气态的形式由土表扩散到大气而损失的过程称为土面蒸发。土面蒸发是土壤水分损失的最主要途径之一，是田间水分循环的重要内容。土面蒸发根据蒸发速率变化可以分为三个阶段。

（1）蒸发速率不变的阶段　这个阶段土壤含水量丰富，土壤内水分可源源不断地移动到地表补充蒸发损失。这时蒸发速率完全取决于大气物理条件，即日照、气温、大气相对湿度、风速等。在大气物理条件相对稳定的情况下，蒸发速率不变（图 2-19）。试验表明，这段时间内土面蒸发量与自由水面蒸发量基本相同。

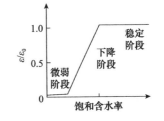

图 2-19　蒸发速率与时间的关系
ε 为水面蒸发强度；ε_0 为土面蒸发强度

但是，对于没有地下水补充的旱地土壤来说，这个阶段的时间是不长的。随着重力水向下渗漏和土表水分蒸发，土表湿润程度不断下降，毛管水的连续性中断，不饱和导水率急剧下降，不足以弥补蒸发损失，蒸发速率就要下降。

（2）蒸发速率递减阶段　这个阶段内土面蒸发速率随水分减少而急剧下降。这个阶段土面蒸发速率不仅取决于大气物理条件，更主要取决于土壤特性。一般质地中等或黏重、结

构差的土壤，水分以液态运行的含水量范围大，运行整体性强，水分可不断运行至蒸发面补充蒸发损失，从而增加土壤蒸发。质地轻或结构良好的土壤，空气孔隙多，毛管连续性差，导水率低，随着表层水分蒸发损失，蒸发速率迅速下降。所以在这个阶段中，一切削弱土壤水分向蒸发面运行的措施都可以降低蒸发速率。例如，中耕松土，切断表土与下面的毛管联系，就可以减少水分蒸发。其他如覆盖、喷施保墒剂、改善土壤结构状况等也都可减少土壤水分蒸发。

（3）蒸发微弱阶段（水汽扩散阶段）　这个过程一般发生在土壤内部较深土层中，蒸发速率取决于土壤含水量及土壤中水汽压梯度。一般极其缓慢，随着土壤干燥作用逐渐向下，蒸发作用变得更加微弱。

六、土壤水分的调节

在不同的地区，由于气候条件、土壤特性、耕作制度和作物对土壤水分的吸收利用状况都不相同，因此土壤水分的状况各不相同，在含量和时间等方面与作物生长发育的需求也都存在不相协调的现象；同时，不同地区不可能有统一的土壤水分调节的方法，也不可能仅应用单一的调节措施达到土壤水分调节的目的，因此，需要根据各地的具体情况，采用多种措施，进行综合调节。土壤水分调节应围绕着增强土壤水分的保蓄能力、减少土壤水分的损失、合理灌溉排水等原则进行，主要有以下调节措施。

（一）大力发展灌溉排水工程

建立能灌能排的小水利系统是调节土壤水分状况的根本措施。我国北方、西部雨量较少，南方虽雨量充沛，但降水量年际间、月际间变化很大，所以常出现干旱现象，特别是山区坡塝田土更容易出现旱象，对农业生产威胁很大，发展灌溉是十分必要的。另外，在长江中下游、珠江三角洲、洞庭湖和鄱阳湖等湖区，以及西南山区山间盆地，分布有大面积平原和低地。这类地区地下水位过高，土壤通透性差，遇上春雨多的年份，常造成麦类和油菜的湿害。在这类地区建立统一的农田排水系统是夺取全年丰收的重要措施。近年来，发展的农田暗管排水措施，不但能有效地控制地下水位，而且不占农田面积，便于机械化作业，取得了良好效果。

（二）最大限度地截留降水，尽量减少水分的非生产性消耗

影响土壤水分收支的因素有外部和内部两个方面。外部因素包括地形、植被、小气候、种植制度等。可以通过农田基本建设，实行山、水、田、林、路综合治理，建立合理的轮作制度等一系列措施改变生产条件，极大地减少水土流失，最大限度地截留降水。内部因素主要是土壤的水分性质，如透水性、持水性、供水性等。这些水分性质都和土壤质地、结构、有机质含量、松紧度等密切相关。因此可以通过增施有机肥、合理耕作、客土等措施，增加土壤有机质含量，改善土壤质地与结构状况，从而改善土壤的透水性、持水性及供水性。

（三）提高土壤水分对作物的有效性，增加土壤中的有效水分

如上所述，可以通过降低萎蔫系数、提高田间持水量、增加活土层厚度，以及提高土壤水分在土壤内的移动性等各个方面来提高土壤水分有效性。深耕结合施用有机肥，不仅是提高土壤田间持水量的有效措施，也是加厚活土层的有效措施。同时深耕还可促进根系生长，扩大根系吸水范围，对增加土壤水分有效性与有效量作用都很大。

第五节　土壤空气状况

土壤空气是土壤三相物质的组成之一，存在于未被土壤水分占据的土壤孔隙中，是土壤肥力的四大重要因素之一，对作物的生长发育、土壤微生物的活动、各种养分的形态与转化、养分和水分的吸收、热量状况等土壤的物理化学性质和生物化学过程都有重要的影响。了解土壤空气的组成及其特点、大气的交换机制与土壤通气性的调节措施，对于改善土壤的通气状况、为作物生长创造适宜的通气条件与环境有重要意义。

土壤空气存在于无水的土壤孔隙中，所以土壤空气的含量取决于土壤孔隙度和含水量。土壤孔隙度和含水量是变化的，所以土壤空气容量也是一个变量。

一、土壤空气的来源和组成

土壤空气主要来源于大气，其次是土壤中存在的动植物与微生物生命活动产生的气体，还有部分气体来源于土壤中的化学过程，所以土壤空气与近地表的大气在组成和含量上既相似，也存在一定的差异（表 2-17）。

表 2-17　土壤空气与大气组成（体积分数）

气体成分	氧气 /%	二氧化碳 /%	氮气 /%	水汽（相对湿度）/%
土壤空气	18.00～20.03	0.15～0.65	78.00～80.29	100
近地表大气	20.99	0.03	78.05	60～90

土壤空气的组成特点主要有以下几个方面。

（一）土壤空气中的 CO_2 含量高于大气

大气中的 CO_2 含量约为 0.03%，而土壤空气中的 CO_2 含量一般为大气的 5 倍至数十倍，多者可达百倍以上。土壤空气中 CO_2 含量高的原因，一般情况下主要是生物作用导致土壤微生物分解有机质时产生大量的 CO_2；植物根系呼吸也释放大量 CO_2。例如，每亩株数为 20 万的小麦地一昼夜能够放出的 CO_2 量约为 4L。此外，土壤中的 $CaCO_3$ 与各种酸类作用也产生 CO_2。土壤空气中的 CO_2 有利于土壤矿物质碳酸化作用的进行，对促进风化作用提供矿质养料有一定意义。

（二）土壤空气中的 O_2 含量低于大气

这是土壤微生物和根系的呼吸作用消耗 O_2 所致，土壤微生物与根的呼吸作用越强，O_2 的消耗量越多，其含量越低，而 CO_2 含量则越高。

（三）土壤空气中的水汽含量高于大气

土壤在一般含水条件下，土壤空气中的水汽含量是饱和的（相对湿度为 100%），土壤含水量即使在萎蔫点，土壤空气的相对湿度仍然在 99% 以上，而大气的相对湿度通常在 60%～90%，即使在雨季也不一定达到饱和。

（四）土壤空气中有时含有少量还原性气体

当土壤通气严重受阻或渍水的情况下，土壤空气中常会出现一些还原性气体，如 H_2S、CH_4、H_2、CS_2 等，是土壤微生物厌氧分解有机质的产物，积累到一定程度会对作物产生毒害作用。

（五）土壤空气的组成不稳定

土壤空气的组成常随土壤深度、季节、土壤含水量和生物活动等情况不断发生变动。一般来说，CO_2 与 O_2 含量是相互消长的，其总量基本上维持在 19%～22%，随着土壤深度增加，土壤空气中的 CO_2 含量增加，O_2 含量减少。从春季到夏季，土壤空气中 CO_2 含量逐渐增加，而到冬季，表土中的 CO_2 含量最少。主要原因是土壤温度升高，微生物活动和根系的呼吸作用加强而消耗更多 O_2，同时释放出更多的 CO_2。此外，土壤空气的组成还会随施肥情况、耕作栽培措施、气候变化等发生变化。

（六）土壤空气的存在形态与大气不同

大气是以自由态存在，而土壤空气在土壤中的实际存在形态，按照其物理性质可以分为自由态、吸附态和溶解态三种。自由态气体，是土壤空气的主体，存在于土壤孔隙中，易于移动，有效性高；吸附态气体，主要是指被土壤矿物质颗粒和有机质表面吸附的水蒸气、CO_2、NH_3 等，移动性和有效性较低；溶解态气体，是指溶解在土壤溶液中的气体。在 20℃时，O_2 在 1L 水中能溶解 $0.31cm^3$，溶解氧的含量对稻田供氧意义重大。气体在水中的溶解度，除受不同气体本身性质的影响外，还受气体分压和温度的影响，通常气体的溶解度随气体分压的增高和温度的降低而增大。

土壤空气的含量和组成不是固定不变的，土壤孔隙状况的变化和含水量的变化是土壤空气含量发生变化的主要原因。土壤空气组成的变化则受同时进行的两组过程制约：一组过程是土壤中的各种化学和生物化学反应，其作用结果是产生 CO_2 和消耗 O_2；另一组过程是土壤空气与大气相互交换，即空气运动。这两组过程，前者趋于扩大土壤空气组成与大气差别，后者则趋于使土壤空气组成与大气一致，总体表现为一动态平衡。

二、土壤气体交换

土壤气体交换也称为土壤通气性，是指土壤空气与近地层大气之间进行气体交换，以及土体内部允许气体扩散和流通的性能，是土壤的重要特性之一。

通过土壤与大气的气体交换，土壤空气中的 O_2 不断得到补充，CO_2 得到排除，土体内部各部分的气体组成趋向于均一，为土壤生物和根系生长创造良好的相对稳定的土壤环境。土壤中生物的数量极大，活动也十分旺盛。据测定，中等肥力的土壤在自然条件下表层（0～25cm）O_2 的消耗速度为 0.1～0.4L/（$m^2 \cdot h$），如果表层平均空气容量为 20%，含 O_2 20%，那么土壤中的 O_2 可能会在 25～100h 消耗殆尽，必然危害土壤生物的生命活动和作物根系的呼吸。因此维持土壤具有良好的通气性，是保证土壤空气质量和维持土壤肥力不可缺少的条件。

（一）土壤通气机制

土壤是一个开放的耗散体系，时刻与外界进行着物质与能量的交换。土壤空气在土体内部不断运动，并与大气进行交换。土壤通气的机制主要有以下几种。

1. 溶解于水中的氧气随雨水和灌溉水进入土壤　　因为氧气在水中的溶解度很低，在常温（25℃）常压（$1.013 \times 10^5 Pa$）下，每毫升水溶解氧气 0.028mL，所以该作用不大。

2. 气体的整体流动　　气体的整体流动也称为气体对流或质流，是指土壤空气与大气之间在总气压梯度推动下，气流总质量由高压区向低压区的整体流动。总气压梯度是由于温度和大气气压的变化、风的抽吸，以及降雨与灌溉水入渗、植物根系吸水等作用的影响而产生的，当土壤温度高于大气温度时，土壤空气受热膨胀，排出到近地表大气中，而大气则下沉并透过土壤孔隙渗入土体中，形成冷热气体的对流。如果大气压上升，大气的质量增大，一部分大气进入土壤孔隙，大气压下降，土壤空气膨胀，使得一部分土壤空气排出。当土壤接受降雨或灌溉水时，土壤含水量增加，更多的孔隙被水充塞，而把部分土壤空气"挤出"土壤孔隙；相反，当土面蒸发和作物蒸腾导致土壤水分减少时，大气中的空气又会进入土体孔隙中。在水分缓慢渗入土体中时土壤排出的空气数量较多，但是在暴雨或者大水漫灌时，会有部分气体来不及排出而被封闭在土壤孔隙中，阻碍土壤水分的运动，同时被封闭的空气也不能够进行对流。风的抽吸作用和气体流动也会推动表层土壤空气的整体流动，土壤耕翻或者疏松土壤及农机具或人为的压实作用，使土壤孔隙度降低，影响土壤空气的交换。所有这些因素都会导致土壤空气的压力发生短暂的变化，引起土壤空气与大气之间的压力差，使土壤空气与大气之间发生气体对流。气体对流不是土壤空气中个别成分的流动，而是土壤空气中的全部成分与大气中的全部成分的整体交换。它对最表层 3.3～6.6cm 土壤空气的更新有某些作用，但不是主要的。

土壤空气对流可以下式描述：

$$qv = -\frac{k}{\eta}\Delta p$$

式中，qv 为空气的体积对流量（单位时间通过单位横截面积的空气体积）；k 为通气孔隙透气率；η 为土壤空气的孔隙度；p 为土壤空气压力的三维梯度。

3. 气体扩散　　气体扩散是指气体分子从分压高处（或浓度高处）向分压低处（或浓度低处）的运动。其推动力是气体分子的分压梯度（或浓度梯度），土壤空气由多种气体组成，各种气体的浓度与大气同类气体成分的浓度有差异。例如，土壤空气中的 CO_2 浓度比大气中的 CO_2 浓度高；而 O_2 浓度比大气中的 O_2 浓度低。因此土壤中 CO_2 不断向大气中扩散，O_2 则不断由大气向土壤空气中扩散。土壤从大气中吸收 O_2，排出 CO_2 的气体扩散过程，通常称为土壤呼吸（图 2-20）。通过土壤呼吸，土壤空气不断得到更新。气体扩散是土壤通气的主要机制，是土壤通气的基础。

土壤空气扩散的速率与土壤性质的关系可用 Penman 公式表示：

$$\frac{\mathrm{d}q}{\mathrm{d}t} = \frac{D_o}{\beta} AS \frac{P_1 - P_2}{L_e}$$

式中，$\mathrm{d}q/\mathrm{d}t$ 表示扩散速率（q 为气体扩散量，t 为时间）；D_o 为气体在大气中的扩散系数；A 为气体通过的截面积；S 为土壤孔隙度；L_e 为气体通过的实际距离；P_1、P_2 为在距离 L_e 两端的气体分压；β 为比例常数。

上式说明土壤空气的扩散速率与扩散截面积中的孔隙部分的面积（AS）及分压梯度成正比，与空气通过的实际距离成反比。因此，土壤大孔隙的数量、连续性和充水程度是影响气体交换的重要条件。土壤大孔隙多，互相通连而又未被充水，就有利于气体的交换。但如果土壤被水所饱和或接近饱和，这种气体交换就难以进行。

土壤中气体的扩散过程，一部分发生在气相，

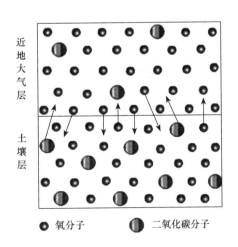

图 2-20　土壤空气与近地大气的气体交换

另一部分发生在液相。在土壤中，土壤水分和土壤空气共同占据土壤孔隙，通过通气孔隙的扩散为气相扩散，通过土壤溶液的扩散为液相扩散。土壤溶液中有的气体不断被吸收，有的气体则进入土壤空气中。通过通气孔隙的扩散，可以保持土壤空气与大气之间的气体交换；通过不同厚度水膜的扩散，则能够供给活体组织需要的氧气，植物根系和微生物生活在土粒表面的水膜中或较小的充水孔隙中，它们吸收的氧气并不是直接来自土壤气相，而是来自水膜中扩散到根毛或微生物表面的氧气。

（二）土壤通气性指标

1. **土壤孔隙度**　为了保证作物正常生长发育，要求土壤总孔隙度为 55%～60%。其中通气孔隙度要求为 8%～10%，最好达到 15%～20%。这样既可以使土壤有一定保水能力，又可透水通气。

2. **土壤呼吸强度**　指单位时间内、单位面积土壤上扩散出来的 CO_2 的含量 [$mg/(m^2 \cdot h)$]。其不仅可以作为土壤通气指标，还是反映土壤肥力状况的一个综合指标。因为土壤中 CO_2 的产生，主要是生物活动的结果，产生 CO_2 多反映土壤中生物活性强，排出 CO_2 多又反映土壤通气状况良好。故呼吸强度大的土壤，肥力较高。所以数值越大，通气性越好，土壤生物活动越旺盛。

3. **土壤透水性**　水田土壤适当的透水性可反映土壤透水通气状况。水分向下渗透，可促使新鲜空气进入土壤，同时新鲜灌水溶解的氧气补充了土壤中氧气的不足。在 20℃时，每升水中溶解 0.006L 氧气。

4. **土壤通气量**　土壤通气量是指单位时间内在单位压力下，进入单位体积土壤中的气体总量 [$mL/(cm^3 \cdot s)$]，主要是 O_2 和 CO_2。它反映土壤空气整体流动的情况，通气量大则表示通气性好。

5. **土壤氧化还原电位（Eh）**　土壤溶液中的 O_2 多，变价化合物处于高价氧化态时，Eh 值就大；反之 O_2 少，变价化合物处于低价还原态时，Eh 值小。反过来看，当土壤 Eh 值高时，表明土壤空气中的 O_2 含量高，土壤通气良好；相反，Eh 值低时，表明土壤通气不良。据测定，一般旱田土壤的 Eh 值在 200～700mV 时，通气良好，养分供应正常，植物根系生长发育正常；Eh<200mV 时，通气不良，土壤进行强烈的还原作用。在淹水条件下 Eh 会迅速降低，直至为负值。水稻适宜生长的 Eh 值为 200～300mV；长期低于 200mV 时，水稻也容易发生黑根，甚至死亡。

三、土壤通气性对植物生长的影响及其调节

（一）土壤通气性对植物生长的影响

土壤通气性对植物生长的影响，首先是影响根系生长。氧不足将阻碍根系生长，甚至可以引起根系腐烂。例如，水稻在强还原条件下黑根数目大量增加；旱作物在氧不足时根系变得粗而短、色暗而且不能形成足够数量的根毛。但不同植物对氧的适应范围可以有很大差异，如大麦幼苗在氧含量为 9.5% 时生长速度显著下降，而水稻幼苗在氧浓度为 3% 时仍生长良好。根系生长对氧浓度的要求，还受到其他环境条件的影响，一般在低温时，根系可忍受较低的氧浓度，随着温度升高，对氧浓度的要求也增高。此外，施用肥料种类、二氧化碳浓度等都影响根系对氧浓度的要求。

其次，土壤通气性对根系吸收水、肥的功能也有很大影响。植物根系对水、肥的吸收受根系呼吸作用的制约，而根系呼吸作用要求有效地供给氧气，缺氧时根系呼吸作用受到抑制，

其吸收水、肥的功能也因此降低。据试验，在低氧情况下，各种作物第 1 天相对蒸腾减少量，烤烟为 70%、番茄为 10%、玉米为 40%。通气不良对根系吸收养分的影响因养分种类而异。据研究，玉米在缺氧时对各种养分的吸收能力依 K、Ca、Mg、N 和 P 次序递减，可见通气不良对植物吸收 N、P 影响最大。

最后，土壤通气性除了对植物生长有显著影响之外，对土壤中微生物的活性及土壤中一系列化学过程与生物学过程都有重大影响，因而对土壤中养分有效化、有毒物质的积聚及土壤结构状况都有很大影响。例如，在通气不良情况下，有机质以厌氧分解为主，不仅分解速度慢，还形成一些对植物有毒害的还原态物质，如 H_2S、Fe^{2+}、Mn^{2+} 及各种有机酸等，对植物产生毒害作用。所以在生产中改善土壤通气性、调节土壤空气状况是农业技术措施的重要任务之一。

（二）土壤通气性的调节

土壤通气不良会导致植物生理活动受限，好氧微生物活动受到抑制，养分转化不能正常进行，影响土壤的肥力状况和作物产量。因此，通气不良的土壤必须进行调节。影响土壤通气性的直接因素有土壤孔隙状况和土壤含水量，间接因素有土壤质地、结构、有机质含量、交换性阳离子的种类、土壤紧实度等，所以凡是改善这些因素的方法，都可以调节土壤通气性。常用的措施如下。

1. 改良土壤质地和结构　　这是改善土壤通气性的根本措施。质地黏重、结构不良的土壤，通气孔隙度小，土壤中粗细孔隙比例不协调，水、气矛盾比较突出，通气速度慢，不能满足作物对土壤通气性的要求，可以采取客土法调节土壤质地，采取增施有机肥料等方法，促进团粒结构的形成。黏质无结构土壤，团粒结构一旦形成，土壤中孔隙状况将发生很大变化，通气状况也会得到明显改善。同一质地的土壤，有团粒结构的土壤通气性比无团粒结构的大 50～100 倍。水稳性团聚体增至 21%～36% 时，通气孔隙适宜，水气状况协调，既耐旱又耐涝。

2. 加强耕作管理　　深耕、中耕等一系列措施能使土壤疏松，破除板结层，改善土壤结构，以利于通气，特别是深耕可以提高土壤孔隙度和通气孔隙度（表 2-18），增强土壤的通气性，促进土壤呼吸，改善植物根系的通气条件和生长环境，增产效果明显。

表 2-18　深耕对土壤孔隙度的影响

土壤层次 /cm	深耕 25cm		深耕 50cm	
	总孔隙度 /%	空气孔隙度 /%	总孔隙度 /%	空气孔隙度 /%
0～10	48.3	17.3	51.9	14.7
10～25	49.2	13.1	50.4	20.0
25～50	44.6	15.3	53.8	20.0

雨后、灌溉后中耕松土，也是增强土壤通气性、创造良好水、气、热条件的重要措施。特别是对一些要求氧气较多的作物，如棉花等，中耕的增产作用更为突出。

3. 排除积水和适时合理灌溉　　土壤水分过多时，土壤空气的容量减少，也阻碍土壤空气和大气的气体交换。所以在地势低洼地区、雨后易积水的土壤，应完善排水系统，排除积水，保证土壤通气性。应尽量采用先进的灌溉方式进行灌溉，避免大水漫灌，既浪费水资源，又影响土壤通气性。对通气性良好的土壤，应及时灌溉，避免通气强烈时土壤有机质矿化过快，造成养分快速损失。

4. 科学施肥　　对通气不良或易淹水的土壤，尤其注意不要在高温季节大量施用绿肥、新鲜有机质和未腐熟的有机肥，以避免这些物质厌氧分解大量耗氧，加重通气不良造成的危害。

第六节　土壤热量状况

土壤中一切生命活动和生物化学过程都需要在一定的温度下进行，土壤温度是土壤热量状况的具体指标，反映土壤热能获得和散失的平衡状况，是由土壤热量的收支和土壤本身热性质决定的。土壤热量状况不仅影响植物的生长发育、土壤微生物活性，还影响土壤有机质的分解、矿物的风化、养分形态的转化、土壤水分和空气状况及其运动变化，以及土壤的形成过程和土壤性状。所以，土壤热量是土壤肥力的重要因素之一，了解土壤热量的收支状况、热性质和土壤温度变化规律，对调节土壤的温度、提高土壤肥力、促进作物的生长发育具有非常重要的意义。

一、土壤热量来源

土壤热量的主要来源是太阳辐射能，其他的有地球内部、土壤中生物过程释放的生物热，以及化学过程产生的化学热等。

（一）太阳辐射能

太阳是一个高温炙热的巨大辐射体，它不断向四周空间辐射出能量。当地球与太阳间距为日地间平均距离时，在地球大气圈顶部测得的太阳辐射强度平均为 8.122 4×10^{4}J/（m^2·min）。其中 10%～30% 的热量被大气吸收和散射，另有一部分被云层和地面反射，土壤吸收的热量平均只占太阳常数的 43%。地球虽只能获得太阳总辐射能的约二十亿分之一，但是比地球从其他方面所获得的总能量要大数千倍。

（二）生物热

有机物质分解过程中释放出的热量，一小部分被微生物利用，大部分用于提高土温。进入土壤的植物组织，每千克含有 16.745 2～20.932kJ 的热量。据估算，含有机质 4% 的土壤耕层，每亩的潜能为 1.03×10^9～1.15×10^{9}kJ，相当于 20～50t 无烟煤的热量。可见，土壤有机质每年产生的热量是巨大的。早春育秧或在保护地栽种蔬菜时，施用有机肥并添加热性的马粪等，就是利用有机物质分解放出的热量，以提高土温，促苗早发快长。

（三）地热

从地球内部的热向地面传导的热能。地热是一种重要的地下资源。尤其是在一些异常地区，如火山口附近、有温泉之地可对土壤温度产生局部影响，一般对土温的作用不大。

二、土壤的热学性质

（一）土壤热容量

土壤热容量有两种表示方法：一种为容积热容量或简称热容量，指单位容积的土壤，在温度升降 1℃ 时所吸收或释放的热量，用 C_v 表示，常用单位为 J/（cm^3·℃）；另一种为质量热容量或简称比热，指单位质量土壤温度升降 1℃ 时，所需要或释放出的热量，以 C_p 表示，单位为 J/（g·℃）。

二者关系可用下式表示：

$$C_v = C_p \times 容重$$

热容量是影响土温的重要热特性。如果土壤热容量小，也就是说升高温度所需要的热量少，土温就易于上升；反之，热容量大，土温就不易上升。

影响土壤热容量的因素主要是土壤湿度。在三相物质中，固相部分数量变化不大，固体颗粒热容量变幅不大（表2-19），土壤空气热容量很小，土壤水的容积热容量比空气大3000多倍。所以土壤水分和空气比例基本上可以决定土壤热容量的大小（表2-20）。

表2-19　土壤不同组分的热容量

土壤热容量	土壤空气	土壤水分	土壤组成（砂粒和黏粒）	有机质
质量热容量 /〔J/（g·℃）〕	1.004 8	4.186 8	0.75～0.95	2.01
容积热容量 /〔J/（cm³·℃）〕	0.001 3	4.186 8	2.05～2.43	2.51

资料来源：熊顺贵，2001

表2-20　不同湿度状况下各种土壤的热容量

土壤	土壤湿度占全蓄水量的百分数 /%				
	0	20	50	80	100
砂土 /〔J/（cm³·℃）〕	0.35	0.40	0.48	0.58	0.63
黏土 /〔J/（cm³·℃）〕	0.26	0.30	0.53	0.72	0.90
泥炭 /〔J/（cm³·℃）〕	0.20	0.32	0.56	0.79	0.94

（二）土壤导热率

土壤吸收热量后，除按热容量增温外，同时还能够把吸收的热量传导给邻近的土壤，产生如同水流那样的热运动，这就是土壤中的热传导。在稳态下，土壤热传导符合傅里叶热定律。单位厚度（1cm）土层，温差1℃，每秒经单位断面积（1cm²）通过的热量称为导热率 λ〔J/（cm²·s·℃）〕。

土壤导热率 λ 反映了土壤导热性质的大小，土壤是由三相物质组成的多孔体，不同土壤组分的导热率有明显的差别，以固相最大，液相次之，而气相极小（表2-21）。

表2-21　土壤不同组分的导热率

土壤组分	土壤水分	土壤空气	腐殖质	泥炭	干砂粒	湿砂粒	石英
导热率 /〔J/（cm²·s·℃）〕	$5.021×10^{-3}$	$2.092×10^{-4}$	$1.255×10^{-2}$	$6.276×10^{-4}$	$1.674×10^{-3}$	$1.674×10^{-2}$	$4.427×10^{-2}$

因此，影响土壤导热率的因素主要是土壤的松紧、土壤含水状况及土壤质地等。土壤的松紧程度反映了土壤的孔隙状况，它是土粒之间排列的紧密程度，相同土质的土壤的紧实度不同，容重也就不同。疏松多孔而且干燥的土壤，其孔隙中充满了导热率极小的空气，热量只能从土粒间接触点的小狭道传导（图2-21），所以土壤导热率很低。而湿润的土壤因水代替空气充填孔隙或在土粒外形成水膜，增加了热量的传导途径，故其导热率大。

导热性好的湿润表土层白天吸收的热量易于传导到下层，使表层温度不易升高；夜间下层温度又向上层传递以补充上层热量的散失，使表层温度下降也不致过低，因而导热性好的湿润土壤昼夜温差较小。

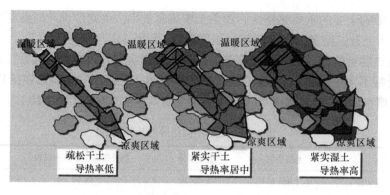

图 2-21 热通过土壤颗粒、空气和水的传导

箭头粗细表示热传导相对大小

三、土壤的热量平衡及热量状况

土壤热量主要来源于太阳辐射能，其次是土壤微生物分解有机物释放的能量、地球内热和土壤贮水的潜能等，但这部分所占比重甚小，其能量比太阳辐射能小很多，所以把太阳辐射能称为基本热源，而其他热源则称为一时性热源。一时性热源虽然能量不大，但它在一定的情况下对调节土温的作用是不可忽视的，如农业生产实践中用牲畜粪便作酿热物进行温床育苗就是一个例证。

太阳垂直照射时，每分钟辐射在 $1cm^2$ 地面上的能量是 8.12J。但是在不同季节，随着太阳光对地面投射的角度和距离不同，辐射的能量也不同，变化很大，所以太阳辐射能到达地面的能量受当地气候、纬度、海拔、地形、坡向、大气透明度和地面覆盖等的影响而差异很大。

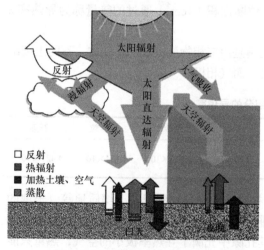

图 2-22 地面辐射示意图

土壤热量的支出主要包括土壤水分蒸发、加热土体自身等消耗。

太阳辐射能到达地表后，一部分能量被反射回大气层加热近地面空气，大部分能量则被土壤吸收，从而使表土温度升高（图 2-22）。当表土温度高于下层土温时，热量将逐渐传入深层，称为正值交换；而当地表接受不到或接受很少的太阳辐射能时（如夜间或冬季），地表土壤水分蒸发及表土加热近地面大气而使表土温度低于下层土温，热量将由深层传向地表，称为负值交换。这就是土壤中的热量交换或热流，它事实上就是土壤热量的收支平衡，决定着土壤热状况。

除上述的辐射平衡影响土壤热量状况外，热量平衡对土壤热量状况的影响更为显著。当土面所获得的太阳辐射能转换为热能时，这些热能大部分消耗于土壤水分蒸发与大气之间的湍流热交换上，另外一小部分被生物活动所消耗，只有很少部分通过热交换传导至土壤下层。单位面积上单位时间内垂直通过的热量称为热通量，以 R 表示，单位是 $J/(cm^2 \cdot min)$，它是热交换量的总指标。土壤热量收支平衡可用下式表示：

$$S=Q\pm P\pm L_E\pm R$$

式中，S 为土壤在单位时间内实际获得或失掉的热量；Q 为辐射平衡；L_E 为水分蒸发、蒸腾或水汽凝结造成的热量损失或增加的量；P 为土壤与大气之间的湍流交换量；R 为土面与土壤下层之间的热交换量。各符号之间的正负号，表示它们在不同情况下有增温与冷却的不同方向。

四、土壤温度对植物生长的影响及其调节

（一）土壤温度

1. **土壤温度的变化规律**　土壤温度是太阳辐射平衡、土壤热量平衡和土壤热学性质共同作用的结果。由于照射到地表的太阳辐射有明显的日变化和季节变化，因此土壤热状况也有明显的日变化和年变化。这些变化除受太阳辐射的影响外，还受一些其他因素的影响，如阴云、寒潮、巨流、暴雨（雪）及干旱期等气象因素，以及土壤本身性质（如土壤干湿交替引起的反射率、热容量和导热率的变化及这些性质随土层深度的变化）、地理位置和植被覆盖等因素。

土壤温度随昼夜往复发生的周期性变化称为日变化。土壤温度昼夜变化的规律是从日出开始土壤温度逐渐升高，至14时左右达到最高峰，以后逐渐下降，至日出之前（5～6时）达到最低。土壤温度的日变幅，表层最大，随土层加深逐渐减小，在一定深度土壤温度趋于稳定。在中纬度地区，日变化的影响深度一般不超过50cm。白天表层土温高于底层，夜间底层土温高于表层（图2-23）。

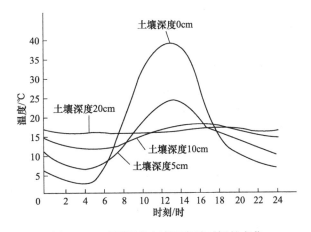

图 2-23　不同深度土壤温度随时间的变化
（熊顺贵，2001）

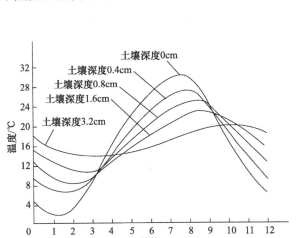

图 2-24　土壤温度的年变化曲线

土壤温度随季节的变化可用图2-24加以说明。可以看出，表层土温随季节的变幅要大于下层土壤，土层越深土温变幅越小。此外，从图中还可看出，下层土温的季节变化较上层有明显滞后，如从春到夏，上层土温开始升高，而当从夏到秋时，图中约2cm深以上土层土温已开始下降，而下层土温仍在升高。注意，图中曲线只是示意的，不同地区的具体测值不同，但总的规律应是一致的。土壤温度随一年四季发生的周期性变化称为年变化。土壤温度与四季的气温变化类似，全年最低温度出现在1～2月，最高温度出现在7～8月。随着土层深度的增加，土温的年变化幅度逐渐减小以至于不变，最高、最低气温出现的时间也逐渐推迟。在中纬度地带，15～20m深处年变化消失，土温终年基本不变。

2. 土壤温度的影响因素

（1）环境因素对土壤温度的影响

1）海拔与纬度：海拔不同，接受的太阳辐射不同。海拔高处大气层稀薄，透明度增加，土壤从太阳辐射吸收的热量增多，所以高山上的土温比气温高，但是由于地面辐射增强，因此在山区随着海拔的增加，土温和气温还是比平地低。一般海拔每增加100m，温度下降0.6～1℃。纬度不同，接受的太阳辐射能也不同，高纬度地区比低纬度地区地面接受的太阳辐射能少，土温一般低于低纬度地区。

2）坡向与坡度：坡地接受的太阳辐射因坡向和坡度而不同。北半球的南坡为阳坡，太阳光的入射角大，接受的太阳辐射和热量较多，土壤温度比平地高。北坡是阴坡，接受的太阳辐射和热量较少，土温较平地低。南坡的土壤温度和水分状况可以促进作物早发、早熟，并能够躲避晚霜。

3）地面覆盖：当地面有覆盖物时，其可以阻止太阳的直接照射，同时也可以减少土面蒸发而损失的热能，所以土温变化较小。因此霜冻前，增加地面覆盖可以防止土温骤降对作物造成冻害。冬季积雪可以起到保温的作用；秸秆覆盖在冬季有利于保温，夏季有利于降温；地膜覆盖在早春起到增温和保水的作用。

（2）地质地貌和土壤性质对土壤温度的影响

1）土壤质地：砂性土为热性土，热容量小，导热率低，早春表土增温快；黏性土为冷性土，热容量大，导热率高，早春表土增温慢，降温也慢；壤土为暖性土，热容量、导热率大小适中，有利于土壤温度的保持与稳定。

2）土壤颜色：深色的土壤吸热多，浅色的土壤吸热少、反射率高。因此早春在菜地和苗床覆盖草木灰、炉渣等深色物质可以提高土温。

3）土壤孔隙状况与松紧度：疏松多孔的土壤，导热率低，表土温度上升快；紧实的土壤，导热率高，土温上升慢。

（二）土壤温度对植物生长和土壤肥力的影响

土壤温度状况对植物生长发育的影响是很显著的，植物生长发育过程，如发芽、生根、开花、结果等，都是在一定的临界土温之上才可以进行，各种农作物的种子发芽都要求一定的土壤温度（表2-22）。土温过高或过低，不但会影响种子发芽率，而且对作物以后的生长发育及产量、品质都有影响。所以在考虑各种作物播种时间时，土温是不可忽视的因素。在土温适宜时，根系吸收水和养分的能力强，代谢作用旺盛，细胞分裂快，因此根系生长迅速。土温过高或过低，都不适宜根系生长。当然，不同作物根系生长的最适宜土温有很大差别。例如，小麦根系生长最适宜的土温为12～16℃，水稻为30～32℃。

表2-22　主要农作物种子发芽要求的土壤温度　　　　　　（单位：℃）

作物	最低温度	最适温度	最高温度
水稻	10～12	30～32	36～38
小麦	3～3.4	16～20	30
棉花	10～12	25～30	40～42
花生	8～10	32～38	40～44
高粱	8～10	24～28	30
烟草	13～14	20～28	30
胡萝卜	4～5	15～25	30
甜菜	4～5	20～30	35～40

土温不但影响根系，而且对植物地上部分的生长也有明显影响。例如，据国际水稻研究所在控制条件下进行的试验，在土温 30℃ 条件下的水稻显然优于土温 20℃（表 2-23）。

表 2-23　土温对水稻生长和产量的影响（8 种土壤平均结果）

土温 /℃	茎秆重 /（g/盆）	有效分蘖 /（个/盆）	种子重 /（g/盆）	籽粒 /%
20	27	32	24	56
30	57	38	43	100

土温对土壤中的植物、微生物和土壤肥力等都有巨大的影响，因为土壤中一切过程都受土温的制约。例如，许多无机盐在水中的溶解度随土温增加而加大；气体在土壤水中的溶解度也总是随土温变化而变动；土壤溶液的黏滞性随土温升高而降低；气体与水汽的扩散随土温升高而加强；代换性离子的活度随土温上升而增加；土壤微生物活动随土温变动而变动等。

（三）土壤热量状况的调节

调节土壤热量状况的主要任务，在不同时间与不同条件下是不同的。早春与晚秋为了防止霜冻，应采取措施提高土温，促进作物苗期生长与开花结实。炎夏温度太高时，则应采取措施降低土温。调节土温的途径归纳起来有两个方面：一是调节土壤热量的收支情况；二是调节土壤热特性。

1. 耕作施肥　　耕作是最普通、最广泛、最简便的调节土温的措施，通过耕作可改变土壤松紧度与水气比例，改变土壤热特性，达到调节土温的目的。例如，苗期中耕可使土壤疏松，并切断表层与底层的毛管联系，使表层土壤热容量与导热率都减小，这样白天表层土温容易上升，对于发苗发根都有很大作用。又如冬作物培土也可显著提高土温。施肥也是调节土温的重要措施之一，我国农民群众很早就有"冷土上热肥，热土上冷肥"的经验。例如，在冷性土上施用马粪、灰肥、煤灰、火土灰等热性肥，就有利于改进土壤的热状况。

2. 灌溉排水　　这不仅是调节土壤水分和空气的重要措施，也是调节土温的重要措施。例如，早稻实行排水，减少土壤水分，有利于土温迅速上升，早稻秧田管理实行"日排夜灌"，以提高土温，促进秧苗健壮生长，炎热夏天实行"日灌夜排"以降低土温等都是利用灌排调节土温。水稻管理中的浅水灌溉、排水晒田等措施也都有调节土温的作用。

3. 覆盖与遮阴　　覆盖是影响土温的有力手段，它不仅可改变土壤对太阳辐射能的吸收，还可减少土壤辐射和土壤水分蒸发速度，从而给土壤以很大影响。

一般来说，早春与冬季覆盖可以提高土温，夏季覆盖可以降低土温。遮阴可减少太阳对土表的直接照射，降低土温与近地层气温。对于一些喜雨植物，如三七、茉莉、茶及某些热带经济作物特别需要。

4. 应用增温保墒剂　　这是利用工业副产品，如沥青、渣油等制成的，这种增温剂喷射到土壤表面以后，可形成一层均匀的黄褐色的薄膜，从而增加土壤对太阳辐射能的吸收，减少土壤蒸发对热量的消耗，产生显著的增温效果。

第三章　土壤的基本性质

第一节　土壤胶体性质

一、土壤胶体概念及种类

（一）土壤胶体概念

一般胶体又称胶状分散体，是一种较均匀的混合物。按胶体化学范畴，胶体是由直径在 $1\sim100nm$ 的微粒（分散相）与介质（液体）组成的分散体系，是高度分散的多相不均匀体系。

土壤胶体是指土壤中具有胶体特性的微粒与土壤水构成的多相不均匀分散体系。土壤胶体微粒粒径为 $1\sim1000nm$。土壤中粒径小于 $1000nm$ 的黏粒，均具有胶体性质，实际上土壤黏粒构造上只要有一个方向小于 $1000nm$，就可能具有胶体性质，因此土壤学上把全部黏粒均归为胶体颗粒；土壤中的淀粉、纤维素、蛋白质、核酸、木质素、腐殖质等有机质也具有胶体的特征；土壤微团聚体是由有机质和无机矿物结合而成，粒径小于 $1000nm$ 的部分是主体，简称土壤胶体。

（二）土壤胶体种类

一般土壤胶体按组成物质的种类分为无机胶体、有机胶体和有机-无机复合胶体。

无机胶体是指土壤中具有胶体性质的无机物质，主要是黏粒，其成分为粒径极细微、结构复杂的各种层状铝硅酸盐次生黏土矿物（高岭石、蒙脱石、伊利石、水云母等），其次是成分简单的含水氧化物（含水氧化铁、氧化铝、氧化硅等）。层状铝硅酸盐次生黏土矿物的基本结构单元是硅氧四面体和铝氧八面体。

有机胶体包括腐殖质、有机酸、蛋白质及其衍生物等大分子有机化合物，主要是腐殖质，是新鲜有机质经过腐殖化过程的产物。土壤中结构简单的普通高分子有机化合物也具有胶体性质。

土壤无机胶体和腐殖质为主的有机胶体绝大部分是结合在一起的，极少独立存在，形成的复合体称为有机-无机复合胶体。它们可以通过多种方式进行结合，大多数是通过多价离子（如 Ca^{2+}、Mg^{2+}、Fe^{3+}、Al^{3+} 等）或官能团（如氨基、羧基、酚羟基、醇羟基等）将黏粒矿物和腐殖质联结成有机-无机复合胶体。此外，微生物也是复合胶体的一个组成部分。土壤中的微生物一般吸附在有机或无机胶体颗粒的表面，彼此结合成具有活性的微土团。

二、土壤胶体的带电性

土壤胶体（胶体微粒与水）中的每个胶体微粒均带有电荷。如前所述，构成土壤胶体微粒的主要是次生黏土矿物和腐殖质等物质，成分复杂，原子团多样。胶体微粒在土壤溶液中形成分散体系，胶体微粒表面所带的电荷既有永久电荷，也有可变电荷；电荷既有正，也有负，土壤胶体的带电性（正电或负电）与胶体微粒物质组成有关。

（一）永久电荷

永久电荷是指矿物晶格所固有的净负电荷，是黏土矿物在形成过程中，晶格内部离子发生了同晶置换作用（矿物元素组成改变而晶形不变）而产生的电荷。在黏土矿物的风化过程中，离子半径大小相近的阳离子可以发生同晶置换。当低价阳离子置换高价阳离子时，如 Al^{3+} 取代 Si^{4+}，或 Mg^{2+} 取代 Al^{3+} 等，产生电性不平衡，出现剩余的负电荷。剩余负电荷数量的多少，取决于晶格中离子同晶置换数量的多少。由于同晶置换作用一般产生于结晶过程，一旦晶体形成，它所具有的电荷不受环境（如 pH、电解质浓度等）的影响，不随 pH 变化而变化，因此，称为永久电荷。一般蒙脱石类矿物易发生同晶置换作用，产生永久电荷，而高岭石类矿物很少发生同晶置换现象，主要是与不同类型矿物的晶格构造有关。永久电荷的数量与发生同晶置换的矿物种类有关，蒙脱石类矿物多的土壤，可产生较多的永久负电荷，对钾离子有较强的吸附力。

（二）可变电荷

由于土壤无机胶体表面的分子、有机胶体（含有机 - 无机复合胶体）表面的一些官能团获得或失去质子所产生的电荷，既有正电荷，也有负电荷，电荷的电性和数量，通常随土壤 pH 的变化而变化，称为可变电荷，其产生原因主要有以下几个方面。

1. 无机胶体的电性　土壤中含水氧化铁（$Fe_2O_3 \cdot nH_2O$）和含水氧化铝（$Al_2O_3 \cdot nH_2O$）在酸性条件下带正电，碱性条件下带负电，属于两性胶体，在等电点的条件下不显电性；含水氧化硅（$SiO_2 \cdot nH_2O$）胶体在碱性条件下解离出 H^+，形成 $HSiO_3^-$ 或 SiO_3^{2-}，产生负电荷；铝硅酸盐黏土矿物表面的羟基（—OH）解离出 H^+，产生负电荷（—O^-）。

2. 有机胶体的电性　土壤有机胶体含有的羧基（—COOH）、醇羟基（—OH）和酚羟基（—OH）较多，它们在溶液中解离出若干数量的氢离子，解离后形成—COO^- 与—O^- 保留在胶体微粒表面，产生负电荷；含氨基（—NH_2）的腐殖质、蛋白质、氨基酸分子，发生氨基质子化时形成—NH_3^+，即产生正电荷。一般情况下，有机胶体的负电荷远远多于正电荷的数量。在 pH 降低时，正电荷量增加，在 pH 升高时，负电荷量增加。

（三）净电荷

在一定的土壤环境下，由于土壤胶体的等电点不同，有的胶体带正电，有的带负电，其电荷数量也随 pH 改变而变化。土壤胶体正电荷和负电荷的代数和即土壤的净电荷。由于土壤的负电荷一般多于正电荷，一般除少数土壤在极强酸条件下可能出现净正电荷外，绝大多数土壤带有净负电荷。净电荷量多少与胶体类型有关，一般有机胶体多于无机胶体。

三、土壤胶体构造

土壤胶体微粒在溶液中分散，其构造如图 3-1 所示，一般分为三部分：微粒核、决定电位离子层和补偿离子层。通常，决定电位离子层和补偿离子层总称为双电层。

（一）微粒核

微粒核（胶核）是胶体微粒的核心部分，是由胶体微粒的基本物质（黏土矿物、含水氧化物、腐殖质、蛋白质等）的分子群组成。

（二）决定电位离子层

决定电位离子层（双电层内层）是固定在微粒表面并决定胶体微粒电荷和电位的一层离子。它是由微粒核表面分子解离或从溶液中吸附某些离子而形成。它能使胶体

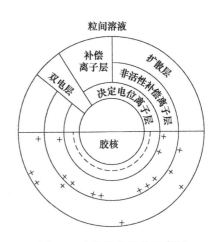

图 3-1　土壤胶体结构示意图

微粒带电，带电的性质决定其吸附阳离子或阴离子，其带电量决定吸附离子的数量。

（三）补偿离子层

决定电位离子层的存在，可以吸附与其电荷相反的离子围绕在其周围，形成补偿离子层（双电层外层）。这一层离子带着与决定电位离子层电性相反而电量相等的电荷。补偿离子层按其决定电位离子层吸附力的强弱和活动状况，又可分为逐步过渡的两层。

1. 非活性补偿离子层　　靠近决定电位离子层，所受吸力强，被吸附得紧，不能自由活动的离子层。

2. 扩散层　　离决定电位离子层较远，疏散在胶粒的外围，由非活性补偿离子层逐渐过渡到这一层。由于决定电位离子层对它的吸附力不强，因此它有较大的活动性，呈扩散分布的状态，称扩散层。扩散层的离子可与溶液中的离子互相交换，极易参加土壤的离子代换作用等多种过程。此层存在于胶体微粒的最外层，由这一层逐渐过渡到胶粒间溶液。

四、土壤胶体的肥力性质

（一）土壤胶体具有巨大的表面能

任何物质的分子与分子之间都有着互相吸引的力。在物质内部，分子均受到周围分子的同等吸力，这些均衡的力相互抵消，合力等于零，对其他分子没有影响。但在物质表面上的分子，在它的周围，并不是相同的分子，受力不均衡。在它与液体或气体接触的一面，因液体或气体分子对它的吸力小，分子的合力不等于零，所以，致使表面上的分子对外表现出有剩余能量，这种能量是由于表面的存在而产生，称为表面能。

表面能的大小取决于物体比表面，比表面是指每单位质量物体的表面积，可以用下式表示：

$$比表面 = \frac{面积}{重量} \tag{3-1}$$

设有一半径为 r 的球形土粒，它的质量应为 $4/3\pi r^3 \times 2.65$，球形面积为 $4\pi r^2$，代入（3-1）式，则得

$$比表面 = \frac{4\pi r^2}{4/3\pi r^3 \times 2.65} = 1.13/r（cm^2/g） \tag{3-2}$$

从式（3-2）中可以看出比表面与颗粒半径成反比。例如半径为 0.1cm 的 1g 砂粒，比表面仅为 $11.3cm^2/g$，而半径为 0.000 1cm 的 1g 黏粒，它的比表面可达 11 300cm^2/g。可见，质量相同的颗粒，粒径越小，比表面越大，表面能也越大。

土壤胶体因粒径微小而具有巨大的比表面和表面能。土壤砂粒、粗粉粒与黏粒相比，比表面很小，可忽略，多数土壤的比表面取决于最微小的黏粒部分。由于土壤矿质胶体的层状构造，其不仅具有较大的外表面，还具有巨大的内表面。在土壤矿质胶体中，以蒙脱石类比表面最大（600～800m^2/g），伊利石次之，高岭石最小（7～30m^2/g）。土壤有机胶体同样具有较大的比表面，如腐殖质的比表面可达 1000m^2/g。由于土壤胶体巨大的比表面和表面能，吸附特征表现明显。

（二）土壤胶体具有凝聚和分散作用

土壤胶体有两种不同的状态：一种是胶体微粒均匀散布在水中，呈高度分散的溶胶；另一种是胶体微粒彼此联结凝聚在一起而呈絮状的凝胶。

　　土壤胶体溶液，如受其他因素的影响，使胶体微粒下沉，由溶胶变成凝胶，称为胶体的凝聚作用。反之凝胶分散或呈溶胶状态，称为胶体的分散作用。

　　土壤胶体之所以呈溶胶状态，且具有相当的稳定性，是由胶体微粒的带电性和水膜的存在而引起的。一般同一种胶粒，带有相同的电荷，促使胶粒相互排斥，而水膜又能阻碍胶粒互相黏结，使胶体呈溶胶状态。

　　减少土壤水分，促使胶体水膜变薄和提高电解质浓度，或直接加入电解质，以中和胶体的电性，可促使胶体黏粒结成较大的颗粒而凝聚。

　　土壤中带负电荷的胶粒占多数，一般土壤溶液中带正电的离子能使带负电的胶粒凝聚。试验证明，阳离子的价数越高、半径越大，所产生的凝聚作用越强。土壤中常见的阳离子，按凝聚力的大小，依次排列如下：$Fe^{3+}>Al^{3+}>Ca^{2+}>Mg^{2+}>NH_4^+>K^+>Na^+$。

　　当土壤干燥和冻结时，土壤溶液所含电解质的浓度增加，可引起胶体的凝聚。此外，土壤中带有相反电荷的胶体，相互接触时也会发生凝结。

　　溶胶变成凝胶后，如果反复用水冲洗，容易发生分散作用变成溶胶，这种凝聚称为可逆凝聚。一般由一价的阳离子（Na^+、K^+、NH_4^+）在高浓度时所引起的凝聚为可逆凝聚。二价及三价阳离子（Mg^{2+}、Ca^{2+}、Al^{3+}）所引起的凝聚则比较难于分散，它们所形成的土壤结构具有稳定性，特别是Ca^{2+}和腐殖质共同作用下，所形成的土壤结构稳定性强。

（三）土壤胶体具有交换吸收性

　　浑浊的水通过土壤会变清，粪水、臭气通过土壤，臭味会消失或减弱，海水通过土壤会变淡等现象说明，土壤对施入的肥料、盐分或微小颗粒有吸收和保持的能力。土壤吸持各种离子、分子、气体和粗悬浮体的能力称为土壤的吸附性。把土壤孔隙对较大颗粒的阻留作用称为机械吸收性；土壤细粒靠表面能对分子态物质的吸收称为物理吸收性；植物和微生物对土壤中可溶态养分的选择吸收作用称为生物吸收性；土壤溶液中的可溶性养分与土壤中某些物质起化学反应，形成难溶性物质的作用称为化学吸收性；而把土壤溶液中的离子态养分与土壤胶体上的离子进行交换后而被保存在土壤中的作用称为交换吸收性。土壤的交换吸收性是在土壤胶体的作用下发生的，是土壤养分的吸收和释放的重要过程，影响土壤的保肥供肥性，与土壤肥力水平直接相关。按吸收离子的种类不同有两种类型，即土壤阳离子交换吸收作用和土壤阴离子交换吸收作用。

　　1. 土壤阳离子交换吸收作用　　土壤胶体多数带负电荷，扩散层阳离子和土壤溶液中的阳离子进行交换，称为阳离子交换吸收作用。反应如图3-2所示。

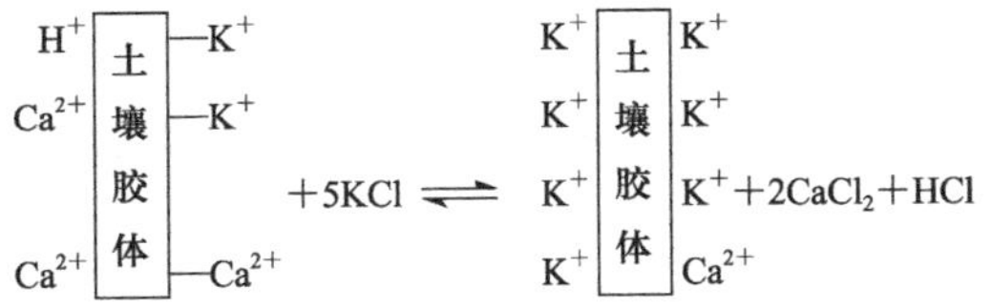

图 3-2　土壤阳离子交换吸收作用的反应

　　土壤阳离子交换是可逆的和等电量进行的，受质量作用定律支配。反应同时向两个方向进行。在一般情况下，反应很快达到平衡。在自然状况下，土壤胶体吸收多种离子。被土壤胶体吸附的任何一种阳离子，通过离子交换作用不能被全部代换到溶液中去，只是一个二价离子可以被两个一价离子代替，而迅速达到电性平衡。

（1）土壤阳离子交换量 土壤吸收阳离子能力的大小通常以阳离子交换量表示，也称代换量或吸收容量，是衡量土壤保肥能力强弱的量化指标。阳离子交换量用中性（pH 7）时每千克干土所能吸收的全部交换性阳离子的总量 [cmol（＋）/kg] 表示。土壤阳离子交换量大小与土壤胶体类型有直接关系（表3-1）。有机胶体含量多，土壤阳离子交换量大；土壤黏粒含量高，土壤质地愈细，土壤阳离子交换量也愈大。一般砂土交换量为 1～5cmol（＋）/kg，砂壤土为 7～8cmol（＋）/kg，壤土为 15～18cmol（＋）/kg，黏土则大多为 25～30cmol（＋）/kg。

表 3-1 不同土壤胶体阳离子交换量 ［单位：cmol（＋）/kg］

胶体种类	蒙脱石	伊利石	高岭石	含水氧化铁、含水氧化铝	有机胶体
一般范围	60～100	20～40	3～15	极微	200～500

1）土壤胶体阳离子交换性能使土壤具有保肥、供肥性。

保肥是指土壤保存可溶性养分的过程；供肥是指土壤固态养分进入溶液，使土壤养分有效化的过程。土壤的保肥与供肥作用主要是通过离子交换实现的。土壤胶体与土壤溶液间进行可逆的离子交换，既能吸收保蓄养分，减少流失，又能解离出离子态养分，供植物吸收利用。

由于土壤具有离子交换的保肥性，施肥后肥料中阳离子可以与土壤胶体上吸附的阳离子进行交换，减少其流失，提高养分利用率。因此在施用化学肥料时，不仅要了解作物的需要，还要考虑到土壤的质地、黏粒矿物的种类及腐殖质的含量等。通常情况下，质地较黏重、黏粒矿物以蒙脱石或伊利石为主，以及腐殖质含量较多的土壤，保肥能力较强，即使一次施肥较多，养分也不致流失。反之，土壤质地较轻、有机质含量较少时，保肥能力较弱。另外在酸性的红壤、黄壤上，虽然土壤质地较黏重，但由于黏粒矿物以高岭石为主，有机质含量低，宜多施有机肥料，改善土壤结构，增加土壤保肥性，以提高土壤肥力。

2）利用胶体的离子交换作用可以定向改良土壤。

碱土性状不良的主要原因是交换性阳离子中含有大量的 Na^+。如果用 Ca^{2+} 代换胶体上的 Na^+，通过合理的灌排措施，排除钠盐，可以达到改良其碱性的目的。反应如图3-3所示。

酸性土壤施用石灰，以 Ca^{2+} 代换胶体上的 H^+，可改良土壤酸性。

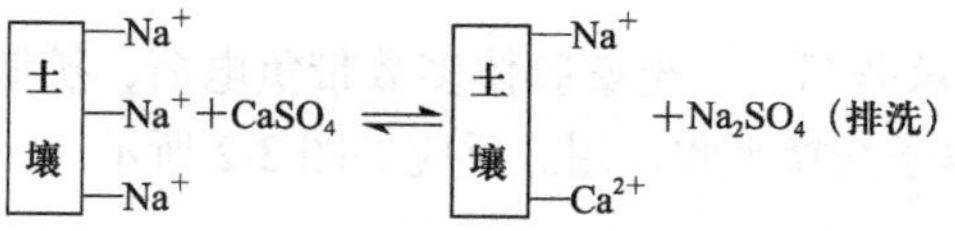

$$土壤\begin{matrix}Na^+\\ Na^+\\ Na^+\end{matrix} + CaSO_4 \rightleftharpoons 土壤\begin{matrix}Na^+\\ \\ Ca^{2+}\end{matrix} + Na_2SO_4（排洗）$$

图 3-3 阳离子交换作用改良土壤

（2）盐基饱和度 土壤交换性阳离子根据其性质可分为盐基离子和致酸离子，盐基离子有 Ca^{2+}、Mg^{2+}、Na^+、K^+、NH_4^+ 等；致酸离子有 H^+、Al^{3+}。当胶体所吸附的阳离子全部是盐基离子时，土壤呈盐基饱和状态，称为盐基饱和土壤；如果是部分盐基离子，还有部分 H^+（或 Al^{3+}），则为盐基不饱和土壤。盐基离子占交换性阳离子的百分数称为盐基饱和度。

$$盐基饱和度（\%）= \frac{交换性盐基离子量}{交换性阳离子总量} \times 100\%$$

盐基饱和度大的土壤，盐基离子分布在扩散层的也多，易于被植物吸收，土壤养分的有效性高。一般认为，盐基饱和度以保持在 70%～90% 时较为适宜。

2. 土壤阴离子交换吸收作用 阴离子交换吸收作用是指土壤中带正电荷胶体吸收的阴

离子与土壤溶液中的阴离子相互交换的作用。同阳离子交换作用一样，一般也是可逆反应，迅速达到平衡，并受质量作用定律的支配，平衡转移也与离子浓度有关。但是土壤中的阴离子交换吸收常和化学固定作用等交织在一起，难以截然分开。土壤中的阴离子依其被土壤吸收的难易可分为三类。

（1）易被土壤吸收的阴离子　　磷酸根离子（$H_2PO_4^-$、HPO_4^{2-}、PO_4^{3-}）、硅酸根离子（$HSiO_3^-$、SiO_3^{2-}）及某些有机酸阴离子，常与阳离子起化学反应，生成难溶性化合物。

（2）很少被吸收，甚至不能被吸收的阴离子　　Cl^-、NO_3^-、NO_2^-等，由于它们不能和溶液中的阳离子形成难溶性盐类，而且不被土壤正电荷吸收，因此极易随水流失。

（3）介于上述两者之间的阴离子　　SO_4^{2-}、CO_3^{2-}、HCO_3^-及某些有机酸的阴离子，由于土壤吸收 SO_4^{2-}、CO_3^{2-} 的能力较弱，在土壤中含有大量 Ca^{2+}，且气候干旱的条件下，它们能发生化学反应，形成难溶性的 $CaSO_4$ 或 $CaCO_3$。

第二节　土壤酸碱性

土壤酸碱性是指土壤溶液的酸碱反应。土壤酸碱性变化由土壤溶液中 H^+ 浓度和 OH^- 浓度比例决定，当土壤溶液中 H^+ 浓度大于 OH^- 浓度时，土壤呈酸性；反之呈碱性；两者相等时则为中性。土壤酸碱性影响土壤养分存在形态和有效性，影响土壤微生物的种类和活性，不同植物对酸碱也有适应性，土壤酸碱性在一定程度上可反映土壤的成土条件和基本肥力特征，因此，土壤酸碱性是评价土壤肥力的重要指标之一。

一、土壤酸碱物质来源

（一）土壤溶液中 H^+ 的产生

1）土壤母质发生淋溶作用，导致盐基离子淋失，H^+ 浓度增加。土壤母质经历明显的淋溶作用，盐基离子（Ca^{2+}、Mg^{2+}、Na^+、K^+）的淋失，致使土壤胶体表面上的 H^+ 浓度增加，土壤呈酸性反应。我国热带、亚热带地区，广泛分布着各种红色或黄色的酸性土，是由于当地气温高、降雨量大、湿热同季、土壤淋溶作用强，土壤中的盐基离子淋失强烈，H^+ 浓度增大，酸性强。在我国北方地区，山地土壤酸度较强，也是因为淋溶作用参与了土壤的形成过程。

2）黏土矿物中活性铝的溶解，导致溶液中 H^+ 浓度增加。土壤胶体上吸附的 H^+ 达到一定数量后，黏粒矿物的晶体遭到破坏致使黏粒矿物中的铝被溶解出来。土壤溶液中的活性铝发生如下反应，致使溶液 H^+ 浓度增加：

$$Al(OH)_2^+ + H_2O \rightleftharpoons Al(OH)_3 + H^+$$

3）吸附性 H^+ 和 Al^{3+} 的释放，导致溶液中 H^+ 浓度增加。胶粒上吸附的 H^+ 和 Al^{3+} 可被其他阳离子代换到溶液中，使土壤溶液酸性增强，反应如图3-4所示。

4）生命活动。植物根系的活动及土壤有机质的分解均可产生有机酸和二氧化碳。某些微生物产生的无机酸和硝化细菌产生的硝酸、硫细菌产生的硫酸等，也是土壤溶液中 H^+ 的来源，这部分 H^+ 对土壤酸碱性的影响与环境相关。当土壤盐基饱和度很大时，生命活动产生的酸并不能使溶液相应变酸，而对于酸性土壤而言，则有可能加剧土壤酸化。

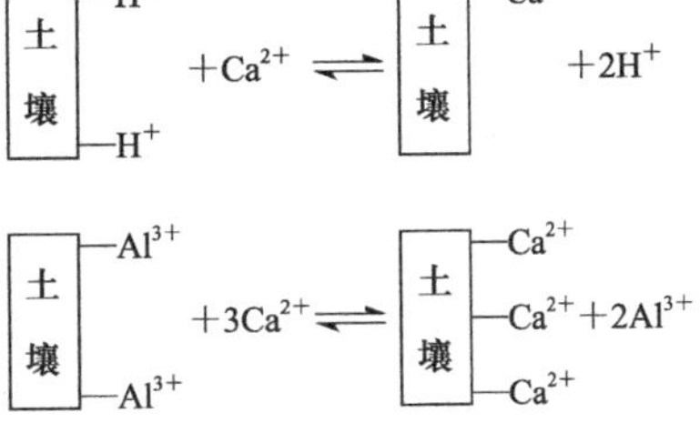

$$Al^{3+} + 3H_2O \rightleftharpoons Al(OH)_3 + 3H^+$$

图3-4　吸附性 H^+ 和 Al^{3+} 的释放反应

（二）土壤溶液中 OH⁻ 的产生

1）堆积型风化物结合干旱和半干旱的气候条件、基性岩或滨海母质，导致碱金属和碱土金属聚积。大陆积盐地理区域，主要是干旱和半干旱的气候条件，使分布在自然排水不良的低洼地、盆地和低地，以及通向海洋的河谷三角洲地带、泛滥阶地和高河漫滩地，积聚了大量的盐基离子，以碳酸氢钠和碳酸钠型地下水浸润为主；热带、亚热带湿润气候区，在基性岩母质上形成的土壤，由于母质的主导作用，土壤也呈中性或微碱性反应；滨海地区形成的盐渍化土壤是受含盐海水浸润造成的。

2）土壤中碱性盐的水解。土壤溶液中的 OH⁻ 主要来自土壤中存在的碱金属和碱土金属，如钠、钾、钙、镁的碳酸盐和重碳酸盐，其中以碳酸钙分布最为广泛。碳酸盐水解如下：

$$CaCO_3 + 2H_2O \rightleftharpoons Ca(OH)_2 + H_2CO_3$$

$$Na_2CO_3 + 2H_2O \rightleftharpoons 2NaOH + H_2CO_3$$

$$NaHCO_3 + H_2O \rightleftharpoons NaOH + H_2CO_3$$

不同溶解度的碳酸盐和重碳酸盐对土壤碱性的贡献不同。$CaCO_3$ 和 $MgCO_3$ 的溶解度很小，在正常的 CO_2 分压下，它们在土壤溶液中浓度低，故富含 $CaCO_3$ 和 $MgCO_3$ 的石灰性土壤呈弱碱性（pH 7.5～8.5）；Na_2CO_3、$NaHCO_3$ 及 $Ca(HCO_3)_2$ 等均是水溶性盐类，在土壤溶液中浓度高，故土壤溶液中的总碱度高。含 Na_2CO_3 的土壤，其 pH 一般较大，可达 10 以上；含 $NaHCO_3$ 及 $Ca(HCO_3)_2$ 的土壤，其 pH 常为 7.5～8.5，碱性较弱。

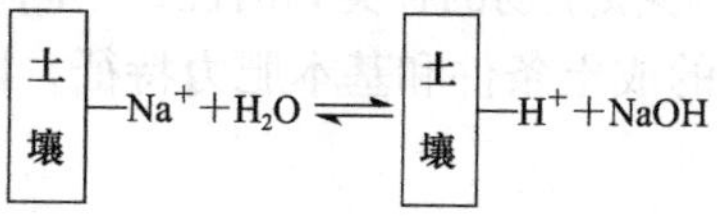

图 3-5 土壤胶体吸附性 Na⁺ 的解离反应

3）土壤胶体吸附性 Na⁺ 的解离。土壤胶体吸附的 Na⁺ 达到一定饱和度时，可发生代换水解反应，使土壤呈碱性，反应如图 3-5 所示。

二、土壤酸度

土壤酸度是对酸性土壤评价或改良土壤时的量化指标，用活性酸度和潜性酸度表示。

（一）活性酸度

活性酸度是由土壤溶液中 H⁺ 引起的酸度，用 pH 表示。一般用 pH 表示土壤酸碱性强弱，是判断土壤酸碱性的强度指标（表 3-2）。

表 3-2 土壤酸碱度的分级

土壤 pH	<5.0	5.0～6.5	6.5～7.5	7.5～8.5	>8.5
级别	强酸性	酸性	中性	碱性	强碱性

中国土壤 pH 大多为 4.5～8.5，由南向北递增，长江（北纬 33°）以南的土壤多为酸性和强酸性，如华南、西南地区广泛分布的红壤、黄壤，pH 大多为 4.5～5.5；华中、华东地区的红壤，pH 为 5.5～6.5；长江以北的土壤多为中性或碱性，如华北、西北地区的土壤大多含 $CaCO_3$，pH 一般为 7.5～8.5，少数强碱性土壤的 pH 高达 10.5。

（二）潜性酸度

土壤胶体表面所吸收的致酸离子（H^+、Al^{3+}），只有转移到土壤溶液中，变成溶液中的 H^+ 时，才会使土壤显示酸性，因此，由土壤胶体上吸附的离子表现的酸度称为潜性酸度。通常用每千克烘干土中 H⁺ 的厘摩尔数表示（cmol/kg），是土壤酸度的容量指标。土壤潜性酸与活性酸处在动态平衡之中，如下式：

$$吸附性 H^+ 和 Al^{3+} \rightleftharpoons 土壤溶液中的 H^+$$

（潜性酸）　　　　　　（活性酸）

当土壤溶液中 H^+ 减少或盐基离子增加时，土壤胶体吸收的 H^+、Al^{3+} 就会脱离胶体进入溶液，变为活性酸，反之亦然。

1. **代换性酸度（交换性酸度）**　　用过量的中性盐溶液，如 1mol/L 的 KCl 或 NaCl 溶液与土壤相互作用所测定的酸度，称为代换性酸度。反应如图 3-6 所示。

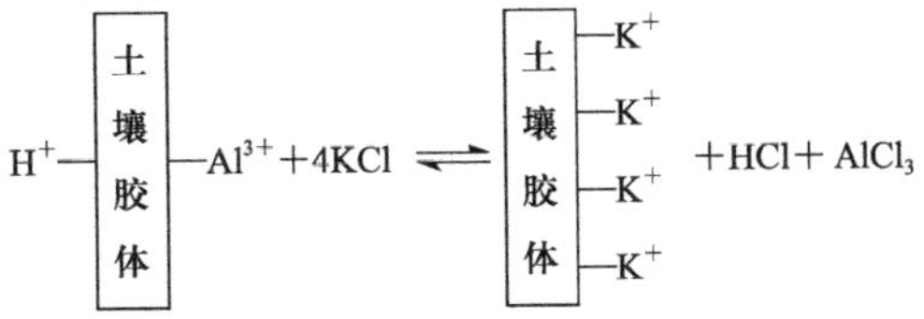

$$AlCl_3 + 3H_2O \rightleftharpoons Al(OH)_3 + 3HCl$$

图 3-6　KCl 溶液与土壤相互作用的反应

用标准 NaOH 滴定，测定盐酸，即交换性酸度，以每千克土中 H^+ 的厘摩尔数表示（cmol/kg）。它实际上包括活性酸在内，中性盐是盐酸盐，解离度大，不能把土壤胶体上的 H^+、Al^{3+} 全部交换出来。

2. **水解性酸度**　　用弱酸强碱盐溶液，如醋酸钠处理土壤，测定土壤中交换性 H^+ 和 Al^{3+} 的最大可能数量，称为水解性酸度。反应如下：

$$NaAc + H_2O \rightleftharpoons HAc + NaOH$$

乙酸解离度很小，完全解离的 NaOH 与土壤相互作用，如图 3-7 所示。

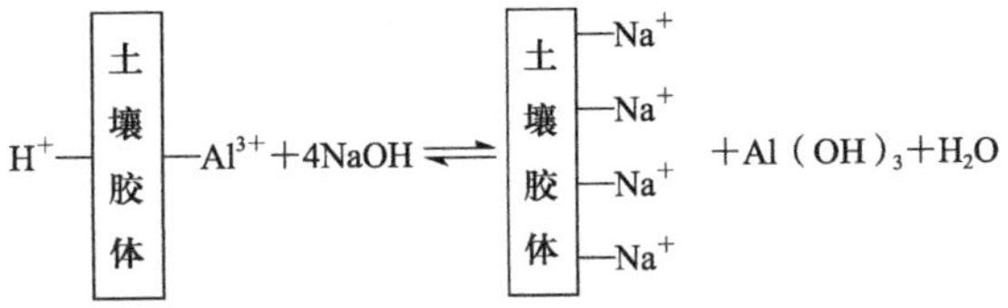

图 3-7　NaOH 与土壤相互作用的反应

另外，水化氧化物表面的羟基和腐殖质的某些官能团上部分 H^+ 也可解离出来，反应式如下：

$$氧化物—OH + NaOH \rightleftharpoons 氧化物—O—Na^+ + H_2O$$

水解性酸度和代换性酸度均包括活性酸，可作为酸性土壤改良时，计算石灰需要量的参考数据。

一般来说，水解性酸度＞代换性酸度＞活性酸度。

三、土壤碱度

土壤碱性强度即土壤碱度。土壤溶液的碱性是由于溶液中的 OH^- 浓度大于 H^+ 浓度，土壤溶液呈碱性，土壤溶液碱性强弱也用 pH 表示。pH＞7 的土壤为碱性。当土壤偏碱时，土壤胶体上交换性钠离子的数量较多，需要改良，土壤分类中对碱性土定量描述时，用碱度指标阐述土壤碱性强弱。

土壤碱度是指交换性钠离子的数量占交换性阳离子数量的百分比。一般碱度为 5%～10% 时，称为弱碱性土，大于 20% 的称为碱性土（表 3-3）。碱土主要分布在干旱和半干旱地区，降水量小于蒸发量，土壤有季节性脱盐和积盐频繁交替的特点。

表 3-3　土壤碱度划分标准

Na$^+$的含量	等级
5%～10%	轻度碱化
10%～15%	中度碱化
15%～20%	强碱化
>20%，含盐<0.5%，pH>9	碱性土

四、土壤缓冲性

在水溶液中加入少量酸（H$^+$）或碱（OH$^-$），则溶液的 pH 会有显著变化，但土壤的 pH 变化是极为缓慢的。土壤溶液抵抗酸碱度变化的能力称为土壤缓冲性。由于土壤的缓冲性，土壤酸碱度可以保持在相对稳定的范围内，避免因施肥、根系呼吸、微生物活动、有机质分解等引起土壤反应的剧烈变化。因此，当施肥或淋洗等作用而引起土壤的 H$^+$ 或 OH$^-$ 增加或减少时，土壤溶液的 pH 并不正比例地降低或升高，就是因为土壤本身对 pH 的变化具有缓冲作用，使之保持稳定。土壤产生缓冲性能的机制有以下几种原因。

（一）土壤胶粒上的交换性阳离子

这是土壤产生缓冲作用的主要原因，它是通过胶粒阳离子交换作用实现的。当土壤溶液中 H$^+$ 增加时，胶体表面的交换性盐基离子与溶液中的 H$^+$ 交换，使土壤溶液中 H$^+$ 的浓度基本上无变化或变化很小。反应如下，M$^+$ 代表盐基离子，主要是 Ca^{2+}、Mg^{2+}、K$^+$ 等。

$$土壤胶粒\ M^+ + H^+ \rightleftharpoons 土壤胶粒\ H^+ + M^+$$

如果土壤溶液中加入 MOH，解离产生 M$^+$ 或 OH$^-$，由于 M$^+$ 与胶体上交换性 H$^+$ 交换，H$^+$ 进入溶液中，很快与 OH$^-$ 生成极难解离的 H$_2$O，溶液的 pH 变化极其微弱。

$$土壤胶粒\ H^+ + MOH \rightleftharpoons 土壤胶粒\ M^+ + H_2O$$

（二）土壤溶液中的弱酸及其盐类的存在

土壤溶液中含有碳酸、硅酸、腐殖酸和其他有机酸及其盐类，构成一个良好的缓冲体系，故对酸碱具有缓冲作用。

$$H_2CO_3 + Ca(OH)_2 \longrightarrow CaCO_3 + 2H_2O$$

$$Na_2CO_3 + 2HCl \longrightarrow H_2CO_3 + 2NaCl$$

（三）两性物质的存在

土壤中的蛋白质、氨基酸、胡敏酸等都是两性物质，既能中和酸，又能中和碱，反应如下：

$$R-CH-COOH + HCl \rightleftharpoons R-CH-COOH$$

$$\underset{(氨基酸)}{NH_2} \qquad \underset{(氯化氨基酸)}{NH_2 \cdot HCl}$$

$$R-CH-COOH + NaOH \rightleftharpoons R-CH-COONa + H_2O$$

$$\underset{(氨基酸)}{NH_2} \qquad \underset{(氨基酸钠)}{NH_2}$$

（四）酸性土壤中铝离子的缓冲作用

在极强酸性土壤中（pH<4），铝以正三价离子状态存在，每个铝离子周围有6个水分子围绕着，当加入碱类物质而土壤溶液中 OH⁻ 增多时，少量水分子解离出 H⁺ 与之中和；这时，带有 OH⁻ 的铝离子很不稳定，与另一个相同的铝离子结合，OH⁻ 被两个铝离子共用，代替了已解离水分子的作用，结果两个铝离子失去两个正电荷，剩下4个正电荷。可用下式表示：

$$2\,[Al(H_2O)_6]^{3+}+2OH^- \longrightarrow [Al_2(OH)_2(H_2O)_8]^{4+}+4H_2O$$

土壤具有缓冲性能，使土壤 pH 在自然条件下不致因外界条件改变而剧烈变化。土壤 pH 保持相对稳定性，有利于营养元素平衡供应，从而能维持一个稳定的植物生长发育环境。

土壤的缓冲性能愈大，改变酸性土（或碱性土）pH 所需要的石灰（或硫黄、石膏）的数量愈多。因此，改良时应考虑土壤胶体类型、有机质含量、土壤质地等因素。

五、土壤酸碱性与土壤肥力的关系

（一）直接影响植物的生长

不同植物种类对土壤酸碱性均有一定的适应性。例如，茶树适于在酸性土壤上生长，棉花、苜蓿则耐碱性较强，而大多数植物在弱酸、弱碱和中性土壤上均能正常生长（表3-4）。

表3-4　一些植物生长的适宜 pH 范围

大田作物		园艺作物		常见树种	
名称	pH	名称	pH	名称	pH
水稻	6.0~7.0	豌豆	6.0~8.0	槐	6.0~7.0
小麦	6.0~7.0	甘蓝	6.0~7.0	松	5.0~6.0
大麦	6.0~7.0	胡萝卜	5.3~6.0	洋槐	6.0~8.0
大豆	6.0~7.0	番茄	6.0~7.0	白杨	6.0~8.0
玉米	6.0~7.0	西瓜	6.0~7.0	栎	6.0~8.0
棉花	6.0~8.0	南瓜	6.0~8.0	柽柳	6.0~8.0
马铃薯	4.8~5.4	黄瓜	6.0~8.0	桦	5.0~6.0
向日葵	6.0~8.0	柑橘	5.0~7.0	泡桐	6.0~8.0
甘蔗	6.0~8.0	杏	6.0~8.0	油桐	6.0~8.0
甜菜	6.0~8.0	苹果	6.0~8.0	榆	6.0~8.0
甘薯	5.0~6.0	桃、梨	6.0~8.0		
花生	5.0~6.0	栗	5.0~6.0		
烟草	5.0~6.0	核桃	6.0~8.0		
紫云英、苕子	6.0~7.0	茶	5.0~5.5		
紫苜蓿	7.0~8.0	桑	6.0~8.0		

土壤过酸或过碱都会对植物的生长产生生理伤害，影响植物对养分的吸收。土壤溶液中的碱性物质会促使细胞原生质溶解，破坏根部组织。酸性较强也会引起原生质变性和酶的钝

化。酸度过大时，还会抑制植物体内单糖转化为蔗糖、淀粉及其他较复杂的有机化合物的转化过程。

（二）影响土壤微生物活性

土壤细菌和放线菌，如硝化细菌、固氮菌和纤维分解菌等，均适于中性和微碱性环境，在 pH<5.5 的强酸性土壤中活性逐渐降低；真菌可在较广的 pH 范围内活动，在强酸性土壤中占优势。由于真菌的活动，在强酸性土壤中仍可发生有机质的矿化，使植物获得部分 NH_4^+-N。在中性和微碱性条件下，真菌与细菌、放线菌发生竞争。此时固氮菌活性强，有机质矿化也较快，土壤有效氮的供应状况良好。一般地，氨化作用适宜的 pH 为 6.5～7.5，硝化作用为 6.5～8.0，固氮作用为 6.5～7.8。土壤过酸或过碱均不利于有益微生物的活动。例如，在酸性土壤中，有益微生物（如固氮菌、硝化细菌等）的活动大大减弱，影响土壤氮、硫、磷等的转化。

（三）影响土壤结构、耕性和通气性

在碱性土中，交换性钠含量多（占 30% 以上），土粒分散，结构易破坏；在酸性土中，交换性氢离子多，盐基饱和度低，结构也易破坏，土壤耕性不良；在中性土壤中，Ca^{2+}、Mg^{2+} 等盐基离子较多，有利于土壤团粒结构形成，耕性和通气性良好。

（四）影响养分的转化与有效性

土壤的酸碱性对土壤中化学元素的形态及其转化具有重要的影响，以磷素为例。当 pH<5 时，土壤中活性铁、铝多呈有效态，易与磷酸根结合生成难溶性化合物。红壤中施磷肥，当季作物磷素利用率只有 10% 左右。当 pH>7 时，土壤中则发生钙对磷酸根的固定。在 pH 6～7 的土壤中，土壤对磷的固定最弱，磷的有效性最大。在酸碱性不同的土壤溶液中，各种磷酸根的浓度差别很大。在 pH 4～6 时，主要是 $H_2PO_4^-$；在 pH 6～7 时，$H_2PO_4^-$ 和 HPO_4^{2-} 同时存在，前者多于后者；在 pH 7.2 时，两者浓度几乎相等；pH>7.5 时，则以 HPO_4^{2-} 为主。

土壤中钙、镁、钾等的淋失，是造成酸性反应的原因之一。土壤酸性愈强，表明这些元素淋失愈多，对植物的供应愈加不足。在 pH<5 时，钙、镁、钾的有效量降到最低，pH>5 时，钙与镁的有效量明显增加，钾则不变。在高 pH 时，交换性钠和钾共同占优势，呈现碱性。

在强酸性土壤中，大量铝、铁、锰化合物转化为可溶性的，易对植物造成毒害作用。随着土壤酸度的降低，其溶解度也随之降低。在 pH 6.0～7.0 的土壤中这些离子急剧减少或消失（如 Al^{3+}）。在中性土壤中，对某些植物的铁和锰供应不足，酸性砂土施用过量石灰时，常会发生这种情况。在碱性土壤中因氢氧化铁、氢氧化锰发生沉淀而出现植物缺铁、缺锰的现象，如果树的缺铁黄化症。

铜和锌的转化也相同。在土壤 pH 7 左右为临界点，pH 大于临界点时，铜、锌的有效性极低。钼的有效性强烈地取决于 pH，因为钼酸盐不溶于酸而可溶于碱，在强酸性土壤中为难溶态，当 pH>6 时，钼的有效性增加，所以酸性土施石灰可提高钼的有效性。

硼元素较为特殊。酸性土壤或石灰性土壤，对硼的固定均很强烈。过量钙离子的存在，会抑制硼被植物吸收。如果植物细胞中含过量的钙，即使硼的含量极为丰富，也会阻碍硼的代谢。在酸性条件下，硼酸盐渐趋于溶解，但当酸性过强时（如 pH<5），硼也会发生淋洗作用而降低其有效性。

六、土壤酸碱性调节

增施有机肥料可以增加土壤缓冲性能，因而可以改善土壤酸碱性质；调节酸性土壤，常

用的方法是施用石灰，我国多用氧化钙或氢氧化钙，而国外常用碳酸钙粉末，但过量使用石灰会导致土壤板结；草木灰既是良好的钾肥，同时又可中和酸性物质；调节碱性土壤，常使用石膏（$CaSO_4$）、硫酸亚铁或硫黄等，通过离子代换作用把土壤中的钠离子代换出来，结合灌水使之淋洗出农田之外；用淡水洗盐的同时，也能把一些酸性物质除掉。

第三节　土壤氧化还原性

土壤氧化还原性是土壤溶液中的主要化学性质之一。氧化作用和还原作用在土壤化学反应和土壤生物化学反应中占重要地位，对物质的迁移和转化、养分的生物有效性、污染物质的毒性等具有深刻影响。

一、土壤氧化还原反应

土壤氧化反应是由自由氧（O_2）、硝酸根离子（NO_3^-）和高价金属离子（Mn^{6+}、Fe^{3+}等）所引起；还原作用是由某些有机质分解产物、厌氧性微生物生命活动和铁、锰等金属低价离子所引起。

氧化还原反应的实质是原子的电子得失过程。氧化还原能力用氧化还原电位（Eh）表示，计算时常用能斯特（Nernst）公式：

$$Eh = E_0 + \frac{RT}{nF} \ln \frac{a_{ox}}{a_{Red}}$$

式中，Eh 为氧化还原电位；E_0 为标准电位；a_{ox} 和 a_{Red} 分别为氧化剂和还原剂的活度（以 mol/L 计）；R 为气体常数（8.313J）；T 为绝对温度（298K）；F 为法拉第常数（96 500C/mol）；n 为反应中转移的电子数。

在 25℃条件下，将各常数值代入上式可得：

$$Eh = E_0 + \frac{0.059}{n} \lg \frac{a_{ox}}{a_{Red}}$$

可以看出，Eh 值是由氧化剂和还原剂的活度比所决定，Eh 值越大，则表示氧化剂所占比例越大，也就是氧化强度越大。

氧化还原反应中氧化剂（电子供体）和还原剂（电子受体）构成了氧化还原体系。某一物质释放电子被氧化，伴随着另一物质获得电子被还原。土壤中有多种氧化还原物质共存。例如，变价元素氧、锰、铁、氮、硫、碳、氢等，不同分解程度的有机化合物、微生物的细胞体及其代谢产物，如有机酸、酚、醛类、糖类等化合物，也参与氧化还原过程。

土壤中氧化还原反应大多是在微生物参与下进行的，如 NO_2^- 氧化成 NO_3^- 的过程，是在硝化细菌参与下完成的。虽然二价铁氧化成三价铁大多属纯化学反应，但在土壤中常在铁细菌的作用下发生。

土壤是一个不均匀的多相体系，土壤氧化还原体系很难达到真正的平衡。土壤中氧化还原平衡经常变动，不同时间、空间，不同耕作管理措施等均会改变氧化还原条件，即使同一田块不同点位也有分异，研究不同点位的氧化还原状况，可以掌握土壤通气动态状况。研究多点平均氧化还原电位，可以判断土壤肥力的氧化还原状况，分析土壤养分有效性和有害物质的动态。

土壤主要的氧化剂是大气中的氧，进入土壤后进行化学与生物化学作用，获得电子被还

原为 O^{2-}，土壤生物化学过程的方向与强度，在很大程度上取决于土壤空气和溶液中氧的含量。当土壤中的 O_2 被耗竭，其他氧化态物质，如 NO_3^-、Mn^{6+}、Fe^{3+} 依次作为电子受体被还原，这种依次被还原的现象称为顺序还原作用。土壤中的主要还原性物质是有机质，尤其是新鲜易分解的有机质，它们在适宜的温度、水分和 pH 条件下还原能力极强。

二、影响土壤氧化还原电位的因素

（一）土壤通气性

土壤通气状况决定土壤空气中的氧浓度。通气良好的土壤与大气间气体交换迅速，土壤氧浓度高，氧化还原电位（Eh）也高；排水不良的土壤通气孔隙少，与大气交换缓慢，氧浓度低，加之微生物对氧的消耗，使 Eh 值更低。因此，Eh 可作为土壤通气性的指标。

（二）微生物活动

微生物活动需要氧（气态或化合态）。微生物活动愈强烈，耗氧愈多，使土壤中氧分压降低或使还原态物质的浓度相对增加（氧化态化合物中的氧被微生物夺去后，形成还原态化合物，因此氧化态物质浓度与还原态物质浓度的比值下降），氧化还原电位降低。

（三）易分解有机质的含量

有机质的分解主要是耗氧过程。在一定的通气条件下，土壤易分解的有机质愈多，耗氧愈多，氧化还原电位降低。易分解的有机质包括糖类、淀粉、纤维素、蛋白质及微生物代谢物，如有机酸、酚、醛类等。新鲜有机物质（如绿肥）含易分解有机物质较多。

（四）植物根系的代谢作用

植物根系分泌物可直接或间接影响根际土壤氧化还原电位。植物根系分泌的多种有机酸，为根际微生物创造了特殊的生境，有部分分泌物还能直接参与根际土壤的氧化还原反应。水稻根系分泌氧使根际土壤的 Eh 值较根外土壤高。其根系分泌物虽然局限于根际范围内，但它对改善水稻根际的营养环境有重要作用。

（五）土壤 pH

土壤 pH 和 Eh 的关系很复杂。在理论上，土壤 pH 与 Eh 的关系为 Eh/pH＝−59mV，即在通气不变的条件下，pH 每上升一个单位，Eh 要下降 59mV。受土壤中其他因素的影响，一般土壤 Eh 随 pH 的升高而略有下降。

三、土壤氧化还原状况的调节

（一）水稻田土壤氧化还原状况的调节

氧化还原状况的变化在渍水土壤（沼泽土和水稻土）中表现得最为强烈。以水稻土的发育为例，调节氧化还原状况交替有助于其高肥力的形成；在还原条件下土色较黑，排水后出现褐色的"锈纹""锈斑"，按层次排列，这是肥沃水稻土的剖面形态特征。

对水稻生长来说，调节土壤氧化还原状况是生产管理的重要环节。如果土壤的还原性过强，有毒物质容易积累，而氧化性过强则引起某些养分的生物活性下降。长期淹水的栽培环境，采取适度的排水晒田措施是增加土壤氧化物质浓度的最有效方法。对强还原条件的土壤，如"冷浸田""冬水田"等，应采取开沟排水，降低地下水位，创造氧化条件。对于水稻土，主要通过施用有机肥料和适当灌、排水，并根据水稻生长状况，保持土壤适度干湿交替，调节土壤氧化还原状况。

（二）旱地土壤、涝洼田土壤氧化还原状况的调节

旱地土壤、涝洼田土壤氧化还原状况的调节，通常是通过高台垄作、建立排灌系统、增施有机肥等实现。调节土壤有机物质含量及状态、改善土壤质地、合理耕作、促进土壤团粒结构形成等是改善土壤通气性的有效途径。

（三）设施土壤氧化还原状况的调节

人工灌溉条件下的设施土壤，应严格按照田间持水量指标要求精确计算灌水量，以保证土壤大孔隙充满空气，毛管孔隙保存水分，土壤水气协调，使土壤保持合适的 Eh 值；同时应创造适宜的土体构型，保证土层间空气、水交换与循环。

第四节　土　壤　孔　性

土壤是一个极其复杂的多孔体系，由固体土粒和粒间孔隙组成。土粒或团聚体之间及团聚体内部的空隙称为土壤孔隙。土壤孔隙是容纳水分和空气的空间，是物质和能量交换的场所，也是植物根系伸展和土壤动物、微生物活动的地方。

土壤孔性包括孔隙度（孔隙数量）和孔隙类型（孔隙的大小及其比例），前者决定土壤气相、液相的总量，后者决定气相、液相之间的比例。

一、土壤孔隙度

土壤孔隙的数量一般用孔隙度表示。其是单位容积土壤中孔隙容积占整个土体容积的百分数，一般采用土壤比重和容重的大小计算。

（一）土壤比重

土壤比重是单位容积的固体土粒（不包括粒间孔隙）的干重与4℃时同体积水重之比。由于4℃时水的密度为 $1g/cm^3$，因此土壤比重的数值等于土壤密度（单位容积土粒的干重）。土壤比重无量纲，而土壤密度有量纲。

土壤比重的大小，主要取决于土壤各种矿物的比重（表3-5）。有机质含量丰富的土壤，比重较小，黏质土和粗骨性砂土比重较大，壤土比重适中。表层的土壤有机质含量较多，土壤比重通常低于心土和底土。大多数耕作土壤的比重为2.60～2.70。农田土壤比重一般取均值2.65。

表3-5　土壤腐殖质和主要矿物的比重

腐殖质和矿物	比重	腐殖质和矿物	比重
腐殖质	1.40～1.80	白云母	2.76～3.00
蒙脱石	2.00～2.20	黑云母	2.76～3.10
钾长石	2.54～2.58	白云石	2.80～2.90
高岭石	2.60～2.65	角闪石、辉石	3.00～3.40
石英	2.65～2.66	褐铁矿	3.50～4.00
斜长石	2.67～2.74	磁铁矿	5.16～5.18
方解石	2.71～2.72		

（二）土壤容重

土壤容重是单位容积土体（包括孔隙在内的原状土）的干重，单位为 g/cm^3 或 t/m^3。容重包括孔隙，因此相同容积的土壤容重小于比重，其大小受土粒排列、质地、结构、松紧状况的影响，也受到环境因素，如降水和人为活动的影响，耕层变幅较大。一般旱地土壤容重为 $1.0\sim1.8g/cm^3$；淹水期水田土壤耕层容重在 $0.8\sim1.4g/cm^3$。对于大多数植物而言，土壤容重为 $1.1\sim1.2g/cm^3$ 较适宜，有利于幼苗的出土和根系的正常生长。

土壤容重一般采用环刀法测定，具有如下意义。

1. 计算土壤总孔隙度　　土壤孔隙度一般不直接测定，用土壤密度、土粒密度值计算得到，即

$$土壤孔隙度=\left(1-\frac{土壤密度}{土粒密度}\right)\times100\%=\left(1-\frac{土壤容重}{土壤比重}\right)\times100\%$$

土壤孔隙度的大小说明土壤的疏松程度、水分和空气容量的大小。土壤孔隙度与土壤质地有关，一般情况下砂土、壤土和黏土的孔隙度分别为 $30\%\sim45\%$、$40\%\sim50\%$ 和 $45\%\sim60\%$；结构良好的土壤孔隙度为 $55\%\sim70\%$，紧实底土仅为 $25\%\sim30\%$。土壤孔隙度也随土壤各种机械过程而变化，黏质土壤干湿交替膨缩、团聚、粉碎、压实和龟裂，土壤孔隙度变化明显。

2. 反映土壤松紧度　　在土壤质地相似的条件下，容重的大小可以反映土壤的松紧度。容重小，表示土壤疏松多孔，结构性良好；容重大则土壤紧实板硬而缺少结构（表3-6）。

不同作物对土壤松紧度的要求存在差异。各种大田作物、果树和蔬菜，由于生物学特性不同，对土壤松紧度的适应能力不同。

表3-6　土壤容重和土壤松紧度及孔隙度的关系

松紧程度	容重 /（g/cm^3）	孔隙度 /%
最松	<1.00	>60
松	1.00～1.14	56～60
适宜	1.14～1.26	52～56
稍紧	1.26～1.30	50～52
紧	>1.30	<50

3. 计算土壤质量　　每公顷（hm^2）耕层土壤的质量，可以根据土壤容重计算；同样，也可以根据容重计算在一定面积上挖土或填土的质量。

$$W_土=s\times h\times\rho$$

式中，$W_土$ 为土重；s 为面积；h 为土层深度；ρ 为容重。

例：已知土壤容重为 $1.15t/m^3$，求每亩耕层 $0\sim20cm$ 的土重。

$$W_土=667\times0.2\times1.15\approx150t$$

通常按每亩耕层土重 150t，即 150 000kg 计算。

4. 计算土壤各种组分的数量　　在土壤成分分析中，要推算出单位面积土壤中水分、有机质、养分和盐分含量等。例如，已知土壤容重为 $1.15t/m^3$，有机质含量为 10g/kg，则每亩耕层土壤有机质含量为 150 000kg×10g/kg＝1500kg。

二、土壤孔隙类型

土壤孔隙度只说明土壤孔隙数量，并未反映土壤孔隙各级比例。孔隙度相同的两种土壤，如果大小孔隙的配比不同，则其保水、蓄水、通气及其他性质也会有显著的差别。为此，可把孔隙按其大小和性质分级。

由于土壤是一个复杂的多孔体系，其孔径大小千差万别，难以直接测定，土壤学中所谓的土壤孔径，是指与一定的土壤水吸力相当的孔径，称为当量孔径，它与孔隙的形状及其均匀性无关。

土壤水吸力与当量孔径的关系式为

$$d = \frac{3}{T}$$

式中，d 为孔隙的当量孔径，单位为 mm；T 为土壤水吸力，单位为 Pa。

当量孔径与土壤水吸力成反比，孔隙愈小，土壤水吸力愈大。

土壤孔隙按其大小和性质的不同，通常分为三种类型。

（一）非活性孔隙

非活性孔隙是土壤中最细微的孔隙，又称无效孔隙。当量孔径一般小于 0.002mm，土壤水吸力在 1.5×10^5Pa 以上。这种孔隙几乎总是被土粒表面的吸附水充满，土粒对这部分水分具有强烈的吸附作用，故这部分水分不易运动，也不能被植物吸收利用。非活性孔隙用非活性孔隙度表示，即非活性孔隙容积占土壤容积的百分比。

（二）毛管孔隙

毛管孔隙是指具有毛管作用、当量孔径为 0.002～0.02mm 的土壤孔隙。土壤水吸力为 1.5×10^4 ～1.5×10^5Pa，水分可借助毛管弯月面力保持贮存在该类孔隙中。植物细根、原生动物和真菌等难以进入毛管孔隙中，但植物根毛和一些细菌可在其中活动，其中保贮的水分可被植物吸收利用。毛管孔隙数量用毛管孔隙容积占土壤容积的百分比表示。

（三）通气孔隙

通气孔隙指孔径大于毛管孔隙的孔隙，其当量孔径＞0.02mm。

土壤水吸力小于 1.5×10^4Pa，毛管作用明显减弱。这类孔隙中的水分，主要受重力支配运动，不能在其中保存，是排水和贮存空气的孔隙，经常为空气所占据，故称为通气孔隙。通气孔隙状况用通气孔隙度表示，即通气孔隙容积占土壤容积的百分比。

土壤中各级孔隙所占的容积计算如下：

总孔隙度（%）＝非活性孔隙度（%）＋毛管孔隙度（%）＋通气孔隙度（%）

如果已知土壤田间持水量和凋萎含水量，则土壤毛管孔隙度可按下式计算：

毛管孔隙度（%）＝（田间持水量－凋萎含水量）× 容重

三、土壤孔隙评价

（一）土壤孔隙状况影响土壤保水通气能力

土壤疏松时保水与透水能力强，而紧实的土壤蓄水少、渗水慢，在多雨季节易产生地面积水与地表径流，但在干旱季节，由于土壤疏松则易通风跑墒，不利于水分保蓄，故多采用耙、耱与镇压等方式压实，以保蓄土壤水分。由于土壤松紧和孔隙状况影响水、气含量，因此间接影响养分有效性、保肥供肥性及土壤的热量状况。

（二）土壤孔隙状况影响作物生长

按照作物生长的需求，旱作土壤耕层的土壤总孔隙度为50%～56%，通气孔隙度不低于10%，大小孔隙之比在1∶4～1∶2较为合适。各种植物的生物学特性不同，根系的穿插能力不同。例如，小麦为须根系，其穿插能力较强，当土壤孔隙度为38.7%，容重为1.63g/cm³时，根系才不易透过；黄瓜的根系穿插力较弱，当土壤容重为1.45g/cm³，孔隙度为45.5%时，即不易透过；甘薯、马铃薯等作物，在紧实的土壤中根系不易下扎，块根、块茎不易膨大，故在紧实的黏土地上，产量低而品质差；李树对紧实的土壤有较强的忍耐力，故在土壤容重为1.55～1.65g/cm³的坡地土壤上也能正常生长；而苹果与梨则要求比较疏松的土壤。同一种作物在不同的地区，由于自然条件的悬殊，故对土壤的松紧和孔隙状况要求也不同。据研究，小麦在东北嫩江地区，最适宜的土壤容重为1.30g/cm³；而在河南长葛与北京郊区，则为1.14～1.26g/cm³。

第五节　土壤结构

一、土壤结构的概念和分类

土壤结构是指土粒相互团聚或胶结而成的团聚体。其大小、形状和性质不同，所反映的肥力性质也不同。无论是自然土壤，还是耕作土壤，土壤矿物质、有机质或有机-无机复合体，由于受外力和内部分子引力等因素的影响，各级土壤颗粒（或其一部分）相互团聚成大小、形状和性质不同的土团、土块或土片，均被称为土壤结构体。由于结构体的组合不同，形成了不同类型的土壤结构。主要有以下几种类型。

（一）块状结构体

块状结构体近立方体，纵轴与横轴大致相等，边面与棱角不明显。块状结构存在于黏重、缺乏有机质、耕性不良的土壤表层中。块状结构体属于不良结构，土块内部胶粒结合紧密、孔隙少、通透性差、微生物活动微弱；土块与土块之间空隙过大，易漏风跑墒，同时还会压苗，造成缺苗断垄现象，农民称为"坷垃"，是由质地黏重、有机质含量少及耕作不当引起。其中，坚硬、棱角分明、手捏不易散碎的，农民称为"生坷垃"或"死坷垃"；易捏碎、较松散的称为"熟坷垃"或"活坷垃"。土坷垃常引起压苗、漏风跑墒，危害程度取决于其大小和数量。

（二）核状结构体

核状结构体近立方体，边面和棱角较为明显。核状结构表面有褐色胶膜，由石灰质、铁质胶膜胶结而成，常出现在缺乏有机质的心土、底土层中，是一种不良土壤结构体，俗称"蒜瓣土"。

（三）柱状和棱柱状结构体

结构体纵轴大于横轴，呈直立柱状，俗称"立土"。边面不明显的为柱状；边面明显具棱角者为棱柱状。常出现在质地黏重、缺乏有机质的心土和底土层，结构之间有明显的裂缝，漏水漏肥。底土层的柱状、棱柱状结构一般在碱土的碱化层出现，质地黏重，脱水后坚硬，通气透水不良，影响扎根。

（四）片状结构体

结构体横轴远大于纵轴，呈薄片状，横轴特别发达。在耕地的犁底层常见，此外，在雨后或灌水后所形成的地表结壳和板结层，也属于片状结构，俗称"卧土"。片状结构不利于通气、透水。板结和结皮是在灌溉或降雨之后出现，潮湿而黏重的土壤因脱水干燥而使地表龟裂。质地黏重程度和干燥速度影响龟裂的厚度和宽度，厚度在 5～10mm 及以上者称为板结；小于 5mm 者称为结皮。板结或结皮影响种子发芽和幼苗出土，加大土壤水分蒸发，因此生产上要进行雨后中耕松土，以消除地表结壳。

（五）团粒结构

团粒结构指土壤中近于圆球状的团聚体。团粒结构是有机质丰富的自然土壤与耕作土壤中，为近似球形疏松多孔的小土团。粒径多为 0.25～10mm，小于 0.25mm 的称为微团粒，是形成团粒的基础。团粒结构是土壤中优良的结构，是农业生产上理想的结构，俗称"米糁子"或"蚂蚁蛋"。

二、土壤结构的形成

（一）土壤结构体的形成过程

土壤结构体的形成大致可以分为两个阶段：第一阶段是由原生土粒（分散的单粒）形成初级的次生土粒（复粒或微团聚体）或致密的土团；第二阶段是由初级的复粒进一步黏结，或土体在机械力的作用下破裂成型，形成各种大小、形状、性质的结构体。块状、柱状和片状结构通常是由单粒直接黏结而成，或是经过土粒、初级复粒黏结而成的土体，沿一定方向破裂而成。它们没有经过多次复合和团聚作用，一般孔隙度较小，孔隙大小比较一致。团粒结构是经过多次复合和团聚而形成的，首先是单粒相互胶结，形成微团聚体，然后，再经过逐级黏合、胶结作用，依次形成第二级、第三级乃至更多层次的微团粒，这些微团粒经过多次胶结团聚，形成团粒。

土壤结构的形成和破坏是同时或交替进行的。在一定条件下，不合理的灌溉、雨滴的拍击，一价金属离子对胶体的分散作用，微生物对腐殖质的分解，耕层受农机具、牲畜的压力等，均可以使良好的结构受到破坏。某一结构类型的破坏常伴随着另一结构类型的产生。例如，稻田土壤在水稻收割后常形成以稻株为中心的大块状结构，当灌水浸泡及犁耙后，大块状结构消失而微团聚体形成。具有团粒结构的土壤如果得不到培育，可能变成板结紧实的片状结构或块状结构。依据良好土壤结构的形成和破坏机制，采取有效措施，促进土壤结构向着有利于农业生产的方向发展，是土壤管理的重要任务之一。

（二）团粒结构形成机制

1. 胶体的凝聚　　分散在土壤悬液中的胶粒相互凝聚而析出，是单粒变复粒的基本动力。主要机制有以下几个方面。

（1）有机胶体的凝聚作用　　能使土粒、黏团或微团粒相互团聚的有机物质种类很多，如腐殖质、多糖类、蛋白质、木质素、微生物的分泌物等。带负电的有机胶体（如腐殖质）与阳离子（如 Ca^{2+}）相遇，因电性中和而凝聚。有机胶体是高度聚合、带有大量羧基（—COOH）的碳水化合物为主体的长分子链，羧基的负电性与被吸附在较小土粒表面上相应的阳离子结合，并把这些土粒凝结在一起，可形成水稳性团粒。

（2）无机物质的胶结作用　　黏粒是无机胶体的主要组成部分。黏土矿物和次生氧化物类之间的原子和分子引力，可以把单粒黏结在一起；黏粒具有很大的比表面，一般带有负电荷，通过吸收阳离子，在水分子的作用下，把土粒连接起来。土壤中黏粒含量愈多，黏结作用愈强。心土和底土中的大块状或棱柱状结构主要是由无机物胶结而成。在红壤地区，氧化铁

（氧化铝）胶体对结构体的形成有明显作用；Al（OH）$_3$、Fe（OH）$_3$、H$_2$SiO$_3$ 等物质形成胶膜包被在土粒表面，当它们从溶胶变成凝胶时，就把土粒胶结在一起。由于凝胶的不可逆性，因此形成的结构体具有很强的水稳性。

（3）水膜的黏结作用　　适宜的湿度是促进土壤团粒结构形成的重要条件。干燥的土壤可借氢键、范德瓦耳斯力、库仑力吸附气态水和液态水，形成吸湿水和薄膜水。随着薄膜水不断加厚，在土粒与土粒的接触点上，水膜融合形成凹形的曲面，借表面张力的作用，使邻近的土粒相互靠近，黏粒通过水膜联结在一起。

2. 成型动力

（1）干湿交替作用　　湿土块在干燥过程中发生体积收缩，但土体各部分和多种胶体成分的脱水程度和速率并不相同，因而干缩的程度不同，这样就会沿黏结薄弱的位点裂开。

干土块变湿润时，由于各部分膨胀的程度不同，所受的挤压力不均匀，也促使土块破碎。

（2）冻融交替作用　　水结冰后，体积增大约9%。土壤水冻结后向冰晶四周产生压力。土壤水的冰点并不一致，土壤孔径愈小，其中的水结冰温度愈低，在缓慢降温时，较大孔隙内的水首先结冰，形成冰晶，附近小孔隙的水便向冰晶集中，这样造成土体内各处压力不均匀，产生挤压作用，促进团粒结构形成。秋冬季翻起的土垡经过冬季的冻融交替后，土壤结构会得到改善。

（3）生物的作用　　植物根系生长发育过程中，对土壤产生挤压和穿插分割作用，促进了团粒结构的形成。同时，根系分泌物及其残体分解后所产生的多糖和腐殖质又能团聚土粒，形成稳定的团粒。此外，掘土动物，如蚯蚓、昆虫等的活动，也会促进团粒结构的形成。

（4）耕作　　耕作是农田土壤团粒结构形成的重要外部驱动力，它既能把大土块弄碎，也可使细微颗粒互相靠拢团聚。合理适时的耕作，具有切碎、挤压等作用，可促进团粒结构的形成。土壤耕作在调节土壤团粒结构上的作用十分明显。在同一次耕作中，可能破坏一批原有的团粒，同时促进新团粒的生成。

三、团粒结构的肥力意义

土壤结构通过土壤孔径的分布影响土壤肥力。块状、核状、片状和柱状结构在形成的初期，结构体间的裂缝不明显，不稳固；一旦遇水，裂缝常因土体膨胀而被堵塞，以致通气透水作用极微，结构体内部压实，极细孔增多。在结构体上包被氧化物胶膜时，其对作物生长更为不利。

分散的土粒团聚成团粒（图3-8），可以从根本上改变土壤的孔隙状况，在团粒内部，土粒排列较为紧实，大多数孔隙是小孔隙；而在团粒与团粒之间，接触疏松，构成大孔隙，大小孔隙的分配较适宜。能使土壤既保水又透水，并保持适宜的土壤空气和温度，有利于作物根系的伸展及对养分的保蓄和供应。

在水稳性团粒丰富、大小孔隙分布较为理想的土壤中，团粒的表面（大孔隙）和空气接触，适于好氧性微生物活动，有机质分解快，可以供应有效养分。团粒内部（小孔隙）贮存水分而不通气，适于厌氧性微生物活动，有利于养分贮藏，水分和空气的矛盾基本得到协调，可以同时满足植物对水分和养分的需求。另外，具有水稳性团粒结构较多的土壤能够接纳更多的降水（表3-7），且团粒之间的接触面较小，耕作阻力小，宜于耕作。

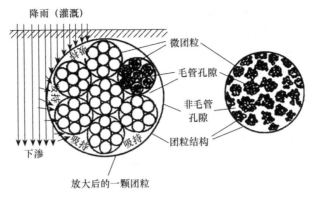

图 3-8　团粒结构示意图

表 3-7　团粒结构接纳降水的效果（降水 26.1mm 以后土壤质量含水量）

时间	非团粒结构土壤	团粒结构土壤
降雨前	7.13%	10.62%
降雨后一昼夜	12.75%	18.14%
降雨后三昼夜	9.25%	18.55%

　　通过精耕细作创造非水稳性团粒结构对维持地力也有一定作用。实践证明，对于砂土、砂壤土和轻壤土，则不必强调团粒结构的作用。另外在红壤类土壤中，虽然有机质含量很低，钙离子含量少，但是有些土壤的结构状况仍适于植物生长发育。因为这类土壤同时带有正电荷和负电荷，两种电荷相互吸引导致土壤胶体的定向排列和絮凝，使土壤的物理性质得到改善。另外，由于以高岭石为主的黏粒矿物的膨胀性小，胶结力很强的氧化物黏粒矿物也可以形成大量的稳定性团聚体。这种团聚体有时被称为"假砂"。

　　水田土壤由于经常处于淹水状况，且以带水耕作为主，较大的团粒较少，含有较多的粒径 <1mm 的微团粒和微团聚体。在肥力较高的水稻土耕层中，由于直径 <0.25mm 的微团聚体大量存在，放水落干后，耕层呈蜂窝状，多孔，不致严重龟裂，对改善土壤的透水性具有一定作用。浸水后，较大的结构体散开，微团聚体显著增多，土壤疏松绵软，有利于根系发展。微团聚体体内尚有闭蓄空气，为淹水条件下水气共存创造了条件，从而提高或稳定了土壤的氧化还原电位，有利于根系呼吸，防止烂根。缺乏这类微团粒和微团聚体的水稻土，落干后耕层紧实，浸水后容易形成直径大于 5mm、在水中不易化开的泥块（俗称泥核）。有的土粒分散，易于淀浆板结或成为烂泥，造成土壤通气不良，不利于水稻扎根生长。因此，微团聚体的含量是衡量水稻土肥力高低的主要指标之一。

四、促进土壤团粒结构形成的措施

　　1. 增施有机肥料　　腐殖质是形成团粒结构的良好胶结剂，施用有机肥料结合深耕有利于土肥相融，促使水稳性团粒结构的形成。

　　2. 实施科学的耕作　　土壤耕作可以改善土壤的结构状况，以满足作物生长发育的要求，过分频繁地耕、耙、镇压会破坏土壤结构，造成板结。

　　3. 建立合理的轮作　　作物种类对土壤结构影响的程度取决于：①根系特征，其中须根系作物对团粒结构的形成最为有利;②作物残茬的数量与质量,如绿肥,尤其是豆科绿肥,养分丰富,易于腐烂分解,有利于团粒结构的形成;③中耕作物要求中耕次数较多,有利于破坏大土块;④密植作物对地面覆盖度大,可减少由于雨滴直接撞击土壤而引起的团粒结构破坏。因此,进行合理的轮作倒茬,可以维持和增加土壤的团粒结构,既用地又养地,保持或提高土壤肥力水平。

4. 调节土壤阳离子组成　　一价阳离子,如 Na^+、K^+ 等,可以破坏土壤团粒结构,二价阳离子,如 Ca^{2+}、Mg^{2+} 等,对保持和形成团粒结构具有良好的作用。在酸性土壤中施用石灰,对碱土施用石膏,不仅能调节土壤的酸碱度,还能改善土壤结构,促使土壤疏松,防止表土结壳。

5. 合理灌溉、晒垡和冻垡　　大水漫灌由于冲刷大,对结构破坏最为明显,易造成土壤板结;沟灌、喷灌或地下灌溉则较好。灌后要及时疏松表土,防止板结,恢复土壤结构。在晒垡、冻垡中,充分利用干湿交替和冻融交替时结构形成的作用,可使较黏重的土壤变得酥碎。

6. 施用土壤结构改良剂　　土壤结构改良剂分为两大类:①天然土壤结构改良剂,是以植物遗体、泥炭、褐煤等为原料,从中提取腐殖酸、纤维素、木质素、多糖、醛类等物质作为团粒的胶结剂;②合成土壤结构改良剂,是模拟土壤团粒胶结剂的分子结构、性质,利用现代有机合成技术,人工合成的高分子聚合物。土壤结构改良剂与土壤相互作用,转化为不溶态,吸附在土粒表面,黏结土粒使之成为水稳性团粒结构。应用合成土壤结构改良剂时,应注意它的成分组成,选择无残留无污染的工业聚合物。

第六节　土壤耕性和物理机械性

一、土壤耕性

土壤耕性是指土壤在耕作时所表现的特性及耕后的状态,也是一系列土壤物理性质和物理机械性的综合反映。耕性的好坏密切影响到土壤耕作质量及土壤肥力。良好的土壤耕性不仅可以为作物创造适宜的土壤环境条件,也影响土壤耕作的耗能成本。衡量土壤耕性好坏的标准可归纳为耕作难易、耕作质量和宜耕期三个方面。

(一)耕作难易

耕作难易是表示土壤耕性质量的重要定性指标。耕作时省工、省力、易耕的土壤,俗称"土轻""口松""绵软",属于耕作容易。耕作时费工、费力、难耕的土壤称为"土重""口紧""僵硬",属于耕作困难。有机质含量少及结构不良的土壤耕作较难;疏松、质地轻、有机质丰富、团粒结构丰富的土壤易耕作。耕作难易直接影响土壤耕作效率,对机械的磨损也不同,影响农机具使用时间。

(二)耕作质量

土壤耕作后表现的理化性状,也是衡量土壤耕性好坏的标志。耕后土壤松散、易耙碎、不成坷垃、松紧状况适中、有利于种子萌发出土及幼苗生长的为耕作质量好,反之则为耕作质量差。

(三)宜耕期

适宜耕作的时间,称为宜耕期。耕性良好的土壤,适宜耕作时间长,耕性不良的土壤则宜耕期短，一般只有一两天，错过宜耕期不但耕作困难、费工、费力，而且耕作质量差，俗称"时辰土"。宜耕期长短与土壤质地及土壤含水量密切相关，壤质及砂质土壤宜耕期长，黏质土壤宜耕期短。

二、土壤物理机械性

土壤的物理机械性是土壤受到力的作用时多项动力学性质的总称，包括黏结性、黏着性、可塑性、胀缩性及其他外力作用（如农机具的剪切、穿透和压板作用）而发生形变的性质，是决定土壤耕性的主要因素。

（一）黏结性

土壤的黏结性是指土粒与土粒之间由于分子引力而相互黏结在一起的性质。黏结性使土壤具有抵抗外力破坏的能力，是耕作时产生耕作阻力的主要原因之一。土粒间产生吸引力的原因有二：一是在干燥状态下土粒与土粒之间的分子引力；二是在湿润条件下，土粒间分子引力通过水膜（土粒 - 水膜 - 土粒）的黏结力。

通过土粒间的接触而产生的黏结力大小与土粒接触面的大小有关，一般土粒细，分散度大，则接触面大，黏结性强；由土壤水分引起的黏结力与水膜厚度有关，土壤水膜愈薄，土粒间距离愈近，黏结性表现愈强。当水分增加，水膜变厚，土粒间距离加大，分子引力减弱时，黏结性也随之变小。黏质土壤土粒的比表面大，故黏结性极强。砂性土壤土粒的比表面很小，一般不表现黏结性，但具有少量水分时，借水膜的联系增加了接触面积，可表现微弱的、暂时的黏结性。

土壤有机质含量也影响土壤的黏结性。黏土中加入新鲜有机质会减弱其黏结性。当新鲜或半新鲜的有机质转化成腐殖质后，以薄膜状包裹土粒，改变接触面的性质，黏结性降低。当砂土中增加有机质时，形成新的腐殖质，黏结性增强，这是由于腐殖质分子的黏结力比砂粒大，比黏粒小。另外，土壤结构状况、代换性阳离子组成等均能影响有效接触面积，对土壤黏结性也有一定影响。

（二）黏着性

土壤黏着性是指土壤在潮湿状态下黏附于其他物体表面（土粒 - 水膜 - 外物）的性能。土壤的黏着性使土粒黏附于农具与土壤的接触部分，大大增加了耕作阻力，影响耕作质量。

凡是影响接触面大小的因素，如土壤质地、有机质含量、土壤结构、代换性阳离子等，均影响土壤黏着性。当土壤质地等条件相同时，水分含量是决定黏着性大小的主要因素。在土壤含水量较少的情况下，水分子全部为土粒吸收，产生土粒间的水膜拉力（黏结力）而不会黏着其他物质；水分含量增加后，当土粒表面与外物间有水膜生成时，才会产生黏着性；但是水分含量过多、水膜太厚时，黏着性又减小，直到呈现流体状态时黏着性才逐渐消失。

（三）可塑性

土壤可塑性是指土壤在适量的水分范围内被外力改变成任何形状，当外力消失或干燥后，仍能保持其所获形状的性能。

土壤产生可塑性的原因是黏粒呈薄片状，接触面大，在土壤含有一定水分时，黏粒外面包有一层水膜，在外力作用下，黏粒会沿着力的作用方向滑动，形成相互平行的排列。在外力作用停止后，黏粒已被水膜的拉力固定在新的位置上，并能保持改变了的形状。土壤干燥后，由于黏粒自身的黏结性，仍可保持其新的形状。

土壤的可塑性只有在适当含水量范围内才出现。土壤刚开始表现可塑性时的最低含水量称为可塑下限（或下塑限）；土壤失去可塑性，刚开始表现为流体时的最高含水量称为可塑上限（或上塑限）。上下塑限之间的含水范围称为可塑范围，其差数称为塑性值（或塑性指数）。在一定范围内，土壤表现可塑性。塑性值大的土壤可塑范围大，可塑性强。

土壤可塑性与黏粒含量及其种类有关。土壤黏粒含量愈多，可塑性愈强。砂质土中含黏粒很少，一般不具有可塑性。在黏粒矿物中，蒙脱石分散度高，吸水性强，塑性值也大。高岭土分散度低，吸水性较弱，塑性值小。

有机质能提高土壤上下塑限，但几乎不改变其塑性值。有机质吸水性强，本身缺乏塑性。有机质含量较多的土壤，在有机质吸足水分后，形成产生塑性的水膜，因而其下塑限提高，可减少产生可塑性的机会（含水量和质地相同的土壤，有机质增加时可塑性降低，否则相反）。胶体上代换性钠离子水化度高，分散作用强，可塑性也大，因此，碱土可塑性强。

在塑性范围内进行耕作会形成表面光滑的大土堡，干后板结形成硬块，不易散碎。干耕须在含水量在下塑限附近时进行，湿耕则应在含水量在上塑限以上时进行。

（四）胀缩性

土壤干时收缩，湿时膨胀，称为土壤的胀缩性。土壤质地愈黏重，即黏粒含量愈高，尤其是蒙脱石型的黏粒矿物含量愈高时，胀缩性愈强，这与蒙脱石的层状构造有关。砂性土壤无胀缩性。土壤有机质本身吸水性强，能促成土壤团粒结构而使土壤保持疏松，所以，在一定范围内，有机质较多的土壤，其胀缩现象不明显。

胀缩性强的土壤，吸水膨胀时使土壤密实难以透水、透气，干旱收缩时会扯断植物的细根和根毛，并造成透风散墒的裂隙（龟裂），耕作时阻力大。

三、土壤耕性管理

（一）宜耕性

从土壤特性来看，黏质土宜深耕，砂质土宜浅耕。上黏下砂的土层不宜深耕；上砂下黏的土层，可以根据条件适当增加深耕，使黏砂混合，以改善耕层土壤质地，增强保水保肥能力。深厚肥沃的土壤，耕深不受土壤限制。对肥力差的灰化土、白浆土等则采取逐年加深耕层的办法。如果土层浅薄，下层又多砾石、结核的土壤，不宜进行深耕，应采取客土等措施来加深耕作层。对地下水位高的地段，耕地深度应控制在与地下水有一定距离，否则对根系生长和微生物活动不利。也可先挖排水沟，降低地下水位后，再进行适度的深耕。

在降水少的干旱地区不宜深耕，一般限于 10～15cm；在多雨区，不怕跑墒，可以深翻，以利贮水。旱地耕深以 20～25cm 为宜，稻田耕深以 15～20cm 为宜。

（二）防止土壤板结，免耕或少耕

土壤在降雨、灌溉、人（畜）践踏与农机具等作用下由松变紧的过程称为土壤压板过程。随着农业机械化的发展，大型机具逐渐增多，土壤压板问题突出。防止土壤压板，除应改进农机具、实施轻简化外，应进行科学的田间管理。一是必须避免在土壤过湿时进行耕作；二是尽量减少不必要的作业项目或者实行联合作业，以减轻土壤压板，降低生产成本；三是根据条件，试行免耕或少耕法，减少机械压板，保持土壤疏松状态。由于少耕或免耕，土壤有机质的分解速率受到抑制，加上秸秆、牧草等的覆盖，可以减少土壤团粒结构的破坏，这些有机物腐烂后，又能进一步提高有机质含量，促进水稳性团粒结构形成。

（三）注意土壤的宜耕状态和宜耕期

我国各地农民对掌握土壤宜耕状态和宜耕期具有丰富的经验，取一把土握紧，然后放开手，松散时即宜耕状态；或者把土握成土团，而后松手使土团落地，碎散的即宜耕状态；或试耕，犁起后的土垡能自然散开，即宜耕状态。

宜耕期长的土壤，能在雨后及早下地，有利于农事操作的安排，不误农时；宜耕期短则反之，误农时的可能性就大，因此改良土壤耕性，对土壤肥力提高有重要意义。

（四）改良土壤耕性

土壤耕性取决于土壤的物理机械性，主要受土壤质地、土壤水分与土壤有机质含量的影响。土壤质地决定着土壤比表面的大小，水分决定着土壤一系列物理机械性的强弱，土壤有机质除影响土壤的比表面外，其本身疏松多孔，又影响土壤物理机械性的变化，应通过增施有机肥、合理排灌、适时耕作等方法改良土壤耕性。

第四章 土壤养分状况

第一节 土壤养分概述

一、大量元素和微量元素

农作物所必需的土壤养分种类很多。目前已经确认的植物必需的营养元素有 16 种。它们是碳、氢、氧、氮、硫、磷、钾、钙、镁、铁、锰、锌、硼、铜、钼和氯。在这 16 种养分中，碳、氢和氧主要来自空气和水，其余来自土壤或肥料。在这 16 种元素中，植物对碳、氢、氧、氮、磷、钾的需求较多，故称为大量元素，含量占作物干物质的 0.5% 以上；我们讲的土壤养分是指主要由土壤提供的植物必需的营养元素，因而，通常讲的大量元素是指氮、磷、钾；钙、镁、硫需要量中等，故称为中量元素，含量占干物质的 0.1%～0.5%；铁、锰、锌、硼、铜、钼和氯需要量更少，故称为微量元素，含量占干物质的 0.1% 以下。

土壤供应农作物必需养分的能力是土壤肥力的重要内容，对于获取作物优质丰产具有重要意义。

二、养分形态

土壤养分形态可以分为有效态和无效态两种类型。有效态是指植物能够直接吸收利用的养分，包括水溶性养分和代换性养分。无效态包括缓效养分、难溶性养分、土壤有机质和微生物的养分。土壤中有效态和无效态养分含量总和称为全量养分。

第二节　土　壤　氮　素

一、土壤氮素的含量和形态

（一）土壤氮素含量

氮素是作物需要量较大的元素，但土壤中含量较低，是普遍需要补充的元素。我国南方耕地土壤氮素含量一般为 0.5～3.0g/kg。耕地土壤氮素含量高低取决于许多因素。其中最主要的是人类的生产活动，如耕作、施肥、灌溉等措施都深刻影响耕作土壤中氮素的循环和积累。例如，同一地区，由同一种自然土壤开垦的耕地土壤，一般水田土壤氮素含量高于旱地（表 4-1）。此外，各种自然条件（如气候、植被、地形）、土壤质地等都对土壤含氮量有不小影响。

表 4-1　南方起源相同的几类水稻土壤和旱作土壤耕作层氮素含量

地点	土壤	起源的自然土壤	利用方式	氮素含量 /（g/kg）
江西	红黄泥田	红色泥土母质上	水田	1.0
	红泥土	发育的红壤	旱地	0.4
贵州	黄泥田	黄壤	水田	1.6
	黄泥土		旱地	1.0

续表

地点	土壤	起源的自然土壤	利用方式	氮素含量 / (g/kg)
四川	紫泥田	紫色土	水田	0.9
	紫泥土		旱地	0.6
广东	赤土田	砖红壤	水田	0.9～1.5
	赤土		旱地	0.4～1.2

（二）土壤氮素形态

土壤氮素形态分为无机态及有机态两大类，但以有机态为主，一般占全氮量的95%以上。

1. 土壤有机态氮   土壤有机态氮按其溶解度大小和水解难易分为下述三类。

（1）水溶性有机态氮   水溶性有机态氮一般不超过全氮量的5%，它们主要是一些游离的氨基酸、胺及酰胺类化合物，分散在土壤溶液中，很易水解，释放出铵根离子，是植物速效性氮源。

（2）水解性有机态氮   水解性有机态氮占全氮总量的50%～70%，主要是蛋白质、多肽、氨基糖等化合物，用酸碱等处理时能水解成为较简单的易溶性化合物。

（3）非水解性有机态氮   非水解性有机态氮占全氮总量的30%～50%，它们一般在酸碱处理下不能水解。关于它们的化学形态，现在还不完全清楚。

2. 土壤无机态氮   土壤无机态氮很少，一般表土中的含量不超过全氮的1%～2%。土壤无机态氮主要是铵态氮和硝态氮。它们都是水溶性的，都能直接被植物吸收利用。铵态氮为阳离子，能为土壤胶体所吸附而成为交换性阳离子，但也有一部分在进入黏粒矿物晶架结构中后被闭蓄于晶层间的孔穴内成为固定态铵。

二、土壤氮素的转化与土壤供氮能力

土壤中的氮素绝大部分为复杂的有机化合物，必须要通过各种转化过程，变为较简单易溶的形态，才能发挥作物营养的作用。据研究，作物吸收的氮素营养有50%～80%来自土壤有机态氮的矿化。所以土壤有机态氮的矿化过程，其矿化量和矿化速度就成为决定土壤供氮能力的极其重要的因素。土壤有机态氮的矿化过程是包括许多过程在内的复杂过程。

（一）水解过程

水解过程是指蛋白质在微生物分泌的蛋白酶的作用下，逐步分解为各种氨基酸的过程，可表示为

$$蛋白质 \longrightarrow RCHNH_2COOH + CO_2 + 其他产物 + 能量$$

（二）氨化过程

氨化过程是指氨基酸在多种微生物作用下分解成氨的过程。例如，下述过程中，前两个是水解，第三个是氧化，第四个是还原，这四个过程均产生氨（NH_3）。

$$RCHNH_2COOH + H_2O \longrightarrow RCH_2OH + NH_3\uparrow + CO_2\uparrow + 能量$$
$$RCHNH_2COOH + H_2O \longrightarrow RCHOHCOOH + NH_3\uparrow + 能量$$
$$RCHNH_2COOH + O_2 \longrightarrow RCOOH + NH_3 + CO_2 + 能量$$
$$RCHNH_2COOH + H_2 \longrightarrow RCH_2COOH + NH_3 + 能量$$

由此可见，氨化作用可在多种多样的条件下进行。无论水田还是旱地，只要微生物活动旺盛，氨化作用都可以进行。

氨化作用产生的氨可被植物和微生物吸收利用,是农作物(特别是水稻)的优良氮素营养。未被作物吸收利用的氨,可被土壤胶体吸收保存。但在旱地通气良好的条件下,氨可进一步被微生物转化。

(三)硝化过程

硝化过程是指氨或铵盐在微生物作用下转化成硝酸态化合物的过程。它是由两组微生物分两步完成的,第一步是铵转化成亚硝酸盐,第二步是亚硝酸盐转化成硝酸盐,其反应为

$$2NH_4^+ + 3O_2 \xrightarrow{\text{亚硝化微生物}} 2NO_2^- + 2H_2O + 4H^+ + \text{能量}$$

$$2NO_2^- + O_2 \xrightarrow{\text{硝化微生物}} 2NO_3^- + \text{能量}$$

由以上反应可见,硝化过程是一个氧化过程,只有在通气良好的情况下才能进行。所以水稻田在淹水期间主要为铵态氮,硝态氮很少。旱地土壤一般硝化作用速度高于氨化作用,土壤中主要为硝态氮。

硝态氮是可以被植物吸收利用的优良氮源,所以可以依据土壤硝化作用强度来了解旱地土壤的供氮性能。

(四)反硝化过程

反硝化过程是指土壤中硝态氮被还原为氧化氮和氮气,扩散至空气中损失的过程。而反硝化作用主要由反硝化细菌引起。在通气不良的条件下,反硝化细菌可夺取硝态氮及某些还原产物中的化合物,使硝态氮变为氮气而损失。其反应大致趋向可用下式表示:

$$2HNO_3 \xrightarrow{-2[O]} 2HNO \xrightarrow{-2[O]/-[H_2O]} N_2O \xrightarrow{-[O]} N_2\uparrow$$

稻田土壤的反硝化作用比旱地显著得多,这是造成水稻土氮肥利用率低的重要原因之一,也是在调节水稻氮素营养时应注意的一个问题。

有机氮矿化的同时也存在着逆过程,即无机氮被微生物同化合成有机氮的过程。一般测定的矿化量实际上是这两个过程的差,也可称为净矿化量。

氮的矿化量受到土壤性质、环境条件、栽培措施等多种因素的影响。在生产中可以通过多种措施(如干耕晒垡、冬耕冻垡、施用石灰、施用熏土等)促进氮的矿化,增加矿化量,提高土壤供氮性能。

第三节 土 壤 磷 素

一、土壤磷素的含量和形态

(一)土壤磷素含量

耕地土壤全磷含量(以元素磷表示)多为 0.01%~0.15%,变幅很大。从全国范围来看,土壤全磷含量有从北到南逐渐减少的趋势。土壤全磷含量受到成土母质、利用情况、侵蚀等因素影响,即使在同一地区,由于母质等条件不同,其含磷量也有可能有显著的差异。

(二)土壤磷素形态

我国南方土壤中的磷大部分为无机磷。有机磷变动范围较大,一般占全磷的 20%~50%。土壤有机磷主要是磷脂、核酸、植酸钙镁及其衍生物等。土壤中的无机磷按其所结合的主要阳离子性质不同,可以分为磷酸钙类化合物(Ca-P)、磷酸铁类化合物(Fe-P)、磷酸铝类化合物

（Al-P）和表面微氧化铁胶膜所封闭的闭蓄态磷（O-P）。我国主要地带性土壤无机磷的形态构成如表 4-2 所示。可见，我国南方红壤和砖红壤的无机磷主要是闭蓄态磷，最高的可占无机磷总量的 90% 以上，在非闭蓄态磷酸盐中也以磷酸铁盐为主，磷酸钙盐和磷酸铝盐都比较少。

表 4-2　我国主要地带性土壤无机磷的形态构成

土壤	无机磷形态构成比例 /%			
	Al-P	Fe-P	Ca-P	O-P
棕壤	10～20	5～20	20～60	20～50
褐土	3.4～6.9	0～0.5	61～71	12～20
黄棕壤	3.7～10	25～27	13～20	45～57
红壤	0.3～5.7	15～26	1.5～16	52～83
砖红壤	0～1.5	2.5～14	0.9～5.3	84～94

二、土壤磷素的转化与土壤供磷能力

（一）土壤有效磷

作物所能吸收的磷主要是土壤溶液中的一价和二价正磷酸根离子（$H_2PO_4^-$ 和 HPO_4^{2-}）。作物吸收磷酸根离子的强度与溶液中的磷酸根离子浓度有关。在一定范围内，溶液中磷酸根离子浓度越高，作物吸磷量也越多。而土壤溶液磷酸根离子浓度受土壤中磷化合物溶解度的控制。由于土壤的磷化合物绝大部分是不溶或溶解度极低的，因此土壤供磷能力并不取决于土壤全磷含量的高低，而是取决于土壤有效磷的含量和土壤对磷酸的有效化的强弱。所谓有效磷，除了土壤溶液中的磷酸根离子之外，还包括易于解吸的表面吸附态磷。当溶液磷酸根离子浓度下降时，表面吸附态磷能很快进入溶液，而成为速效磷的给源。

（二）影响土壤有效磷含量的因素

土壤有效磷含量的多少，受下列因素影响。

1. 土壤磷形态的影响　　土壤无机磷中闭蓄态磷酸盐，由于外面包被有一层氧化铁，因此一般情况下不能释放出有效磷，非闭蓄态的磷酸铁类、磷酸铝类和磷酸钙类对有效磷都有一定的贡献。其贡献率大小不在于其磷总量的多少，而在于其表面磷的数量。磷酸钙的磷多存在于土壤较粗颗粒中，比表面小，表面磷占全磷量的比例小，有效性低。磷酸铝的磷与磷酸铁的磷多存在于土壤细粒中，表面磷数量高，有效性较高。许多盆栽试验和田间试验证明，旱地以磷酸铝磷的有效性最高，水稻田则以磷酸铁磷的有效性最高。我国南方酸性土壤发育的水稻土中，无机磷以磷酸铁磷为主，所以磷酸铁磷在水稻土供磷过程中有重要作用。

有机磷中，核酸和核苷酸中的磷很容易矿化，但当 C/P＞200 时，矿化释放的磷很快为微生物所固定。而细菌残体磷酸盐又主要是不溶的钙、铁和铝的肌醇六磷酸盐，所以有机磷的有效性与有机质的 C/P 有关。

2. 土壤 pH 的影响　　就一般溶液来说，酸性反应（pH＜6）磷酸根离子以 $H_2PO_4^-$ 为主；随着 pH 升高，HPO_4^{2-} 占的比重增加，到 pH＝8 时，增加到占 86%，此时 $H_2PO_4^-$ 减至占 14%。

一般认为 $H_2PO_4^-$ 对植物的有效性比 HPO_4^{2-} 高。土壤反应偏酸、偏碱，磷的固定量均增高，只有把土壤 pH 保持在 6～7 时，磷的有效性最大。所以酸性土壤适当施用石灰，调节土壤酸碱度至近中性，有利于提高土壤供磷能力。

3. 土壤有机质的影响　　土壤有机质含量丰富的，其固磷作用较低，供磷能力较强。因为一方面有机胶体可以在矿质颗粒表面形成一层胶膜，防止了矿质成分对磷的固定；另一方面有机胶体还可以络合土壤溶液中的 Fe^{3+}、Al^{3+}、Ca^{2+} 和 Mg^{2+}，从而减少它们对磷的化学固定。因此，施用有机肥是减少有效磷的固定、提高土壤供磷能力的有效措施。

4. 土壤氧化还原状况　　土壤淹水种稻可以显著增加土壤有效磷的数量，提高土壤供磷能力。其原因是：第一，淹水使酸性土壤 pH 升高，促进磷酸沉淀的水解。碱性土淹水后 pH 降低，能增加磷酸钙的溶解度。第二，土壤 Eh 降低，使溶解度低的磷酸高铁还原成溶解度高的磷酸低铁，从而使磷酸成为有效态。

第四节　土壤钾素

一、土壤钾素的含量和形态

（一）土壤钾素含量

我国耕地全钾（元素钾）量一般为 5～25g/kg（0.5%～2.5%），平均为 10g/kg，石灰性土壤可高达 30g/kg 以上，而红壤、砖红壤则可低至 2g/kg。我国土壤全钾量自南向北、自东向西增加。

土壤含钾量除受耕作施肥等措施影响外，还受成土母质风化和成土条件的影响很大。东北黑土和内蒙古栗钙土含钾量最高，华北和西北地区黄土母质发育的土壤含钾量为 1.5%～2.5%（15～25g/kg）；华南由花岗岩、玄武岩发育的红壤含钾量最低，为 0.05%～0.49%（0.5～4.9g/kg）。

（二）土壤钾素形态

土壤中的钾大部分为无机态，可以分为四种形态。

1. 矿物态钾　　矿物态钾指存于含钾矿物晶格内的钾。土壤中含钾矿物主要有钾长石（含钾 7.5%～12.5%）、微斜长石（含钾 7.5%～12.4%）、白云母（含钾 6.5%～9.8%）、黑云母（含钾 5.0%～8.7%）等。

土壤全钾含量的绝大部分（90%～98%）为矿物态钾，它们只有经过风化之后，释放出来才能被植物吸收利用。由于不同矿物抗风化能力的差别较大，它们在供应植物钾素营养中的作用也不相同。钾长石、微斜长石和白云母抗风化能力强，它们所含的钾难以被植物利用。黑云母抗风化能力弱，其所含钾较易风化释放，在供应植物钾素中有重要意义。

2. 固定态钾　　固定态（非交换态或缓效态）钾指进入黏粒矿物晶格内丧失了交换性的钾，但固定态钾仍可缓慢释放补充交换态钾。占全钾的 1%～10%。

3. 交换态钾　　交换态钾为胶体表面负电荷所吸附的钾离子，它可以通过解离或交换释放出供植物利用。占全钾的 0.15%～0.5%。

4. 水溶态钾　　水溶态钾是指以离子存于土壤溶液中，最易于被植物利用的钾。一般含量很低，只占全钾的 0.05%～0.15%。

以上各种形态的钾按其对植物的有效性可归纳为三类。

（1）矿物态钾　　主要是难风化矿物晶格内的钾。一般占土壤全钾的 90% 以上。

（2）缓效性钾　　包括固定态钾及易风化矿物态钾（如黑云母）。它们都可在 1mol/L 的 HNO_3 消煮后释放出来。一般占土壤全钾的百分之几。

（3）速效性钾　　包括交换态钾和水溶态钾。占土壤全钾的千分之几到百分之几。

二、土壤钾素的转化与土壤供钾能力

作物吸收的钾主要是水溶态和交换态钾，但随着交换态钾被吸收，非交换态钾（缓效性钾）即释放出钾，补充交换态钾。这种释放过程随着交换态钾下降幅度增大而加强。所以，土壤供钾能力不仅取决于速效性钾的含量，还取决于土壤缓效性钾的含量。

矿物态钾由于抗风化能力强，释放钾很慢，在近期供应作物钾素营养中作用不大，但是在长期风化过程中可以逐步转化为更易被作物利用的形态。

另外，交换态钾也可能进入黏土矿物层间被固定，转化为非交换态钾，它们的关系可用下式表示：

$$矿物态钾 \underset{极慢}{\longleftrightarrow} 缓效性钾 \underset{快}{\longleftrightarrow} 交换态钾 \underset{更快}{\longleftrightarrow} 水溶态钾$$

交换态钾被固定的数量取决于黏粒矿物的类型、土壤水分条件、酸碱度等多种因素。例如，2：1型黏粒矿物固钾量就比1：1型矿物要高得多，酸性土固钾量多数高于碱性土。

第五节　土壤中钙、镁和硫

一、土壤中的钙和镁

土壤中的钙和镁主要来自含钙、镁的矿物，如钙长石、方解石、白云石等矿物。在我国南方由于风化作用强烈，矿物分解比较彻底，钙、镁大量流失，除石灰土外，一般含量比较少，为0.5%～2%。土壤中钙、镁的存在形态基本上是无机态，包括难溶矿物（如长石、角闪石、辉石等）、较易溶矿物（如方解石、石膏）、交换态、水溶态等形态。矿物风化释放出来的钙离子、镁离子，除了淋失的以外，大部分被胶体吸附，成为交换性阳离子，通过离子交换作用可以被植物吸收利用。我国南方雨水多，淋溶强烈，阳离子交换量低的酸性土壤可能产生缺钙和镁的问题，宜施用石灰或含钙、镁肥料补充。

二、土壤中的硫

土壤中硫的含量和磷的含量相似。大多数矿质土壤含硫（S）量一般为0.1～0.5g/kg，随土壤有机质含量的增加而增加，含有机质多的土壤可超过5g/kg。土壤中全硫的含量主要受成土条件、黏土矿物和有机质含量的影响。

土壤硫的形态分为有机态和无机态两类。有机态硫主要是含硫蛋白质；无机态硫有封闭在矿物中的硫、交换态SO_4^{2-}和游离态SO_4^{2-}及硫化物。在排水良好的旱地土壤中，除原生矿物外，基本上不含硫化物。在强还原土壤中则可能产生硫化物（H_2S），对作物产生毒害。

含硫有机化合物，也如同含氮有机化合物一样可以矿化释放出有效硫供作物利用。但如果有机化合物的C/S过大（300～400及以上），则在其分解过程中，不仅不会释放有效硫，还会产生SO_4^{2-}的生物固定。

土壤中如果含有硫化物或单质硫，在具有一定通气度的条件下，就会发生氧化，其结果会产生硫酸，导致土壤酸化。例如，江苏、浙江太湖在湖荡排水围垦时，福建、广东沿海盐碱土开垦的水田在干旱季节时，都会出现强酸性反应，就是由于其中硫化物氧化的结果。

第六节　土壤微量元素

一、土壤微量元素的含量和形态

微量元素是指植物需要量甚微的元素。土壤中，铁（Fe）、锰（Mn）、铜（Cu）、锌（Zn）、硼（B）、钼（Mo）、氯（Cl）等元素中铁的含量最高，而以钼含量最低。土壤中铁的含量大于 14g/kg，其他微量元素间的差异较大。例如，中国土壤硼含量为 0.5～500mg/kg，铜含量为 3～300mg/kg，锰含量为 42～5500mg/kg，钼含量为 0.1～6mg/kg，锌含量为 3～790mg/kg。

土壤中微量元素的形态主要是无机态，有矿物态、交换态和水溶态三种形态。土壤有机成分中所含的微量元素，大多以络合或吸附状态存在。当这些有机物分解时，它们很容易释放出来供作物利用。

二、土壤中微量元素的转化与供给微量元素的能力

土壤中的微量元素能供植物吸收利用的主要是水溶态和交换态等有效形态。矿物态的一般都很难溶解，难以发挥作用，但在条件合适时，也可以向有效态转化。所以土壤供给微量元素的能力主要取决于土壤有效态微量元素的含量和转化条件。

土壤中微量元素的有效性主要受土壤反应、氧化还原状况、有机质含量等因素的影响，在土壤 pH 变幅范围内，铁、锰、铜、锌等的阳离子微量元素和元素硼的阴离子的溶解度都随 pH 下降而增大，有效性也随之提高。例如，pH 每增加 1 单位，Fe^{3+} 的浓度就要降低 99.9%。而钼则相反，因为其在酸性条件下可与土壤溶液中 Fe^{3+} 和 Al^{3+} 反应而被固定。微量元素中的铁、锰、铜等都有氧化态和还原态之分。在相同 pH 下，还原态溶解度较氧化态大得多，所以在还原条件下它们的有效性高得多，在强还原条件下有时甚至会达到毒害作用的浓度。阳离子微量元素仍可被植物吸收利用，但复杂的络合物则不能直接被植物利用，必须经过分解才能释放出微量元素。有些泥炭土发生缺铜、缺锌，就可能是由于这两种元素全形成复杂的络合物。此外，微量元素还可能和土壤中其他化合物（如磷酸盐）发生反应而沉淀，或者为黏粒矿物所固定。有相当部分土壤缺乏微量元素就是因为土壤条件不良，使微量元素的可供给性降低。由此可见，创造适宜的土壤条件，对提高土壤供应微量元素的能力有重要作用。

第七节　土壤养分状况的调节途径

在农业生产中，调节土壤养分状况以满足作物在不同生长发育阶段对养分的需要，是获取优质丰产农作物的重要环节。调节土壤养分状况包括以下几方面。

一、培肥土壤，增强土壤自调能力

实践表明，土壤肥力越高，土壤自身协调作物营养供需能力就越强。我国农民群众提出的"肥肥土、土肥苗"的施肥原则就是强调着重解决提高地力、增强土壤自我调节能力的问题，提高肥力的一条重要措施就是增施有机肥料，提高土壤有机质的含量。土壤有机质不但自身含有各种养分，而且能够对提高土壤保肥性、增强土壤供肥性做出重要贡献。这就为根据作

物需求调控土壤养分提供了物质基础。

二、根据作物需要，实行合理施肥

根据作物需要实行合理施肥，是调节作物和土壤养分供需的最主要技术措施。要达到科学合理施肥，必须实行"看天、看地、看禾苗"的三看施肥，即根据当地气候条件、土壤养分供应能力和作物生长情况决定施肥的种类、数量和时间。

三、调节土壤营养的环境条件，提高土壤供肥力

综上所述，土壤供肥力不仅取决于土壤养分含量，还取决于水、热条件及土壤反应、氧化还原状况等多种因素。因此，通过调控这些因素，也可达到调控土壤养分的目的。我国农民群众采用的"以水调肥""以温调肥"、施用石灰等都是调节土壤养分的重要措施。

第五章 土壤形成与分类

第一节 土壤的形成过程

一、土壤形成的基本规律

土壤形成的基本规律是物质的地质大循环和营养元素的生物小循环的矛盾与统一，也是土壤形成过程的实质。

（一）地质大循环

岩石矿物经风化作用所释放的可溶性养料和黏粒等风化产物，受大气降水的淋洗，或渗入地下水，或受地表径流的搬运作用，最后汇入海洋，成为各种海洋沉积物。这些沉积物在地壳内营力的长期作用下形成沉积岩。受地壳上升运动的影响，这些沉积岩露出海面再次进行风化，成为新的风化壳——母质。这种从岩石到风化产物再到岩石的长期循环过程，称为物质的地质大循环。物质的地质大循环是一个地质学过程，它的特点是经历的时间长、所涉及的范围极广、植物营养元素有被向下淋失的趋势。在生物未出现之前，地球表面的物质循环可认为一直就是这样进行的。

（二）生物小循环

物质的生物小循环是有机物质的合成与分解的对立统一过程。它从地球上出现生物有机体时起，就存在于自然界。生物在地质大循环的基础上，得到岩石风化产物中的养分，以构成生物有机体。生物死亡后，经微生物的分解又重新释放出养分，再供下一代生物吸收利用。即由风化释放出的无机养分转变为生物有机体，再转变为无机养分的循环。

岩石矿物风化形成了疏松多孔的成土母质，为植物生长提供了基础。最初生长在母质上的是对肥力要求不高的低等生物。例如，类似化能自养型细菌的微生物，它们以大气中的 CO_2 为碳素营养来源，从母质中吸取数量不多的磷、钾、钙、镁、硫等元素，从氧化母质的无机物中取得合成有机质的能量进行生长繁殖，经过漫长岁月的富集，使母质上积累了有机质和养分元素，特别是固氮菌的发育，使土壤中氮素进一步积累，肥力水平不断提高，生物群落也相应地交替和发展。随后出现的是地衣、苔藓，直到高等绿色植物出现，大大促进了土壤的形成，它们能利用太阳能把二氧化碳和水合成有机质，使土壤有机质不断积累和丰富；而且植物具有强大的根系（特别是木本植物），能吸收深层分散的养分，并以凋落物或枯死的有机残体形式积累在土壤表层，在微生物作用下，一部分进行分解，将保留于有机物中的化学能和养分转化为热能和矿质养分，供植物生长繁衍再利用，另一部分有机质转化为腐殖质，腐殖质比较稳定，使土壤保留了植物所需的营养元素。可见，生物小循环过程不仅控制了自然界养分物质无限制的淋失，同时也使自然界有限的营养元素得到无限的利用，丰富了自然界物质与能量的转移、聚积和转化的内容，从根本上改变了母质的面貌，使母质转化成土壤，并促进土壤从简单至复杂、由低级到高级不停地运动和向前发展。生物小循环过程是一个生物学过程，其特点是时间短、范围小、植物营养元素有向上富集的趋势。

（三）地质大循环和生物小循环的关系

生物小循环与地质大循环是相互矛盾的，然而二者又是相互关联、相互统一的。从植物营养元素的运动方向来看，地质大循环是营养元素淋失的过程，生物小循环是营养元素向上富集的过程，所以是相互矛盾的。生物小循环以地质大循环为前提条件，没有地质大循环，岩石中营养元素不能释放，生物无法生活，生物小循环不能进行。没有生物小循环，地质大循环仍可以进行，但是地质大循环释放的营养元素和有机质不会积累，土壤肥力不会发展。所以，从土壤形成的角度来看，生物小循环是必备条件。土壤的形成、土壤肥力的产生和发展，必须要求两个循环同时存在，在人类合理地利用土地、改造土壤的条件下，如增施有机肥、种植绿肥、合理耕作，以及兴修水利、平整土地、修筑梯田、植树造林等，均为有意识地调节和促进生物小循环中的生物积累作用，控制地质大循环的地质淋溶作用，建立良好的土壤生态系统，有力地促进植物和土壤间的物质交换，使土壤肥力不断提高。

二、土壤主要发生过程

土壤的发生过程是指土壤母质在各种成土因素的综合作用下，形成的具有一定剖面形态和肥力特征的土壤的过程，也称为土壤形成过程。不同土壤，其成土过程是不同的。土壤的基本成土过程如下。

（一）原始成土过程

原始成土过程是成土过程的起始阶段，是从岩生微生物着生开始到高等植物定居之前形成土壤的过程。在裸露的岩石表面开始着生藻类微生物，为之后的地衣繁殖创造了条件，地衣对原生矿物发生强烈的破坏作用，产生了适宜苔藓生长的细土层，苔藓代替地衣，使细土和有机质不断增多，这就为绿色高等植物准备了肥沃的基质。原始土壤形成过程多发生在高山区。

原始土壤的基本特点是土层浅薄、母质特征明显、发育微弱、有机质积累量少、土壤特性分异较差、无明显的腐殖质层。初育土和岩性土多属于此类。

（二）腐殖质积累过程

腐殖质积累过程是指在各种植物和微生物作用下，在土体中特别是土体表层进行的腐殖质的积累过程，其广泛存在于各种土壤中。由于植被类型、覆盖度及有机质的分解情况不同，腐殖质积累的特点也各不相同。

我国土壤有机质积累过程可以细分为 6 种类型。

1. **荒漠植被下土壤腐殖质积累过程**　漠境地区气候极端干旱，植被属半灌木和灌木荒漠类型，成分简单，覆盖稀疏，地上部分生物量低。为数不多的植物残体在土壤表层矿化较快，土壤表层有机质含量大部分在 10.0g/kg 以下，甚至低于 3.0g/kg，硝态氮占水解氮的 80%以上，胡敏酸与富里酸之比小于 0.5（棕漠土）。

2. **草原植被下土壤腐殖质积累过程**　草原土壤上生长的植被主要是旱生草本植物，其生物积累量因植被类型而异。草原植物地下根系相当发达，其生物量可超过地上部分 5~20 倍。根系主要集中于 50cm 以上土层，在 20~30cm 及以上土层中更为集中。土壤有机质集中在 20~30cm 及以上，含量为 10.0~30.0g/kg，胡敏酸与富里酸之比小于 1.0（棕钙土、灰钙土）或大于 1.0（栗钙土）。

3. **草甸植被下土壤腐殖质积累过程**　草甸草本植物根系分布致密，干物质量较大，根系分布深，有利于土壤腐殖质积累。在我国东北地区的三江平原和松嫩平原，夏季高温多雨，适合草甸植物生长，而冬季寒冷漫长，植物残体分解缓慢，有利于腐殖质积累。土壤表层有机质含量达 30.0～80.0g/kg 或更高，腐殖质组成以胡敏酸为主，富里酸含量较少。

4. 森林植被下土壤腐殖质积累过程　　森林地表有特有的枯枝落叶层，有机质积累明显。在我国从北到南热量逐渐增加，森林凋落物也随之增加，凋落物的矿化分解速度加快，土壤有机质的积累与分解保持一个动态平衡，但因森林的凋落物多堆积在地表，形成的腐殖质层也较薄，如滇南热带雨林下有机质含量一般保持在 37.0～39.0g/kg。

5. 草毡状腐殖质积累过程　　这是高寒而有冻层条件下有机质聚积的一种方式，也是高山、亚高山土壤形成的特点之一。在土壤剖面上部多以草本植物根系原形积累起来，形成毡状草皮层。土壤有机质含量可达 100g/kg 以上，有机质腐殖化作用微弱，粗有机质草根盘结，呈草毡状。

6. 泥炭积累过程　　在沼泽、河湖岸边的低湿地段，地下水位高，在地面长期积水，喜湿的草甸和喜水的沼泽植物茂盛生长，枯死后的残落物不易被分解，有机物日积月累堆积形成分解很差的纤维、木质的泥炭。由于泥炭的不断积累，形成一个厚度不定的黑色泥炭层，当其厚度≥40cm 时，就可形成有机土。黑土、黑钙土、暗色草甸土等多属于此类。

（三）黏化过程

黏化过程是指土壤剖面中黏粒形成和积累的过程。一般分为残积黏化和淀积黏化两种形式。

残积黏化是土内风化作用所形成的黏土产物，由于缺乏稳定的下降水流，没有向较深土层移动而就地积累，形成一个明显黏土化或铁质化的土层。其特点是土壤颗粒只表现由粗变细；除 CaO 和 Na_2O 稍有移动外，其他元素皆有不同程度的积累；黏化层有纤维状光性定向黏粒出现；黏化层厚度随土壤湿度的提高而增加，多发生在漠境和半漠境土壤中，如钙积黏化。

淀积黏化是风化和成土作用所形成的黏土产物，自土层上部向下淋溶和淀积，形成淀积黏化土层；该层铁、铝氧化物明显增加，但胶体组成无明显变化，仍处于脱盐基阶段。多发生在暖温带和北亚热带湿润地区的土壤中，如淋溶、半淋溶土纲中的黄棕壤、棕壤、棕色针叶林土、褐土等属于此类。

（四）脱硅富铝化过程

脱硅富铝化过程是指土体脱硅而铁铝相对富集的过程。该过程发生在热带、亚热带高温多雨并有一定干湿季节的条件下，由于硅酸盐发生强烈水解作用，释放出盐基物质，使风化液呈中性或碱性，在此条件下盐基离子和硅酸大量流失，而铁、铝氧化物淋溶较弱，滞留于原来的土壤中，造成铁、铝氧化物在土体中残留或富集，而使土体呈红色，甚至形成铁磐层。温度越高、湿度越大，土壤脱硅富铝化作用越强，我国的砖红壤、赤红壤、红壤、黄壤脱硅富铝化成土过程是由强到弱的。

（五）盐化成土过程

盐化成土过程是在干旱、半干旱的气候条件下，地下水中的盐分通过毛管蒸发而在表土层积累的过程。另外在滨海地区，受海水的浸淹和顶托作用，也能发生盐化成土过程，所以盐土主要分布在内陆干旱地区和沿海地区。土壤中氯化物含量在 0.1%～0.6%，硫酸盐含量在 0.2%～2% 时，对作物生长产生危害，形成盐化土壤。氯化物含量大于 0.6%、硫酸盐含量大于 2% 时，作物难以生长，形成盐土。

盐土通过灌水冲洗，结合挖沟排水，降低地下水位等措施，可使其所含可溶性盐逐渐下降，这个过程称为脱盐过程。脱盐过程在地下水位下降、气候变湿润条件下，也可以发生。

（六）碱化过程

碱化过程是指土壤胶体交换性钠离子在土壤胶体上积累，使土壤呈碱性、强碱性反应，并引起土壤胶体分散、物理性质恶化的过程。交换性钠离子饱和度在 5%～15% 时形成碱化土壤，大于 15% 时形成碱土。

土壤碱化成土过程由土壤中的碳酸钠引起，Na^+ 与胶体吸附的 Ca^{2+}、Mg^{2+} 交换，代换下来的 Ca^{2+}、Mg^{2+} 与 CO_3^{2-} 产生 $CaCO_3$、$MgCO_3$ 沉淀，从而使这种交换不断进行，在中性钠盐存在并有良好淋溶条件下，Na^+ 代换下来的 Ca^{2+}、Mg^{2+} 被淋失，也可以发生碱化成土过程。

在碱土土体中部，形成柱状不透水碱化层，使表层土壤形成滞水，在强碱性条件下，土壤黏粒铝硅酸盐矿物发生局部破坏，形成含有 SiO_2、Al_2O_3、Fe_2O_3、MnO_2 碱性溶胶，这些碱性溶胶及腐殖酸钠一起向下淋移，表层质地变轻。钠离子饱和度降低，这一成土过程称为脱碱化成土过程，另外人工施用石膏、黑矾（$FeSO_4$）、煤渣等中性钙盐和酸性物质，结合灌水，通过交换淋溶过程也可以降低钠离子饱和度，改良碱土。

（七）灰化成土过程

灰化成土过程是指在土体上部，特别是在亚表层中二氧化硅的相对富集的过程。该过程发生在寒湿气候和郁闭的针叶林植被下，针叶林枯枝落叶分解产生较强酸性物质，在酸性条件下盐基物质溶解度大，这些盐基物质包括铁有色元素与腐殖酸，一起随水分下渗，被淋溶至下层，使亚表层呈现灰白色、酸性、含大量 SiO_2、矿质养分缺乏的特征，而形成灰化层，灰化层下形成紧实的淀积层。灰化成土过程最终形成灰化土。

（八）白浆化过程

白浆化过程是指在季节性还原淋溶条件下，黏粒与铁、锰淋溶淀积的过程。它的实质是潴育淋溶。在季节性还原条件下，土壤表层的铁、锰与黏粒随水流失或向下移动，在腐殖质层（或耕层）下，形成粉砂量高，而铁、锰贫乏的白色淋溶层。在剖面中、下部则形成铁、锰和黏粒富集的淀积层。因其溢出的土壤地下水中含有一定量似白浆状的乳白色悬浮物而得名。这类土壤的特点是土体全量化学组成在剖面中分异明显，而黏粒的化学组成较为均一。它的形成与地形条件有关，多发生在白浆土和水稻土类的白土层中。

（九）潜育化过程

潜育化过程是土壤长期渍水，有机质厌氧分解，而使土壤中的铁、锰强烈还原，形成蓝灰色或青灰色土体的过程。潜育化过程要求土壤有渍水（包括常年或季节性渍水）、有机物质处于厌氧分解状态两个条件。在渍水环境和有机物还原影响下，土壤矿质物中的铁、锰处于还原低价状态，可产生磷铁矿、菱铁矿等次生矿物，从而使土体染成蓝灰色或青灰色。潜育化过程可出现于沼泽化土壤、质地黏重的草甸白浆土和部分排水不良的水稻土中。

（十）潴育化过程

潴育化过程即氧化还原过程，潴育化实质上是土壤干湿交替所引起的氧化与还原交替的过程。这个过程主要发生在土体中地下水位的季节性升降层段。在雨季地下水位上升期，土壤水分饱和，铁、锰发生还原、溶解、移动；在旱季水位下降期，铁、锰又氧化沉淀，在结构面、孔隙壁上形成锈色斑纹、黑色铁锰斑或结核、红色胶膜或"鳝血斑"等新生体。这样形成的铁锰斑纹层，称为潴育层或氧化还原层。潴育化是草甸土、潮土等的重要成土过程，它与潜育化都主要是由地下水作用而引起的，但后者发生在土壤的稳定地下水层，一般无干湿交替和氧化还原交替存在。

（十一）泥炭化过程

泥炭化过程是指在地下水位很高甚至露出地表，或地形低洼有积水的沼泽地段，沼生植物的残遗体因厌氧环境不能得到充分的分解，而以不同分解程度的粗有机质积累于土壤上层，形成一层粗腐殖质或泥炭层，此过程称为泥炭化过程。

（十二）熟化过程

土壤熟化过程是在耕作条件下，通过耕作、培肥与改良，促进水、热、气、肥因素不断协调，使土壤向有利于作物高产方向转化的过程。通常把种植旱作条件下定向培肥土壤的过程称为旱耕熟化过程，而把淹水耕作在氧化还原交替条件下培肥土壤的过程称为水耕熟化过程。

总之，通过人工熟化作用，肥力不断发展，由生土变成熟土，熟土变成肥土，低产田变成高产田。所以，随着熟化时间的延长，土壤理化性状和熟化度不断改善和提高。

三、土壤的形态特征

土壤在各种自然因素和人为因素的影响下，随着成土过程的发生和发展，土体中发生了深刻的变化，产生物质的移动和沉积，使土壤上下土层在形态上或成分上发生显著的差异，使土体分化成不同的层次，这种层次称为土壤发生层，各发生层次的组合，称为土体构型或土壤剖面构型。

（一）土壤剖面

所谓土壤剖面，是指从地面向下挖掘而裸露出来的垂直切面，它是土壤外界条件影响内部性质变化的外在表现。不同的土壤形成条件，影响到土体内部物质运动的特点不同，也就带来了剖面形态的不同。因此，通过土壤剖面的研究，可以了解成土因素对土壤形成过程的影响，以及土壤内部的物质运动、肥力特点等内部性状。所以，研究土壤剖面是研究土壤性质、区别土壤类型的重要方法之一。

（二）土壤发生层

不同的土壤，其剖面形态不同。土壤剖面层次形态，在不同外在条件影响下，表现不同的形态，各种剖面构型都能反映一定的土体内部性状与外界环境的关系，并能指示土壤肥力的特征及发展趋势。

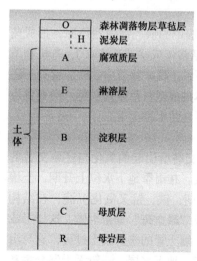

图 5-1　自然土壤剖面发生层
完整模式图

1. 自然土壤剖面　自然土壤一般划分为覆盖层、腐殖质层、淋溶层、淀积层、母质层和基岩层（母岩层）6 个主要层次（图 5-1）。

（1）覆盖层　国际代号为 O。这一层为枯枝落叶所组成，在森林土壤中常见。厚度大的枯枝落叶层可再分为 2 个亚层：上部为基本未分解的，保持原形的枯枝落叶；下部为已腐烂分解、难以分辨原形的有机残体。覆盖层不属于土体本身，但对土壤腐殖质的形成、积累及剖面的分化有重要作用。

（2）腐殖质层　国际代号为 A。自然界中无覆盖层的土壤，这一层就是表土层。植物根系、微生物最集中，有机质积累较多，故颜色深暗；腐殖质与矿质土粒密切结合，多具有良好的团粒结构，土体疏松，养分含量较高，是肥力性状最好的土层。

（3）淋溶层　国际代号为 E。这一层由于受到强烈的淋溶，不但易溶盐类淋失，而且难溶物质，如铁、铝及黏粒也向下淋溶，使该层残留的是最难移动的石英，故颜色较浅，常为灰白色，质地较轻，养分贫乏，肥力性状最差。不同地带性土壤淋溶作用强弱不同。这一层森林土壤较明显，草原土壤和漠境土壤则无。

（4）淀积层　　国际代号为 B。这一层位于 A 层之下，常淀积着由上层淋溶下来的黏粒和氧化铁、氧化锰等物质，故质地较黏，颜色一般为棕色，较紧实，常具有大块状或柱状结构。

（5）母质层　　国际代号为 C。这一层为岩石风化的残积物或各种再沉积的物质，未受成土作用的影响。

（6）基岩层（母岩层）　　国际代号为 R。这一层是半风化或未风化的基岩。

上述各发生层中，A、B、C 层是土壤的基本发生层。由于自然条件和发育时间、程度的不同，土壤剖面可能不具有以上所有的土层，其组合情况也可能各不相同。例如，发育时间很短的土壤，剖面中只有 A-C 型，或 A-AC-C 型；坡麓地带的埋藏剖面可能出现 A-B-A-B-C 型构造；受侵蚀的地区，表土冲失，产生 B-C 型的剖面；只有发育时间很长，而又未受干扰的土壤才有可能出现完整的 O-A-B-C 型的剖面。

2. 农业土壤剖面　　农业土壤剖面是在不同的自然土壤剖面上发育而来的，因此也是比较复杂的。在农业土壤中，旱地和水田由于长期利用方式、耕作、灌排措施和水分状况的不同，明显地反映出不同的层次构造（图 5-2）。

（1）农业旱地土壤的层次构造

1）耕作层：也称旱耕层，代号为 A。厚度一般为 20cm 左右，是受耕作、施肥、灌溉等生产活动和地表生物、气候条件影响最强烈的土层。作物根

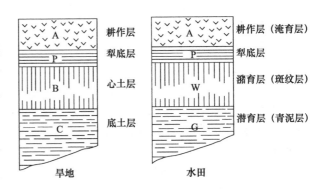

图 5-2　农业土壤剖面构造图

系分布最多，含有机质较多，颜色较深，一般为灰棕色至暗棕色。疏松多孔，物理性质好。有机质多的耕作层常有团粒或粒状结构；有机质少的耕作层往往是碎屑或碎块状结构。耕作层的厚薄和肥力状况，常反映人类生产活动熟化土壤的程度。

2）犁底层：也称亚耕层，代号为 P。位于耕作层以下，厚度约为 10cm。由于长期受耕犁的压实，以及耕作层中的黏粒被降水和灌溉水携带至此层淀积的影响，因此土层紧实，一般较耕作层黏重，结构呈片状。此层有保水保肥作用，对水稻生长有利。但会妨碍作物根系伸展和土壤的通透性，影响作物生长发育，旱地需逐年加深耕作层，加以破除。

3）心土层：代号为 B。位于犁底层或耕作层之下，厚度为 20~30cm。此层受上部土体压力而较紧密，受气候和地表植物生长的影响较弱，土壤温度和湿度的变化较小，通气透水性较差，微生物活动微弱，物质的转化和移动都比较缓慢，植物根系有少量分布。有机质含量极少，颜色较耕作层浅，如土质黏则呈核状或棱柱状结构，土体较紧实。耕作层中的易溶性化合物会随水下溶至此层中，起保水保肥作用，对作物生长发育后期的供肥起着重要的作用。

4）底土层：代号为 C。位于心土层以下，一般在土表 50cm 以下的深度。受气候、作物和耕作措施的影响很小，受灌溉、排水的水流影响仍然很大，一般把这一层称为母质层。底土层的性状对于整个土体水分的保蓄、渗漏、供应、通气状况、物质转运、土温变化，都仍有一定程度的影响，有时甚至还很深刻。

（2）水田土壤的层次构造　　水田土壤由于长期种植水稻，受水浸渍，并经历频繁的水旱交替、水耕水耙和旱耕旱耙交替，形成了不同于旱地的剖面形态和层次构造。一般水田土壤

可划分为以下几个层次。

1）耕作层：或称淹育层，代号为 A。厚度一般为 12～18cm。属于淹水与脱水（烤田、旱作排水）的水旱频繁交替下形成的发生层段。在淹水季节，水下耕翻，土粒分散，均处于还原状态，泥烂而不成型，表层为悬浮状浮泥。排水落干后，通气改善，表面由较分散的土粒组成，其下絮凝成微团聚体状态，多根系和根锈，在大孔隙和孔隙壁上附有铁锰斑纹或红色胶膜（鳝血斑），是游离铁与新生态有机质络合物。

2）犁底层：代号为 P。一般厚度小于 10cm。是长期受耕作机械、人畜行走压实、静水压及黏粒淀积的影响而密实化的层段。据全国第二次土壤普查 50 个主要剖面统计，犁底层与耕作层的容重比值为 1.2～1.3，略呈片状结构，结构面上有铁锰斑纹。部分剖面的犁底层具有潜育斑块。此层的发育厚度和密实度直接与其上层段的物质渗透有关。此层的重要意义在于它可以防止水分渗漏过快，使耕作层维持一定厚度的灌溉水层，又有利于水稻根系发育和养分释放，并防止养分及还原性铁、锰的强烈淋溶。

3）渗育层：或称初育潴育层。位于犁底层之下，受灌溉水下渗或淋洗影响而形成的土层。这一层既承受耕层下淋物质淀积，也淋失部分物质。它分为两种情况：一种情况是耕作历史短，其剖面受水分影响较弱，淋溶淀积现象不明显，锈纹、锈斑的氧化淀积很少。这种渗育层随着水稻土利用年代的增长和发育程度的加强，可因铁、锰的逐渐沉积而过渡至淀积层，于是便失去或仅见残余渗育特征。另一种情况是在强烈淋溶条件下，铁、锰还原活化而淋溶，成为灰白色土层，即所谓"白土层""漂白层"等。它所含黏粒、有机质、氮、磷数量都很少，肥力很低。

4）潴育层：或称斑纹层，代号为 W。土体内水分在这一层中的运动方式，既有降水和灌溉水自上而下的渗淋作用，又受周期性地下水升降的双重影响，大量还原态铁、锰氧化物被氧化淀积。其特征是铁、锰新生体呈斑点状或斑纹状，较为密集，叠加淀积，呈小棱块与棱柱状结构，一般在黄棕色土体的结构面上显现灰色胶膜。

5）潜育层：或称青泥层，代号为 G。该层受地下水或层间积水影响，长期浸水，处于还原状况，为厌氧条件下发育的土层。其矿物质部分的铁、锰氧化物被还原使土壤呈蓝灰色或青灰色。土粒分散，结持力很低，土体糊烂，亚铁反应十分显著。

6）漂洗层：或称漂白层，代号为 E。在种植水稻的土壤中，由于底层具有较紧实的黏粒层或铁磐层等不透水层，当上层的水分下渗至此层时，便发生侧向移动，还原性物质侧向移动淋失的结果形成漂洗层。漂洗层的特点是色泽浅淡发白，界面清晰，淀板，质地较轻，养分含量低，具有少量铁、锰新生体。

7）母质层：代号为 C。受地下水影响的水稻土，其下层或发育为潜育层，或为铁锰淀积层，不能见到母质层的构造。只有在地下水位低或发育程度弱的土壤剖面才能见到母质层。

由于水稻土所处的地形条件和水分状况的不同，土壤剖面构型各不相同。例如，地形较高、受地下水影响较弱的淹育型水稻土，土体构型可能为 A-A$_p$-C 型；地势较低、受地下水影响较强的潜育型水稻土，土体构型为 A-A$_p$-G 型或 A-G 型。

第二节　世界土壤分类

土壤分类就是依据土壤性状的质与量的差异，系统地划分土壤类型及其相应的分类级别，从而拟定土壤分类系统。土壤分类不仅是在不同的概括水平上认识和区分土壤的线索，也是进行土壤调查、土地评价、土地利用规划和交流有关土壤科学与农业生产实践研究成果，以及转移地方性土壤生产经营管理经验的依据。

一、土壤分类的目的和意义

土壤分类，就是根据土壤的发生发展规律和自然性状，按照一定的分类标准，把自然界的土壤划分为不同的类别。

（一）土壤分类的目的

土壤分类就是根据土壤自身的发生发展规律，系统地认识土壤，通过比较土壤之间的相似性和差异性，对客观存在的土壤进行区分和归类，系统地编排它们的分类位置，从而能看出各土壤类型之间的相互区别与联系，同时对所划分的土壤类型分别给予适当的名称。

（二）土壤分类的意义

土壤分类是土壤科学水平的反映，是认识和管理土壤的工具，也是进行土壤调查、土地评价、土地利用规划和制定农业区划的基础，是因地制宜推广农业技术的依据，也是国内外土壤科学学术交流的媒介。

二、世界土壤分类概况

由于自然条件和知识背景的不同，迄今为止没有世界统一的土壤分类系统，各个国家的土壤分类系统也不尽相同。

古代的土壤分类是从形态着眼的，古希腊、古罗马的土壤分类如此，中国春秋战国时代的土壤分类也是如此。古代土壤分类的另一特点是高度实用性，还往往把土壤与某外在环境条件联系起来。至18世纪中叶，出现了按成因对土壤进行分类的方法。这些分类多根据某一成因将土壤在一个分类等级上划分为若干类型，而并非多分类等级的发生分类。19世纪末，俄国土壤学家道库恰耶夫创立了成土因素学说，并根据这一观点提出了土壤发生分类系统。道库恰耶夫创立的土壤发生分类思想和方法在国际上产生了广泛而深远的影响，20世纪以来的各国土壤分类无一不受其影响。1960年初，美国提出了以诊断层和诊断特性为基础的诊断定量分类系统，是土壤分类历史上的一次革命。中国于20世纪80年代开始了我国的土壤系统分类研究，并制定了中国土壤系统分类体系，出版了土壤发生与分类等专著，在国内外产生了很大的影响。

三、土壤发生学分类

土壤发生学分类以苏联的土壤发生学分类为代表。土壤发生学分类的理论基础是道库恰耶夫的成土因素学说。道库恰耶夫认为，土壤是一个独立的历史自然体，它不是孤立存在的，而是与自然地理条件及其历史的发展紧密联系着的。成土因素的发展和变化制约着土壤的形成与演化，土壤是随着成土因素的变化而变化的。由于成土因素，特别是气候和植被，具有地理分布的规律性，因此土壤的分布也表现出地理分布的规律性。基于这一思想，土壤划分是以土壤形成和演化的地理环境作为主要依据之一，这就形成了地理发生学分类。伊万诺娃继承和发展了地理发生学分类，在1976年出版了《苏联土壤分类》一书，该书中所拟的分类系统代表了苏联地理发生学派的思想，并逐步成为全苏联统一的土壤分类系统。随后许多学者虽然基本接受了道库恰耶夫的上述见解，但感到其中有不完善的地方，他们做了不同程度的发展和补充，因为侧重点不同，又派生出许多不同的发生学分类体系。

土壤发生学分类是在承认土壤成土条件、成土过程、土壤属性三者相互联系、相互统一的前提下进行土壤分类的。由于缺乏严格的定量分类标准，该分类系统在进行土壤分类时常以土壤的中心概念和土壤成土条件作为分类依据，因此它是一个定性分类。下面以苏联土壤分类为例来阐明土壤发生学分类制的观点和分类方法。

（一）土壤发生学分类的原则

1. 发生学原则　　土壤分类的理论基础就是土壤发生学理论。土壤是在五大自然成土因素（母质、生物、气候、地形、时间）和人为因素影响下变化着的客体。所谓变化着的客体是指其不断演化发展，包括空间和时间范畴的演变。土壤发生、发育、演变可高度概括为一句话：土壤与其环境相统一。土壤发生学原则是土壤分类的基本原则。

土壤是客观存在的历史自然体。土壤分类必须贯彻发生学原则，即必须坚持成土条件、成土过程和土壤属性相结合作为土壤发生学分类的基础依据，但应以土壤属性为基础，因为土壤属性是成土条件和成土过程的综合反映，只有这样才能最大限度地体现土壤分类的客观性和真实性。

2. 统一性原则　　土壤是一个整体，耕种土壤是在自然土壤基础上发展起来的，具有发生上的联系，坚持土壤统一形成观点，用统一性原则来制定统一的分类系统。因对水稻土的发生分类已有较好的基础，故其作为一个独立的土类纳入土壤分类系统中。

在土壤分类中，必须将耕作土壤和自然土壤作为统一的整体进行土壤类型的划分，具体分析自然因素和人为因素对土壤的影响，力求揭示自然土壤与耕作土壤的发生上的联系及演替规律。

3. 综合指标原则　　自然界存在的土壤实体是土壤演变的历史长河中相对静止片刻的具体反映。因此，土壤类型是可以实际进行观察测定的实体，而并不是凭借成土条件的影响，或成土过程等抽象概念推断得来的。这就是说土壤分类必须根据土壤实体所反映的种种标志，进行测定研究，采用综合指标原则加以区别鉴定。土壤实体中的种种标志是土壤发生、发育的方式或程度的外在反映，是由成土条件和成土作用产生的。它反映了基本土体同外界的物质和能量的交流和交换的结果，也就是物质和能量的迁入（加入）和迁出（流出）、移动和固定、分解和合成、分散和集中、蚀变和更新等，这些变化都是可以测定的。因此，建立在土壤标志的系统研究基础上的土壤分类，可以找到比较具体的分类指标。为了正确处理"中心概念"和"边界概念"之间的关系，既要考虑成土条件、成土过程和土壤属性的分类指标，又要考虑特征层和其特性的分类指标；既要考虑分类的定性指标，又要考虑分类的定量指标及其变幅。这样在一定程度上能防止分类的随意性或主观性，增强科学性。

（二）分类单元及其划分原则

伊万诺娃的分类系统中共分为土类、亚类、土属、土种、亚种、变种、土系、土相8级，各分类单元的划分原则如下。

1. 土类　　大的土壤组合。同一土类是发育在相同类型生物、气候和水文地质条件下，具有明显一致的土壤形成过程。同一土类具有以下的共同特征：①进入土壤的有机质及其转化与分解过程同属于一种类型；②矿物质的分解和合成及有机－无机复合体有相同的特征；③具有同一类型的物质移动和聚积的特征；④具有同一类型的土壤剖面构型；⑤在土壤肥力培养方向和农业利用上是相同的。

2. 亚类　　土类范围内的土壤组合，是土类间的过渡级别。不同亚类在土壤形成的主要和附加过程上有质的区别，在每亚类中提高与保持土壤肥力的措施更为一致。亚类划分主要是考虑成土过程，以及与亚地带或自然条件过渡相关的情况。

3. 土属　　亚类范围内的土壤组合。其形成特点取决于地方因素的综合影响，如基岩和成土母质的化学特性、地下水的化学特性等，同时也包括土壤形成的继承性，这些特征是在过去自然历史时期的风化和土壤形成过程中造成的，故与现代的土壤形成不一致，如某些残留的层次（腐殖质层、灰化层、片状层等）。

4. 土种　　土属范围内的土壤组合。它是按主要成土过程发展的程度（如灰化过程、腐殖化的深度和过程等）划分的。

5. 亚种　　土种范围内的土壤组合。根据土种发育的数量程度划分，如弱碱化、中碱化、强碱化；弱盐化、中盐化、强盐化等。

6. 变种　　按土壤机械组成划分。

7. 土系　　根据母质特性、盐分积累特性或泥炭积累特性等划分。

8. 土相　　根据水蚀、风蚀和残积、冲积等划分的土壤组合。

（三）分类系统的编排

《苏联土壤分类》中所拟分类系统的安排如下，第一，按水热条件、风化作用和生物循环特征，把苏联的土壤类型归入 9 个主要的生物气候（带）省，在每个生物气候省中又按自成土、半水成土、水成土和冲积土的顺序分别排列各有关的土类，如表 5-1 所示，在每一土类内部进行了直至土相的各级划分；第二，耕作土壤和自然土壤的分类同置于统一分类系统中，其中受耕作影响大的都列为独立的土类，受耕作影响小的则在土种的划分中反映出来；第三，为了便于今后土壤分类逐步走向定量化、标准化，在分类表之后，附有 12 个附表，在这些附表中，对土壤的水热条件、形态特征、机械组成、盐基状况等，都提出了数量指标和划分标准。该分类系统在 9 个生物气候省之下，共分出 118 个土类，424 个亚类，478 个土属，460 个土种等。9 个生物气候省分别是：①极地带冰沼和极地土省；②北方带冻结泰加林省；③北方带泰加林省；④亚北方带棕色森林土省；⑤亚北方草原土省；⑥亚北方带半荒漠及荒漠省；⑦亚北方带和热带半荒漠灰钙土省；⑧亚热带半干旱褐土省；⑨亚热带湿润土省。

表 5-1　伊万诺娃分类系统土类排列举例（亚北方带半荒漠及荒漠省的土类）

自成土	半水成土	水成土	冲积土
棕色半荒漠土	草甸 - 棕色半荒漠土	草甸半荒漠土	冲积草甸半荒漠及荒漠土
灰棕色荒漠土	龟裂性草甸荒漠土	水成荒漠及半荒漠盐土	冲积湿草甸半荒漠及荒漠土
龟裂性荒漠土	草甸棕色碱土	灌溉草甸荒漠及半荒漠土	冲积草甸 - 沼泽半荒漠及荒漠土
砂质荒漠土	灌溉草甸荒漠土		灌溉冲积半荒漠及荒漠土
龟裂土			
半荒漠碱土			
半荒漠及荒漠盐土			
灌溉荒漠及半荒漠土			

（四）土壤命名

伊万诺娃分类系统的命名原则，仍然采用道库恰耶夫建议的连续命名法，即在土类名称的前面加上亚类的形容词，亚类名称之前冠以土属或土种的形容词，依次逐级连续拼接。

由上述可见，苏联土壤分类贯彻发生学原则，其间的关系清楚，系统明确。但本分类制虽是以成土条件、成土过程和土壤属性三方面为依据，然而侧重于成土条件，尤其是生物气候因素，而对土壤本身属性注意不够。有些土类间的指标界限不很严格，定量化程度不高。因此本分类制只停留在定性描述或半定量阶段，不能适应当前土壤分类向计量化方向发展的要求。而且由于过分强调地带性因素作用的结果，导致非地带性土壤从属于地带性土壤的倾向，造成土壤带与自然带混同的后果。对耕作土壤虽然有所注意，但重点仍放在自然土壤上。土壤命名采用连续命名法，虽然从名称上可以把各级分类单元的基本特征反映出来，但有冗长之弊，不便应用。

四、土壤诊断学分类

土壤诊断学是美国首创，以美国诊断学分类体系为代表，在世界上引起强烈反响。

传统的土壤分类只有中心概念而无明确的边界，缺乏定量指标，不适于生产发展的需要。1951年，美国水土保持局在史密斯（G. D. Smith）的领导下，着手建立新的定量化土壤分类系统，经过多次修改，至1975年正式出版了《土壤系统分类》一书，这是土壤分类史上的一次革命。这一分类系统集中了世界各国土壤学家的智慧，着眼于全世界。该系统分类也遵循了土壤发生学思想，以可测定的土壤性质为分类标准，对分类标准进行定量化，以定量化的诊断层和诊断特征为依据进行土壤分类。美国土壤分类系统是一个典型的诊断定量分类系统。由于土壤成土过程是看不见摸不着的，土壤的环境条件对土壤的影响也是一个漫长的过程，以成土条件和成土过程来分类土壤必然存在着不确定性。只有以看得见测得出的土壤属性为分类依据，才具有可比性和通用性。

所谓"诊断层"是指用以识别土壤单元，在性质上有一系列定量说明的土层。这个定义说明了土层与诊断层之间的关系。前者是传统的定性描述的发生学土层，后者是有了定量化标准的土层。美国土壤学家建立土壤系统分类时，感到使用传统的A、B、C土层命名土壤，在土壤学家之间难以达成一致意见，故决定建立新的诊断层次。在1975年发表的《土壤系统分类》中共有6个诊断表层（diagnostic surface horizon，或称epipedon）和17个诊断表下层（diagnostic subsurface horizon）。本书介绍的1992年版本的《土壤系统分类》中共有8个诊断表层和20个诊断表下层（表5-2）。

表5-2　美国《土壤系统分类》（1992）中的诊断层和诊断特性

诊断表层	诊断表下层	诊断特性
人为松软表层 （anthropic epipedon）	耕作淀积层（agric horizon） 漂白层（albic horizon）	质地突变（abrupt textural change） 火山灰土壤特性（audic soil properties）
水分饱和型有机表层 （histic epipedon）	淀积黏化层（argillic horizon） 钙积层（calcic horizon）	线性延伸系数（coefficient of linear extensibility，cole） 硬结核（durinodes）
水分不饱和型有机表层 （folistic epipedon）	雏形层（cambic horizon） 硬磐（duripan）	黏土微地形（gilgai） 石质接触面（lithic contact）
松软表层 （mollic epipedon）	脆磐（fragipan） 石膏层（gypsic horizon）	准石质接触面（paralithic contact） 彩度≤2的斑纹（mottles that have chroma of 2 or less）
淡色表层 （ochric epipedon）	高岭层（kandic horizon） 碱化层（natric horizon）	n 值（n value） 永冻层（permafrost）
黑色表层 （melanic epipedon）	氧化层（oxic horizon） 石化钙积层（petrocalcic horizon）	石化铁质接触界面（petroferric contact） 聚铁网纹体（plinthite）

续表

诊断表层	诊断表下层	诊断特性
堆垫表层 （plaggen epipedon）	石化石膏层（petrogypsic horizon） 薄铁磐层（placic horizon）	线性延伸势（potential linear extensibility） 层序（sequum）
暗色表层 （umbric epipedon）	积盐层（salic horizon） 腐殖质淀积层（sombric horizon）	滑擦面（slickensides） 可鉴别次生石灰（identifiable secondary carbonates）
	灰化淀积层（spodic horizon） 含硫层（sulfuric horizon）	土壤水分状况（soil moisture regimes） 土壤温度状况（soil temperature regimes）
	舌状延伸层（glossic horizon） 灰化铁磐层（podzolized ortstien horizon）	干旱状况（anhydrous conditions） 可风化矿物（weatherable minerals）
		漂白物质层（albic materials） 脆磐物质（fragic soil materials）
		漂白物质指状延伸（interfingering of albic materials）
		薄片层（lamellae） 灰化淀积物质（spodic materials）
		抗风化矿物（resistant materials）

　　土壤诊断学分类从最高等级到最低等级依次是土纲（order）、亚纲（suborder）、（大）土类（great group）、亚类（subgroup）、土族（family）和土系（series）。在最高等级，有10个（现在是11个）分类单元，即10个土纲。在最低分类等级，有12 000多个土系。我们不可能记忆所有这些土系的性质，但可以自上而下地逐级区分它们。在任何一次区分过程中，我们只需要记住其中的几个单元，并记住其他同级分类单元在什么特性上与它们不同即可，这就是《土壤系统分类》中的检索（keys）。

　　美国土壤系统分类最大的特点是，建立了诊断层和诊断特性系统，增加了土壤温度、湿度等分类指标，引用了单个土体和集合土体的概念，确定了各级分类单元的明确指标，有一个明确的检索系统。

　　该分类制共分6级：土纲、亚纲、土类、亚类、土族和土系。用字根拼接的命名法，词汇简练，只要熟悉各字根含义，对各级土壤的名称顾名思义，便于记忆。但本分类制也存在一些缺陷，表现在未能完全贯彻发生学的原则，指标过于烦琐分散，有些高级分类单元概括过广。世界上有40多个国家使用美国土壤系统分类，有联合国粮食及农业组织（FAO），联合国教科文组织（UNESCO），中国科学院南京土壤研究所等。

　　1. 土纲　　最高分类阶层，反映成土过程。根据诊断层或诊断特性划分。这些诊断层或诊断特性是一系列在种类和程度上不同的主导成土过程所产生的标志。诊断层和诊断特性有一定的发生学意义，但都是定量化的、可观测的。美国土壤学家认为，在最高分类等级上，以成土过程留下的标志——诊断层和诊断特性为分异特性划分土壤，对于理解各土纲的发生关系和在宏观上表现它们的分布规律是有意义的。

　　2. 亚纲　　土纲的续分单元。根据土壤水分状况及其他反映土壤发育的土壤诊断特性划分。

　　3.（大）土类　　根据诊断层的种类、排列和发育程度及其他诊断特性对亚纲续分而成。在土纲和亚纲水平上，仅应用了少数几个最重要的诊断层或诊断特性，因为在它们的分类等级上仅有少量分类单元。在土类水平上，就要考虑诊断层的集合，如在土纲水平上未反映的脆磐、硬磐等其他诊断层；同时考虑在土纲、亚纲水平上未用上但对整个土壤重要的性质，如土壤温度状况、水分状况、盐基状况等。

4. 亚类　　土类的续分单元。以上土纲、亚纲和土类的划分依据主要是支配土壤发育过程的起因（如土壤水分状况）或标志（如诊断层）。除这些分异特性外，还有对一种土壤来说不是主要的，但对其他土类、土纲、亚纲是重要的性质，这些性质就可放在亚类水平上划分土壤。还有一些土壤性质，在亚类水平以上的分类中没有作为任何分类单元的划分依据，也可在亚类水平上应用。

5. 土族　　这个阶层的目的是在一个亚类中归并具有类似的物理和化学性质的土壤。主要根据控制层段的颗粒大小级别、矿物学特性、pH、温度状况等对亚类进行续分。

6. 土系　　最低的分类阶层。土系是根据比土族和土族以上各阶层所用的性质变异范围更窄的指标来对土族进行进一步续分，以便分出性质更均一的分类单元。

7. 土相　　土相不是《土壤系统分类》中的分类单元。实际上，土相提供了一个实用（技术）分类。这个分类能附加在任何一级分类单元上，以制图单元的形式表示出来。目的是更精确地描述土壤和预测土壤在不同利用情况下表现出的重要性的差异。定义土相的那些性质在土壤发生意义上来说，并不一定比土系或土系以上各级分类所使用的分异性质的重要性小，但也并不大；而是意味着，对于土壤管理和利用，它们的重要性是可变的。例如，坡度或岩石露头对于机耕农业利用来说是非常重要的一个因素，土壤适宜性评价必然要考虑它；但它们对森林的生长可能影响不大，在林用土壤适宜性评价时可不涉及它们。因此，坡度和岩石露头可作为土相的划分标准。

五、土壤分类的发展趋势

从对土壤分类的发展历史来看，不同时期的土壤分类反映了当时科学的发展水平，至今还没有一个完善的、统一的土壤分类系统。随着土壤分类所依据的土壤知识库的不断充实，土壤分类也在不断地革新。要以历史唯物主义、辩证唯物主义的观点看待土壤分类。一方面我们要记住，目前的土壤分类系统是依据人们对土壤已有的认识进行抽象概括而形成的，由于知识的时代局限性和不完整性，土壤分类必然具有时代局限性。因此在土壤分类中，我们要防止把因袭的知识冻结为僵硬的教条，把分类看作一成不变，使自己成为现有分类体系的奴隶，而应随时准备接受新的分类思想、概念和知识，并且积极地创造条件获取新知识，推动土壤分类的革新与完善。另一方面我们还必须接受依据目前的知识所创造的土壤分类体系，用它来指导进行土壤调查，搜集、积累更多的土壤样本资料数据，为修订和完善现有分类做准备。

需要指出的是，任何土壤分类系统都是建立在大量土壤调查与剖面研究的基础上，通过归纳而形成的。美国在提出《土壤系统分类》初步方案时，已经建立大约 10 000 个土系，通过对这些土系归纳而形成《土壤系统分类》。中国第二次土壤普查建立了土种志，这种土种志的资料在全国、各省（自治区、直辖市）及各县都有，这为土壤分类提供了最基础的背景资料。为了使分类不断进步和更完善，不仅需要对旧资料进行重新整理与归纳，还要开展更广泛的土壤调查，积累和扩大土壤数据库，使土壤分类建立在更充分的数据资料基础上。

今后的土壤分类应当以发生学原则为基础，以诊断属性为依据，以定量和计量化为手段。目前各国土壤工作者在进一步深化土壤分类研究，沟通各国各地区的土壤分类制，共同推进土壤分类向定量化和国际统一化方向发展。

第三节　中国土壤分类

一、分类概况

中国的土壤分类是在借鉴国外土壤分类制的基础上不断发展和完善的。在不同的历史时期存在着不同的土壤分类体系，20世纪初期借鉴美国的马伯特土壤分类制；50年代后采用了苏联的土壤地理发生分类制；经过1958年和1979年的两次全国土壤普查，发现了许多新的土壤类型，至1984年拟订了《中国土壤分类系统》（修订稿），划分了土纲、亚纲、土类、亚类等单元。1992年经过反复讨论，最后确立了12个土纲、30个亚纲、61个土类、230个亚类的《中国土壤分类系统》（表5-3）。这一分类系统的逐步改进和制订，代表了全国土壤普查的科学水平。该体系也称为中国土壤地理发生分类系统，是目前应用最广泛的土壤分类体制。

表5-3　中国土壤地理发生分类系统（1992）

土纲	亚纲	土类	亚类
铁铝土	湿润铁铝土	砖红壤	砖红壤、黄色砖红壤
		赤红壤	赤红壤、黄山赤红壤、赤红壤性土
		红壤	红壤、黄红壤、棕红壤、山原红壤、红壤性土
	湿暖铁铝土	黄壤	黄壤、漂洗黄壤、表潜黄壤、黄壤性土
淋溶土	湿暖淋溶土	黄棕壤	黄棕壤、暗黄棕壤、黄棕壤性土
		黄褐土	黄褐土、黏磐黄褐土、白浆化黄褐土、黄褐土性土
	湿温暖淋溶土	棕壤	棕壤、白浆化棕壤、潮棕壤、棕壤性土
	湿温淋溶土	暗棕壤	暗棕壤、灰化暗棕壤、白浆化暗棕壤、草甸暗棕壤、潜育暗棕壤、暗棕壤性土
		白浆土	白浆土、草甸白浆土、潜育白浆土
	湿寒温淋溶土	棕色针叶林土	棕色针叶林土、灰化棕色针叶林土、白浆化棕色针叶林土、表潜棕色针叶林土
		漂灰土	漂灰土、暗漂灰土
		灰化土	灰化土
半淋溶土	半湿热半淋溶土	燥红土	燥红土、淋溶燥红土、褐红土
	半湿温暖半淋溶土	褐土	褐土、石灰性褐土、潮褐土、塿土、燥褐土、褐土性土
	半湿温半淋溶土	灰褐土	灰褐土、暗灰褐土、淋溶灰褐土、石灰性灰褐土、灰褐土性土
		黑土	黑土、草甸黑土、白浆化黑土、表潜黑土
		灰色森林土	灰色森林土、暗灰色森林土
钙层土	半湿温钙层土	黑钙土	黑钙土、淋溶黑钙土、石灰性黑钙土、淡黑钙土、草甸黑钙土、盐化黑钙土、碱化黑钙土
	半干温钙层土	栗钙土	栗钙土、暗色栗钙土、淡栗钙土、草甸栗钙土、盐化栗钙土、碱化栗钙土、栗钙土性土
	半干温暖钙层土	栗褐土	栗褐土、淡栗褐土、潮栗褐土
		黑垆土	黑垆土、黏化黑垆土、黑麻土

续表

土纲	亚纲	土类	亚类
干旱土	温干旱土	棕钙土	棕钙土、淡棕钙土、草甸棕钙土、盐化棕钙土、碱化棕钙土、棕钙土性土
	温暖干旱土	灰钙土	灰钙土、淡灰钙土、草甸灰钙土、盐化灰钙土
漠土	温漠土	灰漠土	灰漠土、钙质灰漠土、草甸灰漠土、盐化灰漠土、碱化灰漠土、灌耕灰漠土
		灰棕漠土	灰棕漠土、石膏灰棕漠土、石膏盐磐灰棕漠土、灌耕灰棕漠土
	温暖漠土	棕漠土	棕漠土、盐化棕漠土、石膏棕漠土、石膏盐磐棕漠土、灌耕棕漠土
初育土	土质初育土	黄绵土	黄绵土
		红黏土	红黏土、积钙红黏土、复盐红黏土
		新积土	新积土、冲积土、珊瑚砂土
		龟裂土	龟裂土
		风沙土	荒漠风沙土、草原风沙土、草甸风沙土、滨海风沙土
		粗骨土	酸性粗骨土、中性粗骨土、钙质粗骨土、硅质粗骨土
	石质初育土	石灰岩土	红色石灰岩土、黑色石灰岩土、棕色石灰岩土、黄色石灰岩土
		火山灰土	火山灰土、暗火山灰土、基性岩火山灰土
		紫色土	酸性紫色土、中性紫色土、石灰性紫色土
		磷质石灰土	磷质石灰土、硬磐磷质石灰土、盐渍磷质石灰土
		石质土	酸性石质土、中性石质土、钙质石质土、含盐石质土
半水成土	暗半水成土	草甸土	草甸土、石灰性草甸土、白浆化草甸土、潜育草甸土、盐化草甸土、碱化草甸土
	淡半水成土	潮土	潮土、灰潮土、脱潮土、湿潮土、盐化潮土、碱化潮土、灌淤潮土
		砂姜黑土	砂姜黑土、石灰性砂姜黑土、盐化砂姜黑土、碱化砂姜黑土、黑黏土
		林灌草甸土	林灌草甸土、盐化林灌草甸土、碱化林灌草甸土
		山地草甸土	山地草甸土、山地草原草甸土、山地灌丛草甸土
水成土	矿质水成土	沼泽土	沼泽土、腐泥沼泽土、泥炭沼泽土、草甸沼泽土、盐化沼泽土、碱化沼泽土
	有机水成土	泥炭土	低位泥炭土、中位泥炭土、高位泥炭土
盐成土	盐土	草甸盐土	草甸盐土、结壳盐土、沼泽盐土、碱化盐土
		滨海盐土	滨海盐土、滨海沼泽盐土、滨海潮滩盐土
		酸性硫酸盐土	酸性硫酸盐土、含盐酸性硫酸盐土
		漠境盐土	漠境盐土、干旱盐土、残余盐土
		寒原盐土	寒原盐土、寒原草甸盐土、寒原硼酸盐土、寒原碱化盐土
	碱土	碱土	草甸碱土、草原碱土、龟裂碱土、盐化碱土、荒漠碱土
人为土	人为水成土	水稻土	潴育水稻土、淹育水稻土、渗育水稻土、潜育水稻土、脱潜水稻土、漂洗水稻土、盐渍水稻土、咸酸水稻土
	灌耕土	灌淤土	灌淤土、潮灌淤土、表锈灌淤土、盐化灌淤土
		灌漠土	灌漠土、灰灌漠土、潮灌漠土、盐化灌漠土

续表

土纲	亚纲	土类	亚类
高山土	湿寒高山土	草毡土（高山草甸土）	草甸土（高山草甸土）、薄草毡土（高山草原草甸土）、棕草毡土（高山灌丛草甸土）、湿草毡土（高山湿草甸土）
		黑毡土（亚高山草甸土）	黑毡土（亚高山草甸土）、薄黑毡土（亚高山草原草甸土）、棕黑毡土（亚高山灌丛草甸土）、湿黑毡土（亚高山湿草甸土）
	半湿寒高山土	寒钙土（高山草原土）	寒钙土（高山草原土）、暗寒钙土（高山草甸草原土）、淡寒钙土（高山荒漠草原土）、盐化寒钙土（高山盐渍草原土）
		冷钙土（亚高山草原土）	冷钙土（亚高山草原土）、暗冷钙土（亚高山草原草甸土）、淡冷钙土（亚高山荒漠草原土）、盐化冷钙土（亚高山盐渍草原土）
		冷棕钙土（山地灌丛草甸土）	冷棕钙土（山地灌丛草甸土）、淋淀冷棕钙土（山地淋淀灌丛草甸土）
	干寒高山土	寒漠土（高山漠土）	寒漠土（高山漠土）
		冷漠土（亚高山漠土）	冷漠土（亚高山漠土）
	寒冻高山土	寒冻土（高山寒漠土）	寒冻土（高山寒漠土）

我国现行的土壤分类系统采用土纲、亚纲、土类、亚类、土属、土种6级分类制，其中土类和土种作为基本分类单元。

目前中国土壤分类的现状是两个分类系统并存。一是定性的《中国土壤分类系统》，它属于土壤发生分类体系；二是定量的《中国土壤系统分类》，它属于土壤诊断分类体系。从发展的趋势来看，土壤系统分类已成为国际土壤分类的主流。

二、土壤发生学分类

（一）分类思想

中国土壤发生分类是源于俄国道库恰耶夫的土壤发生分类思想，同时充分考虑到土壤剖面形态特征，并结合我国特有的自然条件和土壤特点而建立的土壤分类体系。其指导思想核心是：每个土壤类型都是在各成土条件的综合作用下，由特定的主要成土过程所产生，且具有一定的土壤剖面形态和理化性状。因此，在鉴别土壤和分类时，比较注重将成土条件、土壤剖面形态和成土过程相结合而进行研究，即将土壤属性和成土条件，以及由前两者推论的成土过程联系起来，这就是所谓的以成土条件、成土过程和土壤属性统一来鉴别和分类的指导思想。

不过，在实际工作中，当遇到成土条件、成土过程和土壤属性不统一时，往往以现代成土条件来划分土壤，而不强调土壤属性是否与成土条件吻合。该分类系统对于用发生学思想研究认识分布于陆地表面形形色色的土壤发生分布规律，特别是宏观地理规律，在开发利用土壤资源时，充分考虑生态环境条件，因地（地理环境）制宜是十分有益的。但这个系统有定量化程度差、分类单元之间的边界比较模糊的缺点。

（二）分类原则

据《中国土壤》（全国土壤普查办公室，1998），中国土壤发生分类系统从上到下共分为土纲、亚纲、土类、亚类、土属、土种、变种7级分类单元。其中土纲、亚纲、土类、亚类属高级分类单元，土属、土种和变种属低级分类单元。

1. 土纲　　土纲是土壤分类系统的最高单元，是土类共性的归纳，其划分突出土壤的成土过程、属性的某些共性，以及重大环境因素对土壤发生性状的影响。例如，铁铝土是在湿热条件下，在脱硅富铝化过程中产生的黏土矿物以 1∶1 型高岭石和三氧化物、二氧化物为主的一类土壤。把具有这一特性的土壤（砖红壤、赤红壤、红壤和黄壤等）归结在一起成为一个土纲。全国共分 12 个土纲。

2. 亚纲　　亚纲是在同土纲内根据土壤明显水热条件差别所形成的土壤属性的重大差异来划分的，反映了控制现代成土过程的成土条件，它们对于植物生长和种植制度也起着控制作用。例如，半淋溶土纲中半湿热境的燥红土，半湿暖境的褐土，半湿温境的灰褐土、灰色森林土，其共性是半淋溶土范畴，但属性上有明显差异。又如，铁铝土纲分成湿热铁铝土纲和湿暖铁铝土纲，两者的差别在于热量条件。

3. 土类　　土类是土壤高级分类的基本分类单元，它是根据土壤主要成土条件、成土过程和由此发生的土壤属性来划分的。同一土类的土壤，成土条件、主导成土过程和主要土壤属性相同，如红壤是一类在湿润亚热带生物气候条件下，干湿交替明显的气候环境中，地形较高，排水良好条件下，经脱硅富铁铝化作用形成的，它们具有黏化、黏粒硅铝率低、矿物以高岭石为主、酸性、肥力低等特性。

4. 亚类　　亚类是反映土类范围内较大的差异性。它是依据在同一土类范围内，土壤处于不同的发育阶段或土类之间的过渡类型来划分的。后者在主导成土过程以外尚有一个附加的次要成土过程。例如，褐土中的褐土性土、褐土、淋溶褐土，是依据褐土不同发育阶段划分的，潮褐土是褐土向草甸土过渡类型。又如，白浆化黑土是黑土向白浆土过渡类型。亚类的土壤发生学特征及改良方向等方面比土类具有更大的一致性。

5. 土属　　土属是由高级分类单元过渡到基层分类单元的一个中级分类单元，具有承上启下的作用。它是依据某些地方性因素不同而使土壤亚类的性质发生分异来划分的，如土壤母质及风化壳类型、水文地质状况、中小地形和人为因素等。

6. 土种　　是土壤分类系统中基层分类的基本单元。同一土种处于相同或相似的景观部位，其剖面形态特征在数量上基本一致。所以同种土壤应占有相同或近似的小地形部位，水热条件也近似。具有相同的土层层段类型，各土层的厚度、层位、层序也相一致，剖面形态特征、理化性质相同或相近。由于同一土种具有一致的理化性状、生物习性，因此其宜耕适种性及限制因素均相一致，并且具有一致的生产潜力。

7. 变种　　也称为亚种，它是土种范围内的细分，是土种某些性状上的变异，一般以表层或耕作层某些变化，如耕性、养分含量、质地变异来划分，这些变异要具有一定相对的稳定性。目前变种已经不再使用。

中国土壤发生分类系统中的高级分类单元主要反映的是土壤在发生学方面的差异，而低级分类单元则主要考虑到土壤在生产利用方面的不同。高级分类用来指导小比例尺的土壤调查制图，反映土壤的发生分布规律；低级分类用来指导大中比例尺的土壤调查制图，为土壤资源的合理开发利用提供依据。

（三）土壤命名

中国土壤分类系统采用了连续命名与分段命名相结合的方法。土纲和亚纲为一段，以土纲名称为基本词根，加形容词或副词前缀构成亚纲名称，即亚纲名称为连续命名，如铁铝土纲中的湿热铁铝土是含有土纲与亚纲的名称；土类和亚类又成一段，以土类名称为基本词根，加形容词或副词前缀构成亚类名称，如草甸黑土、白浆化黑土、表潜黑土。而土属名称不能自成一段，多与土类、亚类连用，如氯化物滨海盐土、酸性岩坡积物草甸暗棕壤，是典型的连续命名法。土种和变种也不能自成一段，必须与土类、亚类、土属连用，如黏壤质厚层黄土性草甸黑土。

三、土壤系统分类

在美国土壤系统分类的影响下，由中国科学院南京土壤研究所主持，先后有30多个高等院校和研究所参加的中国土壤系统分类课题组，从1984年开始进行中国土壤系统分类的研究。通过研究和不断修改补充，先后提出了《中国土壤系统分类》"初拟"（1985）、"二稿"（1987）、"三稿"（1988）、"首次方案"（1991），并在此基础上提出了《中国土壤系统分类》"修订方案"（1995）。这个分类方案在国内外产生了重要的影响，也是我国土壤科学发展中的一件大事。1996年开始，中国土壤学会将此分类推荐为标准土壤分类加以应用。

中国土壤系统分类是以诊断层和诊断特性为基础的系统化、定量化的土壤分类。由于成土过程是看不见摸不着的，土壤性质也不见得与现代的环境成土条件完全相符（如古代土壤遗址），如以成土条件和成土过程来分类，必然会存在不确定性，而只有以看得见测得出的土壤性状为分类标准，才会在不同的分类者之间架起沟通的桥梁，建立起共同鉴别确认的标准。因此，尽管在建立诊断层和诊断特性时，考虑到了它们的发生学意义，但在实际鉴别诊断层和诊断特性，以及用它们划分土壤分类单元时，则不以发生学理论为依据，而以土壤性状本身为依据。

（一）诊断层和诊断特性

凡用于鉴别土壤类别的、在性质上具有一系列定量规定的土层，称为诊断层；如果用于分类目的的不是土层，而是具有规定的土壤性质（形态的、物理的、化学的），则称为诊断特性。

中国土壤系统分类中共设立了33诊断层（11个诊断表层，20个诊断表下层，2个其他诊断层）和25个诊断特性。

11个诊断表层为有机表层、草毡表层、暗沃表层、暗瘠表层、淡薄表层、灌淤表层、堆垫表层、肥熟表层、水耕表层、干旱表层和盐结壳。

20个诊断表下层为漂白层、舌状层、雏形层、铁铝层、低活性富铁层、聚铁网纹层、灰化淀积层、耕作淀积层、水耕氧化还原层、黏化层、黏磐、碱积层、超盐积层、盐磐、石膏层、超石膏层、钙积层、超钙积层、钙磐和磷磐。

2个其他诊断层包括盐积层和合硫层。

25个诊断特性为有机土壤物质、岩性特征、石质接触面、准石质接触面、人为淤积物质、变性特征、人为扰动层次、土壤水分状况、潜育特征、氧化还原特征、土壤温度状况、永冻层次、冻融特征、n值（田间条件下土壤含水量与黏粒和有机质含量之间的关系，用于估测土壤支撑负载和排水后的沉陷程度）、均腐殖质特性、腐殖质特性、火山灰特性、铁质特性、富铝特性、铝质特性、富磷特性、钠质特性、石灰性、盐基饱和度及硫化物物质。

此外，中国土壤系统分类还把在土壤性质上已发生明显变化，但尚未达到诊断层或诊断特性规定的指标，而在土壤分类上具有重要意义的土壤性状，即足以作为划分土壤类别依据的，称为诊断现象，如碱积现象、钙积现象、变性现象等。

（二）分类体系

中国土壤系统分类为谱系式多级分类，共分为6级，即土纲、亚纲、土类、亚类、土族和土系。前四级为高级分类级别，主要供中小比例尺土壤调查制图单元用；后两级为基层分类级别，主要供大比例尺土壤调查制图单元用。

1. **土纲** 为最高土壤分类级别，根据主要成土过程及产生的诊断层和诊断特性划分（表 5-4）。这些诊断层或诊断特性是一系列在种类和程度上不同的主导成土过程所产生的。共把全国分为 14 个土纲、39 个亚纲、138 个土类和 595 个亚类。

表 5-4 作为划分土纲依据的过程和诊断层或诊断特性

土纲	主要过程	诊断层或诊断特性
有机土	泥炭化过程	土壤有机质
人为土	水耕或旱耕过程	人为层（水耕表层、水耕氧化还原层、灌淤表层、堆垫表层、肥熟表层、磷质耕作淀积层）
灰土	灰化过程	灰化淀积层
火山灰土	可风化矿物占优势的土壤物质蚀变过程、有机短序矿物或铝的络合作用	火山灰特性
铁铝土	强度富铁铝化过程	铁铝土
变性土	土壤扰动作用	变性特征
干旱土	荒漠结皮过程、弱腐殖化过程	干旱表层
盐成土	盐积过程	盐积层、碱积层
潜育土	潜育过程	潜育特征
均腐土	腐殖化过程	暗沃表层、均腐殖质特性
富铁土	中度铁铝化过程	低活性富铁层
淋溶土	黏化过程	黏化层
雏形土	矿物蚀变过程	雏形层
新成土	无明显成土过程	除有淡薄表层外，无剖面发育

2. **亚纲** 是土纲的辅助级别，主要根据影响现代成土过程的控制因素所反映的性质（如水分状况、温度状况和岩性特征）划分，如人为土纲可根据水分状况划分为水耕人为土和旱耕人为土两个亚纲。个别土纲由于影响现代成土过程的控制因素差异不大，因此直接按主要成土过程发生阶段所表现的性质划分，如灰土纲中的腐殖灰土和正常灰土；盐成土纲中的碱积盐成土和正常盐成土。

3. **土类** 是亚纲的续分。根据反映主要成土过程强度、次要成土过程或次要控制因素的表现性质划分。例如，正常有机土可根据泥炭化过程强度划分为高腐正常有机土、半腐正常有机土、纤维正常有机土等土类。又如，正常干旱土可根据反映钙化、石膏化、盐化、黏化和土内风化等次要成土过程分为钙积正常干旱土、石膏正常干旱土、盐积正常干旱土、黏化正常干旱土和简育正常干旱土等土类。

4. **亚类** 是土类的辅助级别，主要依据是否偏离中心概念、是否有附加过程的特性和是否有母质残留的特性划分。代表中心概念的亚类为普通亚类；具有附加过程特性的亚类为过渡性亚类，如灰化、黏化、碱化、表蚀、耕淀等；具有母质残留特性的亚类为继承亚类，如石灰性、酸性、含硫等。

5. **土族** 土族是土壤系统分类的基层分类单元，它是在亚类范围内，主要反映与土壤利用管理有关的土壤理化性质发生明显分异的续分单元。同一亚类的土族划分是地域性（或地区性）成土因素引起土壤性质变化在不同地理区域的具体表现。不同类别的土壤划分土族所依据的指标各异。供土族分类选用的主要指标是土族控制层段的土壤颗粒大小级别、不同颗粒级别的土壤矿物组成类型、土壤温度状况、土壤酸碱性等。

　　6. 土系　　土系是土壤系统分类最低级别的分类单元，它是由自然界中性质相似的单个土体组成的聚合土体所构成，是直接建立在实体基础上的分类单元。其性状的变异范围较窄，在分类上更具直观性。

（三）命名原则

　　中国土壤系统分类采用了分段连续命名方式。土纲、亚纲、土类、亚类为一段。土族是在此基础上加颗粒大小级别、矿物组成、土壤温度状况等构成，而其下土系则单独命名。

　　中国土壤系统分类单元的名称结构以土纲为基础，在它的前面叠加反映亚纲、土类、亚类性状的术语，分别构成亚纲、土类和亚类的名称。性状术语尽量限制为 2 个汉字，土纲名称都是世界上常用的名称，一般为 3 个字。这样土纲名称一般为 3 个字，亚纲为 5 个字，土类为7 个字，亚类为 9 个字。例如，表蚀黏化湿润富铁土（亚类），属于富铁土（土纲），湿润富铁土（亚纲），黏化湿润富铁土（土类）（表 5-5）。

表 5-5　中国土壤系统分类表

土纲	亚纲	土类
有机土	永冻有机土	落叶永冻有机土、纤维永冻有机土、半腐永冻有机土
	正常有机土	落叶正常有机土、纤维正常有机土、半腐正常有机土、高腐正常有机土
人为土	水耕人为土	潜育水耕人为土、铁渗水耕人为土、铁聚水耕人为土、简育水耕人为土
	旱耕人为土	肥熟旱耕人为土、灌淤旱耕人为土、泥垫旱耕人为土、土垫旱耕人为土
灰土	腐殖灰土	简育腐殖灰土
	正常灰土	简育正常灰土
火山灰土	寒性火山灰土	寒冻寒性火山灰土、简育寒性火山灰土
	玻璃火山灰土	干润玻璃火山灰土、湿润玻璃火山灰土
	湿润火山灰土	腐殖湿润火山灰土、简育湿润火山灰土
铁铝土	湿润铁铝土	暗红湿润铁铝土、黄色湿润铁铝土、简育湿润铁铝土
变性土	潮湿变性土	钙积潮湿变性土、简育潮湿变性土
	干润变性土	钙积干润变性土、简育干润变性土
	湿润变性土	腐殖湿润变性土、钙积湿润变性土、简育湿润变性土
干旱土	寒性干旱土	钙积寒性干旱土、石膏寒性干旱土、黏化寒性干旱土、简育寒性干旱土
	正常干旱土	钙积正常干旱土、盐积正常干旱土、石膏正常干旱土、黏化正常干旱土、简育正常干旱土
盐成土	碱积盐成土	龟裂碱积盐成土、潮湿碱积盐成土、简育碱积盐成土
	正常盐成土	干旱正常盐成土、潮湿正常盐成土
潜育土	永冻潜育土	有机永冻潜育土、简育永冻潜育土
	滞水潜育土	有机滞水潜育土、简育滞水潜育土
	正常潜育土	有机正常潜育土、暗沃正常潜育土、简育正常潜育土
均腐土	岩性均腐土	富磷岩性均腐土、黑色岩性均腐土
	干润均腐土	寒性干润均腐土、堆垫干润均腐土、暗厚干润均腐土、钙积干润均腐土、简育干润均腐土
	湿润均腐土	滞水湿润均腐土、黏化湿润均腐土、简育湿润均腐土

土纲	亚纲	土类
富铁土	干润富铁土	黏化干润富铁土、简育干润富铁土
	常湿富铁土	钙质常湿富铁土、富铝常湿富铁土、简育常湿富铁土
	湿润富铁土	钙质湿润富铁土、强育湿润富铁土、富铝湿润富铁土、黏化湿润富铁土、简育湿润富铁土
淋溶土	冷凉淋溶土	漂白冷凉淋溶土、暗沃冷凉淋溶土、简育冷凉淋溶土
	干润淋溶土	钙质干润淋溶土、钙积干润淋溶土、铁质干润淋溶土、简育干润淋溶土
	常湿淋溶土	钙质常湿淋溶土、铝质常湿淋溶土、简育常湿淋溶土
	湿润淋溶土	漂白湿润淋溶土、钙质湿润淋溶土、黏磐湿润淋溶土、铝质湿润淋溶土、酸性湿润淋溶土、铁质湿润淋溶土、简育湿润淋溶土
雏形土	寒冻雏形土	永冻寒冻雏形土、潮湿寒冻雏形土、草毡寒冻雏形土、暗沃寒冻雏形土、暗瘠寒冻雏形土、简育寒冻雏形土
	潮湿雏形土	叶垫潮湿雏形土、砂姜潮湿雏形土、暗色潮湿雏形土、淡色潮湿雏形土
	干润雏形土	灌淤干润雏形土、铁质干润雏形土、底锈干润雏形土、暗沃干润雏形土、简育干润雏形土
	常湿雏形土	冷凉常湿雏形土、滞水常湿雏形土、钙质常湿雏形土、铝质常湿雏形土、酸性常湿雏形土、简育常湿雏形土
	湿润雏形土	冷凉湿润雏形土、钙质湿润雏形土、紫色湿润雏形土、铝质湿润雏形土、铁质湿润雏形土、酸性湿润雏形土、简育湿润雏形土
新成土	人为新成土	扰动人为新成土、淤积人为新成土
	砂质新成土	寒冻砂质新成土、潮湿砂质新成土、干旱砂质新成土、干润砂质新成土、湿润砂质新成土
	冲积新成土	寒冻冲积新成土、潮湿冲积新成土、干旱冲积新成土、干润冲积新成土、湿润冲积新成土
	正常新成土	黄色正常新成土、紫色正常新成土、红色正常新成土、寒冻正常新成土、干旱正常新成土、干润正常新成土、湿润正常新成土

第六章　土壤分布规律与中国土壤分布

第一节　土壤分布规律

土壤是各种成土因素综合作用的产物。在一定的成土条件下，产生一定的土壤类型，各类土壤都有着与之相适应的空间位置。土壤类型在空间的组合情况呈现有规律的变化，这就是土壤的地理分布规律。土壤的地理分布既与生物气候条件相适应，表现为广域的水平分布规律和垂直分布规律，又与地方性的成土因素，如母质、地形、水文及成土年龄等相适应，表现为隐域性分布规律；在耕作、施肥、灌溉等耕种条件下，土壤分布又受人为活动的制约。认识这些规律，对于因地制宜地利用、改良、培肥土壤和进行农业生产配置具有重要的意义。

一、土壤分布与地理环境的关系

地球陆地表面上的各种土壤，都是在母质、气候、生物、地形、时间及人类活动等综合因素影响下形成的。在地球陆地表面，一方面由于在不同纬度上接受太阳辐射能不同，从两极到赤道呈现出寒带、寒温带、温带、暖温带、亚热带和热带等有规律的气候带；另一方面由于海陆的分布、地形的起伏，又引起同一气候带内水热条件的再分配。在山区，随着海拔的升高，温度和降水也会发生变化，这些气候条件变化所造成的水热条件的差异，必然会生长出与之相适应的不同植被类型，并呈现地理分布规律性，而生物气候条件在地理上的规律性分布，必然造成自然土壤有规律的分布。

土壤类型分布随地理位置、地形高度变化而呈有规律更替的现象。土壤类型的分布，既与生物气候地带性条件相吻合，表现为广域的水平分布和垂直分布规律；又受地域性、局部性的地形、母质、水文地质等因素的影响，表现为地域分布和微域分布，并分别称为地带性土壤和非地带性土壤。

二、土壤的水平分布规律

土壤的水平分布主要受纬度和经度（距海远近）的影响，引起热量和湿度差异，形成不同的土壤带（或土被带）。土壤在水平方向上随生物气候带而演替的规律性称为水平地带性分布规律。土壤水平地带性分布规律包括纬度地带性分布规律和经度地带性分布规律。

（一）土壤分布的纬度地带性

土壤分布的纬度地带性是由于太阳辐射从赤道向两极递减，气候、生物等成土因素也按纬度方向呈有规律的变化，导致地带性土壤相应呈大致平行于纬线的带状变化的特性。呈纬度地带性分布的土壤带，并非严格地完全按东西方向延伸，因受到其他分异因素的干扰和影响，有些土壤带出现间断、偏斜等情况。世界土壤纬度地带性分布的主要形式有环绕全球延续于各大陆的世界性土壤地带，以及未能横贯整个大陆，而只呈带段性展布的区域性土壤地带。世界性土壤地带，在高纬度和低纬度地区表现明显，如寒带的冰沼土、寒温带的灰化土和热带的砖红壤，不但断断续续横跨整个大陆，而且大致与纬线平行，土带的分界线也基本上与纬度气候带相吻合。区域性土壤地带则在中纬度地区表现得最为典型，因干湿差异，又有沿海型和内陆型之分。沿海型土壤纬度地带的特点是：走向与纬线有些偏离，多分布在中纬度大陆边缘，土壤地带谱由森林土系列组成，如我国东部由北向南依次出现灰土（灰化土）、淋溶土（暗棕壤 - 棕壤 - 黄棕壤）、富铝土（红、黄壤 - 赤红壤）。内陆型土壤纬度地带的特点是：位于大陆内部，土壤地带谱主要由草原土系列和荒漠土系列组成，如欧亚大陆内部由北向南土壤依次为弱淋溶土（灰色森林土）、湿成土（黑土）、钙积土（黑钙土 - 栗钙土 - 棕钙土 - 灰钙土）、荒漠土。我国东部沿海地区属湿润型土壤带，土壤分布基本上与纬度相符，由南向北有砖红壤、赤红壤、红黄壤、黄棕壤、棕壤（或褐土）、暗棕壤、灰化土带。

（二）土壤分布的经度地带性

土壤分布的经度地带性是由于海陆分布的态势，以及由此产生的大气环流造成的不同地理环境所受海洋影响的程度不同，使水分条件和生物等因素从沿海到内陆发生有规律的变化，土壤相应呈大致平行于经线的带状变化的特性。一般是从沿海到内陆依次出现湿润森林土类、半湿润的森林草原土类、半干旱的草原土类和干旱的荒漠土类，并在中纬度地区表现最典型。例如，我国从东北到宁夏的中温带范围，由东向西土壤地带为淋溶土（暗棕壤）、湿成土（黑土）、钙积土（黑钙土、栗钙土、棕钙土）、荒漠土（灰漠土、灰棕漠土）；在暖温带范围内由东向西，则为淋溶土（棕壤）、弱淋溶土（褐土）、钙积土（黑垆土、灰钙土）、荒漠土（棕漠土）。

从土壤水平地带的宽度来看，纬度地带为南北宽 4°～8°，经度地带为东西宽 6°～12°。土壤水平地带的分界线大都与大山地分水岭、大河谷等地理界线相一致。这样的地理界线通常最大限度地引起气候、生物、人文景观和土壤地带的分异。以我国为例，长城从海边起大多沿险要的分水岭构筑，具有对气候、农业和土被分异的意义，因此，长城作为一条界线，除最东部需要向北推移 2°～4°（纬度）外，恰好是中温带和暖温带的分界，即我国冬作物分布的北界；在沿海地段是暗棕壤与棕壤的分界，往内陆地段，是钙积土（黑钙土、栗钙土、棕钙土）与弱淋溶土（褐土）的分界。秦岭—淮河界线，是暖温带和北亚热带的分界，也是我国水旱二季农作的北界。该线以北是棕壤和褐土，以南是黄棕壤。南岭是红壤和赤红壤的分界。天山是棕漠土和灰棕漠土的分界。太行山脉使其西面的黄土高原的气候明显变干，出现黑垆土、褐土。燕山山脉对东南季风的阻隔，使内蒙古高原面上均为钙积土。青藏高原的隆升，影响亚热带、暖温带等土壤水平地带向西延伸。此外，西藏的念青唐古拉山、大兴安岭、吕梁山脉、四川盆地西部的龙门山脉等都是重要的自然地理和土壤地带的界线。

由上可知，纬度地带性、经度地带性及大地形状况控制了广泛的土壤水平分布格局。

三、土壤的垂直分布规律

随着山体海拔的增加，在一定高程范围内，温度随之下降，湿度随之升高，生物气候类型也发生相应改变。这种因山体的高程不同，引起生物气候带的分异所产生的土壤类型的变化，就称为土壤垂直分布规律。

山地土壤垂直分布规律或者垂直带谱的结构取决于山体所在的地理位置（基带）的生物气候特点。一般而言，气温与湿度（包括降水）随海拔的变异，在不同的地理纬度与经度地区的变幅是不一样的。在中纬度的半湿润地区，海拔每上升 100m，气温下降 0.5～0.6℃，降水增加 20～30mm；而当到 2500m 以上时，地形对流雨就可能减少。所以，地理纬度与经度的气温与降水差异影响山体垂直带的基带及垂直带谱的结构。

土壤垂直带谱因基带生物、气候条件（或地理位置）、山体的大小、走向和高低、坡度的陡缓、坡向、形态的不同而有很大差异，如热带湿润区山地，其垂直带谱为山地砖红壤（或山地赤红壤、红壤）、山地黄壤、山地漂灰黄壤、山地灌丛草甸土（中国五指山）；温带干旱区的土壤垂直带谱则为山地栗钙土、山地黑钙土、山地灰黑土、山地漂灰土和高山寒漠土（中国阿尔泰山西北坡）；而欧洲阿尔卑斯山的土壤垂直带谱为山地棕壤、腐殖质碳酸盐土、山地灰化土和高山草甸土；南美洲安第斯山北坡为山地砖红壤、山地红壤和山地棕壤。不同的纬度，山体高度不同，带谱的数量也不相同。例如，喜马拉雅山的基带是红黄壤带，垂直带谱由 8 个带组成（图 6-1）。

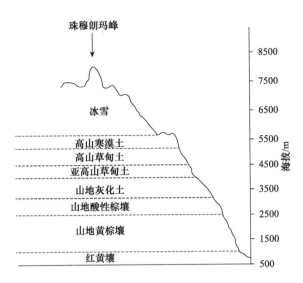

图 6-1　喜马拉雅山土壤垂直带谱

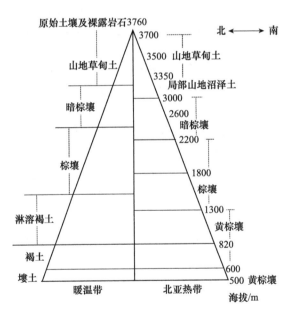

图 6-2　秦岭南北坡垂直带谱比较
（中国林业科学研究院林业研究所，1986）

同样地理位置在沿海或内陆干旱地区的山地土壤垂直带谱也不相同。山体的迎风面与背风面的气候也有差异，这些差异势必影响土壤垂直带谱的结构。特别是中国许多东西走向和东北—西南走向的山体往往是一些地区气候的分界线（如秦岭、燕山等）。由于山体两侧基带土壤类型不同，这种坡向性的垂直带结构差异就更大（图 6-2）。

四、土壤的地方性分布规律

在地带性土壤带范围内，由于地形、母质、水文、成土年龄及人为活动影响，土壤发生相应变异，形成非地带性土壤（或称地方性土、隐域性土和泛域性土），出现地带性和非地带性土壤的镶嵌或交错分布现象，如紫色土、石灰（岩）土、黄绵土、风沙土、潮土、草甸土等。这些土壤虽然因为区域成土因素的影响，而没有发育成地带性的土壤，但仍然有着地带性的烙印。例如，潮土和草甸土都是受地下水影响，在心土或底土具有潴育化过程形成的锈纹锈斑层，土壤剖面有些冲积层理，但因为它们所处的气候温度不同，故腐殖质层的有机质含量不一样，潮土因地处暖温带（黄淮海平原），其有机质含量低于地处中温带（东北平原）的草甸土。

在红壤地带的丘陵、河谷平原中，可见到红壤和水稻土、潮土交错分布；若母质为石灰岩，则形成红壤和石灰（岩）土、水稻土等相应的土壤组合。在栗钙土地带湖泊洼地周围，由水体向外依次为沼泽土、盐土、草甸土、草甸栗钙土和栗钙土，呈环状、半环状分布。在中国黄淮海平原，由于微地形影响，尚有盐渍土与非盐渍土组成复区分布。由于人为改造自然的结果，在中国南方可见到阶梯式、棋盘式和框垛式土壤复区。

如果控制隐域土的区域成土因素发生变化，经过一定时期，也会逐渐发育成地带性土壤。例如，潮土和草甸土的地下水位不断下降，脱离地下水的影响，它们将逐渐发育成褐土或黑土；紫色土和石灰（岩）土如果不再发生土壤侵蚀，会逐渐发育成红壤或黄壤；黄绵土如果停止了侵蚀，重新退耕还草，会逐渐发育成黑钙土或栗钙土。

即使像冲积土这样的在各个地带都可能存在的所谓泛地带性土壤，其实也有地带性，即它们所处的气候条件会影响开发利用。

第二节　中国土壤分布

一、总体分布特征

我国自然条件复杂多样，因而土壤类型也多，在空间分布上既有水平地带性分布规律，又有垂直分布规律，纵横交错，独具格局。我国土壤水平地带性分布规律是由湿润海洋性与干旱内陆性两个地带谱构成（图6-3）。东部沿海为湿润海洋性地带谱，西部则为干旱内陆性地带谱，而在两者之间的过渡地带则为过渡性土壤地带谱。所以，土壤水平地带在我国境内发育是比较完整的。

在秦岭—淮河以南属亚热带至热带地区，由于受到湿润季风的影响，气温和雨量自北而南递增，土壤带基本上随纬度变化，自北而南是黄棕壤、红壤和黄壤、赤红壤和砖红壤。但由于区域地形的影响，土壤带在同一地带内也产生分异。在中亚热带，由于湘鄂山地地势较高，云雾多，雨量大，则以黄壤为主；在云贵高原，由于东面和西南受海洋性季风的影响较大，气候比较湿润，而高原的中心则具有比较干热的高原型亚热带气候特点。因此，云贵高原的土壤水平分布有别于亚热带的东部地区，在黔中高原（贵阳）一带分布黄壤，而滇中高原（昆明）一带则为红壤；往西至下关逐级过渡至褐红壤，继续往西南，在芒市则为赤红壤。

在秦岭—淮河以北地区，为广阔的温带。在山东半岛、辽东半岛主要为棕壤；在长白山地区由棕壤逐级向暗棕壤过渡；在大兴安岭北部林下可见灰化土的发育。在松辽平原，在草甸草原植被下有黑土与白浆土发育。

上述我国东部土壤地带性分布规律基本上与纬度带一致，即由南向北依次为砖红壤、赤红壤、红壤、黄棕壤、棕壤、暗棕壤、灰化土。

我国暖温带至中温带地区十分广阔，正好又位于季风交替地区，土壤的分布规律与欧亚大陆西部迥然不同。由于夏季湿润气团活跃，气温普遍升高，且湿润多雨，而冬季盛吹西北风，干燥而寒冷，气温普遍下降，水热条件由东南向西北变化，土壤类型也相应由东南至西北向更替。在暖温带的土壤演替顺序是，由东部的棕壤向西北变为褐土、黑垆土，进入半荒漠地带则演变为灰钙土，再向西延伸至欧亚大陆的干旱中心，即演化为棕漠土。中温带的土壤分布则是另一种情况，从东北北部松辽平原的黑土、白浆土起，土壤分布基本上作东西向排列，向西气候逐渐干旱，则又相继出现黑钙土、暗栗钙土、栗钙土、淡栗钙土，以及棕钙土、灰漠土、灰棕漠土。上述两种由湿润向干旱的土壤顺序排列情况，使土壤分布模式在大兴安岭南端、赤峰阴山及贺兰山一带发生弧形偏异。在暖温带干旱中心的南疆塔里木盆地，土壤为棕漠土，而中温带干旱中心的准噶尔盆地和阿拉善高原则以灰棕漠土和灰漠土为主。

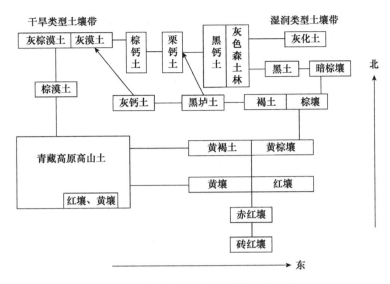

图 6-3　中国土壤水平地带性分布规律

二、地带性土壤的特点

（一）森林土壤（湿润型）

森林土壤遍布世界各个纬度地带，而以温带和寒温带针、阔叶林下发育的土壤（如暗棕壤、棕壤和灰化土）面积为最大；热带、亚热带森林下发育的各类土壤（如红壤、黄壤、砖红壤等）次之；除冻原、沼泽、草原和荒漠外，全世界约有一半的土壤属于森林土壤。

森林土壤的形成与湿润的气候和大量的森林凋落物（林木的枯枝落叶）、根系脱落物关系密切。每年的森林凋落物和根系脱落物数量巨大。这些物质一部分积累于土壤表面，经较为缓慢的分解而形成森林土壤所特有的死地被物层；另一部分在微生物的作用下形成各种酸性产物，对表层的土壤矿物进行溶解和分解，从而释放出许多盐基和金属元素并随水由表层向土壤下部移动，结果使土壤因表层出现明显的淋溶作用而趋于酸性。但因森林土壤分布范围广，成土因素变化大，故对每一类森林土壤来说，它除具备森林土壤的一般特征以外，还各具特色。

由此形成的森林土壤通常具备以下特征。

1）有一个死地被物层（又称枯枝落叶层）。是由覆盖于土壤表面的未分解和半分解的凋落物组成。厚度不等，通常为 1～10cm。按凋落物的分解程度又可分为粗有机质层和半分解的有机质层。

2）有机质主要以地表枯枝落叶形式进入土壤，主要集中在土表，向下突然减少。

3）气候湿润，淋溶作用强烈，土壤中盐基离子淋溶殆尽，土壤盐基饱和度低。

4）土壤反应趋向酸性，淋溶作用愈强烈，则酸性特征愈明显。

5）土壤中常含有铁铝氧化物，使土壤着色。例如，棕壤、黄棕壤、红壤、黄壤、砖红壤等均属于森林土壤。

（二）草原土壤（半湿润半干旱型）

草原土壤是指半干旱地区草甸草原及草原植被下发育的土壤。广泛分布于温带及热带的大陆内地，约占全球陆地面积的 13%，在中国，主要分布在小兴安岭和长白山以西、长城以北、贺兰山以东的广大地区。

草原土壤的特征如下。

1）气候相对干旱，淋溶弱，盐基丰富，除黑土外，土壤下部均有明显钙积层，盐基饱和度高。

2）有机质主要以植物根系进入土壤，腐殖质含量自表层向下逐渐减少。

3）土壤反应多为中性至碱性。

在中国，由东向西，在中温带范围内依次有黑钙土、栗钙土、棕钙土，在暖温带范围内依次有黑垆土、灰钙土。

（三）荒漠土壤（干旱型）

荒漠土又称"荒境土"，是干旱地区所发育的地带性土壤，也是温带荒漠植被下的土壤。适合的农作物应是耐旱的。包括灰漠土、灰棕漠土、棕漠土等。在非洲、美洲、澳大利亚及中亚地区均有分布，约占世界大陆面积的 10%。荒漠土在我国主要分布于西北的新疆、甘肃、青海、宁夏等省区。

荒漠土壤具有以下特点。

1）土壤组成与母质非常相似，腐殖质含量少，没有明显土层分化。

2）地表多砾石，龟裂土壤表层为孔状结皮。

3）普遍含有石膏和较多易溶性盐。

三、非地带性土壤的特点

（一）半水成土和水成土

潮土、草甸土、砂姜黑土、沼泽土与泥炭土都是受地下水影响的土壤。前三者只是剖面下部受地下水影响，称为半水成土；后两者剖面中上部就受地下水影响，甚至地表积水，称为水成土。其表现的特点如下。

1）所处地势较低，受地表径流和地下潜水的强烈影响。

2）在土体中进行明显的潴育化或潜育化过程，具有蓝灰色（潜育化）或锈纹锈斑（潴育化）的土层。

3）氧化还原电位较低，有明显的土壤有机质积累。

（二）盐碱土

盐碱土是盐土和碱土及各种盐化、碱化土壤的总称。盐土是指土壤中可溶性盐含量达到对作物生长有显著危害的土壤。盐分含量指标因不同盐分组成而异。碱土是指土壤中含有危害植物生长和改变土壤性质的多量交换性钠。盐碱土主要分布在内陆干旱、半干旱地区，滨海地区也有分布。

盐碱土中的盐分积累是地壳表层发生的地球化学过程的结果，其盐分来源于矿物风化、降雨、盐岩、灌溉水、地下水及人为活动，盐类成分主要有钠、钙、镁的碳酸盐、硫酸盐和氯化物。土壤盐渍化过程可分为盐化和碱化两种过程。

中性盐类的大量积累达到一定浓度称为盐土；而在水解作用下呈碱性的钠盐，主要是在碳酸氢钠、碳酸钠和硅酸钠等影响下，钠离子在交换性复合体中达到一定数量后，土壤性质变坏，则形成碱土。

碱土是在各种自然环境因素和人为活动因素综合作用下，盐类直接参与土壤形成过程，并以盐（碱）化过程为主导作用而成的，具有盐化层或碱化层，土壤中含有大量可溶性盐类，从而抑制作物正常生长。

（三）岩成土

岩成土是受母质（或母岩）影响，阻滞了正常成土过程的进行，土壤发育相对年轻，土壤发生层分异不甚明显，即相对成土年龄短、母质特征表现明显的一组土壤。

包括紫色土、石灰土、磷质石灰土、风沙土等土类。

第七章　中国土壤类型

第一节　棕色针叶林土和暗棕壤

棕色针叶林土和暗棕壤是我国东北地区的主要森林土壤，棕色针叶林土与暗棕壤的共性是具有针叶林森林植被，形成枯枝落叶层，发生酸性淋溶，土壤呈酸性反应，但它们的地理分布区、气候条件和植被类型又有所区别，从而造成土壤性状上的差异。

一、棕色针叶林土

（一）棕色针叶林土的分布与形成条件

棕色针叶林土主要分布在我国东北地区，北纬 46°30′～53°30′，集中分布在大兴安岭北段。除此之外，在新疆阿尔泰山的西北部、青藏高原东南边缘的亚高山和高山垂直带上也有分布。气候条件为寒温带湿润大陆性季风气候，主要气候特点是寒冷而湿润，年平均气温低于−4℃，每年长达 5～7 个月温度处于 0℃ 以下，≥10℃ 积温为 1400～1800℃，年降水量为450～750mm，湿润度小于 1.0。冬季积雪覆盖厚度可达 20cm，土壤冻结期长，冻层深厚，可达 2.5～3m，并有岛状永冻层。棕色针叶林土的主要树种为兴安落叶松、樟子松，林下地被灌草丛主要有兴安杜鹃、杜香、越橘和各种蕨类。棕色针叶林土母质多为岩石碎块，地形一般为中山、低山和丘陵，坡度较缓。棕色针叶林土是我国重要的针叶用材林生产基地之一，土壤利用以发展林业为主，不适合大力发展农业。

（二）成土过程

1. 针叶林毡状凋落物层和粗腐殖质层的形成　　针叶林及其树冠下的灌木和藓类，每年以大量枯枝落叶等植物残体凋落于地表。凋落物缺乏灰分元素，呈酸性，由真菌分解而形成富里酸，而且冻层本身又阻碍水分从凋落物中把分解产物排走。在一年中只有 6～8 月的较短时期的真菌活动，不能使每年的凋落物全部分解，经年积累便形成毡状凋落物层。在凋落物层之下，则形成分解不完全的粗腐殖质层，甚至积累成为半泥炭化的毡状层。

2. 有机酸的络合淋溶　　在温暖多雨季节，真菌分解针叶林的凋落物时，形成酸性强、活性较大的富里酸类的腐殖酸下渗水流，导致土壤盐基及矿物质铁、铝的络合淋溶，使土壤盐基饱和度降低，土壤呈稳定酸性。但由于气候寒冷，淋溶时间短，淋溶物质受冻层的阻隔，这种酸性淋溶作用不能有显著的发展，与此同时淀积作用也不明显。

3. 铁铝的回流与聚积　　当冬季到来时，表层首先冻结，上下土层产生温差，本已下移的可溶性铁铝锰化合物等又随上升水流回流重返表层，冻结脱水析出而成为稳定的铁铝锰化合物，聚积在土壤表层，使土壤染成棕色。并在剖面上层的石块底面及侧面产生大量暗棕色至棕褐色胶膜的淀积，活性铁铝在剖面上层的聚积尤为明显。

此外，在较低地形处，由于土壤水分过饱和而产生冻层凸起的圆丘，其直径为 1m 左右，高 10～20cm，使其圆丘周围凹陷处经常积水而产生泥炭化和潜育化的附加过程。

（三）剖面形态

棕色针叶林土的形态特征通常是土层较浅薄，一般在 40cm 左右，其剖面形态为 O（O_1，

O_2) -A_h-AB-B_{hs}-C。

O（O_1，O_2）层：枯枝落叶层，包括两个亚层（O_1 和 O_2）。0～2cm 厚的新鲜未分解的枯枝落叶（O_1 层），常与藓类混合，潮润，棕色，疏松有弹性，局部可见白色菌丝体。其下为半分解的植物残体（O_2 层），厚度为 2～10cm，比上层紧密，有时微显泥炭化，呈暗棕色，可见细根和白色真菌菌丝体，明显过渡。

A_h（或 H）层：腐殖质层（或毡状泥炭层），厚度约为 10cm，腐殖质含量为 40～80g/kg，不稳固的团块结构，呈暗棕灰色，较疏松，多木质粗根及局部白色菌丝体。或该层为泥炭层，为毡状凋落物与矿物质混合物，暗棕色，质地为中壤，有白色菌丝体，向下层逐渐过渡。

AB 层：过渡层，厚 6cm 左右，暗灰棕色，质地多为中壤，核块状结构，含有石块，石块底部可见少量铁锰胶膜，较紧实，有木质粗根。

B_{hs} 层：淀积层，厚度变化较大，一般为 10～30cm，淡棕色，核块状结构，较紧实，根极少。土层薄处有大量砾石，层内或砾石面上可见铁锰和腐殖质胶膜及 SiO_2 粉末，该层一般无明显淀积现象。

C 层：母质层，棕色或同母岩颜色，以石块为主，在石块底面大都可见铁锰和腐殖质胶膜。母质多为花岗岩及石英粗面岩的风化物，质地粗糙，酸性反应。

（四）主要理化性质

棕色针叶林土含砂粒及石砾量多，质地较轻，无论坡上坡下，多以壤质为主。土壤有机质含量为 8%～20%，以粗有机质为主，呈泥炭状，含量随深度逐渐下降，至 A_h 层以下可降至 3%。腐殖质组成以富里酸为主，HA/FA<1。棕色针叶林土呈酸性反应，pH 为 4.5～6.5，上部土层较酸，下部土层呈微酸至中性。盐基饱和度多呈不饱和状态，A_h 层交换性 Ca^{2+}、Mg^{2+} 较高，盐基饱和度为 20%～60%，B 层一般大于 50%。棕色针叶林土的表层和亚表层 SiO_2 明显聚积，淀积层 R_2O_3 相对积累。

二、暗棕壤

（一）暗棕壤的分布与形成条件

暗棕壤在我国分布范围很广。在东北地区，暗棕壤主要分布于小兴安岭、长白山、完达山及大兴安岭东坡。此外，在中国其他山区的垂直带谱中也有暗棕壤的分布。气候条件属温带季风气候，年平均气温为 −1～5℃，≥10℃积温为 2000～3000℃；表层冻结时间为 150d 左右，土壤冻层深，可达 1～2.5m，无霜期为 115～135d；年降水量为 600～1000mm，年降水分配极不均匀，冬季少雨雪，夏季降雨量占全年降雨量的 60%～80%，干燥度一般小于 1.0。植被是以红松为主的针阔混交林，主要的针叶树种有红松、冷杉、云杉和落叶松；主要的阔叶树种有白桦、黑桦、硕桦、春榆、胡桃楸、水曲柳、紫椴及各种槭树。成土母质大都是花岗岩、安山岩、玄武岩的风化物，也有少量的第四纪黄土性沉积物。暗棕壤是我国最重要的林业基地，以面积大、木材蓄积量高而著称，是名贵木材红松的中心产地。暗棕壤地区平缓坡地可辟为农田，适种大豆、玉米，也可发展果树业及栽培人参、开发食用菌、种植药材等。

（二）成土过程

1. 腐殖质积累过程　　在暗棕壤地区自然植被为针阔混交林，地被物生长茂盛，且林下多草本植物，针阔混交林每年可归还土壤较多的凋落物。因雨季同生长季节一致，生物积累过程十分活跃，加之该地区冷凉潮湿，土壤表层积累了大量的有机质，高达 100～200g/kg。

2. 盐基与黏粒淋溶过程　　暗棕壤地区的年降水量一般为 600～1000mm，而且 70%～80%

的降水集中在夏季，使暗棕壤的盐基和黏粒的淋溶淀积过程得以发生，具体表现为：①对 K^+、Na^+一价盐基离子和 Ca^{2+}、Mg^{2+}二价盐基离子及其盐类的淋洗淋失；②黏粒向下的淋溶和淀积；③表层和亚表层土壤中的铁在雨季厌氧条件下被还原成亚铁向下淋溶，在淀积层被重新氧化而沉淀包被在土壤结构体的表面，使淀积层土壤具有较强的棕色。

3. 假灰化过程　暗棕壤溶液中来源于有机残落物和矿物质风化产生的游离二氧化硅，以硅酸根离子的形态存在于土壤溶液中，并由于冻结等原因沉淀下来。因此，土壤中常见有无定形的硅酸粉末附着于结构和石块表面，干后使土壤显灰棕色，使土壤呈现"假灰化现象"。

（三）剖面形态

暗棕壤剖面可分成 O-A_h-AB-B-C 等层次。

O 层：枯枝落叶层，厚 4～5cm，主要由针阔乔木、灌木的枯枝落叶和草本植物的残体构成，可见白色菌丝体，疏松，有弹性，向下过渡明显。

A_h 层：腐殖质层，厚 8～15cm，团粒至团块状结构，为棕灰色，壤质，根系密集，有蚯蚓，多虫穴，向下过渡不明显。

AB 层：过渡层，厚度不等，一般小于 20cm，为灰棕色，粒状结构，壤质。与腐殖质层相比较为紧实，向下过渡不明显。

B 层：淀积层，厚度为 30～40cm，为棕色，核状至块状结构，质地黏重紧实，在结构体表面有不明显的铁锰胶膜。

C 层：母质层，为棕色，半风化石砾很多，结构不明显，石砾表面可见铁锰胶膜。

（四）主要理化性质

暗棕壤质地较轻，一般为砂质壤土，表土容重小，孔隙度较大，通透性良好，易于耕作，但保水供水性差，易受旱灾。由于有淋溶作用，因此黏粒向下移动，在淀积层略有增加。腐殖质层有机质含量为 50～100g/kg，向下锐减。表层胡敏酸多，而向下富里酸渐增。暗棕壤一般呈酸性，pH 为 5.0～6.5。代换性阳离子以 Ca^{2+}、Mg^{2+} 为主，含少量 H^+、Al^{3+}，阳离子交换量为 25～35cmol（＋）/kg。盐基饱和度表层最高，可达 60%～80%。剖面自上而下，代换性氢、代换性铝增加，酸性增强，盐基饱和度降低。黏土矿物以水云母为主，伴有蛭石，高岭石、蒙脱石较少。

第二节　棕壤和褐土

棕壤与褐土是分布于我国暖温带的湿润与半湿润地区的地带性土壤，自然景观分别是落叶阔叶林与森林灌木。

一、棕壤

（一）棕壤的分布与形成条件

棕壤在我国辽东半岛、山东半岛、河北东部分布较为集中。此外，在半湿润半干旱地区的山地，如燕山、太行山、嵩山、秦岭、伏牛山、吕梁山和中条山的垂直带谱的褐土或淋溶土之上，以及南部黄棕壤地区的山地上部有棕壤分布。气候条件属暖温带湿润季风气候，夏季暖热多雨，冬季寒冷干旱，年均气温为 8～12℃，≥10℃积温为 3200～4500℃，无霜期为 120～220d，年降水量为 600～1200mm，干燥度为 0.5～1.0。自然植被主要是以辽东栎为代表的落叶阔叶林，间有针阔叶混交林，但原生植被多不复存在，而为天然次生林和人工林所代替，以栎属和松属为主，其中有人工栎、蒙古栎、麻栎、油松、赤松等，也有人工栽培的落叶松和红松等。棕壤所处地形主要为低山丘陵。成土母质多为花岗岩、片麻岩及砂页岩的残积坡积物或厚层洪积物。棕壤地区是农业、林业、果木、柞蚕、药材的重要生产基地。

（二）成土过程

棕壤的形成过程有明显的淋溶作用、黏化作用和较强烈的生物积累作用。

1. 淋溶作用　棕壤在风化过程和有机质矿化过程中形成的一价（Na^+、K^+）矿质盐类均已淋失，二价（Ca^{2+}、Mg^{2+}）盐类除被土壤胶体吸附外，游离态的大部分淋失，故土壤一般呈中性偏酸，无石灰反应，盐基不饱和。高价的铁、铝和锰则有部分游离，铁、锰游离度分别为25%～30%和50%～70%，并有明显淋溶淀积现象，在剖面的中、下部结构体表面呈棕黑色铁锰胶膜形态。

2. 黏化作用　棕壤的黏化作用一般以淋移淀积黏化为主，残积黏化为辅。淋移淀积黏化是风化和成土作用形成的黏粒矿物，分散于土壤的水分中成为悬液，沿结构间的缝隙或其他大的孔隙随水向下迁移，至一定深度，因物理和化学原因在下层积聚，形成了黏化层。

3. 生物积累作用　棕壤在湿润气候条件和森林植被下，生物积累作用较强。棕壤虽然因淋溶作用而矿质营养元素淋失较多，但由于阔叶林的存在，以枯枝落叶形式向土壤归还CaO、MgO等盐基较多，可以不断补充淋失的盐基，并中和部分有机酸，因此使土壤呈中性和微酸性，而没有灰化特征。生物循环使土壤表层发生复盐基过程，从而使土壤上层的交换性盐基总量、盐基饱和度及钙、镁等盐基物质的含量都显著高于下层，表现明显的盐基生物富集或表聚作用。

（三）剖面形态

棕壤剖面的基本层次构造是$O-A-B_t-C$。

O层：枯枝落叶层，厚度为2～10cm，不明显，开垦以后即消失。

A层：腐殖质层，一般厚度为15～25cm，暗棕色，有机质含量为1%～3%，多为细砂壤土，粒状或屑粒结构，疏松、根多、无石灰反应。

B_t层：黏化淀积层，厚度为50～80cm，干时亮棕色，湿时暗棕，质地为壤土至黏壤土，棱块状结构，紧实，根系少，结构体表层有黏粒胶膜和铁锰胶膜，无石灰反应。

C层：母质层，因母质类型不同而有较大差异，但多是石灰性母质。

（四）主要理化性质

棕壤质地因母质类型不同而变化较大。黏土矿物以水云母、蛭石为主，还有一定量的蒙脱石、高岭石、绿泥石。发育良好的土壤，特别是发育于黄土状母质上的棕壤，质地细，萎蔫系数高，达到10%左右，田间持水量高，达25%～30%，保水性能好，抗旱能力强。棕壤的透水性较差，尤其是经长期耕作后形成较紧的犁底层，透水性更差。棕壤表层有机质含量高，在良好的森林植被下，有机质含量为8%以上，高者可达15%。全氮含量较高，达2.4～4.5g/kg。腐殖质组成以富里酸为主，HA/FA为0.6～0.8。土壤阳离子交换量为15～30cmol（＋）/kg，交换性盐基以Ca^{2+}为主，其次为Mg^{2+}，而Na^+、K^+甚少，盐基饱和度在70%以上。棕壤全剖面没有石灰反应，土壤呈中性至微酸性，pH为5.5～7.0。

二、褐土

（一）褐土的分布与形成条件

褐土主要分布于北纬34°～40°，东经103°～122°，即北起燕山、太行山山前地带，东抵泰山、沂山山地的西北部和西南部的山前低丘，西至晋东南和陕西关中盆地，南抵秦岭北麓及黄河一线。气候条件属于暖温带半湿润大陆性季风气候，年平均气温为 $10\sim14℃$，降水量为 $500\sim800mm$，蒸发量为 $1500\sim2000mm$，干燥度为 $1.3\sim1.5$。自然植被包括以辽东栎、洋槐、柏树等为代表的森林，以及酸枣、荆条、茅草为代表的灌木草原。我国褐土多发育在各种碳酸盐母质上。褐土是我国北方的小麦、玉米、棉花、苹果的主要产区，一般两年三熟或一年两熟。

（二）成土过程

1. 干旱的残落物腐殖质积累过程　森林与灌木草原的干旱残落物在其腐解与腐殖质积聚过程中有两个突出特点。第一是残落物均以干燥的落叶而疏松地覆于地表，以机械摩擦破碎和好氧分解为主，所以积累的土壤腐殖质少，腐殖质类型主要为胡敏酸；第二是残落物中含 CaO 丰富（$20\sim50g/kg$），仅次于硅（$100\sim200g/kg$），所以生物归还率可高达 $75\%\sim250\%$，保证了土壤风化中钙的部分淋溶补偿，甚至产生了部分表层复钙现象。

2. 碳酸钙的淋溶与淀积　在半湿润条件下，原生矿物的风化首先开始于大量的脱钙阶段。这个风化阶段的元素迁移特点是 CaO、MgO 大于 SiO_2 和 R_2O_3 的迁移。但由于降水量小并且干旱季节较长，CO_2 分压随着土层深度的增大而下降，到达一定深度后，CO_2 的量即少到可导致土体水流中带有的 $Ca（HCO_3）_2$ 生成 $CaCO_3$ 而沉淀，这种淀积深度一般与其降水量成正比。

3. 黏化作用　褐土的形成过程中，由于所处温暖季节较长，气温较高，土体又处于碳酸盐淋移状态，在水热条件适宜的相对湿润季节，土体风化强烈，原生矿物不断蚀变，就地风化形成黏粒，致使剖面中下部土层里的黏粒含量明显增多。在频繁的干湿交替作用下，发生干缩与湿胀，有利于黏粒悬浮液向下迁移，并在结构体面上与孔隙面上淀积。因此出现残积黏化与悬移黏化两种黏化特征。

（三）剖面形态

褐土典型的剖面构型为 $A-B_t-C_k$ 或 $A-B_t-C$ 等。

A 层：腐殖质层，一般厚度为 $20\sim30cm$，暗棕色，腐殖质含量为 $10\sim30g/kg$。一般质地为轻壤，多为粒状至细核状结构，疏松，根系较多，向下逐渐过渡。

B_t 层：黏化淀积层，厚度为 $30\sim50cm$，棕褐色。质地一般中壤至重壤，多具块状或棱块状结构，较紧实。通常有石灰质假菌丝状新生体，土壤石灰反应中等，中性至微碱性。

C 层：根据母质类型不同而有较大的变异。

（四）主要理化性质

褐土剖面的机械组成一般为轻壤至中壤。其黏土矿物以水化云母和蛭石为主，蒙脱石次之。一般表层容重为 $1.3g/cm^3$ 左右，底层为 $1.4\sim1.6g/cm^3$。褐土有机质含量较低，一般为 $10\sim20g/kg$，HA/FA 为 $0.8\sim1.0$。褐土的全氮含量为 $0.7\sim1.3g/kg$，碱解氮含量为 $60\sim100mg/kg$，供氮能力属中等水平；磷的有效形态含量低，一般水溶性磷为 $10mg/kg$ 左右；钾比较丰富，有效钾在 $100mg/kg$ 以上。一般全剖面的盐基饱和度大于 80%，阳离子交换量为 $7\sim17cmol（＋）/kg$，pH 为 $7.0\sim8.2$。

第三节　黄棕壤和黄褐土

黄棕壤与黄褐土是北亚热带湿润地区的常绿阔叶林与落叶阔叶林下的淋溶土壤，主要分布于中国黄河以南长江以北、北纬 $27°\sim33°$ 的东西窄长地带，也分布于苏、皖长江两侧和浙北低山、丘陵、阶地及赣北、鄂北海拔 1100～1800m 的中山上部，以及川、滇、黔、桂等地区的中山垂直带。是中国一年两熟的小麦、玉米、棉花与水稻的著名产区。

在土壤形成和土壤风化方面，属于温带棕壤、褐土与亚热带黄壤、红壤之间的过渡性土壤；原生矿物分解比较强烈，易形成次生黏土矿物，有明显的黏化作用和强富铝化作用，铁、锰易发生淋溶与淀积。由于气候特征具有自温带向亚热带的过渡性，分类命名有过许多变动。20 世纪 50 年代中期，苏联土壤学家格拉西莫夫在中国南京进行土壤考察时，认为它是处于褐土与黄壤、红壤之间的过渡地带，具有褐土黏化与黄壤（红壤）铁锰化合物含量较高的特征而命名为黄褐土。1957 年，马溶之等根据对安徽黄山的土壤研究，提出了黄棕壤的概念。此后经过很多土壤学家的研究，全国土壤普查修订的分类系统确定黄棕壤与黄褐土为湿暖淋溶土亚纲的两个土类，一般黄棕壤比黄褐土的淋溶程度大，分布于该土壤类型的东部和较湿润的地区。

一、黄棕壤

（一）黄棕壤的分布与形成条件

黄棕壤主要分布区为北起秦岭—淮河，南到大巴山和长江，西自青藏高原东南边缘，东抵沿海，以长江下游的苏、皖、鄂等地的低山丘陵区分布较集中。气候条件属北亚热带湿润气候，夏季高温多雨，冬季低温时间不长，年平均气温为 14～16℃，≥10℃积温为 4250～5300℃，无霜期为 220～250d；年降水量为 1000～1500mm，干燥度小于 1.0。地貌类型主要是丘陵、阶地等排水条件较好的部位。母质则为花岗岩、片麻岩、玄武岩、石英岩、安山岩、砂岩、页岩、砂页岩等风化物的残积物和坡积物，以及第四纪晚更新世的下蜀黄土。自然植被为常绿阔叶或落叶阔叶林，主要落叶树种有栓皮栎、麻栎等，常绿树种为耐寒的石栎、冬青、水青冈、女贞、石楠、山胡椒、竹等，还有马尾松、杉等亚热带针叶林。农业利用以旱作与水稻为主，是中国重要的粮食、茶叶与蚕桑的生产基地。

（二）成土过程

黄棕壤是北亚热带湿润气候、常绿阔叶与落叶阔叶林下形成的具有弱富铝化、明显黏化和腐殖质积累特征的淋溶土壤，具有暗色但有机质含量不高的腐殖质表层和亮棕色黏化 B 层，通体无石灰反应，微酸性。在地理发生上属于红黄壤与棕壤之间的过渡性土壤。

1. 腐殖质积累过程　　黄棕壤是在北亚热带生物气候条件下，在温度较高、雨量较多的常绿阔叶或针阔混交林下形成的土壤，生物循环比较强烈，自然植被下形成的枯枝落叶，在地面经微生物分解，可积聚成薄而不连续的残落物质，其下即亮棕色土层，厚度因植被类型而异，一般针叶林下土壤的腐殖质层最薄，阔叶林下居中，而灌丛草类下最厚，腐殖质类型以富里酸为主。

2. 黏化过程　　由于具有较高的温度和雨量，这为其母质风化提供了有利条件，原生矿物变成黏土矿物的过程较快，处于脱钾和脱硅阶段，黏粒含量高，常形成黏重的心土层，甚至形成黏磐。土壤微形态研究表明，孔隙壁有各种形态的纤维光性定向黏粒胶膜和大量铁质淀积胶膜。这说明黄棕壤不但具有残积黏化，而且以淋移黏化过程为主。

3. 弱富铝化过程　　杜乔富尔提出亚热带和热带土壤风化的铁硅铝化、铁红化与铁铝化三个风化相，如果说棕壤化过程相当于铁硅铝化相，则弱富铝化则相近于铁红化阶段，钾矿物快速风化，SiO_2 也开始部分淋溶，并形成 2:1、2:1:1 或 1:1 型的黏土矿物，铁明显释放，形成相当数量的针铁矿或赤铁矿为主的游离氧化铁，因为铁的水化度较高，故颜色较棕，在风化 B 层的游离氧化铁≥20g/kg，残体的游离度≥40%，土体中的铁、锰形成胶膜或结核，聚集在结构体的外围，接近地表的结核较软、易碎，而下层则较坚硬。

（三）剖面形态

黄棕壤的剖面构型为 $O-A_h-B_{ts}-C$。

O 层：在自然植被下为残落物层，其厚度因植被类型而异。一般针叶林下较薄，约 1cm，混交林下较厚，灌丛草类下最厚，可达 10～20cm。

A_h 层：呈红棕色（5YR5/2），或亮棕色（7.5YR5/4）。质地多为壤质土，粒状或团块状结构，疏松，根系多向下逐渐过渡。因利用情况不同，耕种黄棕壤则为耕作表层。

B_{ts} 层：棕色（7.5YR4/6～10YR4/6）心土层是最醒目的，该层虽因母质不同而色泽不一，但一般为棱块状、块状结构，结构面上覆盖有棕色或暗棕色胶膜，或有铁锰结核，由于黏粒的聚集，质地一般较黏重，有的甚至形成黏磐层。

C 层：基岩上发育的黄棕壤，其母质仍带基岩本身的色泽，而下蜀黄土母质上发育的土壤，则呈大块状结构，结构面上有铁锰胶膜，并有少量的灰白色（2.5Y8/1）网纹。现在下蜀黄土母质上发育的土壤称为黄褐土。

（四）主要理化性质

1. 颗粒组成及交换性能　　质地一般为壤土至粉砂黏壤土，但黏化层则多为壤质黏土至粉砂质黏土，黏化率 $B_t/A>1.2$，下蜀黄土上发育的比花岗岩上发育的质地重；块状结构；B 层粉砂与黏粒之比较 A 层小，质地偏黏。黏粒的交换量一般为 30～50cmol（＋）/kg。有效阳离子交换量（ECEC）与黏粒（clay）之比，即 ECEC/clay≥0.25 或 CEC_7/clay≥0.4。

2. 黏粒矿物　　黏粒指示矿物为水云母、蛭石、高岭石等，充分反映了这种风化的过渡特征。但因母质不同，矿物组合也有差异。花岗岩、辉长岩上发育者高岭石含量增加，水云母有所减少；砂页岩所发育者水云母含量最多，高岭石次之；而下蜀黄土上发育者除水云母、蛭石、高岭石外，也有一些蒙脱石和绿泥石。此种矿物组成决定其黏粒硅铝率，一般为2.4～3.0。

3. 化学性质　　不含游离碳酸盐，pH 为 5.0～6.7，盐基饱和度为 30%～75%，交换性盐基以钙镁为主，含有 1～13cmol（＋）/kg 的交换性氢、铝，一般铁的游离度≥40%。

4. 腐殖质与养分　　在北亚热带的生物气候条件下，微生物活动较强，地表常为薄而不连续的残落物质，腐殖质有一定的积聚，林草被覆好的，有机质含量就高，反之则低。有机质含量一般为 30～50g/kg，松林、灌丛及旱地下仅为 15～20g/kg。A 层向下，有机质含量普遍小于 15g/kg，全氮含量一般小于 0.78g/kg，土壤全磷含量多为 0.2～0.4g/kg，全钾含量多在 10g/kg左右，速效磷的含量小于 5mg/kg，速效钾的含量多为 50～100mg/kg。微量元素含量水平则因母质的不同而有一定差异，尤以含钾黑色矿物高的基岩风化物发育的土壤中各种微量元素含量均较高。

二、黄褐土

黄褐土是北亚热带半湿润气候、常绿阔叶与落叶阔叶混交林或针阔混交林下发育于第四纪更新世黄土母质上的淋溶土。黄褐土土体深厚，剖面构型为 $A_h-B_{ts}-C$，B 层中具有棕黑色的铁锰斑块或结核，母质中常有石灰结核，但 B 层无石灰性，pH 为 6.5～7.5。

（一）黄褐土的分布与形成条件

黄褐土主要分布在北亚热带、中亚热带北线，以及暖温带南缘的低山丘陵或岗地。其地域范围大致在秦岭—淮河以南至长江中下游沿岸，与黄棕壤处于同一自然地理区域。据统计，黄褐土总面积为 380.97 万 hm², 以河南和安徽的面积最大, 其次为陕南、鄂北、江苏和川东北; 在赣北九江地区沿长江南岸丘岗地也有小面积分布, 这是黄褐土分布的南界。

黄褐土区年平均气温为 15~17℃, 但年内温度变幅较大, 如冬季常出现 −5℃ 的低温天气, 而 ≥10℃ 的积温则可达 5500℃。年降水量为 800~1200mm, 气候的大陆性有所增加, 表现在自然植被的组成上则是干旱的成分增加。因此, 土壤的淋溶程度有所下降, 母质中可以有残存的砂姜结核。黄褐土虽处于湿热环境, 但黄土为含碳酸钙丰富的地质形成物, 延续了土壤中物质移动与积累, 在剖面深处仍可见石灰结核残存。例如, 在长江下游南京一带的黄褐土中, 于土体的 3~4m 深处可偶见直径约为 5cm 的圆球状石灰结核, 愈向西, 石灰结核愈接近地表, 如陕南可在 1m 深左右见到; 南阳盆地石灰结核接近地表。因此, 曾将黄褐土称为残余碳酸盐黄棕壤; 如果突出反映黏磐特征, 也曾有 "黏磐土" 的命名。

这些土壤特征的获得与黏质黄土母质有密切的关系。黄褐土的成土母质主要是第四纪晚更新世的黏质黄土 (下蜀黄土) 及黄土状物质, 在陕南、豫西和四川还有洪积冲积物、石灰岩残坡积物, 以及含钙质的黄色黏土和红棕色黏土。黄土层均较深厚, 一般为 10~15m, 深厚处可达 30~40m, 在北亚热带组成低丘、缓岗和盆地等主要地貌单元。

由于在这种特定成土母质条件下, 而又处于湿热的北亚热带环境, 东部年平均降水量为 1000mm, 西部逐渐减少, 也有 760~850mm, 因此剖面中的游离碳酸钙已经淋溶, 全剖面无石灰反应, 随之土体强度黏化, 逐步形成厚层黏磐。黄褐土已现弱富铝化, 剖面中游离铁积累, 结构面可见铁锈斑块淀积, 由于这些特征与黄棕壤的性状有某些混淆, 因此在分类命名上出现过多次变动情况。

（二）成土过程

1. 黏化过程　　黄褐土处北亚热带, 但 R_2O_3 没有发生明显的剖面分异, 土壤的风化仍以铁硅铝化的黏化为主。所以, 在 B 层中有黏粒的明显积累, 其黏化过程表现为黏粒的淋溶迁移、遇 B 层的 Ca、Mg 盐基而絮凝淀积, 黏化也来自母质 (下蜀黄土) 的黏粒的残遗特征。总体上, 黄褐土由于土体透性差, 黏粒移动的幅度不大, 细黏粒与总黏粒之比 (<0.2μm/<2μm) 在层次间分异不太明显, 微形态薄片中仅见少量老化淀积黏粒体, 因此黄褐土中黏粒含量、层次分化及黏磐层的出现大部分受母质残遗特性的影响。

2. 弱富铝化过程　　含钾矿物快速风化, SiO_2 也开始部分淋溶, 并形成 2:1、2:1:1 或 1:1 型的黏土矿物。黏粒的硅铝率低于褐土, 略高于黄棕壤, 而明显高于红壤。

3. 铁锰的淋淀过程　　矿物风化形成次生黏土矿物的过程中, 铁锰变价元素被释放所形成的氧化物在土壤湿润时被还原为可溶性的低价化合物而随下渗水移动, 土壤干旱失水后便重新氧化成高价铁锰化合物在土体一定深度淀积下来。因低价铁锰多沿裂隙下移, 失水后形成凝胶, 紧贴在结构面上, 表现出暗棕色或红褐色的胶膜, 这种铁锰淀积层往往与黏化层同时出现。也有铁结核出现, 有的为绿豆状软铁子, 有的为比较坚实的硬铁子, 这与淀积的时间长短有关。这种干湿交替自然受季风气候影响, 但黏重的土层造成土体上层滞水也加剧了还原过程。

（三）剖面形态

黄褐土土体深厚, 具有 A_h-B_{ts}-C 的剖面发育特征。

A_h 层: 一般厚度为 20~25cm, 呈亮棕色 (7.5YR5/4), 块状结构, 质地为壤土至粉砂黏壤土, 植物根系较多, 疏松, 有少量铁锰结核, 与下层呈平直状模糊过渡。

B_{ts} 层: 暗棕色 (10YR4/3), 棱块状结构, 表面覆着非常暗的棕色 (7.5YR2/2) 铁锰黏粒胶膜，内部夹有铁子，质地一般为壤质黏土至粉砂质黏土，黏重滞水，透水率＜1mm/min，孔隙壁有少量纤维状光性定向黏粒，其量超过 1% 的黏化标准。表土层和亚表土层色泽较暗，屑粒状或小块状结构。

C 层：暗黄橙（7.5YR6/8），常出现砂姜体，呈零星或成层分布，大小形状不一，还有的呈钙包铁或呈中空的方解石晶体。

全剖面一般无石灰反应，土壤呈中性至偏微碱性。黄褐土的形态特征表现在不同土地利用强度上也有一定的差异。大部分岗顶、坡地上的耕种黄褐土，均有程度不同的水土流失，加之耕作管理粗放，土壤熟化度不高，有机质含量比一般林草地土壤少，由 15～20g/kg 降低到 10g/kg 左右，颜色由暗变淡，土体也趋紧实。相反，地形平缓地段及庄户地或菜园地，灌溉、施肥、耕作条件较好的黄褐土，熟土层增厚，色泽深暗，理化性质及营养状况有显著改善。

（四）主要理化性质

1. **颗粒组成与主要水分物理特性**　黄褐土全剖面质地层间变化不大。由下蜀黄土发育的土壤，质地为壤质黏土至黏土，小于 0.002mm 黏粒的含量为 25%～45%，粉砂粒（0.02～0.002mm）含量为 30%～40%。黏粒在 B 层淀积，含量明显增高，一般均超过 30%，高者可达 40% 以上。表土层和底土层质地稍轻，尤其是受耕作影响较深的土壤和白浆化（漂洗）黄褐土，表土质地更轻，多为黏壤土，甚至壤土。底土色泽稍浅于心土，质地也略轻于心土，仍有较多老化的棕黑色铁锰斑和结核。向下更深部位可出现石灰结核和暗色铁锰斑与灰色或黄白色相间的枝状网纹。

黄褐土土壤凋萎含水量与黏粒含量呈正相关。下部土层的物理性黏粒含量较上部土层的高，因此田间持水量较上部土层小，凋萎含水量却增大，土壤有效水降低到田间持水量（200～300g/kg）的 50% 以下，并随剖面深度有逐渐降低的趋势。由于黏化层或黏磐层的存在，土体透水性差，导致季节性易旱易涝的不良水分物理特性。

2. **主要化学性质**　黄褐土全剖面无游离碳酸钙，含少量氧化钙。土壤盐基交换量为 17～27cmol（＋）/kg，黏粒交换量＞40cmol（＋）/kg，其中以交换性钙和镁为主，占盐基总量的 80% 以上，含微量甚至不含交换性氯和铝。土壤呈中性，pH 为 6.5～7.5，盐基饱和度 ≥80%，自上而下增高，这些特性明显区别于同一地带的黄棕壤。

第四节　红壤和黄壤

红壤、黄壤、砖红壤和赤红壤统称为铁铝性土壤。铁铝土是湿润热带、亚热带的主要土壤类型。其共性是：发生强烈的脱硅富铝化过程，土壤中矿物经强烈的化学分解，盐基淋失，二氧化硅也从矿物晶格中被部分析出遭受淋失；相应的铁、铝氧化物明显富集，形成 pH 为 4.5～5.5 的铁铝土。

铁铝土的色泽呈红色、暗红色或黄色。红色土壤中原生矿物被强烈风化、盐基被大量淋失，氧化铁经游离、脱水，形成红色氧化铁（赤铁矿）包被于土壤黏粒表面或形成铁质结核，甚至胶结成磐，这是铁铝土富铁化的具体表现，或称为红化作用。至于黄色的铁铝土土类，其经常处于更为湿润的环境，促使氧化铁水化呈结晶态针铁矿，土体呈黄色。铁铝土中，富铁化的红色土壤，其黏粒矿物除多高岭石和氧化铁外，还含有伊利石，处于中度风化阶段，称为红壤。而中度风化的黄色铁铝土，有时黏粒矿物中还含有一定的三水铝石，大部分铁、铝氧化物以结晶态的针铁矿为主，这类土壤称为黄壤。但在湿润热带强富铝风化下，高岭石也被分解成三水铝石，含大量的游离氧化铁，这种强度风化的铁铝土通常称为砖红壤。

铁铝土纲中，除把上述砖红壤和红壤明确分为两个独立的土类外，还分出其中一个过渡性土壤——赤红壤，主要分布于南海沿岸高阶地与丘岗上。赤红壤比红壤的富铝化风化程度高，而比砖红壤略低。其黏粒矿物组成以结晶良好的高岭石占首位，同时含有少量水云母与三水铝石，这一点与红壤性状有明显差别，赤红壤这一过渡类型之所以能成为独立土类的原因，除上述性质与砖红壤、红壤有差别外，还考虑其生态因素与上述两个土类有明显差异。砖红壤形成于茂密而多层的热带雨林下，具有高度富铝化特征，可种植三叶橡胶及多种热带经济作物和水果；红壤形成于亚热带常绿阔叶林植被下，具有中度富铝化特征；而赤红壤形成于南亚热带季雨林下，具有明显由热带雨林向亚热带常绿阔叶林的过渡性植被下，如原生荔枝、龙眼成为本土类的地区性名产植被，也生长着较红壤上更多种的经济林木，但不能大面积种植橡胶，只有局部向阳背风的沟谷中，橡胶才能成活。但在红壤地区无荔枝、龙眼等的种植。

一、红壤

红壤是在中亚热带湿热气候、常绿阔叶林植被条件下，发生中度脱硅富铁铝化过程和生物富集作用下发育而成的呈红色、铁铝富集、酸性、盐基高度不饱和的铁铝土。

（一）红壤的分布与形成条件

红壤是中国铁铝土纲中位居最北、分布面积最广的土类，主要分布在长江以南广阔的低山丘陵区，其范围在北纬24°～32°。包括江西、福建、浙江的大部分，广东、广西、云南等省（自治区）的北部，以及江苏、安徽、湖南、湖北、贵州、四川和西藏等省（自治区）的南部，涉及13个省（自治区）。其中江西、湖南两省分布最广。

红壤地区属于中亚热带季风气候，年平均气温为16～20℃，≥10℃的积温为5000～6500℃，无霜期为240～350d，年降水量为1200～2500mm，多集中在下半年，干湿季明显，干燥度<1.0。其代表性植被为常绿阔叶林，主要由壳斗科、樟科、山茶科、冬青、山矾科、木兰科等构成，此外尚有竹类、藤本、蕨类植物，一般低山浅丘多稀树灌丛及禾本科草类，少数为马尾松、杉木和云南松组成的次生林。成土母质主要有第四纪红色黏土、第三纪红色砂岩、花岗岩、流纹岩、石灰岩、玄武岩等风化物，且较深厚。

（二）成土过程

红壤是在脱硅富铁铝化和生物富集过程相互作用下形成的。

1. **脱硅富铁铝化过程** 在中亚热带生物气候条件下，土壤发生脱硅富铁铝化过程。表现在土体中的硅酸盐矿物受强烈分解的同时，盐基和硅不断淋失，而铁、铝等的氧化物则明显聚集（图7-1），黏粒和次生矿物不断形成。据湖南省永州市零陵区的调查，红壤风化过程中硅的迁移量达20%～80%，钙的迁移量达77%～99%，镁的迁移量50%～80%，钠的迁移量40%～80%，铁、铝则有数倍的相对富集。红壤这种脱硅富铁铝化过程是红壤形成的一种地球化学过程，受风化过程中风化液的pH作用（图7-2）。

2. **生物富集过程** 在中亚热带常绿阔叶林的作用下，红壤中物质的生物循环过程十分强烈，生物和土壤之间物质和能量的转化与交换极其快速，表现特点是在土壤中形成了大量的凋落物和加速了养分的循环和周转。在中亚热带高温多雨条件下，常绿阔叶林每年有大量有机质归还土壤。我国红壤地区，不同植被对元素吸收与归还的情况不同。竹林对硅的归还率最高，其次为常绿阔叶林和马尾松林，而杉木最低。常绿阔叶林和杉木林对钙镁的生物归还率较高（表7-1）。同时，土壤中的微生物也可以极快的速度矿化分解凋落物，使各种元素进入土

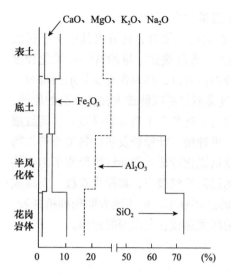

图 7-1　红壤 - 半风化体 - 母岩的地球化学特
征图解（广东五指山）

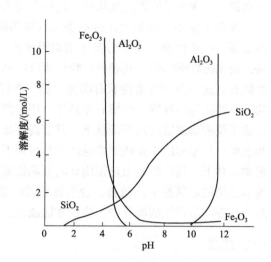

图 7-2　硅、铁、铝氧化物的溶解度与 pH 的关系

壤，从而大大加速了生物和土壤的养分循环并维持较高水平而表现强烈的生物富集作用，丰富
了土壤养分物质来源，促进了土壤肥力发展。

表 7-1　不同植被下红壤的生物归还率

植被	地点	项目	SiO_2	Al_2O_3	Fe_2O_3	CaO	MgO	K_2O	Na_2O
常绿阔叶林	广东仁化	残落物化学组成（g/kg）	35.7	3.2	0.5	10.8	5.9	1.6	0.3
		表土化学组成（g/kg）	595.5	197.5	—	1	2.2	43.9	—
		生物归还率（%）	6	2	—	1080	268	4	—
常绿阔叶林	云南昆明	残落物化学组成（g/kg）	21.8	3.7	1.8	16.6	1.1	1.4	0.1
		表土化学组成（g/kg）	721.3	128	51.2	7.6	0.5	15.4	—
		生物归还率（%）	3	3	4	218	220	9	—
马尾松林	广东梅州	残落物化学组成（g/kg）	37.2	8.7	0.4	0.1	0.5	痕迹	0.1
		表土化学组成（g/kg）	465.3	250.5	150	2.1	1.5	7.2	1.6
		生物归还率（%）	8	3	<1	5	33	—	6
杉木林	广东龙津	残落物化学组成（g/kg）	4.1	1.4	0.4	13.5	8.3	0.8	0.3
		表土化学组成（g/kg）	608.9	118	—	1.1	1.5	18.8	2.4
		生物归还率（%）	<1	1	—	1227	553	4	13
竹林	广西凌乐	残落物化学组成（g/kg）	55.3	0.1	0.1	1.3	3.9	0.7	0.1
		表土化学组成（g/kg）	541.5	181.8	76.1	1	5.8	3.3	1.2
		生物归还率（%）	10	<1	<1	130	67	21	8

注：生物归还率＝残落物化学组成 ×100/ 表土化学组成

（三）剖面形态

红壤的典型土体构型为 A_h-B_s-C_{sq} 或 A_h-B_s-B_{sv}-C_{sv}（C_{sq} 为次生硅积聚层），红壤剖面以均匀的红色（10R5/8）为主要特征。

A_h 层：为腐殖质层，一般厚度为 20～40cm，暗红色（10Y3/3），植被受到破坏后厚度只有 10～20cm。

B_s 层：为铁铝淀积层，厚度为 0.5～2m，呈红色（10R5/8 至 10R5/6），紧实黏重，呈核块状结构，常有铁锰胶膜和胶结层出现，因而分化为铁铝淋溶淀积层（B_s）与网纹层（B_{sv}）等亚层。

C_{sv} 层：包括红色风化壳和各种岩石风化物，在淀积层（B）之下，淡红色（10YR7/8）与灰白色（10Y5/1）相互交织成网纹层。

关于 C_{sv} 的成因，有两种解释：①地下水升降使铁质氧化物氧化和还原交替而凝聚淀积而成；②在红色土层内，水分沿裂隙流动使铁、锰还原流失形成红色、灰白色条纹斑块而成。

（四）主要理化性质

1. **质地较黏重，土壤物理性质不良** 红壤黏粒的含量高达 30% 以上，以壤质黏土为主。质地也与母质有关，石灰岩发育的土壤黏粒含量为 46%～85%，第四纪红色黏土上发育的土壤黏粒含量为 43%～52%，玄武岩发育的红壤黏粒含量超过 60%，其他母质发育的红壤质地黏重程度大小依次为板岩与页岩、凝灰岩、花岗岩、砂岩与石英砂岩。一般粉砂（0.02～0.002mm）代表未遭风化的原生矿物土粒，而黏粒（<0.002mm）则代表风化成土过程中比较稳定的次生矿物，粉/黏愈小，土壤风化度愈高。

由于红壤中黏粒含量较高，有机质含量一般偏低，而且黏土矿物中以高岭石为主，并含有发亮胶结性较强的氧化铁和氧化铝，因此红壤的孔隙度低、容重大。红壤胀缩性大，吸水膨胀呈糊状，阻滞水分下渗，既减少土壤储水量，又造成地面径流增加，因而红壤具有田间持水量小、萎蔫系数大、有效水范围很窄等不良土壤水分物理性质。"天雨一包脓，天晴一块铜"，正反映了红壤土质黏实板结的特性。

2. **红壤呈酸性、强酸性反应** 红壤心土的 pH 为 4.2～5.9，底土的 pH 为 4.0。红壤交换性铝可达 2～6cmol（＋）/kg，占潜性酸的 80%～95% 或以上。由于大量盐基淋失，盐基饱和度很低，以有效阳离子交换量计算的盐基饱和度低于 25%。

3. **养分含量低** 土壤养分含量低是红壤的重要农业化学特性。红壤有机质含量通常在 20g/kg 以下，表层有机质含量多为 10～50g/kg，侵蚀严重地段的有机质含量低于 10g/kg。腐殖质中 HA/FA 为 0.3～0.4，胡敏酸分子结构简单、分散性强、不易絮凝，故红壤水稳性结构体少，但因含铁铝氢氧化物胶体，临时性微团聚体较多。

红壤磷素含量很低，全磷含量为 0.66g/kg，有效磷平均含量仅 3.3mg/kg，处于严重缺磷状态。红壤中全钾含量均在 20g/kg 以下，平均为 17.1g/kg。缓效钾含量为 242mg/kg，速效钾含量仅 87mg/kg。因而从植物生长发育需要情况来看，缺钾情况普遍。红壤中微量元素含量，据56 个主要剖面统计，表层土壤微量元素平均有效含量，硼为 0.26mg/kg，锌为 0.65mg/kg，钼为 0.23mg/kg，锰为 19.61mg/kg，铜为 0.44mg/kg，铁为 27.3mg/kg。由此可见，红壤中钼、铜和铁的有效含量超过临界值，而硼和锌的有效含量都在缺乏范围之内。因而，对敏感作物而言，均有不同程度的缺素症状。

4. **黏土矿物组成与阳离子交换性能** 红壤黏粒的 SiO_2/Al_2O_3 为 2.0～2.7（表 7-2），黏土矿物以高岭石为主，一般可占总量的 80%～85%；赤铁矿占 5%～10%；少量蛭石、水云母，少见三水铝石。阳离子交换量为 15～25cmol（＋）/kg；与氢氧化铁结合的 SO_4^{2-} 或 PO_4^{3-} 可达 100～150cmol（＋）/kg，表现对磷的固定较强。红壤的有效阳离子交换量（ECEC）很低，仅为 6.57cmol（＋）/kg。这是因为红壤的黏粒矿物以负电荷较少的高岭石为主，加之铁氧化物和铝氧化物包被了层状硅酸盐，导致有效阳离子交换量低。

表 7-2 红壤亚类淀积层黏粒硅铝率和硅铝铁率

母质	SiO$_2$/（g/kg）	Al$_2$O$_3$/（g/kg）	Fe$_2$O$_3$/（g/kg）	SiO$_2$/Al$_2$O$_3$	SiO$_2$/R$_2$O$_3$
石灰岩风化物（2）	404.6	289.3	134.8	2.39	1.84
玄武岩风化物（1）	358.8	282.0	161.5	2.30	1.70
凝灰岩风化物（4）	385.3	298.2	96.8	2.19	1.81
紫色、红色砂岩风化物（3）	422.3	299.7	112.8	2.42	1.95
板岩、泥岩、砂岩风化物（6）	441.5	287.2	102.2	2.64	2.15
砂岩、石英岩风化物（4）	399.4	294.3	132.1	2.33	1.82
第四纪红色黏土（7）	424.3	298.8	117.8	2.47	1.97
花岗岩风化物（13）	375.1	323.6	109.7	2.05	1.64

注：括号内数字为样品数

根据成土条件、附加成土过程、属性及其利用特点，红壤划分为红壤、黄红壤、棕红壤、山原红壤和红壤性土 5 个亚类。

二、黄壤

（一）黄壤的分布与形成条件

黄壤广泛分布于中国北纬 30° 附近亚热带、热带山地、高原，总面积为 2324.73 万 km^2，以贵州省最多，有 703.9 万 km^2，占黄壤总面积的 30.28%，四川占 19.45%，云南占 9.87%，湖南占 9.06%，西藏、湖北、江西、广东、海南、广西、福建、浙江、安徽等省（自治区）也有分布。

此区年平均气温为 14～16℃，≥10℃ 的积温为 4000～5000℃，年降水量为 2000mm 左右，年降水日数长达 180～300d，日照少（仅 100～1400h/年），云雾大，相对湿度为 70%～80%，属暖热阴湿季风气候，夏无酷暑，冬无严寒。成土母质为酸性结晶岩、砂岩等风化物及部分第四纪红色黏土。植被主要为亚热带湿润常绿阔叶林与湿润常绿落叶阔叶混交林。在生境湿润之处，林内苔藓类与水竹类生长繁茂。主要树种由小叶青冈、小叶栲等各种栲类、樟科、山茶科、冬青、山矾科、木兰科等构成，此外尚有竹类、藤本、蕨类植物。此区大面积均为次生植被，一般为马尾松、杉木、栓皮栎和麻栎等。

（二）成土过程

在潮湿暖热的亚热带常绿阔叶林下，黄壤除普遍具有亚热带、热带土壤所共有的脱硅富铝化过程外，还具有较强的生物富集过程和特有的黄化过程。

1. 黄壤的黄化过程　　这是黄壤独具的特殊成土过程。即由于成土环境相对湿度大，土壤经常保持潮湿，致使土壤中的氧化铁高度水化形成一定量的针铁矿、褐铁矿和以多水氧化铁为主的水合氧化铁矿物，引起土壤颜色变黄，尤以淀积层（B层）的黄色更为鲜艳，并常与有机质结合，导致剖面呈黄色（2.5Y8/6）或蜡黄色（5Y7/8），其中尤以剖面中部的淀积层明显。这种由于土壤中氧化铁高度水化形成水化氧化铁的化合物致使土壤呈黄色的过程为黄壤的黄化过程。

2. 脱硅富铝化过程　　黄壤在潮湿暖热条件下进行黄化过程的同时，其碱性淋溶较红壤差而具弱度脱硅富铝化过程，但螯合淋溶作用较红壤强。因具有较好的土壤水分条件，淋溶作用较强。

3．生物富集过程　　在潮湿温热的水热条件下，林木生长量大，有机质积累较多，一般在林下有机质层厚度可达 20～30cm，有机质含量一般为 50～100g/kg，高者可达 100～200g/kg。因螯合淋溶，甚至在 5m 处有机质含量仍可达 10g/kg 左右，但在林被破坏或耕垦后，有机质含量则急剧下降至 10～30g/kg。又因土壤滞水而通气不良，有机质矿化程度较红壤差，故腐殖质积累比红壤强。

（三）剖面形态

黄壤的剖面形态为 O-A$_h$-AB$_s$-B$_s$-C。黄壤的基本发生层仍为腐殖质层和铁铝聚积层，其中最具标志性的特征乃是其铁铝聚积层，因"黄化"和弱富铝化过程而呈现鲜艳黄色或蜡黄色。其典型剖面形态如下。

O 层：枯枝落叶层，厚 10～20cm，受到不同程度的分解。

A 层：为暗灰棕（5YR4/2）至淡黑（5Y3/1）的富铝化的腐殖质层（A$_h$），厚 10～30cm，具核状或团块状结构，动物活动强烈。AB$_s$ 是过渡性亚层。

B 层：呈鲜艳黄色或蜡黄色的铁铝聚积层，厚 15～60cm，较黏重，块状结构，结构面上有带光泽的胶膜，为黄壤的独特土层，用 B$_s$ 表征此层特征。

C 层：多保留母岩色泽的母质层，色泽混杂不一。

旱地土壤典型剖面构型为 A-B-C，表层为耕作层（A）；其下为心土层（B），也称为淀积层；再下为底土（C），即母质层，与自然土壤的母质层相似。

（四）主要理化性质

1）因富铝化过程较弱，黏粒硅铝率为 2.0～2.5，硅铝铁率为 2.0 左右；黏土矿物以蛭石为主，高岭石、伊利石次之，也有少量三水铝石出现。

2）因黄化和弱富铝化过程，土体呈黄色而独具鲜黄铁铝 B 层。

3）由于中度风化和强度淋溶，黄壤呈酸性至强酸性反应，pH 为 4.5～5.5。交换性酸为 5～10cmol（＋）/kg，最高达 17cmol（＋）/kg；交换性酸以活性铝为主，交换性铝占交换性酸的 88%～99%。土壤交换性盐基含量低，B 层盐基饱和度小于 35%；开垦耕种后的黄壤盐基饱和度提高，表层可达到 100%。

4）因湿度大，黄壤表层有机质含量可达 50～200g/kg，较红壤高 1～2 倍，且螯合淋溶较强，表层以下淀积层也在 10g/kg 左右；腐殖质组成以富里酸为主，HA/FA 为 0.3～0.5；开垦耕种后表层有机质含量可急剧下降至 20～30g/kg，而盐基饱和度和酸碱度均相应提高。

5）黄壤质地一般较黏重，多黏土、黏壤土，加上有机质含量高，阳离子交换量可达 20～40cmol（＋）/kg。

依据特定成土条件的变异和附加成土过程，黄壤可继续分为黄壤、表潜黄壤、漂洗黄壤和黄壤性土四个亚类。

第五节　砖红壤和赤红壤

一、砖红壤

砖红壤是在热带雨林或季雨林下，发生强富铝化和生物富集过程，具有枯枝落叶层、暗红棕（2.5YR3/2）表层和砖红色（10R5/6）铁铝残积层（B）的强酸性的铁铝土。

（一）砖红壤的分布与形成条件

砖红壤是中国最南端热带雨林或季雨林地区的地带性土壤。大致位于北纬 22° 以南地区的低山、丘陵、缓坡台地和阶地上。包括海南岛、雷州半岛，以及广西、云南和台湾南部的部分地区。

砖红壤分布地区地处热带季风气候区，热量丰富，降水集中，干湿季明显。年均气温为 6～21℃，≥10℃积温为 7500～9000℃，年均降水量为 1400～3000mm，降水量集中在 4～10 月，占年降水量的 80% 以上；11 月至翌年 3 月为旱季，降水量占全年降水量的 20% 左右。年蒸发量为 1800～2000mm，相对湿度为 80% 以上。在高温多雨、湿热同季的气候条件下，有利于土壤矿物质的强烈风化和生物物质的迅速循环，从而形成高度富铝化的砖红壤。

成土母质多为数米至十几米的酸性富铝风化壳。母岩为花岗岩、玄武岩和浅海沉积物等。自然植被为热带雨林、季雨林，树冠茂密，林内攀缘植物和附生植物发达，而且有板状根和老茎生花现象，主要树种有黄枝木、荔枝、黄桐、木麻黄、桉树、台湾相思、橡胶、桃金娘、岗松，以及鹧鸪草、知风草等草本植物。砖红壤地区适宜橡胶、椰子、胡椒等生长，是橡胶的主要产区，也是我国发展热带经济作物的重要基地。红壤地区的农作物可一年三熟。

（二）成土过程

砖红壤的形成是强烈脱硅富铝化和活跃的生物富集长期相互作用的结果。因其在热带高温高湿、湿热同季、干湿季明显的气候条件下，上述成土作用更加深刻。

1. 强度脱硅富铝化过程　　脱硅富铝化是砖红壤形成的主要过程。在热带气候条件下，土壤中的原生矿物强烈风化，硅酸盐类矿物分解比较彻底，硅和盐基大量淋失，铁、铝氧化物明显聚集，黏粒和次生矿物不断形成，经长期风化，形成厚度达数米乃至十余米的红色高铝风化体。

砖红壤中硅（SiO_2）的迁移量可高达 80% 以上，最低也在 40% 以上；钙、镁、钾、钠的迁移量最高可达 90% 以上（表 7-3）。由于盐基离子钾、钠、钙、镁等大量淋失，氧化硅则一定程度上也发生淋失，氧化铁和氧化铝则迁移淋失较弱，从而导了铁铝的相对富集，出现了脱硅富铝化过程。表 7-3 显示，硅在土壤垂直剖面上发生了淋溶，而铁和铝的含量则表现为上层高下层低的特点，说明土体表层发生了铁铝富集，铁（Fe_2O_3）的富集系数为 1.9～5.6，铝（Al_2O_3）的富集系数为 1.3～2.0。

表 7-3　砖红壤化学组成与迁移量比较

地点	母岩与地形	标本类别	土体（<1m）及母岩化学组成 /（g/kg）							风化及成土过程中迁移量 /%				
			SiO_2	Al_2O_3	Fe_2O_3	CaO	MgO	K_2O	Na_2O	SiO_2	CaO	MgO	K_2O	Na_2O
海南岛	花岗岩（丘陵）	土壤	602.3	215.5	46.3	痕迹	5.6	36.1	5.5	40.9	100	60.8	39.1	88.4
		风化体	669.2	178.8	30.5	1.8	3.6	40.0	1.6	20.9	93.0	69.1	18.7	96.0
		母岩	669.2	147.8	16.2	21.5	9.7	40.7	32.8	—	—	—	—	—
广东雷州半岛	玄武岩（老阶地）	土壤	355.7	315.3	159.5	痕迹	4.6	1.0	0.8	67.8	100	97.2	93.5	98.9
		风化体	425.5	231.5	157.9	6.2	24.7	5.5	7.8	41.0	99.6	80.4	54.6	86.1
		母岩	492.8	158.3	28.2	88.4	81.3	7.7	35.9	—	—	—	—	—

2. 生物富集过程　　在热带气候条件下，植物生长繁茂，大量凋落物参与土壤物质循环。在热带雨林下的凋落物干物质量每年可高达 $11.55t/km^2$，比温带高 1～2 倍。在大量植物残体中灰分元素占 17%，N 为 1.5%，P_2O_5 为 0.15%，K_2O 为 0.36%。可见，砖红壤地区，植物的凋落物聚集量大，从而提供了土壤物质循环与养分富集的基础。砖红壤由于每年的生物富集量大，归还土壤的灰分元素和氮磷钾等养分也较丰富。以热带雨林和橡胶林的凋落物计，则每

年每公顷通过植物吸收的灰分元素为 600~1800kg，N 为 90~162kg，P_2O_5 为 6.2~16.5kg，K_2O 为 20~55kg，此外还有相应数量的钙、镁、硅、铁、铝等元素。可见，通过活跃的生物物质循环，土壤的生物自肥作用十分强烈，但因其土壤微生物和土壤动物种群丰富，凋落物也易于分解矿化，所以其物质循环具有有机质合成积累快，分解矿化也快的特点。

（三）剖面形态

砖红壤土体构型为 $O-A_h-B_s-C$。

O 层：一般在林下有几厘米的枯枝落叶层。

A_h 层：为腐殖质层，一般厚度为 15~30cm，暗红棕色或暗棕色，屑粒状结构或碎块状结构，疏松、根系多。

B_s 层：为三氧化物和二氧化物聚集层，厚度为 1m 左右，红色或红棕色，块状结构，较紧，具明显暗色胶膜，伴有铁质结核，呈管状、弹丸状或蜂窝状。由砂页岩母质发育的砖红壤，常出现铁子层或铁磐层，此层厚度不一，厚的可达 3~5cm。

C 层：为母质层，夹有岩石碎屑的半风化体。

（四）主要理化性质

1）在铁铝土中，砖红壤的原生矿物分解最彻底，盐基淋失最多，硅迁移量最高，铁铝富集最明显。据海南岛澄迈发育在玄武岩母质上的含量分析结果：钙、镁、钾、钠、氧化物含量都在 7g/kg 以下，铁铝氧化物可达 100~160g/kg 和 200~330g/kg，氧化钛高达 10g/kg 及以上，硅迁移量高达 42%~83%。

2）砖红壤黏粒的硅铝率为 1.5~1.8，硅铝铁率最小，为 1.1~1.5，黏土矿物 63%~80% 为高岭石，其余为三水铝石和赤铁矿。

3）土壤质地黏重，土层（风化层）深厚。黏粒含量多在 50% 以上，且红色风化层可达数米乃至十几米，一般土体厚度多在 3m 以上。

4）强酸性反应。由于盐基大量淋失，交换性盐基只有 0.34~2.6cmol（＋）/kg，土壤有效阳离子交换量低，B 层黏粒的有效阳离子交换量仅为 10.36cmol（＋）/kg 左右，盐基饱和度多在 20% 以下。土中铁铝氧化物多，交换性酸总量为 2.5cmol（＋）/kg 左右，交换性酸以活性铝为主，交换性铝占交换性酸的 90% 以上，土壤呈强酸性，pH 为 4.5~5.4。

5）植被茂密的砖红壤表土有机质含量可达 50g/kg 以上，含氮 1~2g/kg，但腐殖质品质差，HA/FA 为 0.1~0.4，故不能形成水稳性有机团聚体。速效养分含量低，速效磷极缺。

根据砖红壤成土条件、成土过程和过渡性特征，可分为砖红壤、黄色砖红壤两个亚类。

二、赤红壤

赤红壤（latosolic red soil）是南亚热带季雨林下形成的强脱硅富铝化土壤，其盐基淋溶、脱硅富铁铝程度次于砖红壤，强于红壤。赤红壤剖面发育明显，具深厚的红色土层。赤红壤是南亚热带的代表性土壤，具有由红壤向砖红壤过渡的特征。

（一）赤红壤的分布与形成条件

赤红壤主要分布于北纬 22°~25° 的狭长地带，其分布的范围与南亚热带的界线基本吻合。其中包括广东、福建东南部、广西南部和西南部、云南西南部、海南中西部及台湾南部，四川西南部金沙江河谷局部也有赤红壤呈岛状分布。

我国赤红壤分布于北回归线两侧，纬度较低，北与西北两面高山屏障，东南面海，夏季来自海洋的暖湿气流盛行，冬季来自内陆的干冷气团多受高山阻滞而削弱，从而形成冬暖夏热、湿润多雨的优异气候条件，是同一气候带内少有的天然温室。南亚热带季风气候区年均气温为 19～22℃，最冷月均温为 10～15℃，最热月均温为 21.7～28.5℃，≥10℃积温多在 6500～8450℃。年降水量为 1000～2600mm；年蒸发量为 1376～2000mm。无霜期达 350d。干湿季分明，一般 3～9 月为雨季，10 月至翌年 2 月为旱季。年干燥度为 0.37～1.32。由于赤红壤分布地区跨 3 个纬度，加上地形复杂，因此气候的区域性差异较明显。

赤红壤区的原生植被为南亚热带季雨林，植被组成既有热带雨林成分，又有较多的亚热带植物种属。植物种类繁多，结构复杂，林型多具层状性，林冠参差，仍可见热带雨林的板根和茎花现象，以及较多的绞杀植物和附生植物。良好的生物积累为赤红壤开发利用提供了优良的资源基础。

赤红壤地区现有植被结构趋势是自北向南、自东向西热带性种属增多。粤、闽沿海丘陵台地，原生植被破坏殆尽，只能在保存较好的风水林及自然保护区可以看到，其构成的主要树种有红楼、乌来栲、红鳞蒲桃、厚壳桂、硬壳桂、多种杜英、多种冬青、黄杞、黄桐、多毛茜草树、橄榄等，并散生鹅掌柴、多种茜草树、肉实树、狗骨柴、山胡椒等。林下灌木有罗伞树、九节木、鲫鱼胆、多种木姜子、五月茶、柏拉木、粗叶木等。草本层主要有耐阴耐湿而矮小的单叶新月蕨、淡竹叶、华山姜、狗脊蕨、金毛狗、莲座蕨、凤尾蕨、草珊瑚、金粟兰、海芋、山芭蕉等。

赤红壤地区生物资源丰富，是我国热带、亚热带经济林、果、糖、粮的重要生产基地。种植业可一年三熟，甘薯能越冬，多种蔬菜均能在冬季正常生长。水果品种繁多，主要有荔枝、龙眼、香蕉、菠萝、芒果、木瓜、杨桃、番石榴、柚子、柑橘、橄榄、杨梅等热带、亚热带果木。部分地区还可以种植橡胶、咖啡、胡椒、桔梗、砂仁等经济作物。

赤红壤的分布地形主要为低山丘陵，海拔多在 1000m 以下。赤红壤的成土母质类型多样，土壤发育和肥力特性受成土母质影响深刻。总的趋势是从东到西，岩浆成分减少，沉积岩成分增加。东部地区的闽、粤、桂，侵入岩（以花岗岩为主）所占面积比例分别为 75.23%、54.32% 和 56.70%，而泥质岩（包括部分凝灰岩）分布分别占 14.53%、44.86% 和 32.42%。而西部地区的云南西南部则以沉积岩居多，面积比例约为 81%；其中泥质（板）页岩面积占 45.89%，紫色砂页岩占 18.19%，砂页岩占 9.14%，石灰岩占 7.64%，而岩浆岩仅占 15.43%。此外，第四纪红色黏土也有零星分布。

（二）成土过程

赤红壤成土过程的脱硅富铝化作用和生物富集作用强度介于红壤和砖红壤之间。

1. 脱硅富铝化作用　　赤红壤的脱硅富铝化作用较强，在原生矿物风化过程中，随着盐基和硅的氧化物相继淋失，铁、铝、钛等的氧化物则在土壤中相对富集。据统计，赤红壤二氧化硅迁移量为 40%～75%，氧化钙迁移量为 56%～100%，氧化镁迁移量为 30%～97%，氧化钠和氧化钾迁移量分别为 60%～98% 和 46%～97%。其风化淋溶系数多在 0.05～0.15，明显高于砖红壤（<0.05）而低于红壤（>0.15）。铁、铝、钛的氧化物在土体相对富集，尤以淀积层（B 层）含量最高，它们的富集系数（土壤／母岩）分别为 1.06～8.60、1.42～1.99 和 1.17～2.27。在干湿交替条件下，土壤中铁、铝氧化物在一定水分和酸度条件下被溶解而形成游离态氧化物，并随土壤水下渗而移动。在旱季，溶解的铁、铝氧化物又随毛管水向上移动，在一定深度土层中逐步脱水而淀积，因而心土层全铁和游离铁含量均高于上土层和下土层。赤红壤中游离氧化铁绝大部分因脱水而形成各种形态的晶状铁矿物（主要是赤铁矿和针铁矿），晶化度达 70%～95%。随着盐基的淋失，交换性铝逐渐占优势。

在脱硅富铝化过程中，硅酸盐类矿物强烈分解，黏粒及次生矿物不断形成。赤红壤黏粒矿物组成均以结晶良好的高岭石为主，伴有较多铁矿物（主要是针铁矿）、少量水云母及极少三水铝石。高岭石的含量高于红壤而低于砖红壤，表明赤红壤脱硅富铝化过程的强度介于砖红壤和红壤之间。

2. 生物物质循环过程　　赤红壤地区生物与土壤之间的物质和能量的交换较为活跃。据估算，南亚热带次生阔叶林及针叶林下，每年凋落物可达 8.25～10.5t/hm²，每年可归还土壤的灰分元素为 450～570kg/hm²，原始季雨林可达 920kg/hm²，可见生物积累对赤红壤的形成及肥力演变起明显的促进作用。在较好的常绿阔叶林下，土壤有机质含量可达 40g/kg 以上，C/N 为 12～14；而在次生马尾松林下，土壤有机质含量多为 30～40g/kg，C/N 多在 13 以上。

总之，脱硅富铝化过程是形成红色风化壳的基础，而生物富集过程则是在此基础上，促进富铝化土壤物质循环和能量交换的现代化成土作用。这两种成土作用表现程度的强弱直接影响赤红壤的发育性状。

（三）剖面形态

赤红壤的土体构型为 A_h-B_{ts}-C。赤红壤的剖面层次分异明显，具有腐殖质表层（A_h）、铁铝氧化物及黏粒的淀积层（B_{ts}）和母质层（C）。

腐殖质层（A_h）：湿态色调呈棕至棕红色（5YR～7.5YR），亮度为 3～5，彩度为 2～6。因黏粒机械淋移或地表流失，质地稍轻。自然植被下表土结构多为屑粒状或碎块状。

淀积层（B_{ts}）：湿态色调呈棕红至红棕（2.5YR～7.5YR），亮度为 3～5，彩度为 4～8。其色调与黏粒游离铁含量呈显著正相关，与砂／黏呈一定负相关。因黏粒淀积，质地稍黏。淀积层呈块状或棱块状，在结构面和孔壁上常见较多老化扩散凝胶状淀积。微形态观察，多见弯曲短裂隙，少数孔道状孔隙，孔壁与裂隙面有较多老化扩散凝胶状黏粒胶膜淀积，消光微弱，见微弱光性定向黏粒。氧化铁移动淀积较明显，其含量均以淀积层最高，并常有胶膜淀积，有的可见铁质软结核。局部堆积台地和坡麓地带可见各种形状的网纹层、侧向漂洗层、铁磐铁子层。其形成可能与地下水和侧渗水活动有关，并非赤红壤形成过程的特征。

母质层（C）：受母质影响大，色调较复杂，红色（10R）至黄色（2.5Y），但多数与母质近似，亮度及彩度均较 B 层高，有时尚可见红、黄、白色斑块。C 层多块状和弱块状结构，一般没有或有少量胶膜淀积。

（四）主要理化性质

1. 质地不一，表层砂化普遍　　赤红壤颗粒组成受成土母质影响变化较大，玄武岩、第四纪红土、页岩发育的土壤黏粒含量较高，多在 40% 以上，质地多属黏壤土至黏土；花岗岩、红色砂页岩、砂页岩发育的土壤黏粒含量较低，一般不足 30%，质地多属砂壤土至黏壤土，并富含石砾、石英颗粒。

2. 黏粒矿物　　赤红壤的黏粒矿物组成比较简单，主要是高岭石，且多数结晶良好（玄武岩发育的赤红壤结晶较差），伴生黏粒矿物有针铁矿和少量水云母，极少三水铝石。

3. 交换性铝占优势，土壤呈酸性　　多数赤红壤交换性铝占绝对优势。土壤呈酸性反应，水浸 pH 多为 5.0～5.5，盐浸（KCl）pH 多数小于 5.0。

4. 阳离子交换量较低　　各类母质发育的赤红壤，其阳离子交换量的顺序是辉长岩＞泥页岩＞凝灰岩＞第四纪红黏土＞花岗岩。

5. 铁铝氧化物淀积较为明显，游离铁氧化物含量较高　　铁氧化物在剖面中的分异较明显，多数赤红壤全铁、游离铁及晶质铁含量均以心土层（B）最高，表明铁氧化物在此层的淋溶和淀积显著。而活性氧化铁含量及活化度，则均以表土层（A）最高，可能与有机质和水分较多有关。土壤中游离氧化铁的含量，不仅影响着阳离子交换量，还对土壤中磷素的固定起着重要作用。

6. **有机质含量低，矿质养分较贫乏**　在正常情况下，赤红壤区的生物气候条件有利于土壤有机质的积累。但植被遭到不同程度破坏后，生物积累量明显降低，土壤有机质含量普遍下降。赤红壤在成土过程中盐基大量淋失，矿质营养并不丰富。

第六节　黑土、黑钙土和栗钙土、棕钙土和灰钙土

黑土、黑钙土、栗钙土等分布在中温带和暖温带、自东向西由半湿润向半干旱过渡的狭长地带，景观上由草原化草甸向干草原或灌木草原过渡。从广义的范围来说，这些土壤基本上属于草原土壤系列，反映出了草原土壤特征，即有机质含量自表层向下逐渐减少，土体一般均有碳酸盐积聚，且与大气干燥度成正比。地理上包括了东北地区、内蒙古高原与黄土高原，行政区包括黑、吉、内蒙古、辽、陕、晋、陇、新疆等广大的省份和自治区。全国第二次土壤普查分类系统将黑土放入半淋溶土纲，而将黑钙土、栗钙土归入钙质土纲。

棕钙土与灰钙土是荒漠草原（或称半荒漠）下的土壤，棕钙土为中温带荒漠草原下的土壤，灰钙土为暖温带荒漠草原下的土壤，二者同属干旱土纲。

一、黑土

黑土是温带半湿润气候、草原化草甸植被下发育的土壤，是温带森林土壤向草原土壤过渡的一种草原土壤类型。在 1978 年的中国土壤分类中将黑土列入半水成土纲；全国第二次土壤普查则将其划归半淋溶土纲。

（一）地理分布

我国黑土分布在辽宁省、吉林省、黑龙江省中东部广大平原上。美国黑土分布在中部偏北的湿草原带，故称湿草原土。

我国黑土总面积为 734.65 万 hm^2，主要分布在东北平原，北起黑龙江右岸，南至辽宁的昌图，西界直接与松辽平原的草原和盐渍化草甸草原接壤，东界可延伸至小兴安岭和长白山山区的部分山间谷地及三江平原的边缘。大兴安岭东麓山前台地及甘肃的西秦岭、祁连山海拔 2300～3150m 的垂直带上也有分布。

在世界范围内，黑土集中分布于三大片，即北美洲的密西西比河平原、欧洲的乌克兰大平面、中国的东北平原。此外南美洲阿根廷和乌拉圭的潘帕斯大草原，也是世界主要黑土区之一。

（二）成土环境与成土特征

1. **成土环境**　黑土地区年平均气温为 0～6.7℃，年降水量为 500～650mm，土壤冻结深度为 1.1～2.0m，冻结期长达 4 个月以上，一般干燥度≤1。母质为第四纪更新世砂砾黏土层，黏土层厚达 10～40m。黑土多发育在黏土层上部，少数黑土在土体下部可见砂砾层。母质质地黏细，颗粒较均一，以粗粉砂和黏粒为主，具黄土特征，故称为黄土性黏土。黑土区的自然植被为草原化草甸，以杂草类群落（五花草塘）为主，包括菊科、豆科和禾本科等组成植物。植被生长繁茂，覆盖率为 100%。地上部分每亩鲜草重达 705kg，风干重 313kg，根系发达，20cm 土层内的根系每亩积累量为 620kg，100cm 土体内为 874kg。黑土的地下水位较深，一般为 5～20m，地下水矿化度为 0.3～0.7g/L。

2. **成土特征**　黑土的成土过程是由腐殖质积累、淋溶淀积两个具体的过程组成的。

（1）腐殖质积累过程 由于黑土质地黏重，又存在季节性冻层，土壤透水不良，在黑土形成的最活跃时期，降水集中，土壤水分丰富，有时形成上层滞水，在这种条件下，草原化草甸植物生长繁茂，地上及地下有机物年积累量每亩达 1000kg；在漫长而寒冷的冬季，土壤冻结，微生物活动受到抑制，使每年遗留于土壤中的有机物质得不到充分分解而以腐殖质的形态积累于土壤中，从而形成深厚的腐殖质层。垦前黑土表层有机质含量高达 60～80g/kg，氮和灰分元素的积累量也很大，土壤团粒结构发育良好，盐基交换量和盐基饱和度高，养分含量丰富，土壤自然肥力高。

随着生物残体的分解和腐殖质的合成，土壤有机质、营养元素、灰分元素的生物小循环规模是很大的。据黑龙江省农垦九三管理局测定，五花草塘的地上部分有机质积累量（干重）多达 4500kg/hm²；另据调查，地上部分参与生物小循环的灰分元素为 300～400kg/hm²，其中 SiO_2、CaO 的比重较大，由于土壤质地黏重和下部冻层影响，除一小部分随地表水和下渗水流出土体外，绝大部分在土体内 1～3m 间运行，致使黑土养分丰富，代换量高，盐基饱和度大，形成了自然肥力很高的土壤。

黑土在腐殖质积累和灰分元素的生物循环过程中，由于胡敏酸类腐殖质含量高，黏粒和钙离子含量高，自然植物根系发达，因此相应地形成了良好的团粒结构。

（2）淋溶淀积过程 黑土形成的另一个特征是物质的迁移和转化，在临时性滞水和有机质分解产物的影响下，产生还原条件，使土壤中的铁、锰元素发生还原，并随水移动，至干旱期又被氧化淀积，经过长期周期性的氧化还原交替，在土壤孔隙中形成铁锰结核，而在有些土层中尚可见到锈斑和灰斑。土壤一部分铝硅酸盐经水解产生的 SiO_2，也常以 SiO_4^{4-} 溶于土壤溶液中，待水分蒸发后，便以无定形的 SiO_2 白色粉末析出，附于 B 层土壤结构体表面。这些说明黑土具有水成土壤的某些特征，黑土土体中的铁、铝及多种元素在淀积层中有富集的趋势，有些黑土黏粒也有一定下移。

（三）基本性状

1. 形态特征 黑土的剖面构型为 A_h-AB_h-B_{tq}-C。

腐殖质层（A_h）：黑土的腐殖质层较厚，一般为 30～70cm，厚的可达 70～100cm 及以上，呈黑色或灰黑色，土壤结构性良好，大部分为团粒状及团块状结构，尤以生荒黑土的团粒结构更为明显，水稳性也高，土层疏松多孔，植物根系多。

过渡层（AB_h）：厚度不等，一般为 30～50cm，暗灰棕色，黏壤土，小块状结构或核状结构，可见明显的腐殖质舌状淋溶条带，pH 为 6.5～7.0，无石灰反应。

淀积层（B_{tq}）：厚度变化大，一般为 30～50cm，质地稍黏重，呈核状或块状结构，在结构体表面有暗色腐殖质和铁锰胶膜，有时还有二氧化硅白色粉末，此层含有较多的铁锰结核，粒径多在 1mm 左右。

母质层（C）：沉积层理明显，多具黄灰色锈纹和锈斑。

2. 理化性质 黑土的质地比较黏重，均匀一致，大部分为重壤土至轻黏土，但土层下部以轻黏土为主。黏粒在剖面中有较明显的分异，形成褐色胶膜的黏化层，但在形态上有别于暗棕壤、棕壤那样鲜明的棕色黏化层。地形部位不同，土壤质地也略有差异。黑土具有良好的团粒结构。团聚体总量较高，大于 0.25mm 的团聚体在荒地 50cm 以上土层中可达 60% 以上，因此黑土质地尽管黏重，在 50cm 以上的土层仍较疏松。

黑土有机质含量相当丰富，表层有机质含量一般为 30～60g/kg，高者可达 150g/kg，但随地区和开垦时间而有显著不同，大抵从北往南逐渐减低，开垦较久的，有机质含量则有显著的下降。黑土的腐殖质组成以胡敏酸为主，HA/FA 为 1.4～2.5，腐殖酸多与钙结合，比较稳定，活性不大，腐殖质随剖面下延很深，在 1～2m 处有机质含量仍可达 10g/kg 左右，这一特点使得黑土与草甸土能区分开来，草甸土的有机质层不如黑土深厚。黑土一般呈中性至微酸性反应，pH 为 5.5～6.5。剖面上下差异很小，全剖面中无钙积层，也无石灰反应，这是黑土与黑钙土的明显区别。代换性盐基以钙、镁为主，并有少量的代换性钠，阳离子交换量较高，故保肥能力很强，盐基饱和度一般为 80%～90%。黑土的化学组成较为均匀，营养元素比较丰富，表层全氮含量为 0.15%～0.20%，全磷含量约为 0.1%，全钾含量都在 1.3% 以上。易溶性盐含量很低，总量不超过 0.1%，盐分组成中以重碳酸盐为主。

（四）合理开发利用

黑土是地球上最珍贵的土壤资源，它具有质地疏松、肥力高、供肥能力强的特点。是我国重要的商品粮基地。目前东北黑土区面临着土壤质量下降、养分库容降低、水土流失严重、土壤抵御自然灾害能力降低的问题，这将直接威胁到国家粮食安全。因此通过对黑土区土壤利用现状和面临的问题进行研究，对保护黑土资源、提高粮食综合生产能力具有重要的意义。

二、黑钙土

黑钙土是发育于温带半湿润半干旱地区草甸草原和草原植被下的土壤。其主要特征是土壤中有机质的积累量大于分解量，土层上部有一黑色或灰黑色肥沃的腐殖质层，在此层以下或土壤中下部有一石灰富集的钙积层，因此得名。全国第二次土壤普查分类系统把它划为钙层土纲，半湿温钙层土亚纲的一个土类。

（一）地理分布

黑钙土主要分布于欧亚大陆和北美洲的西部地区。中国大多分布在东北地区的西部和内蒙古东部，尤以大兴安岭东西两侧、松嫩平原中部、松辽分水岭地区，以及向西延伸到燕山北坡和阴山山地的垂直带谱上更为集中。在西北地区，多出现在山地上，如天山北坡，阿尔泰山南坡，祁连山东部的北坡，西倾山北坡等，平地中的昭苏盆地也有部分黑钙土存在。

中国黑钙土面积为 1321.06 万 hm^2，黑钙土分布于北纬 43°～48°，东经 119°～126°，多集中分布于松嫩平原、大兴安岭两侧和松辽分水岭地区。东北以呼兰河为界，西达大兴安岭西侧，北至齐齐哈尔以北地区，南达西辽河南岸。

（二）成土环境与成土特征

1. 成土环境　　黑钙土地区气候特点是冬季寒冷，夏季温和。年均气温为 -2～5℃，≥10℃积温为 1500～3000℃，无霜期为 80～120d；年降水量为 350～500mm，年蒸发量为 800～900mm，干燥度 >1。春季干旱，多风，大部分降水集中在夏季，春旱较为严重，对于农业生产十分不利，同时又为土壤盐渍化提供了气候条件。

年平均风速为 2.5～4.5m/s，大兴安岭西侧风速尤大，黑钙土开垦后在无农田防护林的条件下土壤风蚀沙化十分普遍。

2. 成土特征　　黑钙土的成土过程中具有明显的腐殖质积累和钙积过程。

（1）腐殖质积累过程　　黑钙土处于温带湿润向半干旱气候过渡区，植被为具有旱生特点的草甸草原，草本植物地上部分干重每公顷可达 1200～2000kg，地下根系多集中于表层，据调查，0～25cm 土层内占 95% 以上，植物根系的这种分布决定了腐殖质积累与分布的特点。腐殖质层的厚度在 30～60cm 及以上，腐殖质含量平均在 45g/kg 左右，高者达 70g/kg 以上，这是黑钙土的重要特征之一。

（2）钙积过程 黑钙土的水分条件属半淋溶型，盐基淋溶不完全，土壤胶体为钙、镁所饱和，并在土体中淀积形成钙积层，且因亚类水分条件的不同，故钙的淋溶和淀积状况有很大差异。黑钙土区降水较少，渗入土体的重力水流只能对 K^+、Na^+ 等一价盐离子进行充分淋溶，而 Ca^{2+}、Mg^{2+} 等二价盐离子只能部分淋溶。在这个淋溶与淀积过程内的生物化学过程是盐基与碳酸盐反应形成重碳酸盐，如 $Ca(HCO_3)_2$、$Mg(HCO_3)_2$ 等，但到一定的土体深度，因为水分减少和生物活动减弱，而 CO_2 分压降低，重碳酸盐放出 CO_2 而淀积。所以以黑钙土不经常见到白色石灰质的假菌丝体、结核、钙积层。碳酸盐淀积层位与深度和淋溶强度有关，气候愈干旱，其层位离地表愈近。

（三）基本性状

1. 形态特征 黑钙土典型剖面由腐殖质层、舌状过渡层、钙积层、母质层四个层段组成。属 A_h-AB_h-B_k-C_k 剖面类型，土体厚度为 50～160cm，黄土性母质上发育的黑钙土土体偏厚，残积坡积物上发育的土体偏薄。

腐殖质层（A_h）：厚 30～60cm，厚者可达 1m 以上，暗黑、黑棕及棕灰色，多富含细砂，粒状或团粒状结构，不显或微显石灰反应，向下呈舌状逐渐过渡。

过渡层（AB_h）：厚 20～55m，灰棕与黄灰棕色相间分布，有明显的腐殖质舌状下渗，粒状、团块状结构，微弱或无石灰反应，常见有动物活动痕迹或硅粉析出，有石灰反应，pH 为 7.5 左右，可见到鼠穴斑，向下呈舌状或指状逐渐过渡。

钙积层（B_k）：厚 15～50cm，灰黄、灰棕、灰白色，团块状结构，土体紧实，可见到白色石灰假菌丝体、结核、斑块淀积物，有明显的石灰反应，pH 为 8.0。

母质层（C_k）：因母质类型的不同，形态差异较大。多为第四纪中更新世（Q_2）黄土状亚黏土，黄棕色，棱块状结构，含少量碳酸盐，有石灰反应。

2. 理化性质 黑钙土主要发育于黄土母质，因而其质地一般介于黑土与栗钙土之间。多为粉壤土至黏壤土，其中粉粒占 30%～60%，黏粒占 10%～30%，心土层高于表土层和底土层，石灰淋溶淀积比较活跃。

各亚类的质地有所区别，淋溶黑钙土较黏重，一般为黏壤土。典型黑钙土为粉壤土，质地比较适中，耕性较好，但易遭风蚀。碳酸盐黑钙土多为粉砂土，草甸黑钙土多发育于冲积湖积物，质地黏重，多为黏壤土。

黑钙土的石灰淋溶强度由淋溶黑钙土、典型黑钙土、碳酸盐黑钙土逐渐减弱，淋溶黑钙土在 1～1.5m 内几乎不含石灰，且呈中性反应，有白色粉末和铁锰结核。碳酸盐黑钙土从表层起即有强石灰反应，典型黑钙土则介于二者之间，中部出现钙积层，表层呈中性，往下逐渐变为碱性。

典型黑钙土的腐殖质层较厚，表层有机质含量丰富，淋溶黑钙土腐殖质层可厚达 50cm 以上，草甸黑钙土可大于 50cm，碳酸盐黑钙土一般不超过 30cm。表层有机质淋溶黑钙土大于 10%，典型黑钙土和草甸黑钙土为 5%～8%，石灰性黑钙土小于 5%。典型黑钙土的氮素含量较丰富，磷、钾含量也高，典型黑钙土的肥力不及黑土，但也是一种潜在肥力较高的土壤，适宜发展农林牧业生产。

（四）合理利用

1）黑钙土土质肥沃、适种性广、宜耕宜牧，大部分已开垦为耕地与牧场。但水分不足，较易遭受春旱，因此发展灌溉极为重要。

2）黑钙土地区耕地整理应针对侵蚀区域进行局部平整，避免大规模表土搬运与平整，同时采用喷灌设施，改善生态环境，并注重土壤改良，保持黑钙土肥力。

3）黑钙土中各级复合体的含碳量均随粒径的增大而减少，风沙土中粉粒复合体含碳量增多，有的甚至超过黏粒复合体。两类土壤黏粒复合体的含碳量与黏粒复合体及矿质黏粒含量间呈显著负相关，粉粒复合体的含碳量也有类似趋势。注重施用有机肥或将秸秆、根茬还田能提高土壤有机质含量，并使粉粒复合体含量及其有机碳贮量增加。

三、栗钙土

栗钙土是温带半干旱大陆气候和干旱草原植被下，经历腐殖质积累过程和钙积过程所形成的具有明显栗色腐殖质层和碳酸钙淀积层的钙积土壤。栗钙土的名称始见于俄国土壤学家道库恰耶夫 1886 年的土壤分类系统。

（一）地理分布

栗钙土在世界范围内主要分布在欧亚大陆和北美大陆的温带半干旱和干旱草原地区。在中国总面积为 3748.64 万 hm^2，主要分布在内蒙古东部和中南部、呼伦贝尔高原西部、鄂尔多斯高原东部、大兴安岭东南麓平原、大同盆地，以及阴山、贺兰山、祁连山、阿尔泰山、天山、准噶尔界山、昆仑山的垂直带与山间盆地。

栗钙土的组合分布极具多样性。在大兴安岭东麓至松辽平原西侧，栗钙土分布在海拔 150~800m，向北、向西均与黑钙土参差连接；向东南则与栗褐土参差连接；在沿河的平原和湖盆低地则常与草甸土、沼泽土、盐土或风沙土交错分布。在栗钙土集中分布的内蒙古高原地区（包括河北、山西、陕西三省边界地区），呈东北—西南条带状走向，东北与黑钙土、西南与棕钙土、东南与栗褐土参差连接；在锡林郭勒草原中部、鄂尔多斯高原和榆林风沙土集中地区，栗钙土常与风沙土呈镶嵌组合分布，沙化栗钙土多分布在这一地区。在低山、丘陵顶部和陡坡，与石质土、粗骨土交错；在中低山又常与山地草甸土和灰褐土交错。在西北阿尔泰山、天山、祁连山及准噶尔盆地以西的中低山地区，栗钙土呈不完整的垂直分布。

（二）成土环境与成土特征

1. 成土环境　栗钙土是在中温带半干旱大陆性气候条件下形成的土壤，气候特点是积温低、温差大、降水少、蒸发强、光照足、雨热同季、冬春少雨雪、易受旱，有十年九旱之说。年均气温为 −2~9℃，≥10℃积温为 1000~3300℃，无霜期为 70~150d，年降水量为 250~400mm，70% 以上集中于暖季，湿润度为 0.3~0.6，由东向西递减，年蒸发量达 1600~2200mm，由东向西递增。

与气候相适应，栗钙土的植被是典型旱生多年生禾草占优势的干草原类型，混生一定中生或旱中生植物和少量旱生灌木、半灌木。草群高 30~50cm，覆盖率为 30%~70%，亩产干草 40~80kg。

在沿河阶地和湖盆低地的栗钙土上，除上述植被外，还有草甸成分出现，在含盐较多的栗钙土上，还生长耐盐植被，如芨芨草、剪刀股、碱地风毛菊等。

2. 成土特征　栗钙土的成土特征主要为腐殖质积累和碳酸钙聚积，其次还有盐化、碱化及草甸化等附加特征。

（1）腐殖质积累过程　其基本过程同于黑钙土，但由于干旱草原植被无论是高度，还是覆盖度均比草甸草原低，生物量比黑钙土区低，因此栗钙土有机质积累量不如黑钙土，团粒结构也不及黑钙土。栗钙土是在半干旱气候多年生丛生禾草为主的草原植被下形成的，雨热同季利于植物生长和残体分解，冬季漫长又有利于腐殖质的积累，地上生物量的干重每亩为 30~120kg，地下生物量是其地上的 10～15 倍，高者达 20 倍，并主要集中在 0～30cm 土层内。草原植被吸收的灰分元素中除硅外，钙和钾占优势，对腐殖质的性质及钙在土壤中的富集有深刻影响。

（2）碳酸钙聚积过程　　其基本过程也同于黑钙土，只是由于气候更趋干旱，因此石灰聚积的层位更高，聚积量更大。当然，石灰质聚积的层位、厚度和含量与母质类型及成土年龄有关。此外，由于淋溶作用较弱，由风化产生的易溶性盐类不能全部从土壤中淋失，往往在碳酸盐淀积层以下有一个石膏和易溶性盐的聚积层。碳酸钙的淀积形态有粉末状、菌丝状、网纹状、斑点状、砂姜状、斑块状和层状，通常以后三者的碳酸钙含量较高，农民称具有层状钙积层的土壤为"白干土"，其水肥条件最差。碳酸钙淀积的部位和淀积量，与成土母质、地形部位及降水量的多少有密切关系。一般富钙母质的钙积层碳酸钙含量高；径流富集的丘间平地和碟形低地碳酸钙含量较高；降水量多的地区，碳酸钙淀积部位较深。

（3）盐化、碱化和草甸化　　由于受地形、水文地质条件等的影响，栗钙土有的产生盐化、碱化和草甸化特征。在栗钙土与草甸土交接地段的河谷阶地和湖盆周围的中上部位，土壤底部受地下水升降作用影响，出现氧化还原的草甸特征。在小面积丘间低地，随径流水流入的可溶盐经长期积累，导致土壤产生盐化特征，形成盐化栗钙土。当盐分以碳酸盐为主时，碳酸钠和碳酸氢钠的长期作用可导致土壤产生碱化特征而形成碱化栗钙土。

（三）基本性状

1. 形态特征　　栗钙土剖面土体构型是 A_h-B_k-C。

A_h 层：厚 25～50cm，一般是东部或山地上部的，厚度偏大，颜色偏暗，为暗栗色；西部或山地下部，厚度偏小，颜色偏淡，为淡栗色；中间部位的，厚度居中，为典型的栗色。土质为砂壤至砂质黏壤土，粒状或团块状结构，缺乏黑钙土所特有的腐殖质舌状逐渐下渗的特点，往往下向急剧减少。

B_k 层：厚 30～50cm，灰白或淡黄棕色，碳酸钙呈粉末状、菌丝状、斑块状或层状淀积，石灰含量为 100～300g/kg，高的可达 500g/kg 以上。底部碱化层性状显著。

C 层：母质层灰黄色、黄色或淡黄棕色，常随不同基岩风化物的色泽不同而异。洪积、坡积母质多砾石，石块腹面有石灰膜；残积母质呈杂色斑纹，有石灰淀积物；风积及黄土母质较疏松均一，后者有石灰质。

2. 理化性质　　栗钙土腐殖质含量为 15～25g/kg，向下逐渐过渡。栗钙土黏粒矿物组成因母质类型不同而异。由花岗岩残积物发育的暗栗钙土，黏粒矿物组成以蒙脱石为主，其次是伊利石、高岭石、蛭石；但在剖面上部伊利石较多，蒙脱石较少；下部则伊利石减少，蛭石增多。由玄武岩风化物发育的暗栗钙土，表层与亚表层则以伊利石、石英、长石和高岭石为主，蛭石和蒙脱石极少，而底部主要是蒙脱石，其次是石英和长石。由黄土状物质发育的暗栗钙土，剖面上下黏粒矿物组成基本一致，主要是蒙脱石、伊利石和高岭石。

（四）合理利用

栗钙土开垦后，往往是利用过度而养地不足。未开垦的草地也因载畜过量，加之干旱、风蚀和沙化而地力逐年衰退。应以增水保墒为主导，培肥土壤为基础，防止或减少风蚀与水土流失为前提。增加能量投入、用养地结合，以及农牧林合理布局、恢复良好的生态环境等，是合理利用栗钙土的主要途径。

四、棕钙土

棕钙土的形成是以草原土壤腐殖质积累作用和钙积作用为主，并有荒漠成土过程的一些特点。棕钙土是发育于温带荒漠草原植被下的土壤。地表多砂砾石，剖面上部呈褐棕色，下部为粉末层状或斑块状灰白色钙积层。全国第二次土壤普查确定其为干旱土纲，温干旱土亚纲的一个土类。

（一）地理分布

棕钙土主要分布于与我国荒漠接壤的干旱草原地区，包括内蒙古高原中西部（苏尼特左旗、温都尔庙以西，白云鄂博以北）、鄂尔多斯高原西部、新疆准噶尔盆地北部、塔城盆地的外缘及中部天山北麓山前洪积扇的上部。棕钙土面积为 2649.8 万 hm^2，主要分布在内蒙古、甘肃、青海、新疆等地。

棕钙土一般分布于栗钙土（或淡栗钙土）与灰漠土之间，部分与灰棕漠土相连，鄂尔多斯高原的棕钙土，南部与灰钙土接壤。棕钙土地带是中国西北主要的天然牧场，有灌溉条件的可发展农业。

（二）成土环境与成土特征

1. 成土环境　　内蒙古荒漠草原带的南部主要是鄂尔多斯西部和巴彦淖尔东南部（贺兰山麓），西接阿拉善沙漠，平均气温较荒漠草原带的北部高。夏季最热月的平均气温为 22～24℃，冬季最冷月（1月）的平均气温为 −7～12℃，≥10℃ 的积温可达 3000℃，无霜期为 80～150d，而降水量仅为 150mm 左右。春季风速仅 4m/s 左右，较北部要小得多。

从地质构造来看，鄂尔多斯是完整的地台，海拔 1500m 左右，地表平坦而略有缓起伏。成土母质主要是第三纪沉积物和一部分第四纪沉积物，许多地方地表覆盖着流动沙，并形成相当大面积的沙漠，如库布齐沙漠、毛乌素沙漠等。由于蒸发量高，地下水含盐量一般比北部高，局部地区含盐量是比较高的。

2. 成土特征　　棕钙土的成土特征主要是腐殖质的积累和碳酸钙的淋淀，部分有石膏与易溶盐的聚积。

（1）腐殖质积累过程　　棕钙土的植被虽然较差，但仍能对土壤有机质的积累起作用，如内蒙古高原的棕钙土，其植被的鲜草产量每公顷为 450～1200kg，每年进入土壤中的枯株和残根达 2850kg。在植被的作用下，棕钙土表土形成薄腐殖质层，其平均厚度为 27.7cm，有机质含量平均为 10.5g/kg。

内蒙古高原的棕钙土，表土层细土物质经常被风蚀，可呈现表土层腐殖质含量降低、亚表层含量增高的现象。棕钙土腐殖质含量总的趋势虽然是自上向下递减，但腐殖质含量最高的层次常在深度 5～10cm 或 10～15cm 处。资料表明，虽然表层可溶性腐殖质的含量不大，但是它们比下面层次的高。这有可能与表层中所含一价的 K^+ 和 Na^+ 较多有关，它影响土壤胶体并促使腐殖质形成活动的有机 - 矿物胶体而使腐殖质自表层移动至 5～10cm 或 10～15cm 的层次。

（2）碳酸钙、硫酸钙与易溶盐的淋淀　　在干旱气候条件下，碳酸钙的淋淀在降水作用下，土壤中的碳酸钙以重碳酸钙的形态随重力水下移，因降水有限，加之重碳酸钙溶解度低，故在土体中下移的深度不大，一般在腐殖质层以下发生淀积，形成钙积层。各元素的迁移速率不同，使剖面发生分化，在钙积层以下，易溶盐与石膏含量有增高的趋势，部分棕钙土的底部可见石膏结晶。

（三）基本性状

1. 形态特征　　棕钙土的剖面，自上而下可分为腐殖质层、钙积层和母质层三个发生层段。

腐殖质层：厚度平均为 27.7cm，厚者可达 45cm，薄者仅 10cm 左右。呈棕带红或红棕色。

块状或碎块状结构，植物根系甚多。受风蚀作用的影响，表层细土物质被吹蚀，致使腐殖质层上部的颜色变淡，地面常有残留细砾覆盖，植株周围形成小型沙堆。

钙积层：呈灰白色，平均出现深度为 31.9cm，平均厚度为 39.7cm，腐殖质常以短舌状过渡到此层。碳酸钙呈层状或斑块状淀积，很紧实，植物根系减少。

母质层：在钙积层之下，因母质类型不同，或为岩石风化物，或为洪积、冲积物。其中有少量碳酸钙淀积，有的还出现石膏结晶。

2. 理化性质　　棕钙土的有机质含量较低，平均为 10.5g/kg，高者达 21g/kg，低者仅 5g/kg；腐殖酸的含量很低，仅占全碳量的 23%～30%，HA/FA 多为 0.4～0.9；新疆灌溉耕种的棕钙土，腐殖酸的含量有所提高，可占全碳量的 45%，HA/FA＞1。

土壤中可溶盐与石膏的含量不高，前者一般小于 1.4g/kg，后者小于 1.0g/kg，但在剖面下部土层有增高的趋势，部分剖面的底土层可溶盐含量可达 10.0g/kg（盐化棕钙土更高），石膏含量高达 65.1g/kg（新疆）。

棕钙土的化学组成与母质类型和土壤质地的变化有关。质地轻粗的土层，氧化硅的含量高，氧化铁、氧化铝的含量低。黄土状物质上发育的棕钙土，质地变化不大，全剖面土壤化学组成变异小，硅铝铁率基本一致，仅氧化钙的含量在钙积层中增高。

棕钙土的质地一般为砾质砂土、砂质壤土及砂质黏壤土，黏粒不多。新疆天山北麓和塔城盆地黄土母质上发育的棕钙土，细土物质含量高，质地多为黏壤土或壤质黏土。棕钙土多为块状结构，土层紧实，容重值高，为 1.3～1.5g/cm³，总孔隙度为 40%～45%。耕垦之后，容重降低，孔隙度增大。

（四）合理利用

棕钙土的水分、盐分和营养物质含量不但有其自己的特点，而且和当地的自然条件密切相关。平原、山麓、微高地、微低地等的土壤肥力和水、盐状况都各有不同。棕钙土一般缺乏磷、氮，仅在土壤表层含有一定数量的钾。而砾层与砂质的棕钙土所含的植物营养元素更低，几乎接近灰棕漠土的含量。因此，有效利用棕钙土的先决条件是建立灌溉系统和施肥措施。

现代技术的发展为改良利用荒漠提供了巨大的可能性，特别是在黄河两岸有可能利用灌溉、放淤等措施来改良土壤质地和结构。此外，开发各种地下水水源对于棕钙土的利用也有很大意义和前途。根据苏联在哈萨克斯坦开垦荒地的经验，有机肥料对于加速干旱区荒地熟化过程的作用远超过化学肥料的作用。除此以外，苏联在棕钙土地带的防护林带之间种植谷物获得较好收成的经验，以及我国东北西部栗钙土区林粮间作的一些成功经验也可以在本区推广。

五、灰钙土

灰钙土是发育在草原与荒漠之间的过渡性土类，是干旱和半干旱荒漠草原环境条件下的地带性土壤。灰钙土作为一个独立土类，是苏联学者涅乌斯特鲁耶夫 1980 年在研究了中亚锡尔河奇姆肯特地区的土壤后首先提出的，被认为是一种地带性土壤。苏联学者罗赞诺夫总结了近 50 年俄国和苏联土壤学家对中亚地区所进行的土壤研究，于 1951 年出版了名著《中亚细亚灰钙土》。1957 年夏，他来中国参加黄土高原综合考察工作，中苏土壤学者共同研究，确定在中国甘肃东部存在灰钙土。20 世纪 50 年代后期，中国科学院组织了对新疆的综合考察，并将新疆西部伊犁谷地的地带性土壤定为灰钙土，认为其是苏联北方灰钙土带向东的延伸，故中国灰钙土分布不是连续的，它有东（甘肃东部）、西（新疆伊犁谷地）两个分布区，其间被荒漠土壤间断。

（一）地理分布

我国灰钙土面积为 537.17 万 hm^2，其中以甘肃省面积最大，占灰钙土总面积的 54.3%；其次是宁夏，占灰钙土总面积的 24.5%；新疆占灰钙土总面积的 12.7%；青海、内蒙古及陕西也有分布。

以甘肃的兰州、皋兰和宁夏的同心、盐池为主要分布区，呈东西带状分布，南接温带草原，北连内陆荒漠。大致以兰州的皋兰山、榆中的三角城、会宁的甘沟驿、中卫市沙坡头区的蒿川乡、海原的李旺镇、盐池的官记台为南界，毗邻黑垆土，向东延伸到内蒙古大庙附近接连栗钙土；北界经贺兰山东麓、宁夏中卫、甘肃景泰止于永登，向西沿洮河、黄河及湟水谷地进入甘肃临洮、青海民和、乐都、西宁、循化、贵德诸盆地，因这些河流已切入青藏高原东北部边缘山地，故灰钙土仅存在于具有"热岛效应"的谷地及两侧浅山，并与中山带山地栗钙土相连，河西走廊祁连山的浅山带、东起古浪的裴家营、西止高台的红崖子，也有不连续的分布，并处于灰漠土和山地栗钙土带之间，成为东祁连山土壤垂直自然带的基带土壤。分布海拔：宁夏境内在 1500m 以下，向西略有升高，到甘肃中部上升至 1800～2000m（山地阴坡）和 2200～2300m（山地阳坡），青海和河西走廊上升为 2300～2400m。

（二）成土环境与成土特征

1. 成土环境　　灰钙土所在地区的成土母质大部分为全新世黄土，以整合或不整合状态覆盖在石质山浅山带和中、新生代地层之上，地貌上多为黄土丘陵、台地及冲积洪积平地。黄土组成物粉砂粒级占 60%～70%，还含 10%～15% 的 $CaCO_3$，0.5%～2.1% 的 $CaSO_4$ 和 0.11%～0.13% 的易溶盐。气候属半干旱和比较干旱的类型，夏季较湿润，冬季干旱。年降水量为 206～366mm，年湿润度为 0.3 左右，一年中仅 8 月、9 月两个月的湿润度为 0.5～0.6，12 月到翌年 4 月均小于 0.1，气候较干燥。年平均气温为 6～9℃，≥10℃积温为 2071～3242℃。地处黄河谷地的兰州、靖远、银川，因"热岛效应"，≥10℃积温为 3200℃以上，属暖温带热量条件。其他地区积温小于 3000℃，属中温带热量条件。

2. 成土特征

（1）腐殖质积累过程　　禾本科植物根系是灰钙土中有机质的重要来源。由于根系分布较深，因此灰钙土剖面的有机质相应积累也较厚，平均厚度为 26.4cm，厚者可达 50cm 左右，有机质平均含量为 10.9g/kg。

（2）碳酸钙的淀积　　灰钙土地区的降水量虽少，但多以阵雨降落，有季节性淋溶过程；尽管淋溶较弱，但仍然有 $CaCO_3$ 由剖面上部向下的移动。在土壤剖面中下部的孔壁或结构面上，碳酸钙淀积层除存在假菌丝状和霜粉状白色 $CaCO_3$ 沉淀外，还存在由 $CaCO_3$ 胶结的黄土质松软结核。

（三）基本性状

1. 形态特征　　典型剖面构型为 A_h-B_k-C。

腐殖质层（A_h）：厚度平均为 26.4cm，呈灰黄棕色或淡灰棕色，亮度值较高。块状或碎块状结构，少数粒状结构，植物根系较多。地表常有 2～3cm 厚的土质结皮，色泽灰暗，有较多的海绵状孔隙。

钙积层（B_k）：位于腐殖质层之下，平均出现部位在 31.7cm 左右，平均厚度为 39.1cm。土壤侵蚀较重地段，腐殖质层厚度减小，钙积层部位升高，甚至接近地面。部分平坦地段，钙积层可在地面下 50cm 或 80cm 的部位出现。钙积层比腐殖质层及母质层紧实，块状结构，植物根系很少，在结构面或孔壁可见到白色假菌丝状或斑块状石灰质新生体，有时还有少量雏形砂姜。

母质层（C）：因母质类型不同，形态各异。黄土母质的比较疏松，有时可见少量的盐结晶。洪积冲积母质的则呈不同粒级的洪积冲积物叠加出现。

2. 理化性质　　因气候干旱，腐殖质积累不多，腐殖酸占有机碳的百分数不超过45%，HA/FA多为0.7～1.0，小于栗钙土，而大于黄绵土。这两组腐殖酸均以活性较高的钙结合腐殖酸居多，据光密度测定，胡敏酸的分子较简单。灰钙土富含碳酸钙，全剖面碳酸钙含量一般为100～200g/kg；钙积层的含量更高，多达150～250g/kg。甘肃兰州一带的灰钙土，在钙积层或钙积层以下，有石膏淀积，石膏含量为20g/kg左右。部分灰钙土在钙积层或钙积层之下，还含有较多的可溶盐分，全盐量大于3g/kg，甚至有的大于10g/kg。灰钙土呈碱性，pH 8～9，阳离子交换量不高，表层一般为7～11cmol（＋）/kg，向下降低。灰钙土的化学组成在剖面层间无明显变化，虽然硅铝铁率各地有一定差异，但仍比较一致，黏粒的硅铝铁率均在3左右。黏粒矿物以水云母占优势，其次有高岭石，绿泥石，极少量石英，表明灰钙土的化学风化甚弱。

（四）合理利用

灰钙土目前有三种利用方式：①作为天然放牧场。这在新疆伊犁地区十分普遍，主要于春秋季节放牧用（以牧羊为主）。②开垦为旱作农田，这在兰州地区常见。为保持水分和提高地温，兰州地区还创造了"沙田"的利用方式，即在土壤表层铺上粗砂和小卵石或碎石，以减少土壤表面蒸发，抵抗风蚀和提高地温等。③在有水源条件的地区开辟为灌溉农田。

用作天然牧场的灰钙土当前普遍存在的主要问题是放牧利用过度，从而引起土壤侵蚀和土壤退化，应适当限制载畜量。作为旱作农田的灰钙土主要种植春小麦，由于降水不足，一般产量不高，且极不稳定，近年来有些已"退耕还牧"。作为灌溉农田的灰钙土虽然获得较高生产力，但长期连作、耕作粗放导致土壤肥力降低，应当增加牧草及豆科作物比重，合理轮作，增施肥料，精耕细作，以不断提高土壤肥力和作物产量。

第七节　灰漠土、灰棕漠土和棕漠土

灰漠土、灰棕漠土、棕漠土都属于荒漠土壤系列。广泛分布于温带和热带漠境地区，非洲、大洋洲、中亚、北美洲、南美洲均有分布，约占地球陆地面积的10%。在中国，主要分布于内蒙古、宁夏、青海、新疆等省和自治区。灰棕漠土和棕漠土分别代表温带和暖温带典型漠境土壤；灰漠土为温带边缘较湿润地区的过渡性土壤。

一、灰漠土

灰漠土是石膏盐层土中稍微湿润的类型，是温带漠境边缘细土物质上发育的土壤。

（一）地理分布

灰漠土总面积为458.62万 hm²，分布于温带漠境边缘向干旱草原过渡地区，即由棕钙土向灰棕漠土过渡的狭长地带。主要位于内蒙古河套平原，宁夏银川平原的西北角，新疆准噶尔盆地沙漠两侧的山前倾斜平原、古老洪积平原和剥蚀高原地区，甘肃河西走廊中西段、祁连山的山前平原也有一部分。

（二）成土环境与成土特征

1. 成土环境　　灰漠土是在温带荒漠气候条件下形成的。年平均气温为4.5～7.0℃，

≥10℃积温为 3000~3600℃；年均降水量为 140~200mm，年均蒸发量为 1600~2100mm，干燥度为 4~6。灰漠土的成土母质以黄土状洪积 - 冲积物母质最为广泛，红土状母质较少，部分为风积物和坡积物，是沙漠中成土物质含石砾最少而含细土粒最多的土壤类型。新疆灰漠土主要发育在黄土状母质上，根据其来源与沉积特征又分为洪积黄土状母质、冲积黄土状母质。甘肃河西走廊一带的灰漠土主要发育在第三纪红土层与第四纪洪积砾石层上覆盖的黄土状沉积物上。

2. 成土特征　　灰漠土成土过程的特点，有草原土壤形成过程的雏形，如腐殖质积累过程略有表现，碳酸钙弱度淋溶。灰漠土除具有孔状结皮、鳞片状亚表层及紧实层等荒漠土壤固有的特征土层外，同时还具有草原钙层土形成的一些特点，如碳酸钙的轻微淋溶淀积，石灰含量的最大值不是在孔状结皮层，而是在其下紧实层的中下部位等，反映出漠土和钙层土两者兼备的过渡性特征。

（三）基本性状

1. 形态特征　　灰漠土剖面由荒漠结皮片状层、紧实层、石膏聚盐层和母质层四个基本层段组成。

结皮片状层：表土孔状结皮发育得很好，上边具有不规则或多角形的裂纹，沿纹生长一些黑色地衣、藻类低等植物，使附近形成粗糙的黑色薄皮；下边的孔隙像蜂窝，从上到下变小和减少。结皮厚度为 1~4cm，浅灰或棕灰色，干燥松脆，易顺着上边的裂纹开裂散碎。下面的薄片或鳞片状结构厚 1~5cm，孔隙更少，松散易碎。在砂性大和积沙较多的地段，这种结皮发育不好，甚至没有。

紧实层：厚 5~15cm，呈褐棕色或黄棕色，结构为块状或柱状，黏粒含量达 20%~28%，比上下土层多 5%~10%。铁稍多一点。中、下部常有斑点状、假菌丝状或斑块状不明显的钙积层，碳酸钙含量为 10%~20%，比上部孔状结皮中的多 1 倍左右，说明它具有轻微淋溶作用。

石膏聚盐层：石膏和盐分聚积在 40cm 或 60cm 以下，以 80~100cm 深处较多，有的还出现几层石膏。石膏一般呈白色小结晶或晶簇状态，含量高低不一。

母质层：母质为黄土及黄土状物的地带性土壤。

2. 理化性质　　灰漠土具有稍微湿润的水分状况，使得以旱生灌木为主的荒漠植被中增加了针茅、隐子草、早熟禾等少量草原成分，覆盖度可达 10%，比其他漠土高 2~3 倍；有机质的含量最多，达 0.6%~1%，碳酸钙表聚也显示出有轻微的下淋现象。灰漠土砾质化程度很弱，地面基本上没有砾石戈壁，或仅残余少量砾石和风积沙堆，这主要是它的成土母质大多数是细土的原因。灰漠土的质地大多比较细，细土部分常以粉砂粒占优势，<0.001mm 的黏粒含量多在 300g/kg 左右；但发育在洪积扇中上部的不但含有较多的粗砂粒，而且在剖面中下部出现较厚的砂粒层或砂土层。剖面中石砾含量也很少，碳酸钙含量一般为 60~120g/kg，交换性盐基总量为 10cmol（ ＋ ）/kg 左右。

（四）合理利用

灰漠土发生在温带漠境边缘地区的细土平原，土体一般较深厚，地下水位深，质地以壤土和砂质壤土为主，适种性广。从种植业上来看，粮食、棉花、油料、瓜类、蔬菜等作物都可种植；而果树、林木、牧草、绿肥等也均较适宜。从利用现状上来看，该类土壤在有灌溉水源（包括地表水和地下水）的地区或地段，绝大部分都已开垦利用。在栽培管理适宜、用地养地结合的情况下，种植上述各种作物、果木和牧草绿肥等，可以高产稳收。有许多名优特产在灰漠土区种植，经济收益显著。但是，灰漠土区由于干旱缺水，常受盐碱、风沙危害，在无灌溉水源之处未能开垦利用的土地尚多。新疆待"北水南调"计划实现以后，情况将有很大改善；甘肃、内蒙古和宁夏等地的灰漠土，随着农业现代化建设的推进，均有望得到改善。

二、灰棕漠土

灰棕漠土，也称灰棕色荒漠土，为温带荒漠地区的土壤，是温带漠境气候条件下粗骨母质上发育的地带性土壤。有机质含量低，介于灰漠土和棕漠土之间。

（一）地理分布

灰棕漠土总面积为 3071.64 万 hm²，主要分布在温带荒漠地区，西起新疆准噶尔盆地西部和东部边缘、经东疆北部的诺敏戈壁，至内蒙古阿拉善高原的西部与中北部的广大地区。在甘肃河西西部山前洪积扇和砾质戈壁平原，以及青海柴达木盆地中西部的山前坡积裙与洪积扇也有分布。

（二）成土环境与成土特征

1. 成土环境　灰棕漠土是在温带大陆性干旱荒漠气候条件下形成的。主要特征是夏季热而少雨，冬季冷而少雪，温度年变化、日变化大。年平均气温为 4～10℃，≥10℃积温为 3000～4100℃，可见其具有较高的热量条件。但青海柴达木盆地因海拔高，年平均气温为 1～4.4℃。年平均降水量一般只有 50～100mm，最低仅 17.8mm（青海柴达木盆地）。灰棕漠土上的植被以旱生或超旱生灌木和小半灌木为主，且生长多为单株丛状。

2. 成土特征　其成土过程表现为石灰的表聚作用、石膏和易溶性盐的聚积、残积黏化和铁质化作用。地表为一片黑色砾漠，表层为发育良好的灰色或浅灰色多孔状结皮，厚 1～2cm；其下为褐棕色或浅紧实层，厚 3～15cm，黏化明显，多呈块状或团块状结构；再下为石膏与盐分聚积层。腐殖质积累极不明显，表层有机质含量小于 0.5%，胡敏酸与富里酸比值为 2～4；表层或亚表层石灰含量达 7%～9%，向下急剧减少；石膏聚积层的石膏含量可达 20% 以上，盐分含量达 1% 以上，以硫酸盐为主。土壤呈碱性或强碱性反应，pH 为 8.0～9.5；阳离子交换量不超过 10cmol（＋）/kg；黏粒硅铝铁率为 3～3.4，黏土矿物以水云母为主。

（三）基本性状

1. 形态特征　灰棕漠土可分为砾幂层、多孔结皮层及紧实层，部分剖面有石膏聚积层。

砾幂层：厚 2～3cm，由粒径 1～3cm 的砾石镶嵌所覆盖，其隙间被小砾石和砂砾填充，砾石表面光洁，多呈黑褐色，多孔。

多孔结皮层：厚 2～4cm，呈棕灰色或浅灰色，有较多的海绵状孔隙。有的尚有 3～4cm 厚的鳞片状土层，但多因质地粗，片状或鳞片状结构不明显。

紧实层：厚 3～10cm，棕色或红棕色，较紧实，块状，结构面上带有白色盐霜。

石膏聚积层：位于剖面下部，石膏多呈结晶态，含量较高。石膏以灰白色晶状或粉末状夹杂在砂粒之间，或以纤维状、晶簇状与石砾胶结在一起，甚至形成硬磐。

2. 理化性质　灰棕漠土的主要特点是石膏含量低、聚积不明显。灰棕漠土的粗骨性很强，常年处于干燥状态，所以孔状结皮层发育很薄，通常只有 2～3cm。片状 - 鳞片状层发育甚弱或少见，表层之下的棕色紧实层发育较好，虽然厚度常不足 10cm，但残积黏化现象仍可见。表层有机质含量为 3～5g/kg，全磷含量虽不算太低，但氮素贮量很低。盐基交换量一般仅为 5cmol（＋）/kg 左右，石灰表聚明显。易溶盐也常有表聚现象，但含量大多不超过 15g/kg。

（四）合理利用

大面积的灰棕漠土，限于水源不足，宜以保护生态环境为主，防止破坏，逐步提高植被覆盖度。灌溉耕种的灰棕漠土，土壤有机质及养分含量虽比耕种前有所提高，但因耕垦时间不长，土体薄，土壤肥力仍较低，且有漏水、漏肥现象，今后在进一步挖掘水源、发展灌溉的条件下，可选择地形平坦、土体较厚的土壤适当扩大耕种面积，可建成该地区粮油瓜果基地。为防止风沙，宜结合渠道与道路，营造防护林带。同时适当种植绿肥牧草，进行粮草轮作，并需增施氮磷化肥，培肥土壤。还应健全灌排系统，合理灌溉，防止地下水位上升而导致土壤盐化。

三、棕漠土

棕漠土也称棕色荒漠土，是暖温带漠境条件下发育的地带性土壤类型。

（一）地理分布

棕漠土总面积为 2428.8 万 hm^2，广泛分布在新疆天山山脉、甘肃的北山一线以南，嘉峪关以西，昆仑山以北的广大戈壁平原地区。以河西走廊的西半段，新疆东部的吐鲁番、哈密盆地和噶顺戈壁地区最为集中。塔里木盆地周围山前的洪积戈壁，以及这些地区的部分干旱山地上也有分布。棕漠土的西部地区分布着我国最大的沙漠——塔克拉玛干沙漠，面积约为 31 万 hm^2，以流动风沙土为主。

（二）成土环境与成土特征

1. **成土环境**   分布地区的气候特点是夏季极端干旱而炎热，冬季比较温和，极少降雪。年平均气温为 10～12℃，≥10℃ 的积温为 3000～4500℃，甘肃地区偏低，新疆偏高，吐鲁番最高可达 5500℃，年降水量不足 100mm，大部分地区低于 50mm，托克逊、吐鲁番、且末、若羌一带仅有 62mm，冬季很少降雪。年蒸发量为 2500～3000mm，而哈密、吐鲁番高达 3000～4000mm，为降水量的 50～60 倍，干燥度达 8～30。

在这种气候条件下，棕漠土形成过程中的生物积累作用极其微弱，化学风化也很弱，蒸发强烈，土壤水分以上升水流为主，从而形成了特殊的地球化学沉积规律，具有石灰表聚和强烈的易溶盐积累过程。由于风大频繁，风蚀作用十分强烈，土壤表层细土多被吹走，残留的砂砾便逐渐形成砾幂，从而造成棕漠土的粗骨性。

2. **成土特征**   棕漠土的成土特征表现为以下几个方面。

1）表土层的孔状荒漠结皮发育较差，蜂窝状的气孔不及其他漠土类完整，其下片状结构或弱或无，这与土壤水分条件太差，以致细土物质不能很好汇积的成土过程有关。在一些风蚀作用较重地段，几乎没有这种结皮存在，砾幂之下红棕色的紧实层直接裸露。

2）生物积累作用非常微弱。表层有机质的含量仅为 1～3g/kg，比灰棕漠土和灰漠土均低，是漠土中生物积累作用最弱的类型。

3）碳酸钙表聚和石膏、易溶盐分聚积较灰漠土、灰棕漠土明显。微弱的水分状况不可能将母岩风化释放出的各种盐类向远处迁移，不仅难溶性的碳酸钙在表土聚积量高，易溶性的氯化物和硫酸盐也存留在土体中，有的在剖面中下部富集成坚硬的盐磐；次溶性的石膏出现的部位也普遍升高，大多在红棕色紧实层下部就开始聚积，有的在紧实层中就含有石膏。这种状况以基岩粗骨性残积母质发育的剖面最为常见。

4）铁质化作用显著增强。棕漠土区的干热程度远比灰漠土和灰棕漠土强烈，因而铁质化作用明显增强，土壤呈鲜艳的红棕色。

（三）基本性状

1. **形态特征**   棕漠土剖面形态由砾幂结皮层、紧实层、石膏聚盐层和母质层四个基本层段组成。

砾幂结皮层：砾幂位于地表，色泽暗灰或漆黑，砾径为 1～3cm，厚 2～3cm，砾面大多具有风蚀砂磨的条纹状擦痕，有的砾径较小并混有砂粒，其下结皮呈淡灰或乳黄色，厚度多不超过 1cm。

紧实层：位居砾幂结皮层之下，厚度为 2～10m，其形成与土壤的铁质化和黏粒含量相对较高相联系，显现红棕或玫瑰红铁质染色现象，垒结比较紧实，是命名为棕漠土的重要依据。

石膏聚盐层：以古老残积母质上发育的剖面石膏层最为明显，石膏形态常呈层状、纤维状或蜂窝状结晶，冲积母质上发育的土壤剖面石膏含量较低，并多以小膜结晶与砂砾石胶结，且都含有一定数量的易溶盐，盐分组成多以硫酸盐为主，此层之下为母质层。

母质层：成土母质分别来源于古生代、中生代和新生代花岗岩、石英岩、片麻岩、千枚岩、石灰岩、砂岩、砾岩、页岩等风化的砂砾质洪积物和洪积 - 冲积物或石质残积、坡积物。

2. 理化性质　　土壤粗骨性强是棕漠土的重要物理特性，其颗粒组成基本上以砾石和砂粒土为主，砾石含量常达 20%～50% 及以上；细粒部分以砂粒占绝对优势，黏粒含量大多小于 15%，只有紧实层中的黏粒含量稍多，但也很少超过 20%，全剖面有石灰反应，而尤以表层孔状结皮的石灰反应强烈，这与土壤碳酸钙表聚作用最明显的成土特征相一致。在结皮层中碳酸钙最多，可达 60～110g/kg，向下急剧减少；在表层或亚表层中，石膏含量相当高；从表层起即有易溶盐出现，盐分组成常以氯化物为主，如剖面下部出现盐磐层，其中易溶盐含量可高达 300～400g/kg，个别可超过 500g/kg；呈强碱性反应，一般不含碳酸氢钠，也没有碱化现象。颗粒组成为粗骨性，在石砾部分，直径大于 5mm，砾石可占总重的 500g/kg 以上，细粒部分以中、细砂为主，黏粒含量一般在 180g/kg 以下。

（四）合理利用

受干旱漠境缺水严酷现实条件的制约，棕漠土广大区域除适合放养一定数量耐旱能力极强的骆驼外，其他牲畜也因干旱的限制而难以发展。为此，棕漠土利用的方向主要应加强天然草被的封育管理，实行分区轮牧，努力提高载畜能力，建设养驼基地。在开发利用的土地上，应首先注意广辟水源，搞好引水设施，努力发展灌溉，解决土壤干旱缺水的主要矛盾；然后充分利用热量资源，合理种植适合当地生长的粮、棉、油、瓜、果等优势作物，注意增施磷肥和有机肥料，努力建设基本农田；同时为促进羊驼事业顺利发展，在浇灌农业生产过程中，应适当实行粮草轮作制，特别是农作物与豆科养地牧草轮作，既恢复地力，又提供饲料草；而且还应考虑利用一定水土资源来建设、发展草料基地，借以解决冬春饲草、饲料的欠缺。同时还应大力营造防风固沙农田防护林网，以期开垦一片，巩固一片。

第八节　砂姜黑土、潮土和草甸土

砂姜黑土、潮土和草甸土都是剖面下部受地下水影响，称为半水成土。半水成土壤由于所处地势低，受地表径流和地下潜水的影响强烈，在土体中进行明显的潴育化或潜育化过程，并伴随着氧化还原电位（Eh）的降低，对土壤有机质积累有利，因此区别于地带性土壤，而称为非地带性土壤，或称为"隐域性"土壤。

一、砂姜黑土

砂姜黑土是在暖温带半湿润气候条件下，主要受地方性因素（地形、母质、地下水）及生物因素作用，形成的一种半水成土壤。

（一）地理分布

砂姜黑土是发育于河湖相沉积物、低洼潮湿和排水不良的环境，经前期的草甸潜育化过程和以脱潜育化为特点的后期旱耕熟化过程，所形成的一种古老耕作土壤，主要分布于我国的淮北平原（皖北和苏北）、山东半岛西部和北部的沂沭河流域、河南省西南部和湖北省北部的南阳盆地三个区域，地形坡度多低于2°～3°，起伏高度一般不超过1m，属于干湿季节交替明显的暖温带气候区。

（二）成土环境与成土特征

1. 成土环境　砂姜黑土分布区年平均气温一般为14～15℃，最冷月1月的平均气温为0.7～1.3℃，最热月7月的平均气温为27.5～28.3℃。年平均降水量为750～900mm，全年雨量分配很不均匀，60%～70%集中在6月下旬至9月上旬。若以四季而论，则夏季降水最多，约占全国砂姜黑土的区域分布年的一半以上，其次为春季和秋季，冬季最少。年蒸发量在1500mm左右，几乎大于降水量的一倍，干湿交替和湿润、半湿润的暖温带过渡气候特点，对砂姜黑土的形成具有重大影响。

砂姜黑土的成土母质主要是浅湖沼相沉积物，这些沉积物中有的含较多的游离碳酸钙，由于砂姜黑土所处地势低洼，它不仅是侵蚀物质的沉积区，还是地下水中重碳酸和钙的富集区，为砂姜的形成提供了丰富钙质基础。

除上述自然环境条件影响到砂姜黑土的形成外，人类耕垦活动对砂姜黑土的形成与演变也有着重大影响。古老的农业区耕垦历史久远，在长达两三千年以上的耕作活动中，人们通过开沟排水、耕作施肥等农事活动，使土壤脱离自然季节性积水及湿生草本植物条件，逐渐向着旱耕土壤的方向发展。

2. 成土特征

（1）草甸潜育化及碳酸盐的集聚过程　砂姜黑土剖面自上而下具暗色腐殖质层、黄棕色过渡层及砂姜土层。暗腐殖质层的形成，与早期草甸沼泽过程及积水潜育作用紧密相关，自第四纪以来，淮北平原沉积了大量晚更新世的黄土物质，由于全新世气候转暖，植被生长茂密，积水湖沼地广为分布，在湖沼相沉积物上生长湿生草甸植物，这些植物的生长、死亡及残体厌氧分解，使土壤积累有机质，形成厚30～40cm向下作舌状延伸的腐泥状黑土层，又因湖沼地常遭季节性积水，潜育作用增强，腐殖质层虽色暗，但有机质含量不高。

（2）耕种熟化及脱潜育过程　人为耕作活动，对砂姜黑土腐殖质层的性状有很大影响，在长期开沟排水、耕作等农业措施影响下，地下水位下降，积水潜育作用减弱，干湿交替使土壤形态发生变化。早期形成的腐泥状腐殖质层氧化作用增强，土色变淡，腐殖质层逐步分化成耕作层、亚耕层及残留黑土层，耕作层颜色变淡，亚耕层容重增大，残留黑土层仍保持黑色，呈块状、棱状结构，土壤物理性质与养分状况也相应发生变化。

（三）基本性状

1. 形态特征　砂姜黑土土体深厚，剖面自上而下有耕作层、黑土层、硬砂姜层、脱潜层、母质层。

耕作层（A_p）：厚度不等，与耕作水平有关，一般为10～20cm。该层多由黑土层分化而成，由于连年耕作、施肥或压砂，质地变轻，颜色变浅，一般为暗灰棕，平时易裂成数厘米宽，或数十厘米深的缝隙，有不同程度的变性特征。据微形态观察，耕作层以毛管孔隙为主，且多呈连通状态。犁底层厚度多变化在6～15cm。

黑土层或称残余黑土层（AB_t）：厚20～40cm，湿时多呈腐泥状，故又有腐泥状黑土之称。湿态颜色呈黑棕至黑色，呈柱状结构，干时易碎裂成核块状。质地黏重，多为重壤土或黏土，少数为中壤土。除石灰性砂姜黑土外，一般无或显微弱石灰反应，可见少量铁锰结核及小型硬砂姜。

硬砂姜或面砂姜层（B_{kg}）：砂姜层或称脱潜砂姜层。质地较黑土层轻，以中壤土居多。土体颜色湿态多为棕色至浊黄棕色。氧化还原现象（脱潜育化）明显，锈斑湿态颜色为棕至亮棕，砂姜大小形态不一，有软硬铁锰结核。面砂姜层石灰反应强烈，硬砂姜层土体石灰反应强弱不一。据微形态观察，常见碳酸盐黏结基质，少或无定向黏粒，多有碳酸盐浓聚斑和铁质浸染斑。

脱潜层（B_g）：位于黑土层和砂姜层之间，干时多呈浊黄棕色，与砂姜层土体颜色相近，有锈纹锈斑，石灰反应强弱不一。据微形态观察，有较多铁子和斑迹状铁质浓聚体，铁质斑迹内有大量光性定向黏粒。

母质层（C_{kg} 或 C_g）：一般为黏质河湖相沉积物，具有明显的锈斑，有时具有潜育现象。

2. 理化性质　　砂姜黑土具有如下特征：①呈中性至弱碱性反应，黑色土层的pH为6.0～8.6。②有机质、N、P含量低，而K含量高，耕作层有机质含量为10～15g/kg，残余黑色土层为8～10g/kg。耕作层全N含量为0.3～1.7g/kg，残余黑色土层为0.2～0.5g/kg。全P含量多低于0.5g/kg，速效P多低于4mg/kg。全K含量约为18.1g/kg，速效K含量多高于100mg/kg。③耕作层和残余黑土层的CEC较高，可达20～80cmol（＋）/kg。④质地黏重，黏粒含量为211～519g/kg，矿物以蒙脱石为主，水化云母次之；土体膨胀收缩性强。

（四）合理开发利用

治理和开发砂姜黑土的低产因素是多方面的，因此必须采取综合治理措施与合理利用紧密结合，同时要开发与合理利用紧密结合，才能充分发挥资源优势，提高效益。其主要开发与治理途径为：①排灌结合，旱涝兼治，开发地下水资源，发展旱作补充灌溉；②调整粮食作物和经济作物的种植结构，做到合理轮作换茬；③大量元素肥料与微量元素肥料结合，科学施肥，争取均衡增产；④农牧结合经营，提高土壤有机质含量，更新腐殖质，抑制土壤的胀缩性。根据水源和地势条件，适当发展水稻种植。砂姜黑土的综合治理和开发利用，均需因地制宜和因时制宜。所谓"因地制宜"，就是要根据砂姜黑土的特性及所在地的实际情况，制定适当的计划和采用适宜的措施。所谓"因时制宜"，就是要考虑各地的砂姜黑土所处的不同治理阶段，分别制定适当的计划和采用适宜措施。

二、潮土

潮土是发育于富含碳酸盐或不含碳酸盐的河流冲积物土，受地下潜水作用，经过耕作熟化而形成的一种半水成土壤。土壤腐殖质积累过程较弱。具有腐殖质层（耕作层）、氧化还原层及母质层等剖面层次，沉积层理明显。

（一）地理分布

我国潮土的面积为2565.9万hm²，分布范围广阔，但大部分集中分布在东部的黄淮海平原，以及长江、珠江、辽河中下游的开阔河谷与平原区，在黄河河套平原也有连片集中的潮土，此外，在一系列盆地、河谷、山前平原与高山谷地、高原滩地也有小面积分布，在东部平原地区以山东、河北、河南三省的面积为大，各在6000万亩以上；其次为江苏、内蒙古、安徽，各占面积在1500万～3000万亩；再次为辽宁、湖北、山西、天津等省市；四川、广西等省（自治区）因属于山区，潮土面积小。

潮土的主要成土母质多为近代河流冲积物，部分为古河流冲积物、洪积物及少量的浅海冲积物。在黄淮海平原及辽河中下游平原，潮土的成土母质多为石灰性冲积物，含有机质较少，但钾素丰富，土壤质地以砂壤质和粉砂壤质为主；而长江水系主要为中性黏壤或黏土冲积物。

（二）成土环境与成土特征

1. 成土环境　　潮土分布地区地形平坦，地下水埋深较浅，土壤地下水埋深随季节而发生变化，旱季时地下水埋深一般为 2～3m，雨季时可以上升至 0.5m 左右，季节性变幅在 2m 左右。20 世纪 50 年代末以来，随着这些地区排水体系的修建和大量抽取地下水灌溉，目前潮土分布区的地下水位大幅度下降，旱季时地下水埋深一般为 4～7m，雨季时一般也下降至 1m 以下，基本上剖面已经脱离地下水的影响。

潮土的自然植被为草甸植被。但由于该地区农业历史比较悠久，多辟为农田，耕地面积占潮土总面积的 86% 以上，自然植被为人工植被所代替。

2. 成土特征　　潮土主要进行着潴育化过程和以耕作熟化为主的腐殖质积累过程。

（1）潴育化过程　　潴育化过程的动力因素是上层滞水和地下潜水。潮土剖面下部土层，常年在地下潜水干湿季节周期性升降运动作用下，铁、锰等化合物的氧化还原过程交替进行，并有移动与淀积，即在雨季期间，土体上部水分饱和，土体中的难溶性 $FeCO_3$ 还原，并与生物活动产生的 CO_2 作用形成 $Fe(HCO_3)_2$ 而向下移动。雨季过后，则 $Fe(HCO_3)_2$ 随毛管作用而由底层向土体上部移动，氧化为 $Fe(OH)_3$。这种每年的周期性氧化还原过程，致使土层内显现出锈黄色和灰白色（或蓝灰色）的斑纹层（锈色斑纹层）。

（2）腐殖质积累过程　　潮土绝大多数已垦殖为农田，因此其腐殖质积累过程的实质是人类通过耕作、施肥、灌排等农业措施，改良培肥土壤的过程。潮土腐殖质积累过程较弱，尤其是分布在黄泛平原上的土壤，耕作表土层腐殖质含量低、颜色浅淡，所以也称为浅色腐殖质表层。

（三）基本性状

1. 形态特征　　潮土典型剖面的土层组合为耕作层、亚耕层、氧化还原特征层、母质层，由上而下呈有序排列。

耕作层：受耕作活动影响最强烈的土层。厚 15～25cm，土色比心土、底土层稍暗，浅灰棕色至暗灰棕色，呈屑粒状、碎块状及团块状结构，多须根与孔隙。因质地类型不同及有机质含量多寡，其形态有异，砂质土色泽浅淡，以单粒状为主；黏质土色泽趋暗，以块状结构为主。盐化土壤地表可见灰白色盐结皮，碱化土壤地表可见薄层蜂窝状结壳，耕作层中常见蜂窝状孔隙。

亚耕层：紧接耕作层之下，长期受耕作机具的挤压作用所形成，厚 5～10cm，色泽与耕作层相近，结持较紧，块状或片状结构，根系与孔隙显著减少。

氧化还原特征层：由土壤毛管水频繁升降引起土体中氧化与还原作用交替进行下所形成。在土块结构面及裂隙、孔隙间以棕色锈纹斑、铁锰斑为主要特征，有时尚可见雏形砂姜及铁子。此层多位于心土层，厚 30～60cm，潮润，以块状结构为主。

母质层：显示沉积物基质色调、具明显沉积层理的土层，基本上无生物活动等成土特征，因位于土体底部，受地下水浸润影响大，氧化还原特征也较明显。

2. 理化性质　　潮土腐殖质含量低，多小于 10g/kg，普遍缺磷，钾元素丰富，但近期高产地块普遍出现缺钾现象，微量元素中锌含量偏低。

潮土受沉积物的质地类型及耕种利用的影响，结构、孔隙度及透水性等物理性质很不一致。质地类型在水平分布与垂直下切面上的变化尤为频繁，常常砂、壤、黏土层相间，构成不同质地剖面的土壤，其水分物理性质与农业生产性状显著不同。不同河系沉积物使土壤质地类型也表现有区域性特点。黄淮海平原区潮土的质地交错复杂，类型差异对比性强，主要为壤土，其次为黏壤土、砂质壤土、砂土和黏土，沉积物中粉砂粒与黏粒含量较高，分别为25%～45%与30%～50%，长江、淮河、珠江沉积物以黏壤土为主，粉砂粒与黏粒含量比黄淮海平原高；滦河沉积物以砂质壤土为主，雅鲁藏布江河谷中的潮土含有10%～30%的砂砾，并常见多量砾石。

（四）合理开发利用

潮土分布区地势平坦，土层深厚，水热资源较为丰富，适种性广，是中国主要的旱作土壤，盛产粮棉。

1）发展灌溉，建立排水与农田林网，加强农田基本建设，是改善潮土生产环境条件，消除或减轻旱、涝、盐、碱危害的根本措施，也是发挥潮土生产潜力的前提。目前，潮土分布面积最大的黄淮海平原，因为排水体系完善，基本防止了涝灾的发生，盐碱危害也随之减轻，但旱灾依然时有发生，甚至有加重现象。大量开采地下水，造成地下水漏斗。

2）培肥土壤。目前出现了重视化肥投入，而忽视有机肥投入的现象。虽然大量投入化肥使得根茬归还量增大，土壤有机质含量有上升趋势，但若实行秸秆还田和采取施用其他有机肥措施，土壤有机质含量将更进一步提高。在大量施用氮、磷肥的情况下，已经出现局部地区（块）开始缺钾的现象，应适当补施钾肥，配合施用微量元素肥料，实行平衡施肥。

3）改善种植结构，提高复种指数，合理配置粮食与经济作物、林业和牧业，提高潮土的产量、产值和效益。

三、草甸土

草甸土是在冷湿条件下，直接受地下水浸润并在草甸植被下发育的土壤。

（一）地理分布

草甸土在我国北方广泛分布，所处地势平坦，水源丰富，土质肥沃，人口集中，是发展农牧业、生产粮棉油及畜产品的重要基地。全国草甸土的面积约为2507.05万hm^2，在我国分布较广，主要分布于中国东北地区的三江平原、松嫩平原、辽河平原，以及内蒙古和西北地区的河谷平原或湖盆地区。其中黑龙江省的草甸土面积最大，约占全国草甸土面积的1/3。

（二）成土环境与成土特征

1. 成土环境　　中国草甸土大部分分布在温带湿润、半湿润、半干旱气候区。年平均气温为0～10℃，年降水量为200～800mm，夏季降水占全年降水总量的80%左右，土壤冻结期达5～7个月，冻深12m。其气候特点是春季干旱多风，夏季温暖多雨，秋季气温多变，冬季漫长寒冷，气候条件对于草甸植被生长和土壤腐殖质积累十分有利。草甸土虽不属于地带性土壤，但气候对碳酸盐的淋溶与淀积及腐殖质积累有较明显影响，如湿润、半湿润地区分布的草甸土多为暗色草甸土和潜育草甸土，半干旱地区分布的多为石灰性草甸土和盐化草甸土。

草甸土母质多为近代河湖相沉积物，地区性差异明显，主要表现在碳酸盐的有无及质地分异上，如东北地区西部多碳酸盐淤积物，东部、北部多为无碳酸盐淤积物。

2. 成土特征　　草甸土的成土过程具有腐殖质积累的草甸化过程和氧化还原交替特征。草甸土区水分供应充足，植被生长繁茂，根系又深又密，每年为土壤提供了大量的有机残体，在土壤冻结后，分解缓慢且不彻底，因而在土壤中逐渐积累了很高含量的腐殖质。同时由于地下水位的周期性升降，土壤氧化还原交替进行，形成了锈色斑纹层。

（三）基本性状

1. **形态特征**　草甸土的基本发生层是腐殖质层（A_h）和锈色斑纹层（C_g）。

腐殖质层（A_h）：厚度一般为 30～70cm，最厚可达 100cm，多团粒或粒状结构，松软，根系多。

锈色斑纹层（C_g）：灰黄棕色至黄橙色，其出现深度与潜水位上升高度有关，潜水位最高若为 1m 左右，则通常在 20～30cm 处开始出现锈斑，40～50cm 处可见大量锈斑，有的还有铁锰结核。潜水位最高若为 2m 左右，则在土体下层方能出现锈色斑纹，所以锈色斑纹层一般出现在 50～80cm 处。

2. **理化性质**　草甸土腐殖质含量较高。腐殖质含量自西向东、自南向北逐渐增加，北部的兴凯湖平原和三江平原腐殖质含量高达 50～100g/kg，西部内蒙古干旱草原地带的草甸土腐殖质含量一般为 20～40g/kg，低者仅 10～20g/kg。土壤腐殖质以胡敏酸为主，HA/FA 较大。草甸土和潜育草甸土的游离铁量及其游离度明显高于石灰性草甸土，而草甸土和石灰性草甸土的结晶度又明显高于潜育草甸土，潜育草甸土游离铁含量最高。因潜育草甸土接近潜水位的上部，仍以氧化作用为主，即使结晶度低，但结晶铁所占比重仍明显地超过了草甸土和石灰性草甸土，这是潜育草甸土可见大量锈色斑纹的原因。

（四）合理开发利用

耕种草甸土的自然植被已被破坏，腐殖质层上部和草根层已变为疏松的耕层，由于通气性增加，土壤有机质分解速率加快，使耕层土壤有机质含量显著降低，但养分的有效性明显提高。草甸土开垦后往往都是最肥沃的耕地土壤，是我国重要的粮食生产基地和优质牧场。

草甸土属较肥沃土壤，其所处地形平坦，地下水位较高，土壤水分充足，成土母质含有相当丰富的矿质养分，土体较深厚，适宜多种作物和牧草生长，并能获得较高产量，是中国北方重要的农牧业土壤资源。

第九节　水　稻　土

水稻土是不同母土（或成土母质）在人类生产活动过程中，通过水耕熟化过程而形成的特殊土壤类型。中国稻谷总产量居世界首位，稻田占全国耕地面积的 25.5%。水稻土分布遍及全国，但主要分布在秦岭—淮河一线以南，以长江中下游平原、珠江三角洲、四川盆地和台湾西部平原最为集中，是中国重要的土壤资源之一。

一、水稻土的形成特点

水稻田中的土壤每年都要受到泡田、翻耕、耙细、磨平、排水烤田及轮作施肥等农业技术措施的强烈影响。人们为了加速增厚耕层和改造耕层的性质，还大量施入富含有机物和矿质养分的河泥。因此，水稻土的形成和发展过程中，很大程度上受到人类生产活动的控制。在水稻土形成过程中，原来的各种土壤（地带性土壤、非地带性土壤）受到强烈改造，形成水稻土所特有的形态和性质。

（一）水稻土的形成过程

水稻土的形成包括以下几个过程。

1. **氧化还原过程**　在水稻生长期间，由于淹水，土壤孔隙中几乎充满水分，土壤环境以还原状态为主，其余时间，土壤孔隙中大多为土壤空气所填充，土壤环境以氧化状态为主。由于不同地区自然条件不同，轮作制度也不同，水稻土一年中处于还原和氧化态的时间差别较大。

2. **腐殖质的积累和分解**　　水稻土的有机质主要来自有机肥料，其中包括绿肥。腐殖质的积累和分解强度，与土壤表层还原态或氧化态持续时间的长短有密切关系。一般来说，水稻连作有利于腐殖质积累；水旱轮作有利于腐殖质分解和养分活化。

3. **盐基淋溶和复盐基**　　稻田淹水后的还原态环境和水分的下渗，必然加速土壤中盐基的淋失。另外，施肥和灌溉水中所含的盐类，却又有利于土壤复盐基。复盐基过程在红壤、黄壤、砖红壤等酸性土壤改种水稻后表现特别明显，盐基饱和度可由 20% 左右提高到 50% 或更高。

4. **黏粒的积累和淋失**　　水稻土耕层的黏粒含量，可以比原来大幅度增加或减少。黏粒增加，是由于灌溉水中带来大量黏粒，或是由于施用黏质河泥。黏粒的淋失也有两种途径，一是从耕层沿孔隙随水分下渗移向剖面中部，由这种方式淋失的黏粒是有限的。二是灌溉水串灌引起的耕坯黏粒流失，由这种方式淋失的黏粒是大量的，能使耕层的粗粒相对增多，改变性质。

（二）不同起源水稻土的形成途径

各种土壤在水耕熟化过程中均可形成水稻土。但起源土壤不同，其形成途径也不同，可概括为三类。

1. **地带性土壤起源的水稻土**　　当地带性土壤被辟为稻田后，一经灌水，土壤氧化还原状况就发生分化，表层为还原态，其下为氧化态，属地表水型。逐渐具有耕作层 - 犁底层 - 底土层，或耕作层 - 犁底层 - 淀积层 - 底土层的土壤剖面结构。这类水稻土大多分布在山地、丘陵的梯田上，主要问题是灌溉水的保证程度低，串灌引起黏粒和养分淋失。

2. **草甸土起源的水稻土**　　草甸土分布在冲积平原和丘陵河谷中，由于水源方便，在南方大都建造为稻田。草甸土是被地下水浸润的土壤，灌水种稻后又受地表水的影响。它原来的氧化还原状况是上部为氧化态，下部为还原态；种稻后，上层为还原态，中层为氧化态，下层又为还原态，属良水型水稻土。

在还原淋溶作用下，铁锰既随下渗水向下移动，又随地下水毛管上升作用向上迁移。铁锰向下移动是水稻土形成的特点之一，而铁锰向上移动则是草甸土固有的特征。

草甸土种稻后，原来的生草层被改造成耕作层，各种营养元素的含量由于施肥而有所提高；但也加强了黏粒和铁锰的移动和淀积，形成犁底层和出现淀积层。有的草甸土原来含有盐分或碳酸钙，种稻过程中可伴有脱盐和碳酸钙淋失过程。

草甸土起源的水稻土，水分状况好，自然肥力高，只要注意耕作施肥，土壤生产潜力很大。

3. **沼泽土起源的水稻土**　　在沼泽土上建造稻田，除要考虑灌溉设施外，还要采取垫土和排水等措施，降低地下水位，使地表水和地下水分离。沼泽土一般具有腐泥层，潜在养分高。全剖面处于还原状态，含还原性物质多。开垦初期，地下水位仍高，土壤处于水分饱和状态，氧化还原状况与沼泽土相似，剖面结构也无大差异，属地下水型水稻土。当地下水位降低后，灌溉水与地下水分离，剖面上都可出现氧化态，剖面结构也进一步分化出耕作层和犁底层等水稻土所特有的土层。还可逐步发育为良水型水稻土。

无论是何种起源的水稻土，在定向培育过程中，其肥力发展大体上可概括为三个阶段。一是与不适于水稻生长的因素，如沼泽化、盐渍化、干旱等做斗争，创造初步适宜于水稻生长的土壤环境，是低肥力阶段；二是在种植水稻过程中，逐步建造和形成了水稻生长所需的剖面构造，逐渐形成一定厚度的耕作层、保水保肥而又通气透水的犁底层和托水、托肥的淀积层，是中等和中上等肥力阶段；三是培育具有良好耕性的肥沃水稻土，是高肥力阶段。

但由于各地区的水热条件和耕作制度不同，起源土壤不一样，因此水稻土的理化性质及肥沃水稻土的特征也会有差别。

二、不同地区水稻土的特征

（一）红壤地区水稻土

红壤地区水稻土主要分布于中国中亚热带、南亚热带和热带。位于中亚热带的水稻土一般为一年两熟，除山区海拔较高的地方种植一季中稻或晚稻外，在盆地和滨海平原普遍种植双季稻。稻田全年淹水时间为 210d 左右。

位于南亚热带和热带地区的水稻土，由于年平均气温在 22℃ 以上，降水量大于 1400mm，无霜期很长，甚至终年无霜，因此一年可三熟。

红壤地区水稻土的理化特性，主要表现为铁、锰的淋溶淀积现象十分强烈；有机质积累作用较明显，含量较高（1.5%～2.5%）。由于起源土壤富铝化，因此水稻土胶体部分硅铝率也多在 2.2 以下。土壤的阳离子交换量低，盐基不饱和，pH 为 5.0～6.5。处于水耕熟化初期的土壤，矿质养分不丰富；而高度熟化的水稻土则必然具有良好的物理性质和丰富的养分。由紫色土起源的水稻土，铁、锰淋溶作用微弱，土壤一般呈中性至微碱性反应，盐基饱和，矿质营养元素含量丰富。由石灰岩母质土壤起源的水稻土，因受富含重碳酸钙灌溉水和过量施用石灰的影响，碳酸钙常在剖面上部聚积，犁底层出现石灰结核，形成石灰板结层，耕性很差。

（二）黄棕壤地区水稻土

秦岭—淮河以南，长江中下游北亚热带黄棕壤地区的水稻土，一年多为稻、麦两熟，也有种双季稻的。冬作物主要是小麦、油菜或绿肥。稻田淹水时间为 160～190d。在水旱轮作制度下，有机质的分解作用较红壤地区水稻土强，含量一般不超过 2.0%。还原淋溶程度也较弱，铁、锰在剖面中呈斑纹状，结核状的很少见。在肥沃水稻土中，耕层下部结构面上常见有鲜红色的铁的有机络合物，群众称为"鳝血"，可作为该区水稻土高度熟化的标志。这里的水稻土，主要起源于黄棕壤，以及河湖沉积物上的草甸土和沼泽土。土壤多呈中性反应，pH 为 6.5～7.5，盐基饱和。土壤胶体部分的硅铝率较红壤地区水稻土高，为 2.5～3.4。阳离子交换量为 15～20cmol（＋）/kg，保肥性能好，矿物养分含量也较高。

（三）北方地区水稻土

秦岭—淮河以北暖温带和中温带地区的水稻土，为一年一季稻，也有进行隔年水旱轮作的。起源土壤主要是草甸土、沼泽土、白浆土和草甸黑土。该区由于年降水量低，因此水稻土主要分布于江河流域低洼地、河谷盆地，以利灌溉。因冬季气温低，土壤冻结期较长，故土壤有机质分解缓慢，含量较高。剖面中物质的淋溶淀积作用也较弱，铁、锰分异现象不太明显，因此，起源土壤的特点保留较多一些。土壤多呈中性和微碱性反应，pH 为 7.0～8.0。

三、低产水稻土的利用与改良

水稻土是中国很重要的农业土壤资源，充分挖掘水稻土的生产潜力，对农业的迅速发展有极为重要的意义。挖掘水稻土的生产潜力，应从两方面着手。一方面是要对肥力较高、每亩年产量在 500kg 以上的水稻土的性质再加以改善，培育高度肥沃的水稻土，以实现高产更高产。高产水稻土在一般情况下能够旱涝保收，高产稳产。

目前各地区都还有一部分低产水稻土，它们的生产力受各种因素的抑制，不能充分发挥，因此，改良低产水稻土，就成了着手挖掘水稻土生产潜力的另一方面。

低产水稻土有好几种类型，如江苏、安徽的白土，南方丘陵地区的黄泥田（红壤性水稻土），山区的冷浸田，广东、广西沿海地区的反酸田等。它们是由不同的原因导致低产的，改良措施当然也应有区别。

（一）白土

白土低产的原因是养分贫瘠，特别是氮、磷含量低；黏粒含量少（<20%），粗粉砂含量高达 40%～60% 及以上，水耙后易淀浆板结；土壤结构不良，漏水漏肥，因而保肥、供肥性差。

白土改良可从以下几方面着手。

1. 增加土壤有机质　据改良实践，白土耕作层的有机质含量如果提高到 2% 左右，即使土壤黏粒没有增多，淀浆板结性也会得到改善，肥力也显著提高。

2. 深耕　白土耕层浅薄，一般仅 10～13cm 厚，而且含粗粉砂多，但白土层下多有黏重的黄泥层，如逐年深耕，改变砂、黏比例，能增强保肥、供肥能力。客土也能收到同样效果。

3. 增施氮肥和磷肥　白土中氮、磷含量均低，氮、磷配合施用可获得显著增产效果。

4. 改善灌溉方式　白土稻田切忌串灌。灌渠配套，分田进水，可减少黏粒和养分流失。

（二）黄泥田

南方丘陵地区的黄泥田，低产的原因是熟化程度不高，土质黏重或粉砂粒含量高，或是在浅层就出现铁锰结核或红白相间的网纹层；缺乏有机质，酸性大，田面易板结，透水性差，水源不足处还易受干旱危害。主要改良措施有搞好排灌，提高防旱能力；种好绿肥，提高有机质含量；巧施磷肥和适施石灰，以提高肥效和降低土壤酸性；加深耕层，对提高产量也有显著作用。

（三）冷浸田

1. 低产原因

（1）水温、土温低，日照短　水稻是喜高温作物，低温对水稻返青和分蘖都不利。后期温度升高，又会造成水稻无效分蘖增多。山谷中光照时间短，减弱了水稻的光合作用，也是造成低产的因素。

（2）有效养分缺乏　由于温度低和水分过多，有机质分解和有效养分释放都很慢，不能满足水稻生长的需要。

（3）土粒分散，结构不良　冷浸田（特别是烂泥田）有深厚的烂泥层，土粒高度分散，结构不良，插秧易倒，不易全苗；而脱水成干硬土块时，稻根又常被拉断。

（4）还原性物质的毒害　土壤中的还原性物质，特别是亚铁离子，对水稻生长有很大影响。

2. 主要改良措施

（1）开沟排水、降低地下水位　即在山坡脚开环山沟，以拦截山洪黄泥水入田；在田外开排泉沟，以阻隔冷泉水和锈水入田；在田内开排灌沟、排水沟用来排除渍水并降低地下水位，开灌水沟用以灌溉，但必须避免串灌和漫灌。

（2）冬耕晒垡、烤田和熏土　当冷浸田改善排水条件、土壤逐渐变硬后，就可采取此项措施，以改良土壤的耕性和通气透水性能，有利于土壤养分活化和水稻生长。

（3）施用热性肥料和磷肥　冷浸田土性冷，应该多施用牛栏粪、火土灰、老墙土、草木灰、石灰等热性肥料，能提高土温，促进稻根生长，还可中和土壤酸性。冷浸田一般都很缺磷，改善排水条件后应注意增施磷肥；同时还要大力提倡种植绿肥，才能逐步改良土壤物理性质和提高肥力。

（4）掺沙入泥和垫土　　烂泥田一般都是泥多沙少，排水后会逐渐变成板实的黏土田。因此应逐年掺沙，以改善土壤的通气透水性，有利于耕作和稻根生长。山坑冷浸田多偏砂性，掺入草皮泥、塘泥和黑山泥等肥泥，既可增加土壤黏性，又可提高土壤肥力。

（四）反酸田

反酸田是热带或亚热带滨海地区一种具有"反酸"特点的水稻土。"反酸"是由原来生长的红树，其被掩埋在沉积物中的残体分解后，产生酸类引起的。

改良措施主要是以水压酸、蓄淡洗酸、挖沟排酸等，还要辅以施用石灰中和酸性、增施磷肥等措施，才能收到较好效果。

第十节　紫色土和石灰（岩）土

一、紫色土

紫色土为发育于亚热带地区石灰性紫色砂页岩母质的土壤。全剖面呈均一的紫色或紫红色，层次不明显。主要分布在中国的亚热带地区。紫色土是在频繁的风化作用和侵蚀作用下形成的，成土速度快，但发育进程慢。紫色土为初育岩性土，受生物气候带的影响较小，土壤的诊断层发育明显，化学风化作用微弱，但物理风化作用强烈，土壤砾质含量高，土层浅薄，通常不到50cm，超过1m者甚少。另外紫色土发育浅，土质肥沃，结构良好，土壤微生物活力强，易耕作，宜种度广。紫色土一般含有较多碳酸钙，呈微碱性，pH为7.5～8.5，盐基饱和度达80%～90%，紫色土亚类的划分依据是土壤中碳酸钙的含量和pH。由于紫色土疏松，易于崩解，矿质养分含量丰富，肥力较高，是中国南方重要的旱作土壤之一。

（一）石灰性紫色土亚类

石灰性紫色土的成土母质是钙质砂页岩风化物。该亚类的母岩、母质和土壤的碳酸钙含量均较丰富，其含量大于3%，且上、下土层母岩的碳酸盐含量变化不大，表现岩性土的典型性状，土壤pH多在8.1左右。石灰性紫色土土壤剖面发育程度很浅，无明显层次分布，母岩物理风化强烈，风化、侵蚀交替进行，使土壤多含母质碎屑，大于2mm的石砾含量达10%以上，多为砾质土。土壤风化度浅，黏土矿物为母岩沉积时期形成，以伊利石和蒙脱石为主，含有原生矿物云母、钾长石，土壤硅铝率为3.2～3.4，阳离子交换量大于20cmol（＋）/kg。土壤含钾丰富，一般大于2%。有效锌、钼缺乏，锌低于0.8mg/kg，钼低于0.2mg/kg。

（二）中性紫色土亚类

中性紫色土是紫色土中肥力水平较高的亚类。土壤发育不深，胶体品质较好，黏土矿物以伊利石为主，土体胀缩性适中，硅铝率为3.2左右；土壤剖面分化不明显，多A-BC-C和A-C构型；土壤质地适中，细粉砂（0.002～0.02mm）含量大于30%，黏粒（＜0.002mm）含量在20%左右，多为黏质壤土。中性紫色土碳酸钙含量为1%～3%，pH为6.5～7.5。土壤有机质、全磷、全钾含量中等，氮素和速效磷不足，锌、硼、钼等微量元素缺乏。

（三）酸性紫色土亚类

酸性紫色土碳酸钙含量小于1%，pH＜6.5。酸性紫色土分布的地区地形切割较为强烈，多为深丘窄谷，土壤湿润，淋溶势强；多数土壤质地轻，砂粒含量大于50%，其中粗砂（0.2～2mm）含量大于20%；黏土矿物以蛭石为主，并有少量高岭石，硅铝铁率小于3.0，阳离子交换量为 15cmol（+）/kg 左右，盐基饱和度低于 50%；土壤全磷含量低于 0.035%，全钾含量低于 1.60%。

二、石灰（岩）土

石灰（岩）土主要分布在亚热带海拔 1500m 以下背斜低山槽谷内及中山。成土母岩主要为各地层石灰岩风化物。在亚热带气候条件下，石灰（岩）土形成过程中碳酸钙虽然遭到不断淋失，但石灰岩裸露、母岩碳酸钙含量高，土壤受石灰岩溶蚀后，富含重碳酸钙的地表水进入土体中，通常有一定数量的碳酸钙残留于土壤中，使石灰（岩）土的淋溶和淀积复钙作用反复进行，十分活跃，延缓了脱硅富铝化作用，形成了石灰（岩）土质地黏细、呈中性或微碱性、表层粒状结构等土壤的矿物组成和化学特性。

（一）红色石灰（岩）土亚类

红色石灰（岩）土是在亚热带地区石灰岩母质上形成的土色鲜红、呈中性偏酸的土壤。零星分布于热带、亚热带石灰岩山丘区。其母质中碳酸钙已被淋失，黏粒的机械淋溶淀积作用和脱硅富铝化作用均较明显。剖面呈 A-B-C 型。红色石灰（岩）土亚类腐殖质层较薄，有机质含量较低，缺乏团粒结构，质地黏重。黏粒硅铝率为 1.3～1.5，黏土矿物以高岭石类为主，含有大量三水铝石。因受富含钙、镁的表水或人工施用石灰的影响，呈中性反应。该土壤在发育阶段上已接近于红壤。

（二）黑色石灰（岩）土亚类

黑色石灰（岩）土（又称"腐殖质碳酸盐土"）主要是由冷凉、湿度较高区域的石灰岩母质上发育而成，其石灰岩母质风化程度低，土壤中碳酸钙含量较高，为 2%～8%，土壤有机质积累较多，含量为 5%～9%。零星分布于热带和亚热带石灰岩山区，常见于石山山顶和谷地中较低洼处。黑色石灰（岩）土土层较薄，一般为 30～60cm，位于缓坡和洼地的土层较厚。土体中石砾含量高，一般为 10%～50%，高的达 80%，粗骨性较强，层次分化不明显，为 A-C 构型，表土层结构好，为粒状或小块状结构，质地多砂质壤土或黏壤土，疏松。心土层黏粒淋溶不明显，颗粒组成与表层无多大变化，稍紧实的黑色石灰（岩）土呈微酸性至碱性，其 pH 为 6.5～8.0，盐基饱和度大于 60%。

（三）棕色石灰（岩）土亚类

棕色石灰（岩）土（又称"褐色石灰土"）主要分布于热带、亚热带较为低矮的石灰岩山丘区，常见于山麓坡地或山间谷地。分布区气候特点是夏秋多雨，冬春干旱，石灰岩的化学风化和土壤的淋溶作用较黑色石灰（岩）土强。但因气候干湿交替，复钙过程也比较活跃，土体中游离碳酸钙的含量高，为 1.2%～7.5%。土壤有机质有一定积累，但次于黑色石灰（岩）土。棕色石灰（岩）土土层厚薄不一，剖面层次分化不很明显，A-B-C 构型居多，表层有机质含量低于黑色石灰（岩）土，暗棕色，团粒结构较不明显，质地黏重；向下为棕色心土层，块状或棱块状结构，结构体表面有光亮胶膜，有时还出现细粒状铁锰结核。该亚类土碳酸钙淋溶作用较强，一般剖面上部已无石灰反应。土壤 pH 为 6.0～7.5，盐基饱和度低于 50%。

（四）黄色石灰（岩）土亚类

黄色石灰（岩）土亚类是石灰（岩）土中面积最大、分布最广的亚类。黄色石灰（岩）土分布区域为亚热带至暖温带湿润、半湿润气候区，雨量充沛、云雾多。由于气候湿润，土壤受水的影响较大，氧化铁水化程度较高，土壤颜色偏黄。黄色石灰（岩）土的淋溶作用进行得比较缓慢，剖面中保持有一定数量的碳酸盐，黏粒硅铝率一般大于 3。黄色石灰（岩）土剖面呈黄色或棕黄色，层次分化比较明显，剖面多为 A-B-C 构型，少数呈 A-BC-C 构型。黏粒有下移现象，心土层结构较差，结构面可见少量的铁锰胶膜。黄色石灰（岩）土土质比较黏重，多为壤质黏土，黏粒含量较高，一般都大于 35%。土体中夹有 10%～30% 的石砾，中性至微碱性反应。

第十一节　石质土和粗骨土

一、石质土

石质土是指与母岩风化物性质近似的土壤。一般见于无森林覆被、侵蚀强烈的山地。多发育于抗风化力较强的母岩上。成土作用不明显，没有剖面发育。质地偏砂，含砾石多。地表水土流失严重。石质土剖面由腐殖质层和基岩层组成。A 层浅薄，一般均小于 10cm，A 层之下为坚硬的母岩，土石界线分明。石质土由于处在不同的生物气候地带，以及由不同岩性的母岩风化物形成，因此理化性状差异较大。总的来说，石质土无明显的元素迁移特征，生物富集作用弱，有机质含量多在 1% 左右，全氮含量在 1.0g/kg 以下，磷、钾含量变异很大。随区域成土母岩性质及温湿状况不同，土壤可呈酸性、中性及石灰性不等，酸碱度变幅大，pH 为 4.5～8.5。

（一）酸性石质土亚类

该亚类主要分布于山地丘陵区水土流失严重的酸性岩的山丘上部，多与裸露的母岩呈复区分布。其成土母质是酸性岩的残积物，由于分布地势较高，植物覆盖度差，土层极薄，厚度小于 15cm。土体中砾石含量多，大于 1mm 砾石含量大于 10%，砾石主要是难风化的石英、长石颗粒等；土粒部分，质地多是砂质土壤，部分是壤质砂土。土壤呈微酸性至中性，pH 为 6.0～7.0。土壤养分含量极少。其剖面为 A-R 构型，A 层干燥时多为黄棕色。

（二）钙质石质土亚类

该亚类主要分布在山地丘陵地区的石灰岩山丘顶部。成土母质为石灰岩的残积物。土层较薄，厚度小于 15cm。土壤有强石灰反应，土层下即石灰岩母岩。土粒颗粒较细，多为砂质黏壤土、黏壤土和砂质土壤。土壤呈弱碱性，其 pH 多在 7.5～8.5。土壤养分含量较低，养分的实际供给能力也较差。其剖面也为 A-R 构型，A 层干燥时呈黄棕色。

二、粗骨土

粗骨土分布在海拔较高、坡度较大的区域，水土流失较为严重。在山地土壤垂直带谱中，从红壤、黄壤带到黄棕壤、棕壤带中均有粗骨土分布。粗骨土母质类型复杂，并常呈多相母质，既有残坡积物，又有冲洪积物。母岩类型多样，主要有砂岩、板岩、石灰岩、花岗岩、千枚岩等。花岗岩风化物多形成酸性粗骨土，石灰岩风化物多形成钙质粗骨土，中性的页岩、板岩、千枚岩风化物则又常常形成中性粗骨土。其剖面通常为 A-C 或 A-R 构型。土体较薄，砾石含量高，坡面发育微弱，A 层之下为不同厚度的半风化基岩层或基岩。

（一）酸性粗骨土亚类

该亚类的成土母质是酸性岩类的残积物，土壤侵蚀严重，土层薄，土层厚度一般小于 30cm。土层中砾石含量较多。土体中土粒的质地差异较大，主要是砂质壤土，部分是壤质砂土等。该类土种无石灰反应，多呈弱酸性，pH 为 5.0～6.5。土壤养分除磷外，含量均较高，土壤松散，通透性好。其剖面为 A-C-R 构型，A 层下即酸性岩的半风化物。

（二）钙质粗骨土亚类

该亚类主要分布在石灰岩山体中上部，其成土母质为各种石灰岩、白云岩的残积、坡积物。土壤遭受冲刷严重，更新堆积频繁，土层浅薄，厚度为 30～60cm，砾石含量高，大于 1mm 的砾石含量为 10%～30%。该亚类多为 A-R 构型，A 层以下多为基岩。剖面间的土壤质地差异较大。土壤通体石灰反应强烈，碳酸钙含量为 2.5%～6.9%，pH 为 7.5～8.2，呈微碱性反应。养分含量除速效磷偏低外，其余属中上水平。

第十二节　白　浆　土

白浆土是在温带半湿润及湿润区森林、草甸植被下，在微度倾斜岗地的上轻下黏母质上，经过白浆化等成土过程形成的具有暗色腐殖质表层、灰白色的亚表层 - 白浆层及暗棕色的黏化淀积层的土壤，白浆土发育于中温带和暖温带湿润季风气候条件下，是有周期性滞水淋溶的土壤。

一、白浆土的分布与形成条件

白浆土主要分布在黑龙江和吉林两省境内。北起黑龙江省的黑河，南到辽宁省的丹东—沈阳铁路线附近；东起黑龙江省境内乌苏里江沿岸，西到小兴安岭及长白山等山地的西坡，局部抵达大兴安岭东坡，总面积为 527.2 万 hm^2。白浆土地区气候较湿润，年均降水量一般为 500～700mm；年平均气温为 -1.6～3.5℃，≥10℃ 积温为 2000～2800℃，无霜期为 87～154d，土壤冻层深 1.5～2m，表层冻结 150～170d，干燥度为 0.7～1。白浆土的初始植被为针阔混交林，由于人为砍伐和林火，逐渐被次生杂木林、草甸及沼泽化草甸植被代替，主要植被有红松、落叶松、白桦、山杨等森林群落，沼柳、辽东桤木等灌木群落，以及薹草、杂类草等草本群落。目前，除低地外，大部分白浆土已垦为农田。

二、成土过程

白浆土的形成过程，具有潴育、淋溶、草甸腐殖化三种过程的特征。由于这些过程仅在土层上部进行，又称为表层草甸 - 潴育 - 淋溶过程，或简称为白浆化过程。

黏粒机械淋溶：白浆土分布区降水充沛，土壤中黏粒产生机械性悬浮迁移。当土壤处于干燥过程时，土体产生裂缝和孔道，湿时黏粒分散于下渗水流中，并随下渗水流沿着裂缝与结构面向下移动，土壤裂隙与结构面都有明显的胶膜和黏粒淀积物。这种黏粒的机械淋溶过程仅是黏粒的位移，而无矿物和化学组成的明显改变。

潴育淋溶：由于土壤冻层存在，每当融冻或雨量高度集中的夏秋季，土壤上层处于周期性滞水状态，雨季过后蒸发量剧增，上部土层迅速变干，因此表层经常处于干湿交替过程，导致土体内铁锰等有色物质的氧化 - 还原的多次交替。当水分饱和或积水时，土壤以还原过程为主，铁锰被还原为低价状态，并随水移动，一部分随侧渗水流淋洗到土层外；大部分在水分消失时因氧化而变成高价状态，原地固定下来，形成铁锰结核和胶膜。由于铁锰不断被淋洗和重新分配的结果，原来的土壤亚表层脱色形成灰白色土层 - 白浆层，通常称这一过程为潴育淋溶。

腐殖化过程：白浆土地区在植物生长期是高温与多雨同步的，草甸植物生长茂盛，土壤表层有机质积累明显，荒地表层有机质含量可达 100g/kg 左右，Ca、Mg 及植物所需的其他营养元素也明显富集。

三、剖面形态

剖面构型为 A_h-E-B_t-C（或 C_g 或 G）。

A_h 层：腐殖质层，一般厚度为 10～20cm，腐殖质含量较高，荒地多在 40g/kg 以上。灰棕色至暗棕色，中壤至重壤，粒状至团块状结构，疏松，根系 80%～90% 分布于此层。

E 层：白浆层，厚度一般在 20cm 左右，有机质含量很低，常常低于 10g/kg。灰白色，湿时浅黄色，雨后常会流出白浆。质地为中壤至重壤，片状或鳞片状结构，湿润状态下结构不明显。有较多的白色 SiO_2 粉末，紧实，植物根系少。该层有大小不等的铁锰结核或锈斑（潜育白浆土）。

B_t 层：黏化淀积层，厚度为 120～160cm，棕色至暗棕色，小棱柱状结构或小棱块状结构，群众称为"蒜瓣土""棋子土"。结构体表面有明显的机械淋溶淀积的黏土胶膜，棕褐色的腐殖质、铁锰胶膜和泥裂隙面分布白色 SiO_2 粉末，有少量铁锰结核，潜育白浆土则有锈斑。质地黏重，轻黏土至中黏土，有的达重黏土。黏紧，不透水，植物根系极少，向下层逐渐过渡。

C 层：母质层，通常在 2m 以下出现，质地黏重，颜色比较复杂。

四、主要理化性质

白浆土质地比较黏重，表层 A_h 及 E 层多为重壤土，个别可达轻黏土，B_t 层以下多为轻黏土，有些可达中黏土和重黏土。白浆土容重 A_h 层为 $1.0g/cm^3$ 左右，E 层增至 $1.3～1.4g/cm^3$，至 B_t 层可达 $1.4～1.6g/cm^3$ 及以上。孔隙度 A_h 层可达 60% 左右，E 层和 B_t 层急剧下降，仅有 40% 左右。白浆土有机质含量表现出上下高、中间低的趋势。A_h 层有机质含量较高，可达 60g/kg 左右；E 层有机质含量只有 10g/kg 左右。由于 A_h 层薄，白浆土有机质总贮量不高。A_h 层腐殖质组成以胡敏酸为主，HA/FA>1；E 层和 B_t 层 HA/FA<1。白浆土全剖面呈微酸性，pH 为 5.5～6.5，各层差异不大。交换性阳离子以钙离子、镁离子为主，有少量钠离子、钾离子，盐基饱和度为 70%～90%。

第十三节 盐 碱 土

盐碱土是盐土和碱土，以及各种盐化、碱化土壤的统称。盐碱土是在各种自然环境和人为活动因素综合作用下，盐类直接参与土壤形成过程，并以盐（碱）化过程为主导作用而形成，具有盐化层或碱化层，土壤中含有大量可溶性盐类，从而抑制作物正常生长的土壤。

一、盐碱土的分布与形成条件

我国盐碱土主要分布在华北、东北和西北的内陆干旱、半干旱地区，东部沿海包括台湾、海南等岛屿沿岸的滨海地区也有分布。除滨海地区以外，盐成土分布区的气候多为干旱或半干旱气候，降雨量少，蒸发量大，年降水量不足以淋洗掉土壤表层积累的盐分。盐碱土所处地形多为低平地、内陆盆地、局部洼地及沿海低地。水文地质条件也是影响土壤盐渍化的重要因素。地下水埋深越浅、矿化度越高，土壤积盐越强。盐碱土的成土母质一般是近代或古代的沉积物。常见的盐土植物主要有海蓬子、滨藜、碱蓬、猪毛菜、白滨藜等，常见的碱土植物有茴蒿、剪刀股及碱蓬等。

二、成土过程

盐碱土中的盐分积累是地壳表层发生的地球化学过程的结果，其盐分来源于矿物风化、降雨、盐岩、灌溉水、地下水及人为活动，盐类成分主要有钠、钙、镁的碳酸盐、硫酸盐和氯化物。土壤盐渍化过程可分为盐化和碱化两种过程。

（一）盐土的盐化过程

根据我国盐土的形成条件，盐土的形成过程大致可以分为现代积盐过程和残余积盐过程。现代积盐过程：在强烈的地表蒸发作用下，地下水和地面水及母质中所含的可溶性盐类，通过土壤毛管，在水分的携带下，在地表和上层土体中不断积累。残余积盐过程：在地质历史时期，土壤曾进行过强烈的积盐作用，形成各种盐渍土。此后由于地壳上升或侵蚀基准面下切等，改变了原有的导致土壤积盐的水文和水文地质条件，地下水位大幅度下降，不再参与现代成土过程，土壤积盐过程基本停止；同时，由于气候干旱，降水稀少，以致过去积累下来的盐分仍大量残留于土壤中。

（二）碱土的碱化过程

碱化过程是指交换性钠不断进入土壤吸收性复合体的过程，又称为钠质化过程。碱土的形成必须具备两个条件：一是有显著数量的钠离子进入土壤胶体，二是土壤胶体上交换性钠的水解。阳离子交换在碱化过程中起重要作用，特别是 Na^+-Ca^{2+} 交换是碱化过程的核心。碱化过程通常通过苏打（Na_2CO_3）积盐、积盐与脱盐过程频繁交替，以及盐土脱盐等途径进行。

三、剖面形态

盐土剖面形态以盐分积聚为标志。一般盐土剖面构型为 A_z-B-C_g 或 A_z-B_z-C_g，即盐分聚集于表层（表聚型）或者是通体聚集（柱状型）。

A_z 层：表层盐分聚集层，一般表层有 0.5cm 左右的盐分积聚的结皮、脆壳盐斑或蓬松的盐晶层，灰棕色，有少量植物根系及腐殖质，无结构，疏松。

B_z 层：这是柱状型或脱盐型盐分积聚特征，多有一定的盐分结晶出现，特别是当有黏质土层和 $CaSO_4$ 集聚的情况下更明显，石膏结晶颗粒直径可达 0.2～0.5cm。

碱土具有特殊的剖面构型。典型剖面形态是 A_h-（E）-B_{tn}-B_{cyz} 的构型。

A_h 层：表层，暗灰棕，有机质含量为 1%～3%，草甸碱土可高达 6%，为淋溶状态，盐分不多（<0.5%），但 pH 为 8.5～10 及以上。

E 层：脱碱层，由于脱碱化淋溶，矿物胶体遭破坏，R_2O_3 向下淋溶，因此形成颜色较浅、质地较轻的脱碱层。

B_{tn} 层：碱化层，暗棕，有柱状结构并有裂隙，质地黏重，紧实，并往往有上层悬移而来的 SiO_2 粉末覆于上部的结构体外。

B_{cyz} 层：盐分与石膏积累层，一般有盐分与石膏积聚，但 pH 较高。

四、主要理化性质

盐土的主要特征是土壤表面或土体中出现白色盐霜或盐结晶，形成盐结皮或盐结壳。盐土的质地一般较黏重。除苏打盐土外，盐土胶体多呈絮凝状态，因而有较好的结构。盐基饱和，一般呈碱性反应。除草甸盐土以外，腐殖质含量一般很低。除含盐母质形成的盐土外，盐土的盐分含量沿剖面分布多呈上多下少的特点。

碱土的物理性质很差，有机胶体和无机胶体高度分散，并淋溶下移，表土质地变轻，碱化层相对黏重，并形成粗大的不良结构。湿时膨胀泥泞，干时收缩硬结，通透性和耕性极差。碱土的含盐量并不高，其特点是土壤胶体吸附有大量的钠离子，并具有强烈碱化特性。碱土的盐分组成比较复杂，但普遍含有碳酸根和重碳酸根。表层 SiO_2 含量较下层高，R_2O_3 含量较下层低，这是由于表层黏土矿物在强碱作用下发生分解，R_2O_3 下移而 SiO_2 残留的结果。

第八章　土壤资源利用与管理

　　土壤资源是指具有农、林、牧业生产性能的土壤类型的总称，是人类生活和生产最基本、最广泛、最重要的自然资源，属于地球上陆地生态系统的重要组成部分。土壤资源的特点如下：第一，土壤资源具有一定的生产力。其生产力的高低，除与土壤的自然属性有关外，很大程度上取决于人类生产科学技术水平，不同种类和性质的土壤对农林牧具有不同的适宜性。第二，土壤资源具有可更新性和可培育性。人类可以利用土壤的变化发展规律，应用先进技术，促使肥力不断提高，生产更丰富的产品，满足人类的生活需要。如果不恰当地利用土壤，其肥力和生产力将下降。第三，土壤资源的位置有固定性，面积有其有限性，同时具有其他资源不能代替的性质。在人口不断增加的情况下，应合理利用和保护土壤资源。第四，土壤资源的空间存在形式具有地域分异规律，表现在时间上有季节变化的周期性，土壤性质及其生产特征也随着季节的变化而发生周期性变化。土壤资源的合理利用与保护是发展农业和保持良性生态循环的基础和前提。

第一节　土壤资源存在的问题

一、土壤资源盲目开发利用

　　长期以来，我国对土壤资源的开发利用，缺乏长期的全局性的战略研究，在巨大的人口压力下，土壤资源盲目过度开发利用。主要表现为陡坡开荒种植，森林乱砍滥伐，草原过度开垦放牧，盲目围湖围海造田。联合国粮食及农业组织借助卫星像片对我国土地利用状况进行分析，认为我国是过度开发的国家之一。我国现有坡度在 25° 以上严重水土流失的坡耕地约 666.7 万 hm^2，坡度在 25° 以下，但不适宜于开垦的坡耕地面积则更大。

　　1. 森林滥伐与地表植被的破坏　　森林的破坏一方面改变了区域小气候条件，使蒸发量增大、相对湿度降低、风速增大，从而彻底使草场失去抵御风沙的天然屏障；另一方面土壤也因此失去了森林凋落物所提供的有机质和营养成分，以及林木根系的固定，使养分更加贫瘠，土层更加疏松，最终导致并加速土壤风蚀、水蚀等土地荒漠化进程。

　　2. 过度放牧与不当的草场管理　　畜牧业的发展超过了草场的载畜量，超载导致植被的迅速破坏。加上经营管理方式与放牧制度的落后，放牧频率和利用强度提高使草场得不到休养生息的机会，导致草场植被普遍稀疏、低矮、植物种类减少、群落结构简单、草质变劣。放牧不仅通过影响植物群落的物种组成、群落盖度和生物量等间接影响土壤的水分循环、土壤有机质和盐分的积累，还通过牲畜的践踏、采食及排泄物直接影响土壤的结构和化学性质。植物群落生物量的降低，将直接影响到植物对土壤水分和营养元素的吸收，造成有机干物质生产和地表凋落物积累减少，归还土壤的有机质减少，从而对土壤的理化性状造成不利影响，导致土壤贫瘠化和干旱化，甚至造成盐渍化的严重不良后果。

　　3. 围湖围海造田，使湿地大面积萎缩，功能丧失　　由于缺乏统一的规划，随着森林和沼泽植被的破坏，林、牧、副、渔业没有得到相应的发展，因种植条件差、作物产量低而撂荒的现象严重；新疆某些地区开垦 20～30 年后作物产量仍然只维持在不足 $1500kg/hm^2$ 的水平，不仅浪费大量的人力、物力和财力，同时还造成自然生态景观的严重破坏。在内陆干旱半干旱地区，在没有对本地区水资源进行调查研究的情况下，进行大面积稻田连片开发，连续种植数年后，水源枯竭，土壤发生次生盐渍化。围湖造田和占用滩涂是导致水禽、两栖和爬行动物及鱼类濒危的主要原因。湿地、湖泊及沿海滩涂被大量开发成工农业用地后，使依赖于此的动物丧失了栖息地、繁殖地而濒于灭绝，如扬子鳄，在地球上生活了上亿年，由于栖息地的丧失，野生种群快要绝迹了。

二、土壤生产潜力有待进一步提高

土壤生产潜力是在一定的土壤、地形、水文等自然条件下，单位土地面积可能达到的生物产量或收获产量。在对土壤资源过度开发利用的同时，土壤资源的生产潜力还没有得到很好发挥，浪费严重。目前我国平均复种指数只有151.91%，据测算，耕地复种指数能达到170%。从全国耕地的粮食增产潜力来看，全国现实生产力还不及潜在粮食生产力的一半，表明我国耕地还有较大的增产潜力。

长期以来我国林业用地利用率低，有林地所占比重少。有林地只占林业用地的50%，有的省份甚至不足30%，远远低于世界68%的平均水平，与发达国家的差距则更大，如日本的林地利用率为76.2%，瑞典为89.0%，芬兰甚至全部林业用地都被森林覆盖。我国现有疏林1802.77万hm^2，相当于现有森林面积的14%，森林每公顷蓄积89m^3，低于世界平均水平（114m^3），与林业发达国家水平相差更多，如瑞士高达329m^3，德国达266m^3。

我国草场资源利用格局不合理。在20世纪50年代至60年代只重视北方草地畜牧业的发展，直到70年代才开始重视南方草地，故南方草地利用也不充分，近年来刚刚起步，并以耗粮的猪、禽为主，草地资源没有合理开发利用。据考察，南方丘陵山区的草地大量没被利用，处于自生自灭状态，资源浪费严重。从内蒙古、新疆、青海等地的草地畜牧业建设试点来看，若大搞种草养殖，提高经营管理各环节的优化水平，10年内草地生产力可超过澳大利亚，30年内可超过美国水平。

三、非农占地严重，人地矛盾突出

这是当今世界各国普遍存在的问题，由于人口数量不断增长，一方面使耕地人均占有量下降，另一方面工业和城市化占地，导致耕地绝对数量日益减少。例如，地球上总人口在1830年为10亿，100年后为20亿，1960年增至30亿，1975年为40亿，1987年为50亿，1999年为60亿，2011年为70亿，这意味着耕地人均数量在180年间下降了86%（这是假设耕地绝对数量不变）。然而，据估计，世界上每年有300×$10^4$$hm^2$的农地被工业交通等建设所侵占。2000年，全世界将近2×$10^8$$hm^2$的肥沃土地成为非农业用地，美国和加拿大共有48×$10^4$$hm^2$良田用于建筑、道路及其他非农业方面，荷兰在近20年中占用耕地20×$10^4$$hm^2$。我国1997年耕地总面积为1.3×$10^8$$hm^2$，到2011年只有1.2×$10^8$$hm^2$的耕地，减少8%。

侵占耕地是对耕地数量和质量的最大威胁，也是最难解决的问题。因为社会的工业化和都市化是必然的趋势，工业和城市用地不可避免要占用大量耕地。我国农村人口占一半（2010年11月1日第六次全国人口普查结果为50.32%）。中国在20世纪80年代的10年间侵占耕地达230万hm^2以上，近年仍在加快。其中，国家和地方建设占地为20%左右，农民建房占5%～7%。问题的严重性更在于，城市郊区的土壤一般都是生产力较高的优质土壤，它正是农地缩减的主要原因。因此，必须加强对国土的严格管理与控制，做到珍惜每一寸土地。

我国耕地减少主要发生在耕地质量较好的东南部和南方，而增加的耕地都是在自然条件较差的西北和东北地区。另外，建设占用的耕地大多是交通便利、土壤肥沃的良田，而新垦的耕地往往质量不高。

四、土壤退化严重，危害巨大

据统计，我国土壤退化总面积达 460 万 km²，占全国土地总面积的 48%，是全球土壤退化总面积的 1/4。其中水土流失总面积达 150 万 km²，几乎占国土总面积的 1/6，每年流失土壤 50 万 t，流失的土壤养分相当于全国化肥总产量的 1/2。沙漠化、荒漠化总面积达 110 万 km²，占国土总面积的 11.4%。全国草地退化面积达 67.7 万 km²，占全国草地面积的 21.4%。我国土壤退化的发生区域广，全国各地都发生类型不同、程度不等的土壤退化现象。就地区来看，华北地区主要发生着盐渍化，西北地区主要是沙漠化，黄土高原和长江中、上游地区主要是水土流失，西南地区发生着石质化，东部地区主要表现为土壤肥力衰退。总体来看，土壤退化已影响到我国 60% 以上的耕地土壤。

土壤是土地的主要自然属性，是土地中与植物生长密不可分的那部分自然条件。对于农业来说，土壤无疑是土地的核心。土壤退化是土地退化中最集中的表现，是最基础和最重要的，且具有生态环境连锁效应的退化现象。

（一）土壤退化对土壤数量和质量的危害

土壤退化的一个重要方面就是指土壤质量下降的物理、化学和生物过程。土壤生产力会随着土壤退化的发生、发展而不断降低。例如，在土壤侵蚀中，每损失 1mm 的表土，土壤有机质含量减少 1/2，降低谷物产量约 10kg/hm²，玉米产量减少 1/4。所谓土壤资源，是指能够满足人类的生活和生产需要的土壤。侵蚀、盐渍化、次生盐渍化及土壤板结等问题，不仅导致土地生产力下降，还会导致土壤生产力的完全丧失，人类可利用的土壤资源数量不断减少。严重退化使良田变成废地。

（二）土壤退化对生态环境的危害

土壤退化已经成为限制农业生产力发展，威胁人类生存的全球性重大生态环境问题。

1. 对土壤-植物生态系统的危害　　土壤是自然环境的重要组成之一，随着土壤侵蚀的发展，土壤生态也发生相应变化，如土壤层变薄、肥力降低、含水量减少、热量状况恶劣等，使土壤失去生长植物和保蓄水分的能力，从而影响调节气候、水分循环等功能。

2. 对生物多样性的危害　　生物多样性是生物圈的核心组成部分，也是人类赖以生存的重要物质基础。由于土壤退化、环境污染严重地破坏大自然原有的生物多样性，最终也将威胁到人类自身的生存与发展。

3. 诱发或加剧自然灾害　　自然灾害是指自然界中某些可以给人类社会造成危害和损失的具有破坏性的现象。自然灾害按发生机理可分为气象灾害、地质地理灾害、生物灾害等。气象灾害主要包括洪涝、干旱、台风、暴雨、冰雹、龙卷风等；地质地理灾害包括地震、滑坡、泥石流、崩塌等；生物灾害包括植物病虫害等。

（三）土壤退化对国民经济的危害

土壤退化会直接和间接地危害农业、水利、交通和城建等国民经济各部门，造成巨大的经济损失。

1. 对农业的危害　　第一，各种类型的土壤退化都会导致农业减产。其中由于土壤肥力退化而造成的产量下降在广大农牧区具有普遍性；土壤物理紧实与硬化、土壤动物区系的退化等也都会造成减产。

第二，农业生产条件恶化，生产成本增加。水土流失造成农业灌溉系统的淤积，导致农业抵御洪涝、干旱灾害的能力降低。

第三，土壤退化已经使得部分地区陷入贫困化。土壤退化导致农业生产能力下降，农民经济收入低下，陷入贫困化。

2. 对水利、交通和城镇设施的危害　　第一，水利设施极易受到侵蚀泥沙的破坏。在中国，侵蚀泥沙对水库的破坏程度是世界罕见的。

第二，在中国，侵蚀泥沙对河道和航运的危害问题在世界上也是非常突出的。

第三，交通运输、城镇设施会受到侵蚀的干扰和破坏。

五、土壤受污染日益严重，农田生态恶化

随着工业的发展，大量有毒物质不断污染着水体、土体和空气，它们最终都污染着土壤，使土地质量和数量受到影响，并给农业生产和人类健康带来危害，土壤污染的影响与危害较突出的可概括为以下几个方面。

（一）垃圾与降尘污染

垃圾与降尘的最终归宿是土壤，这类污染在大城市近郊表现最为突出。每年消除垃圾的情况是，纽约可达 700 万 t，东京为 450 万 t，伦敦为 300 万 t。在远离城市的土壤表面一昼夜可得降尘 $5\sim15kg/km^2$，而城市则为 $500\sim1500kg/km^2$，相差达 100 倍。巴黎年降尘量为 $260t/km^2$，纽约达 $300t/km^2$。大的有色金属冶炼厂污染土壤的距离半径达 $35\sim45km$，焦炭化学工厂污染半径可达 $15km$，不大的中央热电站污染半径也有 $8km$，而且在每一个污染源周围形成了相应的环境元素的高浓度地带。

（二）"三废"污染

工矿企业排出的"三废"物质对土壤和环境产生了严重的污染。

1. 废气　　由于我国的能源主要是煤炭，1979 年开始，我国成了世界上排放 SO_2 最多的国家，并且逐年增长。世界银行集团《2000/2001 年世界发展报告》列举的世界污染最严重的 20 个城市中，中国占了 16 个。但经过多年的治理，到 2008 年我国废气排放量开始下降，2007 年排放 SO_2 2468.1 万 t，2008 年排放 2321.2 万 t，减少 6%。

2. 废水　　我国多年来的废水排放一直在增长。2010 年，全国废水排放量为 617.3 亿 t，比 1990 年增长 1 倍。我国江河湖泊普遍遭受污染，全国 75% 的湖泊出现了不同程度的富营养化，其中"三湖"（太湖、巢湖、滇池）水质均为劣 V 类；90% 的城市水域污染严重，南方城市总缺水量的 60%～70% 是水污染造成的；对我国 118 个大中城市的地下水调查显示，有 115 个城市地下水受到污染，其中重度污染的约占 40%。水污染降低了水体的使用功能，加剧了水资源短缺，未来我国水资源紧缺的形势依然严峻。2011 年，197 条河流 407 个断面中，Ⅰ～Ⅲ类、Ⅳ～Ⅴ类和劣 V 类水质的断面比例分别为 49.9%、26.5% 和 23.6%。珠江、长江总体水质良好，松花江为轻度污染，黄河、淮河为中度污染，辽河、海河为重度污染。

3. 废渣　　2011 年，全国工业固体废物产生量为 17.58 亿 t，比 2010 年增加 16.0%，综合利用量、贮存量、处置量分别占产生量的 62.8%、13.7%、23.5%。危险废物产生量为 1079 万 t，综合利用量（含利用往年贮存量）、贮存量、处置量分别为 650 万 t、154 万 t、346 万 t。废渣占用并污染大量农田。

（三）其他污染

1. 酸雨　　2011 年，监测的 500 个城市（县）中，出现酸雨的城市有 281 个，占 56.2%；

酸雨发生频率在25%以上的城市有171个，占34.2%；酸雨发生频率在75%以上的城市有65个，占13.0%。

2. 农药　2011年，我国农药使用量为182.5万t，比1991年增加8倍，而1991年的农药污染面积已占耕地的20%。现在除少数有机农业基地外，耕地几乎全部有农药污染。更为严重的是，有些地区长期种植某种作物的土壤现在已经不能种植其他作物。例如，某地因为种植大豆时长期使用杀禾本科的除草剂，污染了土壤，现在改种玉米时才发现，土壤已经不适宜禾本科作物（玉米）生长。

3. 化肥　2011年，全国化肥施用量为6027.0万t，比1991年增加1倍。而1991年我国就成为世界化肥的第一生产大国、第一进口大国、第一使用大国。我国占世界8%的耕地，却消费了世界35%的化学肥料，单位耕地面积的化肥投入量是世界平均用量的2.8倍。在生产水平较高的江浙许多地区已发现地下水NH_4^+-N检出率为100%，有的河水已不能饮用。化肥用量过大和化肥施用不当使"合理施肥"变成了"河里施肥"。

土壤的健康直接影响人类的健康，清洁干净的土壤可以为人类生产无公害的绿色生物产品，而污染劣质的土壤则给人类带来无穷的危害。各危害性表现为：到目前为止，已经发现许多疾病都与土壤质量有直接或间接的关系；土壤中的各种有机和无机污染物可随土壤的地表径流和侧渗进入河流，对水体造成污染和生物富集，使环境污染进一步扩大；由于土壤质量下降或污染具有缓效性和隐蔽性而通常不为人们所重视，其危害更大。

第二节　土壤障碍因子与地力提升

一、土壤地力概念

土壤地力是农业工作者对耕地好坏提出的一个概念。地力好，则作物生长好、产量高；地力差，则作物生长不好、产量低。评价地力最直接的标准，应该是土壤的肥力状况，而衡量土壤肥力水平的指标往往采用有机质含量多少、土壤养分高低和一些土壤物理性质指标，但在实际工作中还要用产量指标来衡量。事实上，耕地地力与土壤质量、土壤肥力、土壤生产力等概念既有着广泛而深刻的联系，但同时又有明显的区别。它是指在特定区域内的特定土壤类型上，立足于耕地自身性质、针对地力建设与土壤改良目标，确定地力要素的总和。它是一个反映耕地内在的、基本性质的地力要素所构成的概念。

二、土壤障碍因子

制约土壤地力的因素被称为土壤障碍因子。土壤障碍因子主要包括普通障碍型、退化问题型和肥力问题型。普通障碍型包含障碍层次型、渍涝型、干旱型、酸碱制约型等；退化问题型主要包括水土流失、土壤沙化、酸化、土壤污染等；肥力问题型主要包括有机质含量过低、氮磷钾等元素不足或不均衡、微量元素含量的不适等。

三、土壤地力提升

（一）普通障碍型与地力提升

1. 障碍层次型与地力提升　造成耕地低产的土壤障碍层次主要有黏磐层、潜育层、砂砾层等。黏磐层主要出现于马肝田、黄白土田等，该土壤质地黏重，土壤结构不良，通透性差，通气孔隙少。潜育层主要出现于青马肝田和烂泥田等，土壤地下水位高，氧气缺乏，土温较低。砂砾层主要出现于砂土、砂泥土、马砂泥土等，土壤保水保肥性能差，易干旱。

地力提升措施：第一，要因地制宜，合理布局，因土种植农作物，千万不能千篇一律地种植相同作物。第二，要配套完善水利设施，提高灌溉效益。第三，要广辟肥源，增施有机肥，发展冬季绿肥，提高土壤有机质含量，逐步培肥土壤。第四，加深耕层，加速熟化。

2. 酸碱制约型与地力提升　　土壤酸碱性反应影响土壤养分的有效性。土壤微量元素，铁、锰、铜、锌若在高 pH 下，都可与 OH 结合沉淀，容易导致田间该元素的缺乏；过酸反而会产生毒害作用，因过酸，则溶解的铝、铁、锰都增加，可危害植物。土壤酸碱反应还会影响植物生长。一般来说，茶树、马铃薯、草莓、辣味植物等都要求在酸性土壤中生长；甜菜、大豆等要求在碱性土壤条件下生长。如果土壤酸碱性不适合种植的作物，那么作物的产量会降低，会成为地方地力不高的一个原因。

地力提升措施：首先，可以根据土壤酸碱性现状，因土种植农作物。其次，改良土壤的酸碱性，以适应作物生长的要求。一般来说，酸性土壤的改良常用石灰加入土壤中，同时草木灰既是良好的钾肥，也可中和酸性物质，改良酸性土壤；对碱性土的改良，可用石膏加入土壤中，同时也可加硫黄或明矾改良碱性土壤。

3. 渍涝型与地力提升　　因局部地势低洼，排水不畅，造成常年或季节性渍涝。其主导障碍因素为土壤渍涝。由于排水不畅，土壤通气性差，影响植物生长和植物对土壤养分的吸收，从而影响作物产量。氧不足将阻碍根系生长，甚至可引起根系腐烂，如水田在强还原条件下，黑根数目大量增加。植物根系对水肥的吸收受根系呼吸作用制约。缺氧时，根系呼吸受到抑制，其吸收水肥的功能也会降低。土壤通气性差还会降低土壤微生物的活性，降低植物对土壤养分的吸收率，也可使得土壤有毒物质逐渐积累。

地力提升措施：首先，应该改善土壤内外排水条件，降低地下水位。先要加深加宽沟渠，增加排涝机械，提高排水能力。其次，应平整土地，建成大于 1 亩的格田，畦面高差为 3～5cm。最后，应当耕作培肥，增施有机肥，推广秸秆还田，提高土壤有机质含量。

4. 干旱型与地力提升　　由于降雨量不足或季节分配不合理，缺少必要的调蓄工程，以及由于地形、土壤原因造成的保水蓄水能力缺陷等，在作物生长季节不能满足正常水分需要。同时由于干旱，土壤水肥偶合效果不良，影响作物生长。

地力提升措施：首先是加强农田基本建设，兴修水利，进一步完善河网化工程，旱能灌，涝能排，确保旱涝保收。其次是深耕深翻，加厚耕层，促进熟化，改良土壤。最后是广辟肥源，增施有机肥料，推广秸秆还田，增加土壤有机质含量，提高土壤蓄水保墒能力。

（二）退化问题型与地力提升

土壤退化型是指土地质量下降的物理、化学和生物过程。土地生产力会随着土地退化的发生、发展而不断降低。

1. 水土流失型与地力提升　　水土流失造成农田的跑水、跑土和跑肥，在土壤侵蚀中，每损失 1mm 厚的表土，土壤有机质含量减少 1/2，降低谷物产量约 $10kg/hm^2$，玉米产量减少 1/4。水土流失造成农业灌溉系统的淤积，导致农业抵御洪涝、干旱灾害的能力降低。

地力提升措施：在坡地上采用工程措施，修筑等高梯田进行种植。在坡度起伏不大的地区，采用"水土保持耕作法"，就是采用改变小地形，或增加地面覆盖的耕作、轮作、栽培和改土培肥等技术措施。其特点在于把保持水土和提高农业生产作为统一体来考虑。按照保持水土和增产的作用，可分为两大类：第一类以改变小地形、增加地面粗糙度的水土保持耕作技术措施为主，其主要有等高耕作、沟垄种植、水平沟种植、横坡种植等；第二类是以增加地面覆盖度和增强土壤抗冲抗蚀性为目的的措施。例如，合理密植、间作套种、等高带状间作、少耕或免耕、残茬覆盖等。

2. **土壤污染型与地力提升**　土壤污染是指进入土壤的污染物超过土壤的自净能力，而且对土壤、植物和动物造成损害时的状况。其中，施入土壤的化学农药、化肥、有机肥，以及残留于土壤中的农用地膜等都可以造成土壤的污染，制约土壤地力的发挥。土壤污染造成减产，土壤物理紧实与硬化、土壤动物区系的退化等也都会造成减产。

地力提升措施：首先，提倡发展清洁生产技术，减少土壤污染的发生。其次，发展土壤污染修复技术。修复技术分为物理修复、化学修复和生物修复三大类，在此提倡多用符合农田实际的生物修复措施，降低土壤污染程度，提高耕地地力。

3. **土壤沙化型与地力提升**　土壤沙化泛指良好的土壤或可利用的土地变成含沙很多的土壤或土地，甚至变成沙漠的过程。沙化土壤具有土质粗松、易旱易热、漏水漏肥、瘦瘠等特点。

地力提升措施：第一，控制水土流失，减少耕地土壤中黏粒的流失。第二，翻土改沙。通过深翻，使上层沙与下层黏土混合，既可以提高土壤的保水、保肥性能，又能增强其抗蚀性。第三，合理选择和配置作物。对于砂性土壤，由于保水保肥性能差，可以种植对水肥等要求不高的作物，如棉花、芝麻等，作物的产量就不会受到太大影响。同时要注意作物的合理搭配，尽可能形成套种间作模式，减少裸露农田直接被雨水冲刷的机会，避免土壤沙化的加剧。

4. **土壤酸化型与地力提升**　土壤本身的化学、生物学过程，或外源酸性物质的输入而使土壤酸度增加的作用，称为土壤酸化。土壤酸化可造成植物赖以生存的土壤环境发生很大变化，可引起农业生产减产，农产品品质下降。可从以下几个方面控制土壤酸化，提升地力。

地力提升措施：第一，减少酸雨的发生。主要是控制氮、硫的排放，其中燃煤或其他燃料燃烧时，要尽可能减少氮的氧化物、硫的氧化物向大气的排放；实施氮肥深施和研究提高氮肥利用率的技术，减少对大气的排放。第二，酸性肥料施用的控制。过量或长期施用生理酸性肥料是土壤酸化的重要原因。防止生理酸性肥料导致土壤酸化的措施，最重要的原则是因土、因作物科学合理地施肥，特别要研究酸性土壤上施用生理肥料的化肥种类、施用量和方法。尽可能减少生理酸性肥料的施用量。第三，推行秸秆还田技术。作物秸秆还田，不但能改善土壤环境，而且能减少碱性物质的流失，对减缓土壤酸化是有利的。

（三）土壤肥力问题型与地力提升

土壤肥力是指土壤为植物供应和协调水分、养分、空气和热量的能力，是土壤的基本属性和本质特征。土壤中水、肥、气、热的综合供应能力和相互的配合协调能力，往往成为影响土壤地力高低的重要因素。当土壤中水、肥、气、热的供应和协调出现问题时，往往土壤地力就会受到影响。肥力问题型土壤的地力提升措施主要有以下几个方面。

1. **增施有机肥料，提高土壤有机质的含量**　有机肥料主要来自农村和城市可用作肥料的有机物，包括人畜粪便、作物秸秆、绿肥等，它是我国传统农业的基础。有机肥除能提供作物养分、维持地力外，在改善作物品质、培肥地力等方面是化学肥料无法替代的。

1）要广辟有机肥源，大力发展畜牧业，实行"过腹还田"。

2）积造各种堆沤肥料，合理利用人粪尿、草木灰及城镇生活垃圾等。

3）要大力推广秸秆还田技术，加大培肥力度。

4）实行轮作换茬。因为不同作物的需肥特点不同，轮作换茬可以使土壤养分发生互补作用，有利于平衡土壤养分。

2. 测土配方施肥，提高肥料利用率　土壤肥力、化肥用量和作物产量三者之间矛盾非常突出。土壤肥力低，施肥又偏重氮磷化肥，导致土壤养分失衡，因而生产中增肥不增产、增产不增收的现象逐年加重，严重影响了作物的产量和品质。推广测土配方施肥技术，加大农民培训力度，让农民了解作物，提高农民科技素质是提高肥料利用率和施肥效益的重要途径。

3. 大量、中量、微量元素配合　各种营养元素的配合是配方施肥的重要内容，随着产量的不断提高，在耕地高度集约利用的情况下，必须进一步强调氮、磷、钾肥的相互配合，并补充必要的中量、微量元素，才能获得高产稳产。

4. 用地与养地相结合，投入与产出相平衡　要使作物—土壤—肥料形成物质和能量的良性循环，必须坚持用养结合，投入与产出相平衡。破坏或消耗了土壤肥力，就意味着降低了农业再生产的能力。

第三节　土壤退化及防治

一、土壤退化及其原因

土壤退化问题早已引起国内外土壤学家的关注，但土壤（地）退化的定义，不同学者提出了多种不同的叙述。现在一般认为，土壤退化（soil degradation）是指在各种自然的，特别是人为的因素影响下所发生的导致土壤的农业生产能力或土地利用和环境调控潜力下降，即土壤质量及其可持续性暂时或永久性的下降，甚至完全丧失其物理的、化学的和生物学特征的过程。土壤质量（soil quality）则是指土壤的生产力状态或健康（health）状况，特别是维持生态系统的生产力和持续土地利用及环境管理、促进动植物健康的能力。土壤质量的核心是土壤生产力，其基础是土壤肥力。土壤肥力是土壤维持植物生长的自然能力。简言之，土壤退化是指土壤数量减少和质量降低。数量减少表现为表土丧失或整个土体毁坏，或被非农业占用。质量降低表现为物理、化学、生物学性质方面的质量下降，主要表现为有机质含量下降、营养元素减少、土壤结构遭到破坏、土壤侵蚀、土层变浅、土体板结、土壤盐化、酸化、沙化等。其中，有机质含量下降是土壤退化的主要标志。在干旱、半干旱地区，原来稀疏的植被受破坏，土壤沙化，就是严重的土壤退化现象。

土壤退化虽然是一个非常复杂的问题，但引起其退化的原因是自然因素和人为因素共同作用的结果。

（一）自然因素

包括破坏性自然灾害和异常的成土因素（如气候、母质、地形等），它是引起土壤自然退化过程（侵蚀、沙化、盐化、酸化等）的基础原因。

1. 地形、地貌　地表支离破碎、高低不平，有利于水土流失和土地生产力下降。例如，地形是影响水土流失的重要因素，而坡度的大小、坡长、坡形等都对水土流失有影响，其中坡度的影响最大，因为坡度是决定径流冲刷能力的主要因素。坡耕地致使土壤暴露于流水冲刷是土壤流失的推动因子。一般情况下，坡度越大，地表径流流速越大，水土流失也越严重。我国是个多山国家，山地面积占国土面积的2/3；我国又是世界上黄土分布最广的国家。山地丘陵和黄土地区地形起伏，黄土或松散的风化壳在缺乏植被保护情况下极易发生侵蚀。

2. 气候　　雨热同期或降雨集中，或风力强劲，则有利于风化与侵蚀，也有利于土壤物质的淋失和土地质量、生产力的下降。例如，气候因素特别是季风气候与土壤侵蚀密切相关。季风气候的特点是降雨量大而集中，多暴雨，因此加剧了土壤侵蚀。最主要而又直接的是降雨，尤其暴雨是引起水土流失最突出的气候因素。所谓暴雨是指短时间内强大的降雨，一日降雨量超过 50mm 或 1h 降雨量超过 16mm 的都称为暴雨。一般说来，暴雨强度愈大，水土流失量愈多。我国大部分地区属于季风气候，降雨量集中，雨季降雨量常达年降水量的60%～80%，且多暴雨，气候是造成土壤退化的重要原因。

3. 植被状况　　植被稀少，容易造成土地退化，黄土高原的土地退化与环境的恶化就与植被破坏有很大的关系。例如，植被破坏使土壤失去天然保护屏障，成为加速土壤侵蚀的先导因子。据中国科学院华南植物研究所的试验结果，光板的泥沙年流失量为 26 902kg/hm^2，桉林地为 6210kg/hm^2，而阔叶混交林地仅 3kg/hm^2。因此，保护植被，增加地表植物的覆盖，对防治土壤侵蚀有着极其重要的意义。

4. 地表碎屑物或土壤状况　　土壤或碎屑物疏松有利于土壤剥蚀和土地退化。土壤是侵蚀作用的主要对象，因而土壤本身的透水性、抗蚀性和抗冲性等特性对土壤侵蚀也会产生很大的影响。土壤的透水性与质地、结构、孔隙有关，一般地，质地砂、结构疏松的土壤易产生侵蚀。土壤抗蚀性是指土壤抵抗径流对它们的分散和悬浮的能力。若土壤颗粒间的胶结力很强，结构体相互不易分散，则土壤抗蚀性也较强。土壤的抗冲性是指土壤对抗流水和风蚀等机械破坏作用的能力。据研究，土壤膨胀系数愈大，崩解愈快，抗冲性就愈弱，如有根系缠绕，将土壤团结，可使抗冲性增强。

5. 岩石类型　　不同的岩石具有不同的矿物组成和结构构造，不同矿物的溶解性差异很大。节理、层理和孔隙的分布状况及矿物的粒度，又决定了岩石的易碎性和表面积、风化速率的差异。例如，花岗岩的成分主要是硅酸盐矿物和二氧化硅，可以很好地抵御化学风化，而大理岩的主要成分是碳酸盐，很容易遭受化学风化；碳酸岩地区成土速度慢，土层薄，容易表土流失而石漠化。

（二）人为因素

人与自然相互作用的不和谐，即人为因素是加剧土壤退化的根本原因。人为活动不但直接导致天然土壤的被占用等，而且更危险的是人类盲目地开发利用土、水、气、生物等农业资源（如砍伐森林、过度放牧、不合理农业耕作等），造成生态环境的恶性循环。例如，人为因素引起的"温室效应"，导致气候变暖和由此产生的全球性变化，必将造成严重的土壤退化。水资源的短缺也促进土壤退化。

二、土壤退化的类型

（一）土壤侵蚀

侵蚀是土壤及其母质在水力、风力、冻融、重力等外营力作用下，被破坏、剥蚀、搬运和沉积的过程。简单地说，侵蚀是土壤物质从一个地方移动至另外一个地方的过程。水力或风力所造成的土壤侵蚀也相应地简称为水蚀或风蚀。土壤侵蚀导致土层变薄、土壤退化、土地破碎，破坏生态平衡，并引起泥沙沉积、淹没农田、淤塞河湖水库，对农牧业生产、水利、电力和航运事业产生危害。土壤水蚀还会输出大量养分元素，污染下游水体。侵蚀对全球碳的生物地球化学循环也产生影响，从而对全球变化也产生影响。土壤侵蚀退化是对人类赖以生存的土壤、土地和水资源的严重威胁。Pimentel 等估计全球土壤侵蚀造成的每年的经济损失相当于

4000 亿美元，人均每年损失约 70 美元。侵蚀可以是一个自然过程，所以实际上它几乎无所不在，但这里要论述的主要还是针对人为活动所导致的加速侵蚀现象及其影响。土壤水蚀是各种侵蚀类型中最具有代表性的一种。

（二）土壤荒漠化

"荒漠化"是指干旱、半干旱、干旱的半湿润地区在自然和人为活动影响下造成的土地退化。荒漠化是一个复杂的土壤退化过程，不单纯是土壤的沙化，也是土壤生态与环境的退化，包括植被覆盖度降低、生物量减少和生物多样性下降等生态系统变化过程。荒漠化的产生与特定的干旱、半干旱环境有关，主要原因在于水分严重短缺导致植被生长困难，有机质不足而且分解较快，土壤结构破坏等互相关联的自然背景和过程。但是，人为活动的影响是荒漠化加速的直接因子，在干旱、半干旱草原地区，与人为活动相关的荒漠化过程原因在于：第一，干旱地区草场生态系统对自然条件与人为活动的变化较为敏感，抵抗退化能力较弱；第二，草场生物资源的过度开发；第三，草场土地资源的不合理利用。

（三）土壤酸化

土壤酸化是指在自然或人为条件下土壤 pH 下降的过程。土壤的自然酸化过程，即盐基阳离子淋失，使土壤交换性阳离子变成以 Al^{3+} 和 H^+ 为主的过程，是相对缓慢的。在热带、亚热带高温多雨的气候条件下，土壤矿物质风化和物质淋溶过程是主导的成土过程。全球范围内 pH<5 的酸性土壤占全球土壤面积的 1/3 左右，因此酸化过程的影响是极其广泛的。土壤酸化对土壤性质的影响是多方面的，其中对土壤化学性质的影响尤为明显。在我国南方，土壤酸化已经成为限制农业生产和影响环境质量的主要因素之一。

（四）土壤盐渍化

土壤盐渍化包括盐化和碱化。土壤盐化是指可溶盐类在土壤中的积累，特别是在土壤表层积累的过程；碱化则是指土壤胶体被钠离子饱和的过程，也常称为钠质化过程。水溶性盐分在土壤中的积累是影响盐渍土形成过程和性质的一个决定性因子。不同盐分组成所形成的盐渍土在特性上也有区别。在土壤盐度达到一定阈值以后，土壤性质产生变化，这种变化对土壤的生产能力和环境功能而言是有害的，它包括支持生物生长能力和生物多样性的下降等。土壤的盐化和碱化是全球农业生产和土壤资源可持续利用中存在的严重问题。灌溉地区的土壤次生盐渍化和碱化引起的土壤退化则更加突出。据估计，世界上现有灌溉土壤中有一半遭受次生盐渍化和碱化的威胁。由于灌溉不当，每年有 $1.0 \times 10^7 hm^2$ 灌溉土壤因为次生盐渍化和碱化而被抛弃。盐渍化是土地退化的一种主要类型，虽然很多人认为它是一个化学退化过程，实际上其环境影响也如土壤化学污染那样非常重要。随着盐分在土壤中的积累，盐分的数量和类型决定着所有主要的土壤属性：物理的、化学的、生物学的，甚至矿物学的属性。

（五）土壤潜育化和次生潜育化

土壤潜育化是指土壤长期滞水，严重缺氧，产生较多还原物质，使高价铁、锰化合物转化为低价状态，使土壤变成蓝灰色或青灰色的现象。次生潜育化是指人为因素影响而引起的土壤潜育化作用。例如，在持续灌溉条件下，土壤中上部形成新的潜育层，多见于我国南方复种指数高的水稻土，凡是次生潜育化的水稻土，犁底层一般发青、密实、通气孔隙甚少。潜育化和次生潜育化土壤较非潜育化土壤的还原性有害物质多；土性冷；土壤的生物活动较弱，有机物矿化作用受抑制。易导致稻田僵苗不发、迟熟低产。土壤潜育化和次生潜育化广泛分布于江、湖、平原，如鄱阳湖平原、珠江三角洲平原、太湖流域、洪泽湖地区，以及江南丘陵区的山间构造盆地和古海湾地区。

（六）土壤板结

土壤板结是指土壤表层在降雨或灌水等外因作用下结构破坏、土料分散，而干燥后受内聚力作用的现象。土壤的团粒结构是土壤肥力的重要指标，土壤团粒结构的破坏致使土壤保水、保肥能力及通透性降低，造成土壤板结。有机质的含量是土壤肥力和团粒结构的一个重要指标，有机质含量的降低致使土壤板结。土壤有机质是土壤团粒结构的重要组成部分。土壤有机质的分解是以微生物的活动来实现的。向土壤中过量施入氮肥后，微生物的氮素供应增加一份，相应消耗的碳素就增加 25 份，所消耗的碳素来源于土壤有机质，有机质含量低，影响微生物的活性，从而影响土壤团粒结构的形成，导致土壤板结。

（七）土壤污染

事实上，土壤污染所导致的土壤退化在近些年越来越严重，也日益受到人们关注，关于土壤污染方面的分析与防治将在后面论述。

三、土壤退化评价理论与方法

（一）土壤退化评价基础理论

评价理论的进展主要反映在 1997 年出版的《世界荒漠化地图集》和对其他地区土地退化的评价中。评价理论包括土壤退化性质、退化程度、总体退化状态、危险度及相对应的指标体系等多方面，而理论的核心体现在退化程度和状态的评价上。

从退化性质来看，土壤退化可分为三大类，即物理退化、化学退化和生物退化；从退化程度来看，土壤退化可分为轻度、中度、强度和极强度四类；从土壤退化的表现形式上来看，土壤退化可分为显型退化和隐型退化两大类型，前者是指退化过程（有些甚至是短暂的）可导致明显的退化结果，后者则是指有些退化过程虽然已经开始或已经进行较长时间，但尚未导致明显的退化结果。在土壤退化评价指标体系上，可根据四个范畴划分退化指标，即土壤退化阶段的判断、土壤退化发生的判断、土壤退化程度的判断、土壤退化趋势的判断。土壤退化的标志是土壤承载力的下降，即对农作物来讲是土壤肥力的下降，对人类来说是人均土壤资源数量的减少，而对生态环境来说是环境质量的降低。

（二）土壤退化的等级

土壤退化等级有不同的分法，通常我国土壤退化分为轻度、中度、强度和极强度四类退化等级，对各类土壤退化分别提出了评价指标和分级值（表 8-1）。

表 8-1　土壤退化等级的划分

退化程度	描述
轻度	土地生产力稍有下降，仍适于农业利用。生态系统未受较大影响，采取合理的生产方式，较易恢复
中度	土地生产力有较大下降，尚适于农业利用。生态系统受到部分破坏，需采取较强的整治措施才能恢复
强度	仅部分作牧业利用，生态系统功能基本丧失，需采取强有力的生物和工程措施才能恢复
极强度	不再适于农林牧业，生态系统功能完全丧失、极难恢复

（三）土壤退化的评价标准

当前国内外都没有统一的土壤退化评价标准，其评价指标存在许多不确定性和复杂性。

1. 水蚀作用下土壤退化的评价标准　　水蚀作用下的土地退化包括溅蚀、片蚀、沟蚀，以及由于流水和重力作用引起的各种类型的块体运动（如滑坡、泥石流及崩塌等），以出现劣地和石质坡地作为标志性形态。水蚀作用下的土壤退化评价标准见表 8-2。

表 8-2 水蚀作用下的土壤退化评价标准

评价因素	退化程度			
	轻度	中度	强度	极强度
地表状况	砾石及石块 （<10%）	石块及卵石 （10%~25%）	卵石及岩石 （25%~50%）	卵石及裸岩 （>50%）
侵蚀类型	片蚀及细沟侵蚀	片蚀及细沟侵蚀	片蚀、细沟沟谷侵蚀	片蚀、细沟沟谷侵蚀
裸露的心土面积占总面积 /%	10	10~25	25~50	>50
现代沟谷面积占总面积 /%	10	10~25	25~50	>50
劣地或石质坡地面积占总面积 /%	10	10~25	25~50	>50
土壤厚度 /cm	>90	50~90	10~50	<10
植被覆盖度 /%	50~75	30~50	10~30	<10
年侵蚀面积扩展速率 /%	<1.0	1.0~2.0	2.0~5.0	>5.0
土壤流失量 / $[t/(hm^2 \cdot 年)]$	<10	10~50	50~200	>200
年侵蚀深度 /mm	<0.5	0.5~3.0	3.0~10.0	>10.0
生物生产量的减少 /%	<15	15~35	35~75	>75
地表景观综合特征	斑点状分布的劣地或石质坡地；沟谷切割深度为1m以下，片蚀及细沟发育；零星分布的裸露砂石地表	有较大面积分布的劣地或石质坡地；沟谷切割深度为1~3m；较广泛分布的裸露砂石地表	密集分布的劣地或石质坡地；沟谷切割深度为3~5m；地表切割破碎	密集分布的劣地或石质坡地；沟谷切割深度在5m以上；地表切割破碎

2. 物理作用下土壤退化的评价标准　　物理作用下的土地退化，主要表现在土壤物理性质的变化，如使用沉重的农业机械、草场上牲畜的过度践踏造成土壤板结，以及内陆河流域水资源利用不当和地下水过度开采造成土壤水分减少而导致的干旱化等。物理退化土地评价标准见表 8-3。

表 8-3 物理退化土地评价标准

评价因素		退化程度			
		轻度	中度	强度	极强度
退化后土壤容重的增加 /%	<1.00g/cm³	<5.0	5.0~10.0	10.0~15.0	>15.0
	1.00~1.25g/cm³	<2.5	2.5~5.0	5.0~7.5	>7.5
	1.25~1.40g/cm³	<1.5	1.5~2.5	2.5~5.0	>5.0
	1.40~1.60g/cm³	<1.0	1.0~2.0	2.0~3.0	>3.0
干旱化	地下水位下降速率 / （cm/ 年）	2~5	5~10	10~30	>30

续表

评价因素		退化程度			
		轻度	中度	强度	极强度
土地和矿产资源开发造成的土地损毁	土地生产力和生态系统功能下降	土地生产力稍有下降，生态系统未受较大影响，极易恢复	土地生产力有较大下降，生态系统受部分破坏，较难恢复	土地生产力和生态系统功能基本丧失，需采取强有力的生物和工程措施才能恢复	土地生产力和生态系统功能完全丧失，极难恢复
过度放牧和管理不当造成的草地退化	可食牧草生物量占总生物量 /%	>75	50～75	25～50	<25
	有害杂草生物量占总生物量 /%	<20	20～40	40～60	>60
	鼠害面积 /%	5～15	15～25	25～40	>40
	草地载畜量的下降 /%	<15	15～30	30～50	>50
	地表景观综合特征	地面有少量裸露，有腐殖质层	草皮不完全，表土出现风蚀沟	土壤有大量裸露，表土有明显侵蚀	土壤完全裸露，极严重侵蚀

3. 风蚀作用下土壤退化的评价标准　　风蚀作用下的土壤退化，包括风力作用下地表的吹蚀与堆积，以出现风蚀地、粗化地表及流动沙丘作为标志性形态。由于过度放牧、垦荒、樵采等破坏草场和林地而造成的风蚀、沙化和退化均属于这一类。其评价标准见表 8-4。

4. 化学作用下土壤退化的评价标准　　化学作用下的土壤退化，在我国主要表现为土壤次生盐渍化、土壤酸化和污染及土壤肥力下降等。在我国西北、华北和东北地区，灌溉不当引起的次生盐渍化很严重，这类退化土地主要散布在黄淮海平原、河套平原、银川平原、河西走廊的石羊河、黑河及疏勒河下游，在新疆塔里木盆地和准噶尔盆地的一些扇缘绿洲与内陆河下游垦区也有所见。

表 8-4　风力作用下的土壤退化评价标准

评价因素	退化程度			
	轻度	中度	强度	极强度
风蚀（风积）地表占总面积 /%	<15	15～30	30～50	>50
风蚀（风积）地表年扩散速率 /%	<1	1～2	2～5	>5
植被覆盖度 /%	>50	30～50	10～30	<10
土壤风蚀流失量 / [t/（hm²·年）]	<10	10～50	50～200	>200
年风蚀深度 /mm	<0.5	0.5～3.0	3.0～10.0	>10.0
生物生产量的减少 /%	<15	15～35	35～75	>75
地表景观综合特征	自然景观尚未受破坏，局部地区出现斑点状风蚀和流沙	片状分布的流沙或风蚀地。矮沙丘或吹扬的灌丛沙堆。固定沙丘群中有零星分布的流沙（或风蚀窝）。旱作农地和草场有明显风蚀痕迹和地表粗化，局部地段有流沙形成	地表出现 2～5m 高流动沙丘。固定沙丘中沙丘活化显著。旱作农地和草场有明显风蚀洼地和风蚀残丘。广泛分布的粗化砂砾地表	5m 以上密集的流动沙丘成风蚀地

（四）评价方法

土壤退化评价方法在国内外尚无统一的认识。但采取不同的评价方法，土壤退化指标选取不同，得出不同的评价结果。

1. **土壤动态退化评价法** 认为土壤退化处于动态变化之中，即随着时间的推移，其退化过程和速率不同。这种观点强调，在自然界，土壤受到外在因素影响发生退化的同时，其本身具有一定的抵抗恢复作用，二者之间的平衡关系决定着特定地区土壤退化的速率。人类活动可以改变（增强或减弱）土壤对退化作用的抵抗力。因而，目前土壤退化的速率取决于当前土地利用方式能否改变土壤自然退化与自然恢复之间的平衡，从而将土壤退化看作现在进行着的一个动态过程。根据这种方法，可以评价某种土壤正在以严重的速率退化，但尚未达到严重的退化阶段；或者相反，某种土壤过去虽然严重退化，但现在的退化速率不大。

2. **土壤潜在退化评价法** 认为土壤在天然植被保护而无人为干扰的条件下，仅存在退化的潜在可能性。在人为干扰或天然植被遭到破坏时发生的土壤退化，才构成现实的土壤退化。潜在退化有时被理解为对未来退化的预测。其方法是将危险评估建立在相对稳定因素的基础上，使评估不受时间因素的限制，据此用以估计在某种土地利用条件下发生退化的危险性，以及需要采取哪些措施，才能使这种土地利用方式长期持续下去，或根据潜在退化资料，预测天然植被破坏后可能出现的后果和确定防治退化的措施。因此，潜在退化评估可为确立合理的土地利用方式，或选择适合的改良措施提供决策依据。

3. **土壤属性退化评价法** 目前国际上采用此法较多，即根据土壤特性的变化评价土壤退化的差异性。例如，以土层厚度的减少和土壤养分、土壤肥力的变化，客观反映土壤退化的现状、过程及其对生产力的影响。应用此方法便于各地区相互进行比较，也便于与国际接轨。当前土壤退化评价多采用此方法。

例如，在评价土壤污染退化方面，可以使用单因子指数法和内梅罗综合污染指数法。在评价土壤养分退化方面可以采用类比法，主要用当前土壤养分含量与前期某时刻养分含量的比值来评价等。当然在评价过程中也可以结合一定的技术手段：一是运用图像处理软件，通过监督与非监督分类，直接划分类型和程度；二是选择几个基于遥感（RS）、地理信息系统（GIS）的指标，给定不同的权重，通过综合来得出结果。

（五）评价步骤和实例

土壤退化评价一般包括选取评价因子、确立评价单元、评价因素权重的确定、土壤退化综合评价等环节。这里介绍周红艺的土壤退化评价过程。

1. **选取评价因子** 结合国家标准《全国耕地类型区、耕地地力等级划分》（NY/T 309—1996）和参考土壤退化指标选择相关文献，从物理、化学、养分指标三个方面选择了 14 个因子作为评价指标，分层给出各类因子的专家评分（表 8-5）。

表 8-5 土壤退化的标准参照剖面土壤退化指标评分

	评价指标		无退化 80～100	轻度退化 60～80	中度退化 60～40	强度退化 0～40
物理 指标	土壤厚度 /cm	A 层厚度	>20	15～20	10～15	<10
		土体厚度	>100	50～100	30～50	<30
	土壤机械组成	黏粉比	0.8～1.2	0.6～0.8	0.4～0.6	<0.4
				1.2～1.5	1.5～2.5	>2.5

续表

评价指标		无退化 80~100	轻度退化 60~80	中度退化 60~40	强度退化 0~40
化学指标	土壤容重 /（g/cm³）	<1.2	1.2~1.3	1.3~1.4	>1.4
	土壤水分 /%	>25	20~25	18~20	<18
	土壤 pH	6.0~7.0	5.0~6.0 7.0~7.5	4.0~5.0 7.5~8.0	<4.0 >8.0
	CEC/［cmol（＋）/kg］	>20	15~20	10~15	<10
养分指标	有机质 /（g/kg）	>20	15~20	10~15	<10
	土壤 N　全 N/（g/kg）	>1.5	1.0~1.5	0.8~1.0	<0.8
	碱解 N/（mg/kg）	>80	50~80	30~50	<30
	土壤 P　全 P/（g/kg）	>1	0.5~1	0.2~0.5	<0.2
	速效 P/（mg/kg）	>5	4~5	3~4	<3
	土壤 K　全 K/（g/kg）	>20	15~20	5~15	<5
	速效 K/（mg/kg）	>100	80~100	40~80	<40

2. 确立评价单元　评价单元是土壤及其空间实体，包括地貌、地形等相对一致的区域，在制图中表现为同一上图单元。土壤和地表体数字化数据库（SOTER）是以地形、母质特性和土壤属性作为三类基础数据，划分为地形 - 母质 - 土壤单元，即 SOTER 单元，单元的空间关系由 GIS 管理。相应的每一个 SOTER 单元都包含全面的地形、母质特性和土壤属性信息，共 118 个属性。这些信息可以通过互相关联的地体单元数据库、地体组分数据库、土壤组分数据库、土壤剖面数据库和土层数据库来管理。由作者所建立的典型区 PXSOTER（1∶50 000）数据库，包括 53 个 SOTER 单元（共 1697 个图斑单元），每个单元都有配套的分析数据支持，包含了所选的 14 个评价要素的属性数据。分别对 53 个 SOTER 单元进行评价。

3. 评价因素权重的确定　根据每一评价因素的相对重要性，运用层次分析法（AHP）求出每一因素的权重。AHP 的基本思路是：按照各类因素之间的隶属关系把它们排成从高到低的若干层次，根据对一定客观现实的判断就每一层次的相对重要性给予定量表示，并利用数学方法确定每一层次的全部元素的相对重要性次序的权重。其主要步骤包括：①构建层次结构。②构造判别矩阵。由于各评价指标对土地适宜度的影响不同，因此要确定它们的权重，以避免均衡评判产生的误差，进行客观的评价，使之更加与实际情况相吻合。根据该区的实际情况和掌握的专业知识并听取有关专家和有实践经验的技术人员的意见，分别比较单个因素的相对重要性，并且判断它们的权重，从而得到判别矩阵。③计算权向量并作一致性检验。根据层次分析的计算公式得到了层次分析结果，列于表 8-6。

表 8-6　层次分析结果

指标	物理指标 （0.4）	化学指标 （0.4）	养分指标 （0.2）	组合权重 （λ=3, Ci=0, Cii= Ci/Ri=0<0.1）
土壤 A 层厚	0.09	—	—	0.037 4
土体厚度	0.10	—	—	0.041 2
黏粉比	0.19	—	—	0.074 2

指标	物理指标 （0.4）	化学指标 （0.4）	养分指标 （0.2）	组合权重 （$\lambda=3$, Ci=0, Cii= Ci/Ri=0<0.1）
土壤容重	0.31	—	—	0.123 6
土壤水分	0.31	—	—	0.123 6
土壤 pH	—	0.5	—	0.200 0
CEC	—	0.5	—	0.200 0
土壤有机质	—	—	0.428	0.085 6
全氮	—	—	0.144	0.028 8
碱解 N	—	—	0.247	0.049 4
全 P	—	—	0.080	0.016 0
速效 P	—	—	0.040	0.008 0
全 K	—	—	0.040	0.008 0
速效 K	—	—	0.021	0.004 2
λ	5.26	2	7.402	—
Ci	0.06	0	0.067	—
Cii=Ci/Ri	0.06	0	0.051	0.000 6

注：λ 表示最大特征根；Ci 表示判别矩阵的一致性指标；Ri 表示同阶平均随机一致性指标；Cii 表示随机一致性比率

4. 土壤退化综合评价　　构建土壤退化综合评价模型：

$$S=\sum W_i \times C_i \ (i=1,\ 2,\ 3,\ \cdots,\ n)$$

式中，S 为其一个图形单元的综合分数；C_i 为第 i 个因子的权重；W_i 为该图形单元相对于第 i 个因素的单因子评分；n 为参评因子数。

运用 SOTER 的空间查询和地理分析的功能，对 14 个单因子评价层的土壤退化属性，利用所构建的综合评价模型进行复合计算如下：先计算各土壤剖面各属性指数和 $S=\sum W_i \times C_i$，然后在 SOTER 单元属性数据中建立土壤退化等级字段（Grade），记录各单元的土壤退化总得分 S。将空间与属性数据库通过 SOTER 单元码连接，利用 Grade 字段在 Arc/View 3.0 下显示各评价单元的等级空间分布，生成一个新的数据表（表 8-7），此表经查询分析确定划分等级的阈值后，可转化为土壤退化综合评价成果。

表 8-7　土壤退化结果

土壤退化	面积 /km²	所占比例 /%	图斑个数
无退化	365.92	25.74	447
轻度退化	174.93	12.30	202
中度退化	719.91	50.63	429
强度退化	130.51	9.18	609
未评价区	30.56	2.15	10

四、土壤退化的防治措施

（一）提高人们保护土壤的自觉意识

土壤退化治理成效的高低，在很大程度上受到社会环境的影响。一些地方的群众、干部甚至部分领导对土壤保护的认识不够，急功近利，在开发建设过程中存在忽视保护生态的情况。因此，必须加大力度，采取各种有效措施来提高人们的自觉意识，加强广泛的社会宣传和环境教育，建立包括地方电台、电视台及报刊在内的水土保持专题宣传教育网络；建立和加强环境科技指导及职业培训体系，提高干部的专业管理水平和群众的水土保持技能；通过各种措施营造环保文化氛围，使合理开发、利用土壤变成人们的自觉行动。

（二）加大资金投入

土壤退化在某种程度上是与经济落后相关联的，保证资金足量、稳定的投入对土壤退化区的治理起着重要作用。我们必须正确把握生态修复的着眼点和着力点。生态修复的着眼点是改善生态环境，着力点则是解决当地群众的生产生活问题。因此，要尽快扭转目前的土壤退化状况，并避免新的人为土壤退化的发生。一方面，地方政府要在确保生态安全的前提下，努力发挥资源优势，改变贫困面貌，振兴区域经济；另一方面，需要各级政府及有关部门在过去投资的基础上加大投入力度，并采取多元化、多层次、多渠道的筹资机制，筹集社会闲散资金，保证比较稳定的资金来源，调动政府、集体、个人的积极性，加快土壤退化的治理步伐。

（三）加大科技投入

树立科学技术是第一生产力的思想，加大科技投入，将科学技术同治理和生产结合起来。积极同有关科研单位、大专院校就土壤退化区的退化状况的恢复进行探讨和交流，针对亟待解决的技术问题，组织力量攻关，加快科技成果转化；以科技为支撑，建立完善的科技推广、技术监测和技术服务体系，对各项治理措施进行评估和效益预测，严格设计施工、规范操作和加强技术管理；制定切实可行的激励政策，鼓励大批科技工作者投入土地保护工作的第一线，为土地治理工作贡献力量。

（四）因地制宜，综合治理

复杂的地形、多样的自然条件和社会发展水平，决定了其治理模式和配套措施的多样性，也决定了其规划设计要具有科学性，因此，应根据实际情况，分类指导，分区施策，不能搞"一刀切"。在统一指挥下，分区域、分流域进行有重点、有针对性的开发治理。在一些生态环境极度恶化、已丧失基本生存条件的地方，应实行生态移民搬迁，封山绿化；在条件较好的地点建立生态农业示范点和示范片，提高土地承载力和环境容量，吸引更多的人从高山、高坡地和林区走出来，以尽量减少对生态脆弱区的扰动。

（五）恢复植被，维护"土壤水库"

植被能够起到调节和拦截降水的作用，是创建土壤水库的唯一积极而持续有效的因素，据有关资料显示，目前我国森林的年水源涵养量为3470万t，相当于全国现有水库总量的3/4，保护好现有植被显得尤为重要。因此，应进一步发挥生态修复工程在大面积恢复植被、加快生态建设进程中的作用；大力发展水电，以电代薪；减少林木采伐量，大力发展太阳能，大力提倡改灶节柴，使能源利用由单向变多向等。

（六）加强体制创新

目前我国已加入世界贸易组织（WTO），国家加快了改革原有计划经济时代的各种法律法规和各种管理体制，经济建设和社会发展不可避免地受到市场这个"无形的手"操纵，使生态环境建设在市场经济大潮中面临新的挑战，因此必须在体制上进行创新，主动适应社会主义市场经济体制的要求，探索政府推动和市场机制推动相结合的办法。特别要遵循经济规律，面向市场，对水土保持工程，明晰所有权，拍卖使用权，搞活经营权，放开建设权，建立良性循环机制，以改革创新调动广大农民和全社会的积极性，促进土地治理工作健康、快速发展。

（七）完善预防、监督和执法体系

在土壤退化的防治与治理工作中，要加强预防监督管理工作：要认真宣传贯彻土地保护相关法规政策及有关规定，落实好审批、监督、收费权，将保护土地的相关条文落实到每个地方和每项开发建设工程，切实把防治土地退化工作转到预防为主的轨道上来，同时要从机构设置、人员配备、仪器装备等方面加强监督管理队伍建设，坚决杜绝少数地方存在"以权压法、以言代法"现象，坚决遏制陡坡开荒、乱垦滥伐现象，坚持开发建设项目实行水土保持方案审批制和"三同时"制度，要严厉查处各类开发建设项目违法案件，真正做到有法可依、有法必依、执法必严、违法必究，实现土地治理工作的法治化、规范化。

（八）重视各种修复技术的应用

从 20 世纪五六十年代开始土壤修复技术的研究，土壤修复方法的种类颇多，从修复的原理来考虑，大致可分为物理方法、化学方法及生物方法三大类。物理修复是指以物理手段为主体的移除、覆盖、稀释、热挥发等污染治理技术。化学修复是指利用外来的、土壤自身物质之间的，或环境条件变化引起的化学反应来进行污染治理的技术。生物修复包含了广义和狭义两种类型。广义的生物修复是指一切以利用生物为主体的环境污染治理技术。它包括利用植物、动物和微生物吸收、降解、转化土壤中的污染物，使污染物的浓度降到可接受的水平；或将有毒、有害污染物转化为无害的物质。在这一概念下，可将生物修复分为植物修复、动物修复和微生物修复三种类型。狭义的生物修复是特指通过微生物的作用消除土壤中的污染物，或是使污染物无害化的过程。然而，在修复实践中，人们很难将物理、化学和生物修复截然分开。

物理修复是根据物理学原理，采用一定的工程技术，对退化土壤进行恢复或重建的一种治理方法。相对其他修复方法，物理修复通常较为彻底、稳定，但工程量较大，一般需要研制大中型修复设备，所以其耗费也相对昂贵，容易引起土壤肥力减弱，因此目前适合小面积的污染区修复。

化学修复是利用加入土壤介质中的化学修复剂的化学反应，对退化土壤进行恢复或重建的一种治理方法。化学修复剂的施用方式多种多样，如果是水溶性的化学修复剂，可以通过灌溉将其浇灌或喷洒在污染土壤的表层；或通过注入井把液态化学修复剂注入亚表层土壤。如果试剂会产生不良环境效应，或者所施用的化学试剂需要回收再利用，则可以通过水泵从土壤中抽提化学试剂。非水溶性的改良剂或抑制剂可以通过人工撒施、注入、填埋等方法施入污染土壤。如果土壤湿度较大，并且污染物质主要分布在土壤表层，则适合使用人工撒施的方法。为保证化学稳定剂能与污染物充分接触，人工撒施之后还需要采用普通农业技术（如耕作）把固态化学修复剂充分混入污染土壤的表层，有时甚至需要深耕。如果非水溶性的化学稳定剂颗粒比较细，可以用水、缓冲液或是弱酸配制成悬浊液，用水泥枪或者近距离探针注入污染土壤。

生物修复就是利用生物的生命代谢活动，对退化土壤进行恢复或重建的一种治理方法。生物修复技术具有广阔的应用前景，但应用范围有一定的限制，也不如热处理和化学处理那样见效快，所需的修复周期可以从几天到几个月，这取决于污染物种类、微生物物种和工程技术的差异。实践表明，微生物技术如果与物理和化学处理配套使用，通常会取得更好的效果。比较理想的有效组合是首先用低成本的生物修复技术将污染物处理到较低的浓度水平，然后再采用费用较高的物理或化学方法处理残余的污染物。

第四节　土壤污染的防治

一、土壤污染

（一）土壤污染的概念

土壤是农业生产最基本的生产资料，也是人类社会赖以生存和发展的基础，合理利用会不断提高土壤肥力，土壤资源可持续利用，而不合理的利用就会导致土壤肥力下降、土壤退化甚至荒漠化。土壤同时也是地球强大的净化器，由于土壤胶体物质具有非常强的吸附物质的能力，可以将进入土壤的有害物质牢牢地束缚在土壤中，降低其活性，从而避免其进入水体和其他生态环境，也减少了其进入食物链的数量。土壤中庞大而复杂的生物系统，可以迅速分解进入土壤中的许多有害有毒的物质。长期以来人类一直利用土壤处理各种废弃物，但土壤容纳和处理各种废弃物的数量是有一定限度的，超过这一限度就会导致土壤污染。

如何定义土壤污染，关系到一个国家关于土壤保护和土壤环境污染防治的技术法规的执行和制定，因此这是一项十分必要又非常迫切的工作。目前对于土壤污染的定义尚不统一。第一种是有人认为，只要人类向土壤中添加了有害物质，土壤即受到了污染，此定义的关键是存在可借鉴的人为添加污染物，可视为"绝对性"定义；第二种是以特定的参照数据——土壤背景值加两倍标准偏差来加以判断的，如果超过此值，则认为土壤已被污染，视为"相对性"定义；第三种定义不但要看含量的增加，还要看后果，即当进入土壤的污染物超过土壤的自净能力，或污染物在土壤中的积累量超过土壤基准量，给生态系统造成了危害，此时才能被称为污染，这也可视为"相对性"定义。以上三种定义的出发点虽然不同，但有一点是共同的，即认为土壤中某种成分的含量明显高于原有含量时，即构成了污染，显然现阶段采用第三种定义更具有实际意义。

我国不同部门按照部门职责需要对土壤污染进行定义。我国生态环境部指出：当人为活动产生的污染进入土壤并积累到一定程度时，引起土壤环境质量恶化，并进而造成农作物中某些指标超过国家标准的现象，称为土壤污染。全国科学技术名词审定委员会认为：土壤污染是指对人类及动植物有害的化学物质经人类活动进入土壤，其积累数量和速度超过土壤净化速度的现象。《中国农业百科全书》（土壤卷）给出定义：土壤污染是指人为活动将对人类本身和其他生命体有害的物质施加到土壤中，致使某些有害成分的含量明显高于土壤原有含量，而引起土壤环境质量恶化的现象。

（二）土壤污染的类型

土壤污染的类型很多，原因非常复杂，几乎都与人类活动有关。根据污染物的性质，土壤污染分为化学污染、物理污染、生物污染和放射性污染。

1. 化学污染　　由于过量的化学物质进入土壤，超过土壤环境容量，从而导致土壤性质恶化，肥力下降。化学污染是土壤污染的主要类型，不但面积大，而且种类繁多。根据化学组成，可将进入土壤的化学污染物质分为无机和有机两大类，有机污染物主要包括农药、多氯联苯、多环芳烃、农用塑料薄膜、合成洗涤剂、石油和石油制品，以及由城市污水、污泥和堆肥等带来的各种有机污染成分。无机污染物主要包括锌、铜、汞、镉、铅、砷等重金属；由氮硫氧化物形成的酸雨。

现代化农业离不开农药和化肥，目前广泛使用的化学农药有 50 多种，其中主要包括有机磷农药、有机氯农药、氨基甲酸酯、拟除虫菊酯、苯氧羧酸类、胺类等。

我国是农药生产和应用最多的国家，并且不少是剧毒、高残留、难降解的农药，尽管目前对遭受农药污染的土壤面积和程度还缺乏充分完全的了解，但已有不少报道蔬菜、水果等农药含量超标，如六六六、DDT 等尽管早已停止使用，但在不少土壤和农产品上仍然能够检测到。

环境激素或内分泌干扰素也是土壤的污染物之一，来源广泛，由于浓度比较低，常常被人们忽视，但由于其亲脂性，而且还有生物富集的特点，其危害也十分严重。

凡是没有被植物吸收利用和未被根层土壤吸附固着的氮、磷等化学肥料养分，都会在根层以下积累，或向地下水进行转移，成为潜在的土壤污染源。

无机污染物主要包括化学废料、酸碱污染物和重金属污染物三种。硝酸盐、硫酸盐、氯化物、氟化物、可溶性碳酸盐等化合物，是常见而大量的土壤无机污染物。硫酸盐污染土壤会使土壤板结，改变土壤结构；氯化物和可溶性碳酸盐污染土壤会使土壤盐渍化，降低土壤肥力；硝酸盐和氟化物污染土壤会影响水质，在一定条件下还会导致农作物含氟量增高。

土壤重金属污染源主要包括采矿选矿、冶金、机械加工制造、化工等行业的废水、废渣、废气，其中污水灌溉所导致的土壤重金属含量超标十分严重，近几年来，由于不恰当地回收利用电子设备，重金属污染在一些地区已经成为灾难。

我国的能源以煤炭为主，燃煤所排放的硫化物经过光化学反应形成硫酸酸雨，不仅造成土壤酸化，土壤肥力完全丧失，还会直接危害植物。重庆、贵州等地区酸雨的危害相当严重。随着汽车产业的发展，燃油所致的硝酸酸雨也将越来越严重。

2. 物理污染　指固体物质进入土壤，从而导致土壤性质改变，主要是物理性质恶化，肥力下降，物理污染物主要有残留地膜、塑料废弃物、矿山的尾矿、废石、粉煤灰、工业垃圾和城市垃圾等。我国自 20 世纪 80 年代引进地膜生产和覆盖栽培技术，已经成为农用塑料膜使用最多最广泛的国家，地膜覆盖栽培面积达 667 万 hm^2 以上，用量上百万吨，地膜覆盖已经成为不少地区农业生产极其重要的技术之一，残留地膜对土壤及周边环境的危害已经十分严重，成为"白色污染"。

3. 生物污染　指外源生物或基因进入土壤后，破坏或改变土著生物区系和群落结构，特别是减少有益生物数量，增加有害生物数量，从而影响土壤生物及生物化学过程，降低土壤肥力。主要包括以带有各种病菌的城市垃圾、生活废水、畜禽粪便等各种途径引入的有害生物。动植物入侵所造成的危害已经触目惊心，特别需要警惕的是，随着分子生物学的发展和技术进步，越来越多的基因将被引入植物、动物和微生物，这些新的基因最终将部分进入土壤，他们对土著微生物的影响还很难预料。

4. 放射性污染　指核原料开采、大气层核爆炸散落的放射性微粒对土壤造成的污染，这类污染对土壤物理和化学性质没有太大的影响，但可能对土壤生物和生长的植物及人类造成非常大的伤害。

二、土壤污染的修复技术

污染土壤修复的目的在于降低土壤中污染物的浓度、固定土壤污染物、将土壤污染物转化成毒性较低或无毒的物质、阻断土壤污染物在生态系统中的转移途径，从而减少土壤污染物对环境、人体或其他生物体的危害。

污染物的存在，造成了土壤物理、化学性质的变化、土壤生物群落的破坏等一系列的环境问题。污染物在农作物和其他植物中积累，进而威胁高营养级生物的生存和人类的健康。鉴于土壤污染的严重危害，世界各发达国家纷纷制定了土壤修复计划。荷兰在 20 世纪 80 年代就已花费约 15 亿美元进行土壤的修复工作，德国曾投资约 60 亿美元净化土壤，美国在 90 年代计划用于土壤修复方面的投资约有几百亿甚至上千亿美元。

污染土壤修复技术根据其位置变化与否可分为原位修复技术和异位修复技术。原位修复技术是指对未挖掘的土壤进行治理的过程，对土壤没有什么扰动，这是目前欧洲采用最广泛的技术。异位修复技术是指对挖掘后的土壤进行处理的过程。按操作原理，污染土壤修复技术可分为物理修复技术、化学修复技术、微生物修复技术和植物修复技术四大类。其中生物修复技术具有成本低、处理效果好、环境影响小、无二次污染等优点，被认为最有发展前景。

（一）物理修复技术

物理修复技术主要包括土壤蒸气提取技术、固化／稳定化技术、玻璃化技术、热处理技术、电动力学修复技术、稀释和覆土等。

1. 土壤蒸气提取技术　　土壤蒸气提取技术是指通过降低土壤孔隙的蒸气压，把土壤中的污染物转化为蒸气形式而加以去除的技术。该技术适用于去除不饱和土壤中高挥发性有机组分，如汽油、苯和四氯乙烯等。

土壤蒸气提取技术主要用于挥发性有机卤化物和非有机卤化物污染土壤的修复。运行和维护所需时间依赖于处理速度和处理量。处理的速度与单批处理的时间和单批处理量有关。通常每批污染土壤的处理需要 4～6 个月。

土壤理化性质对原位土壤蒸气提取技术的应用效果有很大的影响，主要影响因子有土壤容重、孔隙度、土壤湿度、土壤温度、土壤质地、有机质含量、空气传导率及地下水深度等。经验表明，采取原位土壤蒸气提取技术的土壤应具有质地均一、渗透能力强、孔隙度大、湿度小、地下水位较深的特点。

2. 稳定化技术　　稳定化技术是指通过物理的或化学的作用以固定土壤污染物的一组技术。稳定化技术是指通过化学物质与污染物之间的化学反应使污染物转化成不溶态的过程。稳定化技术不一定会改善土壤的物理性质。固化技术和玻璃化技术通常也属于稳定化技术的范畴，固化技术是指向土壤添加黏结剂而引起石块固体形成的过程。玻璃化技术是指使高温熔融的污染土壤形成玻璃载体或固结成团的技术。从广义上来说，玻璃化技术属于固化技术范畴。玻璃化技术既适合于原位处理，也适合于异位处理。土壤熔融后，污染物被固结于稳定的玻璃体中，不再对其他环境产生污染，但土壤也完全丧失生产力。玻璃化作用对砷、铅、硒和氯化物的固定效率比其他无机污染物低。

稳定化技术采用的黏结剂主要是水泥、石灰等，也包括一些有专利的添加剂。水泥可以和其他黏结剂（如石灰、溶解的硅酸盐、亲有机的黏粒、活性炭等）共同使用。有的学者又基于黏结剂的不同，将稳定化技术分为水泥和混合水泥稳定化技术、石灰稳定化技术和玻璃化稳定化技术三类。

稳定化技术可以被用于处理大量的无机污染物，也可适用于部分有机污染物。稳定化技术具有可以同时处理被多种污染物污染的土壤、设备简单、费用较低等优点。其缺点为：固化／稳定化技术最主要的问题在于它不破坏、不减少土壤中的污染物，而仅仅是限制污染物对环境的有效性。随着时间的推移，被固定的污染物有可能重新释放出来，对环境造成危害，因此它的长期有效性受到质疑。

3. 热处理技术　　热处理技术是利用高温所产生的一些物理或化学作用，如挥发、燃烧、热解，将土壤中的有毒物质去除或破坏的过程。热处理技术最常用于处理有机物污染的土壤，也适用于部分重金属污染的土壤。挥发性金属（如汞）尽管不能被破坏，但可能通过热处理技术而被去除。热处理技术包括热解吸技术和焚烧技术。

（1）热解吸技术　　热解吸技术是以浓缩污染物或高温破坏污染物的方式，处理土壤中由热解吸而产生的废气中的污染物。使土壤污染物转移到蒸气相所需的温度取决于土壤类型和污染物存在的物理状态，通常为 150～540℃。热解吸技术适用的污染物有挥发性和半挥发性有机污染物、卤化或非卤化有机污染物、多环芳烃、重金属、氰化物、炸药等，不适用于多氯联苯、二噁英、呋喃、农药、石棉、非金属、腐蚀性物质。

（2）焚烧技术　　焚烧技术是指在高温条件下（800～2500℃）通过热氧化作用以破坏污染物的异位热处理技术。焚烧技术适用的污染物包括挥发性和半挥发性有机污染物、卤化和非卤化有机污染物、多环芳烃、多氯联苯、二噁英、呋喃、农药、氰化物、炸药、石棉、腐蚀性物质等，不适用于非金属和重金属。所有土壤类型都可以采用焚烧技术处置。

（二）化学修复技术

污染土壤的化学修复技术是利用加入土壤中的化学修复剂与污染物发生一定的化学反应，使污染物被降解和毒性被去除或降低的修复技术。根据污染土壤的特征和污染物的不同，化学修复手段可以将液体、气体或活性胶体注入土壤下表层、含水土层。注入的化学物质可以是氧化剂、还原剂、沉淀剂、解吸剂或增溶剂。通常情况下，根据污染物类型和土壤特征，当生物修复法在速度和广度上不能满足污染土壤修复的需要时，再选择化学修复方法。目前，化学修复技术主要涵盖以下几方面的技术类型：化学淋洗技术、溶剂浸提技术、化学氧化还原修复技术、电动力学修复技术、土壤改良修复技术等。

1. 化学淋洗技术　　化学淋洗技术是指借助能促进土壤环境中污染物溶解或迁移作用的溶剂，通过水力压头推动清洗液，将其注入被污染土层中，然后再把包含污染物的液体从土层中抽提出来，进行分离和污水处理的技术。溶剂浸提技术通常也被称为化学浸提技术，是一种利用溶剂将有害化学物质从污染土壤中提取出来进入有机溶剂中，而后分离溶剂和污染物的技术。

由于化学淋洗过程的主要手段在于向污染土壤注射溶剂或化学助剂，因此，提高污染土壤中污染物的溶解性及其在液相中的可迁移性是实施该技术的关键。这种溶剂或化学助剂应该是具有增溶、乳化效果，或能改变污染物化学性质的物质。化学淋洗技术适用范围较广，可用来处理有机、无机污染物。目前，化学淋洗技术主要围绕着用表面活性剂处理有机污染物，用螯合剂或酸处理重金属来修复被污染的土壤。

2. 化学氧化修复技术　　化学氧化修复技术主要是通过掺进土壤中的化学氧化剂与污染物所产生的氧化反应，使污染物成为无毒物质的一项污染土壤修复技术。化学氧化修复技术不需要将污染土壤全部挖掘出来，而只是在污染区的不同深度钻井，然后通过井中的泵将氧化剂注入土壤中，使氧化剂与污染物充分接触、发生氧化反应而被分解为无害物。

原位化学氧化修复技术的优点在于它可以原位治理污染。土壤的修复工作完成后，一般只在原污染区留下了水、二氧化碳等无害的化学反应产物。通常，原位化学氧化修复技术用来处理其他方法无效的污染土壤，如在污染区位于地下水深处的情况下。

该技术主要用来修复被油类、有机溶剂、多环芳烃、五氯苯酚（PCP）、农药及非水溶液氯化物等污染物污染的土壤，通常这些污染物在被污染的土壤中长期存在，很难被生物降解。

最常用的氧化剂是 H_2O_2、K_2MnO_4 和 O_3，以液体形式泵入地下污染区。

3. 电动力学修复技术　　电动力学修复技术是指向土壤两侧施加直流电压形成电场梯

度，土壤中的污染物在电解、电迁移、扩散、电渗透、电泳等的共同作用下，使土壤溶液中的离子向电极附近富集从而被去除的技术。

电动力学修复技术可以处理的污染物包括重金属、放射性核素、有毒阴离子（硝酸盐、硫酸盐）、氰化物、石油烃、炸药、有机/离子混合污染物、卤代烃、非卤化污染物、多环芳烃。但最适合电动力学修复技术处理的污染物是金属污染物。

具有水力传导度较低、污染物水溶性较高、水中的离子化学物质浓度相对较低等特征的土壤适于电动力学修复技术。黏质土在正常条件下，离子的迁移很弱，但在电场的作用下得到增强。影响原位电动力学修复过程的费用的主要因素是土壤性质、污染深度、电极和处理区设置的费用、处理时间、劳力和电费。

（三）生物修复技术

生物修复应是指综合运用现代生物技术手段，使土壤中的有害污染物得以去除，土壤质量提高或改善的过程，其应既包括传统的有机污染土壤的微生物修复，也包括植物、动物和酶等修复方法。

生物修复技术的出现和发展反映了污染防治工作已从耗氧有机污染物深入影响更为深远的有毒有害有机污染物，并且从地表水扩展到土壤、地下水和海洋。这种新兴的环境微生物技术近年来已受到环境科学界的广泛关注。

1. 植物修复技术　　污染土壤植物修复技术是指利用植物及其根际微生物对土壤污染物的吸收、挥发、转化、降解、固定作用而去除土壤中污染物的修复技术。

一般来说，植物对土壤中的无机污染物和有机污染物都有不同程度的吸收、挥发和降解等修复作用，有的植物甚至同时具有上述几种作用。根据修复植物在某一方面的修复功能和特点，可将污染土壤植物修复技术分为植物提取修复、植物挥发修复、植物稳定修复、植物降解修复、根际圈生物降解修复。

植物提取修复为利用重金属超积累植物从污染土壤中超量吸收、积累一种或几种重金属元素，之后将植物整体（包括部分根）收获并集中处理的技术。

植物挥发修复为利用植物将土壤中的一些挥发性污染物吸收到植物体内，然后将其转化为气态物质释放到大气中，从而对污染土壤起到治理作用。

植物稳定修复为通过耐性植物根系分泌物质来积累和沉淀根际圈污染物质，使其失去生物有效性，以减少污染物质的毒害作用。

植物降解修复为利用修复植物的转化和降解作用去除土壤中有机污染物质，其修复途径包括污染物质在植物体内的转化和分解，以及在植物根分泌物酶的作用下引起的降解。

根际圈生物降解修复为利用植物根际圈菌根真菌、专性或非专性细菌等微生物的降解作用来转化有机污染物，降低或彻底消除其生物毒性，从而达到有机污染土壤修复的目的。

植物降解一般对某些结构比较简单的有机污染物去除效率很高，但对结构复杂的污染物质则无能为力。

2. 微生物修复技术　　大多数环境中都进行着天然的微生物降解和净化有毒有害有机污染物的过程。研究表明，大多数土壤含有能降解低浓度芳香化合物（如苯、甲苯、乙苯和二甲苯）的微生物，只要地下水中含足够的溶解氧，污染物的生物降解就可以进行。但是，在自然条件下，由于溶解氧不足、营养盐缺乏，以及具有高效降解能力的微生物生长缓慢等限制性因素，微生物自然净化速度很慢，需要采用各种方法来强化这一过程。例如，提供氧气或其他电子受体，添加氮、磷营养盐，接种经驯化培养的高效微生物等，以便能够迅速去除污染物，这就是生物修复的基本思想。

发达国家于 20 世纪 80 年代开始这方面的研究，我国则在 90 年代才有这方面的报道。微生物对有机污染土壤的修复是以其对污染物的降解和转化为基础的，其修复包括好氧和厌氧两个过程。完全的好氧过程可使土壤中的有机污染物通过微生物的降解和转化而成为二氧化碳和水，厌氧过程的主要产物为有机酸与其他产物（甲烷或氢气）。虽然，污染土壤微生物修复的最终目的是将污染物降解为对人类或环境无害的产物，但有机污染物的降解是一个涉及许多酶和微生物种类的分步过程，一些污染物可能不能被彻底降解，只是转化成毒性和移动性较弱或更强的中间产物。

通过十余年的不断研究，微生物修复技术已应用于地下储油罐污染地、原油污染海湾、石油泄漏污染地及废弃物堆置场、含氯溶剂、苯、菲等多种有机污染土壤的生物修复。如何提高微生物修复的功能是当前研究的热点之一，微生物修复过程是一项涉及污染物特性、微生物生态结构和环境条件的复杂系统工程。目前，虽然在利用基因工程菌构建高效降解污染物的微生物菌株方面取得了巨大成功，但人们对基因工程菌应用于环境的潜在风险性仍存在种种担心。美国、日本、欧洲等大多数国家对基因工程菌的实际应用有严格的立法控制，因而其实际应用并非易事。在对微生物修复影响因子充分研究的基础上，寻求提高微生物修复效能的其他途径就显得非常迫切。

提高微生物修复作用的方法有以下几种。

（1）接种微生物　　土著微生物一般存在生长速度慢、代谢活性不高的缺点，在污染区域中大量接种微生物并形成生长优势，可促进微生物对污染物的降解。

（2）添加外源营养物　　有机污染土壤可为微生物活动提供充足的碳源，但 N、P 营养是限制微生物活性的重要因子，适当添加外源营养物可加速微生物对有机污染物的降解。

（3）添加电子受体　　电子受体的种类和浓度是影响污染物降解速度和程度的重要因素之一，包括溶解氧、有机物分解的中间产物和无机酸根三大类。生物通风也是当前应用较多的土壤曝气方法之一。

（4）植物 - 微生物联合修复　　植物的蒸腾作用为土壤提供了一个太阳能驱动的泵系统，植物可提高污染土壤的生物修复过程。有学者研究认为，种植植物后，根际中的微生物活性、生物量及三氯乙烯（TCE）的生物降解明显高于没有植物的土壤。植物 - 微生物联合修复技术对污染物的修复能力与植物种类具有密切关系，植物种类不同，根的形态、初级和次级代谢作用及与其他生物的生态作用等也存在很大差异。

（5）化学 - 微生物联合修复　　污染物降解主要通过微生物酶的作用来进行。然而，许多微生物酶并不是胞外酶，污染物只有与微生物相接触，才能被降解。表面活性剂能提高疏水性有机污染物的亲水性和生物可利用性。非离子表面活性剂［如辛基苯基聚氧乙烯醚（Triton X-100）、脂肪醇聚氧乙烯醚（AEO-9）等］、阴离子表面活性剂（如十二烷基苯磺酸钠等）、阳离子表面活性剂［如季铵盐类十六烷基三甲基溴化铵（CTAB）等］等不仅可以吸附污染物，还可增加污染物与微生物的接触概率，提高微生物对污染土壤的修复效率。

（6）调控其他环境因子　　调控土壤环境条件，使之处于微生物降解的最适状态，是提高污染土壤微生物修复作用的重要组成部分。

微生物修复技术具有费用省、环境影响小、效率高、最大限度地降低污染物浓度等优点，但其也表现出一定的局限性。例如，微生物不能降解所有进入环境的污染物，特定的微生物只能降解特定类型的化学物质，微生物活性受温度和其他环境条件的影响，有些情况下生物修复不能将污染物全部去除。

下面是两件生物处理事例。

例1：Exxon Valdez 号超级油轮装载的原油在 8h 内泄漏到美国阿拉斯加海岸，受影响的海岸长达 1450km。Exxon 公司和美国国家环境保护局随后就开始了著名的"阿拉斯加研究计划"，这是到目前为止规模最大的现场生物修复工程。在工程实施过程中，研究者对受污染的海滩有控制地添加两种亲油的微生物营养成分，然后采样分析添加营养成分的速度对促进生物降解油的效果。海滩沉积物表面和次表面的异养菌及石油降解菌的数量增加了 1～2 个数量级，石油污染物的降解速度提高了 2～3 倍，使净化过程加快了近 2 个月。同时，这个研究项目还表明，石油泄漏后不久，就能观察到生物降解作用，营养物质的加入并未引起受污染海滩附近海洋环境的富营养化。

例2：纽约长岛汽油站约有 106t 汽油因泄漏而进入附近土壤和地下水中，采用过氧化氢作为供氧体，对该石油污染土壤进行生物修复处理。经过 21 个月的处理，人们通过生物作用去除了约 17.6t 汽油，占总去除量的 72%。经过生物修复处理后，土壤中的汽油含量已低于检测限。

三、土壤污染修复标准的建立

近年来，对于污染土壤的修复研究一直是热点领域。但是对于污染土壤修复标准的制定却远远落后于修复方法的研究，这就很难说清楚土壤修复到什么程度可以认为是清洁的。

（一）我国污染土壤修复标准的现状

一直以来，我国对于土壤环境影响评价和污染土壤修复效果评价都在应用我国 1996 年 3 月起实施的《土壤环境质量标准》（GB 15618—1995）。在我国污染土壤修复标准尚未建立起来之前，《土壤环境质量标准》在一定程度上可以间接作为我国农田、蔬菜地、茶园、果园、牧场、林地和自然保护区等污染土壤的修复标准。

但是随着时间的推移和科学技术的发展，《土壤环境质量标准》存在的不足也越来越明显。《土壤环境质量标准》编写过程中，主要使用了"七五"国家科技攻关计划项目的有关土壤环境背景值和环境容量的重要研究成果。当前我国土壤污染的实际情况到底是怎样的？发展趋势如何？这样就使《土壤环境质量标准》很难适用于当今的污染土壤修复效果评价。因此，我国 2018 年发布了《土壤环境质量 农用地土壤污染风险管控标准（试行）》（GB 15618—2018）和《土壤环境质量 建设用地土壤污染风险管控标准（试行）》（GB 36600—2018），废止了《土壤环境质量标准》（GB 15618—1995）。

而且，污染土壤修复标准与土壤环境质量标准两者之间存在着许多实质性差异。前者的目标是使土壤环境中的污染物降低到不足以导致较大的或不可接受的生态损害和健康危害的程度，而后者的目标是保护土地资源及避免土地污染的发生。

（二）建立污染土壤修复标准的方法

目前，理论和技术上可行的修复技术主要有生物修复、化学修复、物理修复和综合修复等几大类，在我国，有些修复技术已经进入现场应用阶段并取得较好的治理效果。但经过修复的土地是否达到清洁标准，是否满足各种用途的土地再利用要求，还没有一个评判的标准。一个污染土壤修复标准方法体系的建立是由多方面因素决定的。除修复技术水平、仪器可检出水平、环境背景水平、法规可调控清洁水平外，还应考虑以下几点。

1. 污染物的选择　　污染物的选择是制定污染土壤修复标准的首要工作。污染物的选择要考虑到污染物的普遍性，不同国家、地区的土壤中普遍存在的污染物是不同的，在同一地区的不同时间，土壤中存在的污染物也有可能不同。

我国当前土壤污染物主要分为四大类。

1）镉、铅、汞、砷、铜、锌等有害重金属，它们多来自矿产品开采冶炼、废弃物及燃烧等。

2）农药、兽药、抗生素等污染物。

3）多氯联苯类、多环芳烃类等持久性毒害有机污染物，它们主要通过废旧电器拆卸、有机垃圾燃烧的大气沉降等进入土壤。

4）大量施用化肥引起硝酸盐等的过量积累。

在制定我国污染土壤修复标准时，应对这四大类污染物质有充分的体现。

2. 分析检测方法　　建立污染土壤修复标准的目的是建立一种土壤清洁水平，当达到这种清洁水平后，土壤环境中的污染物就不会对人体健康和生态系统构成威胁。土壤中的污染物质总的来说可以分为有机和无机两大类。各种重金属是土壤中无机污染物的主要构成部分，对人体健康和生态系统构成威胁是由这些重金属的有效态部分造成的，因而，在评定土壤中无机污染物的影响时，不能以总量的方式，应主要考虑重金属有效态的含量。

一般把重金属分为以下几种形态：可交换态（其中包括水溶态）、碳酸盐结合态、铁锰氧化物结合态、有机质结合态和残渣态。其中，可交换态和碳酸盐结合态与有效态之间有着密切的关系，但是对于有效态与总量的关系，以及各种形态在不同的外部条件及时间的变化下有怎样的转化关系仍有待进一步研究。

随着科学技术的发展，分析方法也是日新月异，对于同一种污染物质运用不同的分析方法可能得到不同的结果，运用不同型号（精确度）的同种仪器进行分析时，也有可能得到不同的结果。由于我国地区间发展的不平衡，对于一些实验方法，有些地区具备实验条件，有些地区不具备实验条件，因此在建立我国土壤修复标准时，应充分考虑到我国实验设备条件因不同部门、不同实验室和不同地区的差异，规范测试方法。同时也可以考虑参考国外其他国家的一些做法，建立分析检测规程认证制度。

3. 修复标准的分类　　就目前土壤修复的技术方法来看，植物修复的周期比较长，在实际的修复工程中很难起到主导作用。而在实际土壤修复工程中常用的化学修复、物理修复的成本还比较高，所以无论是发达国家还是我国，在选择目标修复土壤时都会考虑经济利益代价。要么优先考虑修复城市土地价值高的土地，要么考虑修复虽然土地价值不高但污染非常严重、对人体健康造成很大威胁的土地。

所以，我们认为我国土壤修复标准的分类方式应充分考虑到城市土地修复后再利用的问题，尤其是在我国的一些老工业基地，由于国有企业的倒闭、外迁，城市中心遗留了大量的污染土地，对这些污染土地的修复和土地再利用急需一个适合我国特点的土壤修复标准。

国外的土壤修复标准一般都是按照土壤类型或土壤修复后再利用的目的进行分类的，他们把修复后的土地用途分为农业用地、居住（公园）用地、非居住区（工业用地、商业用地、体育用地和广场用地等），以及保护地下水为目的等。

我国的土壤修复标准根据修复后再利用的目的分为四类是比较适宜的：①农业用地（包括蔬菜种植和养殖用地）；②居住用地（包括花卉种植）；③非居住用地；④保护地下水。四类标准的制定是出于我国污染土壤修复的特点，在我国被污染的土地中农业用地所占的比重最大。

土壤经过修复后的最佳目标就是恢复其农业用地的功能，而在城市土壤修复后，土地的利用类型一般都为住宅、工业园区、商业区和写字楼等居住用地或非居住用地。另外对于污染特别严重的土地，首先要考虑的就是要采取适当的措施防止其对地下水的污染。这样的分类方法可以简化污染土地再利用风险评价的程序，为修复方法的选择提供更多的帮助。

4. 对地下水的保护　　众所周知，当进入土壤环境中的污染物达到一定数量时，首先会通过各种迁移、淋溶过程污染地下水，甚至迁移进入作为饮用水的地表水中。我国近年来随着乡镇企业的发展和环保措施的滞后，地面污染物造成地下水污染的事故逐年增加。防止污染土壤对地下水的影响已经成为污染土壤修复的重点之一。

国外已经制定污染土壤修复标准的国家，无不把污染土壤修复后是否还会对地下水构成潜在威胁作为制定污染土壤修复标准的重点。

5. 生态毒理学评价标准　　污染土壤修复的目的是避免污染土壤对人类健康造成伤害和对周围生态环境构成威胁，所以世界各国的污染土壤修复标准大多建立在健康毒理学（国内也称为卫生毒理学）和生态毒理学的基础上。美国新泽西州的《土壤修复标准》中，居住区和非居住区的标准就是依据人类健康风险评价建立的，假设的风险暴露途径包括皮肤摄取、直接吸入、通过地下水影响、皮肤接触的过敏性（主要是六价铬）等。其中在皮肤摄取和直接吸入两个方面主要从毒理学层次考虑来制定标准，分别设定了致癌和非致癌两个端点，其数值取4个端点的最低值。

四、污染土壤修复效果评定

（一）污染土壤修复效果评定的概念及内涵

污染土壤修复后，其修复效果如何，是否达到预定的工程目标或修复的标准，是否还会对土壤生态系统和人类的健康构成威胁，需要对修复后的土壤进行后效观察，通过灵敏和有效的诊断方法对污染土壤修复效果进行评定来给出明确的答复。

污染土壤修复效果评定是土壤修复环境工程必不可少的重要环节。污染土壤修复效果的评定就是结合有效的化学分析手段，通过对土壤生态系统中不同物种和生物组分损伤的观察，定性或定量预测修复后土壤中污染物对土壤生态系统和人类健康产生有害影响的可能性。

污染土壤在进行修复的过程中，污染物的去除受土壤中多种生物、物理和化学因素的干扰，从而会发生许多不利于污染物被彻底清除的负效应。土壤在修复过程中其物理、化学和生物特性都会改变，目标污染物的减少并不意味着土壤在生态学意义上就是清洁的或是安全的。

Knoke 等进行的土壤清洁研究发现，清洁修复后的有机污染土壤中，目标污染物虽然明显减少，但通过毒性试验检验表明土壤的毒性反而增强。孙铁珩等在研究石油污染土壤的生物修复时发现，土壤中矿物油含量明显减少，但荧蒽和其他高环多环芳烃的数量和质量有明显增加。

因此，单纯依靠化学方法进行土壤修复效果的评定，不能表征土壤的整体质量特征。为了解决这一问题，人们开始把生物分析和化学分析共同使用，把污染土壤诊断中生态毒理学诊断的一些方法，运用到污染土壤修复效果的评定中，这样可以为土壤修复效果和修复土地再利用风险分析提供最可靠的结果。

（二）污染土壤修复效果评定方法

当前，国内对于污染土壤修复效果的评定，一般是通过对土壤中目标污染物的检测值与GB 15618—2018 和 GB 36600—2018 进行比较来评定污染土壤的修复效果。一些发达国家对于污染土壤修复效果的评定，一般是通过对土壤中目标污染物的检测与由土地再利用目的和风险评价得出的污染物在土壤中的允许浓度进行比较来确定修复效果，这样做均不能真实地反映污染土壤修复后的生态安全性。但是，一些土壤污染诊断的方法可以把土壤的健康状况与修复的效果紧密联系起来，完全可以应用于污染土壤修复效果的评定。

1. **植物毒性评定法**　　植物是土壤生态系统中的重要组成部分。一个平衡、稳定的土壤生态系统将会生产出健康、优良的植物；反之，一个不稳定或受到外来污染的土壤生态系统，对植物的生长可能带来不利影响。因此，利用植物的生长状况监测土壤污染，是从植物生态学角度评定污染土壤修复效果的重要方法。

（1）植物的受害症状评定法　　进入土壤、植物系统的污染物超过一定浓度就会对该系统产生影响，这种影响可以直接通过植物生长的状态得到表征。植物的受害症状评定主要是通过肉眼观察植物体受污染影响后发生的形态变化。生长在污染土壤中的敏感植物受污染物的影响，会引起根、茎、叶在色泽、形状等方面的症状。锰过剩引起植株中毒，会使老叶边缘和叶尖出现许多焦枯褐色的小斑并逐渐扩大。铜、铅、锌污染会使水稻的植株高度减小、分蘖数减少、茎叶及稻谷产量降低。锌使印度芥菜的根量随处理浓度的升高而显著减少；铜、铅、镉、锌的单一及复合污染均使其叶片失绿。镉进入植物体内并积累到一定程度，植物会出现生长迟缓、植株矮小、退绿、生物量下降等现象。利用植物的受害症状评定污染土壤修复效果的方法简单、直观。但是植物的一些受害症状只有当污染物浓度较高的时候才能表现出来。例如，当棕壤中的 Pb 浓度为 2000mg/kg 时，对小麦的发芽率并没有影响，但这个浓度已经远远超过 Pb 的土壤安全标准。在污染物与植物受害症状的剂量 - 效应关系中，根伸长抑制率是最为常用的，也是最敏感的指标之一。当土壤中的 Pb 浓度为 200mg/kg 时，白菜的根伸长即受到明显抑制；而芽伸长和发芽率受到明显影响时，土壤的 Pb 浓度分别为 500mg/kg 和 2700mg/kg。

（2）植物体内污染物含量评定法　　经过修复后的土壤中污染物的含量可能很低，但是经过食物链的富集还是可能对人体健康构成威胁。通过分析这些在修复后土壤中生长的植物体内污染物的含量，可以判断污染土壤的修复效果。目前最常用的分析方法是：分析植物种植前后土壤中重金属含量的变化与植物吸收重金属的量的相关性，寻找相关性较好的植物作为指示植物。Neubauer 和 Schneider 首先提出用黑麦幼苗法测定土壤中营养元素的含量，由于该法是一种十分有效、简便而且快速的生物实验技术，近 10 年来已经广泛应用到环境科学实验中来研究一些痕量元素的生物有效性，并通过试验找到了可以替代黑麦的最佳植物——小麦。近年来，也有学者用可食用植物中污染物的含量和生理生化反应来指示土壤中污染物的浓度。例如，Lee 等（1998）用胡萝卜吸收镉的量表征土壤受重金属镉的污染程度；Felsot 等（1996）利用各种豆科植物的变色病监测除草剂的大气沉降量；Millis 等用莴苣内镉的含量与土壤中镉含量的比值来评价土壤的镉污染情况。运用植物体内污染物的含量来评定污染土壤的修复效果，考虑到了修复结果对人体健康的威胁，但是植物对土壤中污染物质的吸收是一个复杂的过程，土壤的理化性质对植物吸收污染物有很大的影响，而且在修复过程中乙二胺四乙酸（EDTA）、氮、磷、钾及有机肥等的施用也对运用植物体内污染物含量来评定修复效果有一定的影响。

（3）藻类毒性评定法　　藻类作为水生生态系统的初级生产者，对生态系统的平衡和稳定起着重要作用。单细胞藻类个体小，世代时间以小时计算，因此是一种理想的实验材料。藻类作为水生生态系统污染诊断的指标已有多年的历史。近年来，研究者发现，藻类不仅适合水生生态系统污染诊断，通过适当的改进，也可用于污染土壤修复效果的评定。王颖等运用土壤酸性浸提液对斜生栅藻毒性进行了试验，结果表明，重金属的投加量与斜生栅藻增长率之间有明显的相关性，随土壤重金属投加量的增加，斜生栅藻的增长率明显降低。但是运用藻类来评定污染土壤修复效果也存在许多有待解决的问题。其中首要的问题是用什么样的浸提液来浸提土壤，才能使浸提液有很好的代表性。对于重金属来说，在土壤中是以不同形态存在的，用不同的浸提方法可以得到不同形态的重金属；对于有机物来说，浸提剂的选择要充分考虑到污染物在固液两相的分配系数。另外，浸提剂的酸碱度等对藻类增长率是否有影响，都是需要考虑的问题。

2. 陆生无脊椎动物评定法　　土壤修复的目的是恢复土壤作为植物和土壤动物栖息地的功能。以不同陆生无脊椎动物毒理试验评价土壤修复状况，是将那些对土壤污染具有敏感指示作用的物种作为指示动物，将它们暴露于土壤污染物中，以适当的试验系统准确地、精确地记录污染土壤对栖息动物的危害与风险，从而达到对土壤修复状况（污染或清洁）的指示作用。用陆生无脊椎动物对修复后的土壤进行评定，不仅包括使用存活率的测定，也包括生长、繁殖、动物群落构成等重要参数的分析。

目前常用的指示动物主要是蚯蚓和弹尾目昆虫（表 8-8），因为这两个物种的世代期都是14d，试验毒性终点为 1～7d 后的致死率及暴露 28d 后的繁殖状况。在这种具体的实验动物中蚯蚓是应用最广泛的，因为蚯蚓的身体表面可以直接与处理的土壤接触，由此引起毒性效应，而且蚯蚓可以消化被污染的食物，直接吸收污染物质。在运用蚯蚓作为土壤污染毒理诊断的一项重要指标时，以赤子爱胜蚓的应用最广泛。Bart 等利用蚯蚓在不同土壤中分布的数量不同，对土壤的污染状况进行了风险评价。Chang 等以蚯蚓的死亡率为评价指标进行了铅污染土壤修复前、后毒性评价研究，结果表明，修复后的土壤仍对蚯蚓有明显的毒性效应。以蚯蚓作为受试动物来对污染土壤进行诊断是目前最常用的土壤诊断方法之一，在国内外得到了广泛的应用。但是因为蚯蚓在长时间的暴露于污染物的条件下，其对污染物的抗性会增强，而且蚯蚓能够区别污染物质和污染的食物并避免与之接触。因此，蚯蚓的分布数量、死亡率和污染物质在蚯蚓体内的浓度，不能全面地反映土壤中污染物的实际浓度。在污染土壤修复效果的评定中，经过修复后的土壤的污染物浓度相对是比较低的。在低污染物浓度土壤的风险评价中，运用繁殖或行为测试这样更敏感的测试方法会取得较好的效果。

3. 土壤微生物评定法　　土壤中微生物种类繁多、数量庞大，微生物在土壤功能及重要土壤过程中直接或间接地起重要作用，包括对动植物残体的分解、养分的贮藏转化、水分入渗、气体交换、土壤结构的形成与稳定、有机物的合成及异源生物的降解等。当土壤污染后，污染物可对土壤微生物产生不同影响。因此，微生物学参数可作为评定污染土壤修复效果的指标。目前，比较有效的利用微生物对污染土壤评定的方法有敏感细菌与耐性细菌相比较的评定法、土壤微生物熵评定法和微生物代谢熵评定法等。这些方法与早期的单种微生物评定法、微生物的总量评定法相比有了很大的进步。这些方法足够灵敏，同时也比较稳定，而且对于大多数的土壤类型和在不同的土壤条件下都可准确测定。

表 8-8　修复效果评定时经常使用的土壤分解动物

土壤动物	评定项目与应用范围
蚯蚓	应用于人工土壤和污染土壤的标准存活率和繁殖测试
	应用于人工土壤的环境毒理学研究
弹尾目昆虫	应用于人工土壤繁殖和存活率的标准毒理学方法
	应用于实验室和野外的各种研究
螨类昆虫	长生活周期，应用于多种研究
等脚类昆虫	应用于多种研究，非标准的，测量营养矿物质
线虫类昆虫	应用于研究土壤孔隙水，很难外推到野外情况
原生动物	应用于研究土壤孔隙水，很难外推到野外情况

污染土壤的修复标准一般是根据土壤修复后的再用目的确立不同的标准水平，相应的评价方法也应根据敏感程度的不同而与不同的土地再用目的相对应。植物毒性评定法由于方法简单、直观，是在对污染土壤评价中最早使用的方法之一，但是其对于低浓度污染土壤的敏感性较差。对于土地再用类型定为工商业用地等修复要求较低的土地类型，运用植物毒性评定法是比较合适的。当土地的再用类型定为居住用地和公园用地等时，运用土壤动物的亚致死量作为评价指标是比较合适的。在这三种方法中，土壤微生物评定法对土壤中污染物浓度的变化最敏感，当土地的再用类型定为农业用地时，运用土壤微生物评定和人体流行病学评定相结合的评定法是比较恰当的。

当前，污染土壤评定方法大多还局限于通过对土壤中单个污染物的残余量的评定，但是土壤中往往含有多种污染物，造成复合污染。复合污染不是传统概念上的单因子污染的简单相加，复合污染的生态效应不仅取决于化学污染物或污染元素本身的化学性质，更为重要的是还与污染物的浓度水平有关，同时还受到污染物的作用对象、作用部位及作用方式的影响，所以今后复合污染土壤修复效果的评定中，要着重通过对污染物浓度水平与污染物毒性效应的研究，以及不同污染物的浓度水平对复合污染中污染物的作用机制、分子机理、复合污染对种群和群落变化影响的研究，来对修复效果进行综合评定。另外，应结合污染土壤修复后再用目的、污染土壤修复技术发展水平、仪器检测水平和修复效果评定方法等，尽快建立起污染土壤的修复标准。

第五节　土壤资源保护

一、土壤资源清洁生产

（一）土壤资源清洁生产的概念

中国于1990年正式开始发展绿色食品，1992年11月中国绿色食品发展中心成立，由政府部门主持发展绿色食品在国际上是第一家，到现在经历了近30年时间，其间在中国不仅建立和推广了绿色食品生产和管理体系，还取得了积极成效，目前仍保持较快的发展势头。中国绿色食品发展中心现已在全国31个省、自治区、直辖市委托38个分支管理机构、定点委托绿色食品产地环境监测机构56个、绿色食品产品质量检测机构9个，从而形成了一个覆盖全国的绿色食品认证管理、技术服务和质量监督网络。

清洁生产：将整体预防的环境战略持续应用于生产过程、产品和服务中，以增加生态效率和减少人类及环境的风险。

土壤资源清洁生产：也称为土壤清洁生产，将整体预防的环境战略持续应用于农业土壤的生产过程、农业产品和服务中，以增加农业生态效率和减少人类及环境的风险。具体包含以下几个方面：①土壤的性状是优良的，无污染物；②农业生产中的大气、水等基本生产环境是清洁的，无污染源；③生产过程所用的生产资料是安全、无污染的；④产品的质量是安全的、优质的；⑤农业产品在储存、包装、运输、销售、加工等环节是清洁、无污染的。

（二）土壤清洁农产品生产的实现

1. 优化选择生产基地　　优化选择的原则：应选在农田空气清新、农灌水质纯净、农田土壤未受污染、农业生态环境良好的地区，尽量避开繁华城市、工业区和交通要道，优先选择农业生态环境相对良好的山区、沿海及边远的农村。

基地周围 5km 内无污染源，基地环境质量符合无公害农产品基地环境质量标准；基地应选择在作物的主产区、高产区和优异独特的生态区；基地土壤肥沃，旱涝保收。

2. 重视对土壤的要求　基地土壤元素背景值在正常范围内，周围无金属或非金属矿山，无农药残留；具有较高的土壤肥力；土壤 pH 在 6.5~8.5（石灰性土壤）或 6.0~7.0（非石灰性土壤），有机质含量大于 2.0%，速效磷为 20~60mg/kg，碱解氮大于 100mg/kg，速效钾大于 100mg/kg，阳离子代换量大于 13cmol（＋）/kg，容重为 1.0~1.25g/cm^3，土壤质地以壤土及粉砂质壤土为好。

3. 土壤清洁生产总的施肥要求　要实现土壤清洁生产，在施肥方面的总要求是施肥不影响环境、作物及人体健康，施肥过程中要保证有足够的有机质还回土壤，施肥要具有减少污染、保护环境、提高肥力的功能。这就要求施肥的原则是以有机肥为主，辅以其他肥料；以多元复合肥为主，单元素肥料为辅；以施基肥为主，追肥为辅；肥料种类符合要求，采用平衡施肥；尽量限制化肥的施用，如确实需要，可以有限度有选择地施用部分化肥。

对肥料的技术要求：①有机肥料，无论采用何种原料制作堆肥，必须经过 50℃ 以上 5~7d 发酵，以杀灭虫卵病菌、杂草种子，去除有害有机酸和有害气体，达到无害化处理；②沤肥和沼气肥，是厌氧条件发酵的产物，应符合卫生标准，密封储存期为 30d 以上，寄生虫卵消灭 95% 以上，无蝇蚊，残渣可作农肥；③微生物肥料，生产工艺必须达到微生物学的要求，要有较高的有效活菌数；④磷酸盐肥，有效磷≥12%，重金属含量低；⑤硫酸钾肥，氧化钾≥50%，重金属含量低。

4. 土壤清洁生产对灌溉水的要求　由于农业生产中一个重要的环节就是进行灌溉，灌溉水的质量对土壤清洁生产和农产品质量的影响非常重大，因此要实现土壤清洁农产品生产，就要严格控制灌溉水的质量，从灌溉水的氮磷、重金属、生物菌等的含量方面进行严格要求，杜绝污水灌溉，利用清洁的灌溉水源，保证土壤清洁生产的实现。

二、土壤资源保护的策略

土壤是一种可再生自然资源，是农业生产的基础，是生态系统的重要组成部分。实行土壤资源保护，主要从事三种活动：第一种是维持土壤资源生产力的活动；第二种是进一步开发提高土壤资源生产力的活动；第三种是治理土壤污染、保持土壤与生物平衡、促进人与土壤可持续发展的活动。

土壤资源保护可理解为：从可持续发展目标出发，合理利用土壤，防止土壤各种形式的退化和破坏，恢复受侵蚀、污染和能力衰竭土壤的生产力，采用目前已知的最好方法，并建立相应的利用和管理体制，将所有必要措施以最恰当的形式结合起来，以维持和提高土壤生产力，保持土壤内部及土壤与生态系统达成的平衡，使之持续而有效地生产充足、无污染的产品。也就是说，土壤资源保护是以改善土壤质量、保障农业生产与食物质量安全、环境安全、生态安全和人体健康为目标，采用各种措施并将其有效组合，以防止各种形式的土壤污染、土壤资源损失与退化等问题，并恢复或保持土壤的生产力，使土壤内部及土壤与生态系统保持平衡，并持续而有效地生产安全的农产品。

结合各地土壤资源特点，从"人-土-水-热-气-肥"等方面，形成一体化的土壤资源保护措施，建立"预防-控制-修复-监管"为一体的土壤资源保护体系，以"分区、分级、分类、分期"理念为指导，通过政府、公众和企业等保护主体，采用法律、政策、管理、监测和工程技术等保护措施和调控手段来保护土壤资源，从而实现人土和谐、地力常新、安全健康、持续利用。

（一）保护手段的系统化

土壤资源保护一方面需要技术措施，发展多种种植模式，采取相应的农业技术措施。例如，科学使用有机肥、秸秆还田、种植绿肥，加强水肥科学管理、施用石灰提高土壤 pH 等；搞好生态工程和农田水利建设，建立以水利工程、生物工程和农业技术相结合的水土综合治理模式；建立林业土壤生态保护技术规范，实施生态修复工程等。另一方面还必须针对当前土壤环境的突出问题，在政策、法规、标准、规划等方面做好顶层设计，加强土壤环境问题评估技术与防治管理技术研究，严格环境准入。针对"老污染"和"新污染"土壤分别建立不同的土壤监管制度，实行分区管理对策，拓宽土壤环境安全管理体系，将土壤管理全面纳入现行环境管理体系中。在完善土壤环境管理法规制度的基础上，健全土壤环境管理机构。因此，应加强基于"管理及政策 - 政府、企业、公众 - 技术工程"的土壤资源保护系统研究。通过制定并实施切实可行的政策措施，强制、规范、引导、约束、协调政府、企业、公众的观念和行为方式，尤其是加强运用环境经济手段协调解决环境和经济的矛盾，刺激企业、公众选择和实现最佳工程技术措施，以达到保护土壤资源的目的。

（二）保护主体的多样化

土壤资源保护涉及政府、环境管理机构及其他部门、非政府机构、公众等利益相关者。土壤资源保护除政府部门外，更需要全社会力量参与。鼓励和促进土壤环境保护的参与能力；充分发挥市场机制作用，广泛吸引全社会资金参与土壤资源保护；开展舆论宣传，吸引全社会公众自觉抵制土壤污染，保护土壤资源；加强法治建设和各部门之间的沟通、协调。同时推动这些利益相关者共同参与、协调合作，成立跨部门的专门机构，实行联合管理，实现土壤环境安全管理的多元化。

（三）保护过程环节的全面化

土壤污染在源头控制方面，要建立相应的法律制度和标准体系；加强工矿企业和农业生产过程的环境监管，强化城镇集中治污设施及周边土壤环境管理，同时发展清洁工艺，研究农药、肥料、污泥和农业废弃物的使用制度；实施土壤污染退化预防和修复制度，实施土壤修复经济生态补偿机制与制度。在工程阻断方面，即在污染物输送、扩散途径的每个环节，通过改变污染物在土壤中迁移转化的条件来消除污染物的危害，如改变物理条件、改变化学条件（使用土壤改良剂、增加土壤有机质、调节土壤还原状况等）。在末端修复方面，可以采取生物修复和工程修复相结合的方法。

（四）保护类型渠道的综合化

针对土壤不同污染类型渠道，采取有效控制措施，进行土壤资源保护。对耕地土壤数量损失的问题，要做好土地利用规划，加大土地执法力度，改造中低产田，充分开发利用滩涂等土地后备资源；进一步调整农业生产结构，改善土地生态环境，保护耕地的生态景观功能；推进新型城镇化建设步伐，促进土地集约利用，提高土地利用效率，加强土地开发整理复垦工作，稳定耕地和粮食播种面积，实施基本农田严格保护机制；强化投入技术、管理、信息和资金等，开发土壤潜力，培育土壤肥力，提高粮食综合生产能力。对水土流失和土壤酸化等所造成的土壤质量退化问题，要维持和恢复良性的农地生态系统，加大水土保持力度，对重点区域进行重点防控，并采取适合于土壤的耕作、轮作、灌水、施肥及土壤改良技术。对土壤污染尤其是土壤重金属污染问题，要控制污染源头和污染物的排放，实行城市污染防治和农村环境保护并重的政策，大力发展生态农业，加强规模化和标准化农产品示范基地建设，倡导增施有机肥，推广测土配方施肥，推广高效、经济、安全的农药，加速废弃农膜资源化利用等。

主要参考文献

艾合买提·那由甫，徐海量，李吉玫，等．2009．伊犁河流域林业生态建设基地淡灰钙土土壤特征研究．干旱区地理，29（6）：868-871

陈怀满．2010．环境土壤学．2版．北京：科学出版社

崔志祥，樊润威，李守阴，等．1990．内蒙古栗钙土的主要特性及其合理利用．干旱区资源与环境，4（3）：23-30

关连珠．2007．普通土壤学．北京：中国农业大学出版社

海春兴．陈健飞．2010．土壤地理学．北京：科学出版社

侯光炯．1992．土壤学（南方本）．2版．北京：中国农业出版社

胡宏祥，邹长明．2013．环境土壤学．合肥：合肥工业大学出版社

胡双熙，张维祥，张建明，等．1990．青甘宁地区灰钙土的成土特点．兰州大学学报（自然科学版），26（3）：128-136

环境保护部，国土资源部．2014．全国土壤污染状况调查公报

黄昌勇，徐建明．2010．土壤学．3版．北京：中国农业出版社

黄昌勇．2000．土壤学．北京：中国农业出版社

黄巧云．2017．土壤学．2版．北京：中国农业出版社

金国柱，马玉兰．2000．宁夏淡灰钙土的开发和利用．干旱区研究，17（3）：60-63

柯夫达ＢＡ．1981a．土壤学原理（上册）．陆宝树，周礼恺，吴珊眉，等译．北京：科学出版社

柯夫达ＢＡ．1981b．土壤学原理（下册）．陆宝树，周礼恺，吴珊眉，等译．北京：科学出版社

李德成，张甘霖，龚子同．2011．我国砂姜黑土土种的系统分类归属研究．土壤，43（4）：623-629

李少丛，万红友，王兴科，等．2015．河南省潮土主要分布区代表性土壤系统分类研究．土壤通报，46（2）：265-271

李天杰，赵烨，张科利，等．2004．土壤地理学．3版．北京：高等教育出版社

李卫东，王庆云．1993．砂姜黑土形态特征的观察．华中农业大学学报，12（3）：245-249

梁成华．2002．地质与地貌学．北京：中国农业出版社

林大仪．2006．土壤学．北京：中国林业出版社

林培．1994．区域土壤地理学（北方本）．北京：北京农业大学出版社

刘凡．2003．地质与地貌学（南方本）．北京：中国农业出版社

吕贻忠，李保国．2006．土壤学．北京：中国农业出版社

马丽，张民．1993．砂姜黑土的发生过程与成土特征．土壤通报，24（1）：1-4

尼尔·布雷迪，雷·韦尔．2019．土壤学与生活．李保国，徐建明译．北京：科学出版社

曲潇琳，龙怀玉，谢平，等．2018．宁夏中部地区典型灰钙土的发育特性及系统分类研究．土壤学报，55（1）：76-87

全国土壤普查办公室．1998．中国土壤．北京：中国农业出版社

沈其荣．2001．土壤肥料学通论．北京：高等教育出版社

石瑞香，杨小唤，张红旗，等．2012．伊犁谷地灰钙土和风沙土剖面特性及生态建设意义．资源科学，34

（1）：196-201

宋春青，邱维理，张振春．1996．地质学基础．北京：高等教育出版社

谭长银，吴龙华，骆永明，等．2009．典型潮土剖面主要性质和微量金属垂直分布特征．土壤学报，46（5）：818-824

汪安球．1962．内蒙荒漠草原棕钙土的形成及其特性．土壤学报，10（4）：342-354

王果．2009．土壤学．北京：高等教育出版社

王龙飞．2016．天然有机质与金属离子-纳米颗粒的相互作用及其对膜污染过程的影响．合肥：中国科学技术大学

王数，东野光亮．2003．地质学与地貌学．2版．北京：中国农业大学出版社

谢德体．2014．土壤学．3版．北京：中国农业出版社

谢德体．2015．长江经济带区域发展与土壤资源保护．中国科学院院刊，30：203-210

新疆维吾尔自治区农业厅，新疆维吾尔自治区土壤普查办公室．1996．新疆土壤．北京：科学出版社

熊顺贵．2001．基础土壤学．北京：中国农业大学出版社

熊毅，李庆逵．1987．中国土壤．北京：科学出版社

熊毅，李庆逵．1990．中国土壤．2版．北京：科学出版社

严健汉，詹重慈．1985．环境土壤学．上海：华中师范大学出版社．

于伟．2002．我国土壤资源保护问题研究．中国农村经济，（1）：67-71

张凤荣．2002．土壤地理学．北京：中国农业出版社

张之一．2005．关于黑土分类和分布问题的探讨．黑龙江八一农垦大学学报，17（1）：5-8

张祖陆．2012．地质与地貌学．北京：科学出版社

赵其国，骆永明，腾应．2009．中国土壤保护宏观战略思考．土壤学报，46（6）：1140-1145

赵其国，万红友．2004．中国土壤科学发展的理论与实践．生态环境，12（1）：1-5

赵松乔．1985．中国干旱地区自然地理．北京：科学出版社

中国科学院《中国自然地理》编辑委员会．1981．中国自然地理（土壤地理）．北京：科学出版社

中国科学院新疆综合考察队，中国科学院土壤研究所．1965．新疆土壤地理．北京：科学出版社

中国林业科学研究院林业研究所．1986．中国森林土壤．北京：科学出版社

朱祖祥．1983．土壤学（上册）．北京：中国农业出版社

Felsot A S, Bhatti M A, Mink G I, et al. 1996. Biomonitoring with sentinel plants to assess exposure of nontarget crops to atmospheric deposition of herbicide residues. Environmental Toxicology and Chemistry, 15: 452-459

Lee Y Z, Suzuki S, Kawada T, et al. 1998. Content of cadmium in carrots compared with rice in Japan. Bulletin of Environmental Contamination and Toxicology, 63 (6): 711-719

Weil R R, Brady N C. 2017. The Nature and Properties of Soils (15th Edition). New York: Pearson Education

附　　录

一、土壤样品的采集与制备

（一）土壤样品的采集

根据研究目的不同，土壤样品一般有混合样品、剖面样品，以及为了某些研究所采集的其他类型的样品等。

1. 混合样品的采集　　为了研究耕作土壤的肥力情况，一般要采集耕作层多点混合样品。

（1）采样时间　　分析土壤为制订种植和施肥方案提供依据，要在施肥耕作之前的空白地里采样；为了研究植物生长期内，土壤供应养分的情况，应在植物一定生长发育阶段采样。

（2）一个混合样品代表的面积　　试验田，一个小区采一个混合样品；大田，则根据地形、土壤类型和作物布局等情况来确定，一般一个混合样品可以代表的面积为数亩至 10 亩。

（3）采样点数目与分布　　采样点数目需根据土地面积和土壤肥力差异大小来确定，面积愈大，土壤差异愈大，采样点应该愈多，一般应由 5～10 个或多至 20 个点组成一个混合样品。为了保证样品的代表性，必须正确布置采样点，根据田块形状有下列三种采样法。

1）对角线采样法：面积较小、接近方形、地势平坦、肥力较均匀的田块可用此法（附图 1A），取样点不少于 5 个。

2）棋盘式采样法：面积中等、形状方整、地势较平坦，而肥力不均匀的田块宜用此法（附图 1B），取样点不少于 10 个。

3）蛇形采样法：适用于面积较大、地势不太平坦、肥力不均匀的田块（附图 1C）。按此法采样，在田间是曲折前进来分布样点的，至于曲折的次数则依田块的长度、样点密度而有变化，一般在 3～7 次。注意：绝不能在田边、地角、路旁、沟边、肥堆底和庄稼根等特殊部位采样。

A 对角线采样法　　　　B 棋盘式采样法　　　　C 蛇形采样法

附图 1　三种采样法

（4）采样深度　　一般只需采取耕作层的土壤，对于种植深根作物的田地，也可以适当加深采样深度，或在耕层以下再采一定深度的土壤单独作为一个分析样品。

（5）采样方法　　在选定的采样点位置，先挖一个等于采样深度的三角小坑，将其中一个面铲平，然后从上到下铲下均匀的一薄片作为该点的土样（附图 2）。如果在作物生长期间，或采样较多，不便挖坑取样时，也可用土钻采样。注意：各点取土的方式和数量必须大致相同。一个混合样品的各点取完后，将土样放在一起，混合均匀，顺便将大土块捏碎，并捡去大的植物和其他杂质。

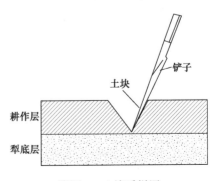

附图 2　土壤采样图

（6）样品质量 一般一个混合样品 1kg 左右便可，若样品数量太多，充分混匀后按"四分法"舍去（附图3）。将保留的土样附上标签两份，注明田块和样品编号、土壤名称、种植情况、采样深度、采样人和采样日期等，带回室内。并在记录本记载有关的情况，如采土地点的地形、水利排灌系统、耕作施肥、土地利用、作物生长和产量等情况。

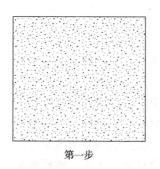 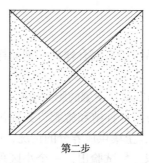 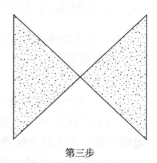

第一步　　　　　　　　　　第二步　　　　　　　　　　第三步

附图3　四分法取样步骤图

此外，为了某些具体的研究工作，还有一些特殊的采样方法。例如，为了进行土壤和作物营养诊断，或研究植物生理性病害等问题，要在植物主根附近，选择 3～5 个点，采集根际混合样品；研究盐分在土壤剖面中的分布和变化规律，可以分别采集盐结皮、耕层和耕层下 10cm 的土样。

2. 剖面样品的采集

（1）比样标本 也称纸盒标本，供室内比土分类和陈列之用，采集的方法是按划分层次，在每个土层中心部位切取原状土壤一小块；其大小恰能装入纸盒小格内，以保持原有形态，采集的顺序是由下而上，采好后，在盒盖上用铅笔注明剖面编号、地点、土壤名称、各层次深度、采集人与采集时间，在内盒上也注明剖面编号，在携带及使用这种标本时，要注意轻拿轻放，不能侧放或倒置，以免弄乱土壤层次。

（2）分析样品 为了系统地研究土壤发生分类和土壤肥力特征，需要采集分析样品，带回室内进行常规理化分析，采集分析样品时应注意以下几点。

1）根据划分土层由下向上逐层采集，应在各层的中间部分采取，而不应在两土层过渡处采样，但耕作层必须全层均匀取样。

2）采集量依测定项目而定，一般每层采土 1kg。

3）样品分层放入布袋或塑料袋内，用铅笔写好标签，其内容同纸盒标本，标签一式两份，一份放入袋内，一份扎于袋口上，最后将同一剖面的各土样袋扎在一起。

4）土样样品室内处理。样品带回室内后，应及时风干，防止发霉。风干时，放在通风无污染处；风干后，碾碎、过滤，写好标签，放入样品袋或样品瓶中备用。

（3）整段标本 即原状剖面标本，可供教学、科研、陈列等之用，采集前先准备好木盒，木盒内径长为 100cm、宽 20cm、厚 5cm。

采集时，先将空木盒盖拧开，把木框贴附在预先准备好的垂直剖面壁上，沿木框内边用小刀刻出要采取的整段标本的轮廓，然后离内壁划线 3～4cm 远处开始用铲挖小沟，沟逐渐加深并逐渐修饰靠近轮廓，最后切出一个比整段标本的厚度厚一些的土柱，精细地修切土柱使其大小适合于木框，然后把土柱正面及与它垂直的四个侧面切平（附图4），为了做到这点，当在必要的地方切去或削去土壤时，必须屡次将木框贴附在坑上比试，并注意木框贴附时的状态应始终一样（为此要在木框侧面做好记号），使整段标本符合于木框的工作，应在切出下面标本壁之前做好，因为当下面标本壁切开之后，在整段标本上再进行操作，易引起标本崩塌。

　　在套进木框前应再一次检查整段标本是否过大，如正适合，即很快地将木框套在标本上，木框套上后不能再取下，否则会使标本受损破坏，造成返工。然后在木框底部用土垫紧，削去多余的土壤而使标本与木框一样齐，将盖子用螺丝钉拧上（在上盖之前最好在土壤与盖子之间放一张纸）。

　　为了使整段标本顺利地离开剖面，在套上木框后首先应从标本两侧各向里切割到一定程度，切取标本时最好有四个人同时工作，各人的任务是，一人站在上面用铲子很快地从上往下切，一直切到标本的底部；另两人分别站在标本两侧，沿侧面用铲子插入标本下部处（该处是事先向里切割好的地方），当站在上面的人用铲子从上往下切时，此二人即从侧面向里切进；第四个人站在标本前面，随着从上而下切取的速度顺势使整段标本离开剖面，倒向自己，如人员不够，标本两侧的两个人可省去。

　　切取下来的整段标本应抬到上面来，用剖面刀切去多余土壤，然后用一张纸把标本盖住，再把第二个盖子拧在木框上，在木框和盖子上写好土壤名称与采集地点。

　　搬运长距离时，要用绳仔细捆牢。

附图 4　整段标本采样示意图

（二）土壤样品的制备

　　从野外采来的土壤样品，一般比较潮湿，含有一些杂质，土粒大都团聚成土块。除了某些项目（如土壤田间含水率、铵态氮、硝态氮和还原性物质等）的测定要用新采来的土样，不需要特别处理外，一般必须经过风干、去杂、磨碎、过筛制备过程，才符合分析样品的要求。

　　1. 风干　　将采来的土样带到通风、干净、无特殊污染条件的室内，放在干净的纸上，摊成薄层，顺手拣去杂质，并将大土块捏碎，置于干燥、阴凉、通风处风干。为了加速干燥，应经常翻动，捏碎，但切忌阳光直接曝晒。

　　2. 样品处理

　　（1）称量　　在台秤上称风干样品总量。

　　（2）去杂　　将称重后的土样倒在干净的瓷盘内或纸上，用镊子挑出其中的石砾（直径大于 2mm 的颗粒）、新生体（砂姜、铁锰结核等）、侵入体（砖、瓦、陶片、煤渣、玻璃等）、昆虫、植物根，分别放入表面皿中。

（3）碾碎与过筛　把土样倒在干净的磨土盘中，用磨土棒碾碎，使其全部通过 10 号筛（孔径 2mm）。

注意：要全部通过筛孔，而石砾结核等不能碾碎过筛，应分出并入杂质部分。

将通过 10 号筛的土样充分混匀，用镊子挑净细根弃去，按"四分法"分成二等份，一份装入广口瓶中，贴上标签，放在避光干燥无污染处保存，供测定土壤机械组成、pH、吸收代换性能和速效养分含量用。

分析土壤有机质、全氮含量用的样品，必须进一步处理。即将另外一半已通过 10 号筛的土样，再通过 60 号筛（孔径 0.25mm），不能通过的部分，放在研钵中研磨，使之全部通过。然后充分混匀、装瓶、贴上标签，保存备用。

若测定土壤全磷、全钾及其他矿物质含量，尚需将通过 60 号筛的土样再加处理，使之通过 100 号筛（孔径 0.149mm）或 140 号筛（孔径 0.105mm），不能通过的部分要用玛瑙研钵研磨使之通过。标准筛孔对照表见附表 1。

附表 1　标准筛孔对照表

筛号	筛孔直径 /mm	筛号	筛孔直径 /mm
2.5	8.00	35	0.50
3	6.72	40	0.42
3.5	5.66	45	0.35
4	4.76	50	0.30
5	4.00	60	0.25
6	3.36	70	0.21
7	2.83	80	0.177
8	2.38	100	0.149
10	2.00	120	0.125
12	1.68	140	0.105
14	1.41	170	0.088
16	1.18	200	0.074
18	1.00	230	0.062
20	0.84	270	0.053
25	0.71	325	0.044
30	0.59		

3. 杂质称量　将挑拣出来的杂质分别进行称量（如果有些杂质很少，可以并在一起称量，统称为杂质量），并分别计算各种杂质占风干土的质量百分数，石砾部分以后还当计入土壤机械组成的测定结果。

二、土壤形态要素的观察

（一）土壤颜色

土壤颜色可以反映土壤的矿物组成和有机质的含量。很多主要土类就是以土壤颜色来命名的。

1. 基本色

（1）黑色　　构成黑色的土壤成分主要是腐殖质、碳、氧化锰、磁铁矿、硫化铁等物质。

（2）白色　　构成白色的土壤成分主要是高岭石、氧化铝、碳酸钙、石膏、无定形二氧化硅、易溶性盐类（如氯化钠、硫酸钠）等。

（3）红色　　构成红色的土壤成分主要是水化度较低的氧化铁胶体，包括赤铁矿和其他水化度较低的氧化铁等。

（4）青色　　构成青色的土壤物质主要是还原性铁的化合物。

（5）黄色　　主要是水化度较高的氧化铁，如褐铁矿等。

2. 过渡色

1）黑与白之间：由暗灰色 - 灰 - 淡灰 - 灰白 - 白。

2）黑与红之间：由暗栗色 - 栗 - 褐 - 褐红 - 红。

3）红与白之间：由橙 - 黄 - 浅黄 - 白。

4）黑与黄之间：由暗棕 - 棕 - 棕黄 - 黄棕 - 黄。

5）黑与青之间：由青灰 - 灰青 - 青。

6）青与红之间：由紫青 - 紫 - 紫红 - 红。

7）青与黄之间：有黄绿色等。

8）棕与灰之间：有棕灰与灰棕等。

3. 颜色定名

（1）定性描述

1）单色定名：如红、黄、黑等。

2）复名定名：如黄棕、棕黄等，其中主色在后，次色在前。

3）色的深浅：一般颜色分别用深、浅两字冠于色名之前表示其颜色浓淡。在黑与白之间的过渡色，常以暗与淡分别表示其深浅。

（2）比色卡定名　　鉴别土壤颜色可用芒塞尔比色卡进行对比确定土色，该比色卡的颜色命名是根据色调、亮度、彩度三种属性的指标来表示的。色调即土壤呈现的颜色；亮度指土壤颜色的相对亮度，把绝对黑定为 0，绝对白定为 10，由 0 到 10 逐渐变亮；彩度指颜色的浓淡程度。例如，5YR4/6 表示：色调为亮红棕色，亮度为 4，彩度为 6。

使用比色卡时注意以下几点。

1）比色时光线要明亮，在野外不要在阳光直射下比色，室内最好靠近窗口比色。

2）土块应是新鲜的断面，表面要平。

3）土壤颜色不一致，则几种颜色都描述。

4. 影响颜色的因素

1）湿度：湿润时一般较深，干时较浅，故野外定色时须指出土体的干湿状况，最后土壤颜色应以干燥的土壤自然裂面的颜色为准，所以野外观察后，室内仍必须核对。

2）物理状况：固结情况下，颜色较深，而粉碎状况下，颜色变浅，故以观察土壤的自然裂面或保存其结构时进行观察较为准确。

3）光线强弱：以白天斜视光下观察较准确。

4）水稻土与沼泽土的青灰色斑点很容易褪去，在这种情况下应以野外描述的颜色为据。

（二）土壤湿度

通过土壤湿度的观察，能部分看出土壤墒情这个主要肥力特征，可分为干、润、湿润、潮润、湿五级。

  1）干：土壤放在手中不感到凉意，吹之尘土飞扬。

  2）润：土壤放在手中有凉意，吹之无尘土飞扬。

  3）湿润：土壤放在手中有明显的湿的感觉。

  4）潮润：土壤放在手中，使手湿润，并能捏成土团，捏不出水，捏泥黏手。

  5）湿：土壤水分过饱和，用手挤土壤时，有水分流出。

（三）土壤质地

  土壤中各种粒径土粒的组合比例关系称为土壤的机械组成，土壤根据其机械组成的近似性，划分为若干类别，这就称为质地类别，土壤质地对土壤分类和土壤肥力分级有重要意义。

  在野外鉴定土壤质地常用简单的指感法（附表2）。

  如果土壤中砾质含量较多，则要考虑砾质含量来进行土壤质地分类，砾质含量的分级标准如附表3所示，是以石质大于2mm直径砾石的含量进行分级。

附表2　土壤质地指感法鉴定标准

编号	质地名称		土壤状态	干捻感觉	能否湿搓成球（直径1cm）	湿搓成条状况（2mm粗）
	国际制	苏联制				
1	砂土	砂土	松散的单粒状	捻之有沙沙声	不能成球	不能成条
2	砂质壤土	砂壤土	不稳固的土块轻压即碎	有砂的感觉	可成球，轻压即碎，无可塑性	勉强成断续的短条，一碰即断
3	壤土	轻壤土	土块轻搓即碎	有砂质感觉，绝无沙沙声	可成球，压扁时边缘有多而大的裂缝	可成条，提起即断
4	粉砂壤土	中壤土	有轻度云母	有面粉的感觉	可成球，压扁边缘有大裂缝	可成条，弯成直径2cm的环时即断
5	黏壤土	中壤土	干时结块，湿时略黏	干土块较难捻碎	湿球压扁边缘有小裂缝	细土条弯成的环外缘有细裂缝
6	壤黏土	重壤土	干时结大块，湿时黏韧	土块硬，很难捻碎	湿球压扁边缘有细散裂缝	细土条弯成的圆环外缘无裂缝，压扁后有裂缝
7	黏土	黏土	干土块放在水中吸水很慢，湿时有滑腻感	土块坚硬，捻不碎，用锤击也难粉碎	湿球压扁的边缘无裂缝	压扁的细土条环边缘无裂缝

附表3　砾质含量的分级标准

砾质定级	砾质程度	面积比例/%
非砾质性	极少砾质	<5
微砾质性	少量砾质	5～10
中砾质性	多量砾质	10～40
多砾质性	极多砾质	>40

（四）土壤结构

  土壤结构是指在自然状态下，经外力分开，沿自然开裂隙散碎成不同形状和大小的单位个体。

  土壤结构大多按几何形状来划分，目前采用的结构分类标准见附表4。

附表4　土壤结构体的形状和大小

形状	大小 /mm					说明
	A 极小（薄）	B 小（薄）	C 中	D 大（厚）	E 很大（厚）	
1. 片状	<1	1~2	2~5	5~10	>10	表面平滑
2. 鳞片状	<1	1~2	2~5			表面弯曲
3. 棱柱状	<10	10~20	20~50	50~100	>100	边角明显无圆头
4. 柱状	<10	10~20	20~50	50~100	>100	边角较明显有圆头
5. 棱块状	<5	5~10	10~20	20~50	>50	边角明显多面体状
6. 团块状	<5	5~10	10~20	20~50	>50	边角浑圆
7. 核状	1	1~2	2~5	5~10		边角尖锋、紧实、少孔
8. 粒状	1	1~2	2~5	5~10		浑圆少孔
9. 团粒状	1	1~2	2~5	5~10	>10	浑圆多孔
10. 屑粒状	1	1~2	2~5	5~10		多种细小颗粒混杂体

注：片状、柱状结构体，以短轴长度计；块状、粒状结构体，以最大长度计

（五）土壤松紧度

又称坚实度，土壤坚实度是指每单位压力所产生的土壤容积压缩程度，或每单位容积压缩所需要的压力，单位为 kg/cm^3。

测定土壤坚实度可使用土壤坚实度计，其使用方法如下。

1）首先判断土壤的坚实状况，选用适当粗细的弹簧与探头的类型。

2）工作前，弹簧未受压前，套筒上游标的指示线，如为 kg（千克）时应指于零点，如深度为 cm（厘米）时，应指于5（厘米）处。

3）工作时，仪器应垂直于土面（或壁面），将探头掀入土中，至挡板接触到土面时即可从游标指示线上获得读数，即探头的入土深度（cm）和探头体积所承受的压力（kg）。

4）根据探头入土深度、探头的类型、弹簧的粗细再查阅有关土壤坚实度换标表，即得土壤坚实度的数值（kg/cm^3）。

5）每次测定完毕后，必须将游标推回原处，以便重复测定，但必须注意防止游标产生微小滑动，以免造成测定误差。

6）工作结束后，坚实度计必须擦刷干净，防止仪器生锈，以保证仪器测定的精度。

如果没有土壤坚实度计，可按下列标准加以描述（附表5）。

附表5　土壤坚实度参考标准

等级	刀入土难易程度	土钻入土难易程度
1. 极松	自行入土	土钻自行入土
2. 松	可插入土中较深处	稍加压力能入土
3. 散	刀铲掘土、土团即分散	加压力能顺利入土，但拔起时不能或很难带取土壤
4. 紧	刀铲入土中费力	土钻不易入土
5. 极紧	刀铲很难入土	需要用大力才能入土且速度很慢，取出也不易，取出的土带有光滑的外表

（六）孔隙

指土壤结构体内部或土壤单粒之间的空隙。可根据土体中孔隙大小及多少表示（附表 6）。

附表 6 土壤孔隙分级标准

孔隙分级	细小孔隙	小孔隙	海绵状孔隙	蜂窝状孔隙	网眼状孔隙
孔径 /mm	<1	1~3	3~5	5~10	>10

（七）植物根系

描述标准可分为四级（附表 7）。

附表 7 植物根系描述标准

描述	没有根系	少量根系	中量根系	大量根系
标准（根系数） （每 1cm² 面积中）	0	1~4	5~10	>10

（八）土壤新生体

新生体是成土过程中物质经过移动聚积而产生的具有某种形态或特征的化合物体，常见的新生体有下列几种。

1. 石灰质新生体　　以碳酸钙为主，形状多种多样，有假菌丝体、石灰结核、眼状石灰斑、砂姜等，用盐酸试之起泡沫反应。

2. 盐结皮，盐霜　　由可溶性盐类聚积地表，形成白色盐结皮或盐霜，主要出现在盐渍化土壤上。

3. 铁锰淀积物　　由铁锰化合物经还原、移动聚积而成的不同形态的新生体，如锈斑、锈纹、铁锰结核、铁管、铁磐、铁锰胶膜。

4. 硅酸粉末　　在白浆土及黑土下层的核块状结构表面有薄层星散的白色粉末，主要是无定形硅酸。

新生体的主要外形有下列几种。

1）胶膜物质：包括腐殖质、氧化锰、氧化铁的有机、无机化合物及有机 - 无机复合体，呈膜状、点状、线状、纹状、斑状等。

2）管状、球粒状、多角形等。

3）磐层状胶结物：常混合有泥沙。

（九）侵入体

例如，砖块、石块、骨骼、煤块等，是土壤的外来物，非成土过程的产物。

（十）石灰反应

含有碳酸钙的土壤，用 10% 盐酸滴在土上就产生泡沫，称为石灰反应，根据泡沫产生的强弱记载石灰反应程度（附表 8）。

附表 8 石灰反应等级的划分

等级	现象	记法
无石灰反应		−
弱石灰反应	盐酸滴在土上徐徐发泡	+
中度石灰反应	明显发泡	+ +
强石灰反应	强烈发泡	+ + +

（十一）pH 的简易测定

可用广范 pH 试纸或 pH 混合指示剂（配方后），取黄豆大粒碾散。放在白瓷板上，滴入指示剂 5～8 滴，数分钟后使土壤浸出液滴入瓷板上另一小孔，用比色卡比色。

（十二）Fe^{2+} 反应

在潜育化土层中有亚铁化合物的蓝灰色或蓝绿色斑块，可取少量土壤置于白瓷板上，滴入盐酸 3～5 滴，然后滴入 1.5% $K_3[Fe(CN)_6]$ 液，数分钟后呈灰绿色，表示土壤中存在亚铁化合物，记录为"＋"，无亚铁反应记为"－"。

三、土壤剖面的观察

（一）剖面地点的选择与挖掘

土壤剖面地点应该选择在有代表性的地方，要避免特殊场所，如路旁、渠边、粪堆或人工新翻动的地块。位置选好后，最好先用土钻打一个钻孔，了解无特殊情况后方可正式挖掘，为了便于观察，自然土壤土坑一般要求剖面长 2m，宽 1m，深 1～1.5m。山丘土层较浅处挖到母岩层，地下水位较高处挖到地下水位即可。挖掘剖面时应注意以下几点。

1）剖面观察面要垂直向阳，比阳光照射角度提前约 30°。

2）挖出的表土与底土要分别堆在土坑两侧。

3）观察面上不要堆土和走动。

4）在垄作田，剖面要垂直于垄作方向，使观察面能显示垄背垄沟的不同表层情况。

挖剖面时，还要防止或减少损害作物，待剖面观察采样后要分层填平踏实。

自然剖面可利用涵坡、路旁工地的自然断面，选择比较紧实的部位，稍加整修后即可进行观察。

（二）剖面观察与记载

土坑挖成后，用土铲将观察面向下垂直铲平。然后在观察面一侧用剖面刀于壁上轻轻击落表面上的土块，将观察面修成毛面，使土层显露出原有构造，另一侧保留已铲平的观察面，供划分土层用。

观察剖面时，一定要先在稍远处看，这样容易看得清全剖面的土层组合概况，然后走近仔细观察，根据剖面的颜色、质地、结构、紧实度等变化，参考环境因素，推断土壤发育过程，具体地划分层次，量出各层深度（厘米），并逐项观察记载（附表 11～附表 13）。

土壤剖面描述：土壤剖面描述是土壤调查制图，以及研究土壤基本性质、土壤发生和土壤分类的基础。近年来，我国土壤剖面描述正逐渐转向定量化。统一和完善土壤调查中的剖面描述、记载方法，并使之标准化、数量化是一项急需解决的基础工作。

土壤性质与剖面所在地的成土条件十分密切。对土壤形成条件、土层形态进行系统的描述与记载，是研究土壤性质、进行土壤评比和评价的重要依据。具体记载时，要求根据不同目的突出重点的原则，进行选择描述，并记载在土壤调查记载表和土壤剖面形态记载表中。填写内容除部分项目填写数字和文字简述外，均按分级标准以代码填入。例如，地貌项的大、中地形为"低丘"，则写为"Bc"。当描述对象需多级标准描述时，用"＋"将其组合，如表土层结构既有团块状结构又有屑粒状结构，则写为"F＋J"。

1. 剖面所在地的环境条件记载

（1）剖面编号

（2）采样地点　　写明省、市、县和剖面所在地的乡村方位、距离及重要地物，如小型永久建筑、道路等。

（3）调查日期　　年、月、日。

（4）调查者工作单位、姓名

（5）土壤名称　　分别写出中国土壤分类系统名称和当地土壤名称，参照附表11。

（6）天气情况　　晴、阴、雨、雨后。

（7）经纬度

（8）海拔（m）

（9）地貌类型

1）大、中地形。A山地：a高山；b中山；c低山；d岗地；e洪积扇。B丘陵：a高丘；b中丘；c低丘；d洪积扇。C平原：a冲积平原；b湖积平原；c海岸平原；d三角洲；e河漫滩。D高原。E其他：a火山；b沙丘地；c台地；d沼泽地等。

2）小地形：A山（丘脊）；B坡地；C谷地；D河间地；E阶地；F古河道；G老河堤；H河漫滩；I洼地；J沙丘等。

（10）地形部位

1）A山地丘陵：a顶部；b上坡；c中坡；d下坡；e谷坡；f谷底；g鞍部。

2）B阶地：aⅠ级阶地；bⅡ级阶地；cⅢ级阶地等。

3）C其他：a上部；b中部；c下部。

（11）坡型　　A直形坡；B凸坡；C凹坡；D复式坡。

（12）坡向　　E（东）、SE（东南）、S（南）、SW（西南）、W（西）、NW（西北）、N（北）、NE（东北）。

（13）坡度

1）A平坡：小于3°，一般不必采用水土保持措施。

2）B微坡：3°～7°，利用等高种植即可取得水土保持效果。

3）C缓坡：7°～15°，必须采用坡式梯田或宽垄梯田方可取得水土保持效果。

4）D中坡：15°～25°，必须采用水平梯田方可取得水土保持效果。

5）E陡坡：25°～35°，不宜农用，宜退耕还林还牧。

6）F极陡坡：大于35°，不宜农用，宜发展林业，预防土壤侵蚀发生。

（14）地表状态　　A裸岩；B裸土；C角砾岩屑；D巨砂；E砂砾；F砂；G沟纹；H龟裂；I结壳；J草坡滑块；K草毡斑驳；L草被形成草毡；M冰川雪被；N冰碛丘阜；O石环多边形等。

（15）基岩露头　　A 0%，耕作无影响；B 0%～5%，稍有影响；C 5%～10%，对大农具有影响；D 10%～30%，影响严重；E 30%～70%，不宜耕作；F大于70%，不能利用。

（16）地表石砾

1）大小（直径）：A小，小于7.5cm；B中，7.5～25cm；C大，大于25cm。

2）丰度：划分6级，同基岩露头。

（17）母质　　A残积风化物；B坡积物；C洪积物；D冲积物；E湖积物；F海积物；G红色黏土；H黄土；I风沙；J冰碛物；K崩积物；L泥炭物；M人工堆垫物；N火山喷发物；O其他母质等。

（18）岩石类型

1）A酸性岩类：a花岗岩；b片麻岩；c流纹岩等。

2）B 中性岩类：a 闪长岩；b 正长岩；c 安山岩；d 粗面岩等。

3）C 基性岩类：a 玄武岩；b 辉长岩；c 辉绿岩；d 橄榄岩等。

4）D 石英岩类：a 砂岩；b 砾岩；c 石英岩等。

5）E 泥质岩类：a 页岩；b 片岩；c 千枚岩；d 板岩等。

6）F 碳酸岩类：a 石灰岩；b 泥灰岩；c 硅灰岩；d 大理岩等。

7）G 紫红岩类：a 紫红页岩；b 紫红砂岩；c 紫红砾岩等。

8）H 火山岩类：a 火山碎屑岩；b 泥灰岩等。

（19）排水状况

1）A 排水稍过量：排水迅速，吸持力差。

2）B 排水良好：水分易从土壤中流走，但流动不快，雨后或灌溉后，土壤中能保蓄相当多的水分以供植物生长。

3）C 排水中等：水分在土壤中移动缓慢，剖面大部分土体潮湿期不足半年。

4）D 排水不畅：水分在土壤中移动缓慢，剖面大部分土体潮湿期大于半年，但不足一年。

5）E 排水极差：水分在土壤中移动极为缓慢，一年中有一半以上的时期，地表或近地表的土壤潮湿，有时地下水可上升至地表。

（20）潜水水位与水质

1）深度：A 小于 0.5m；B 0.5～1.0m；C 1.0～3.0m；D 3.0～6.0m；E 大于 6.0m。

2）水质。A 淡水：能用于灌溉。B 稍咸水：可用淡水稀释灌溉。C 咸水：一般不宜用于灌溉。D 极咸水：不能用于灌溉。

（21）侵蚀状况

1）A 水蚀：以降水为侵蚀力，与坡度关系较大，并随着坡度的增加而变剧烈。侵蚀形态：a 片蚀；b 细沟侵蚀；c 浅沟侵蚀；d 切沟侵蚀。

2）B 重力侵蚀：是在重力和水的综合作用下发生土体下坠或位移的侵蚀现象。包括：a 崩塌；b 滑坡；c 崩岗；d 泻溜。

3）C 风蚀：在降水量少的干旱、半干旱地区表现明显，与植被关系很大。分为：a 轻度：表层受到侵蚀，并有轻微风积现象，大田作物能正常生长，仅苗期偶遭轻微危害。b 中度：地表有明显风蚀和风积，因侵蚀而失去 A 层厚度小于 50%，春季或常年对作物危害较大。c 强度：因侵蚀而失去 A 层厚度大于 50%，地表呈明显的风蚀槽与沙丘，一般作物难以生长。d 剧烈：因强烈风力侵蚀几乎失去全部表土层，地表多为砂砾面所覆盖。

（22）地表盐化情况

1）A 轻度：对盐反应敏感的植物生长受到影响，缺苗 2～3 成（饱和提取液电导率为 0.4～0.8S/m）。

2）B 中度：绝大多数植物生长受到影响，缺苗 3～5 成（饱和提取液电导率为 0.8～1.5S/m）。

3）C 强度：仅极少耐盐植物能够生长，缺苗 5 成以上（饱和提取液电导率大于 1.5S/m）。

（23）地表盐碱斑情况

1）A 轻度：盐碱斑面积占地面 10% 以下。

2）B 中度：盐碱斑面积占地面 10%～30%。

3）C 强度：盐碱斑面积占地面 30% 以上。

（24）植被类型及土地利用改良现状

1）植被类型。A 无植被。B 森林：a 稀疏矮林；b 针叶林；c 针阔叶混交林；d 落叶阔叶林；e 常绿阔叶林；f 季雨林；g 雨林。C 草原：a 荒漠草原；b 干草原；c 稀树草原；d 森林草原。D 灌木：a 常绿灌木；b 落叶灌木；c 旱生灌木；d 沼泽灌丛。E 草甸：a 灌丛草甸；b 沼泽草甸；c 草甸。F 苔原。G 荒漠。H 旱作（种类）。I 水作（种类）J 果树。K 茶。L 桑树。M 橡胶树。N 蔬菜。O 牧草等。

2）组成：主要成分和伴生成分，如 Be+Da。

3）覆盖度：覆盖面积（%）。

4）长势：A 茂盛；B 良好；C 稀疏；D 缺苗断垄。

5）年平均产量。A 作物：种类，产量。B 牧草：产量。C 林木：产量。

2. 土层描述

1）土层符号指用大写字母来表示具有发生含义的主要层次。

O 层：已分解的或半分解的枯枝落叶粗有机物质为主的土层。

K 层：矿质结壳层，位于 A 层以上。

A 层：位于地表或 O 层之下的矿质发生层。它具有下列条件之一：聚集有与矿质组分充分混合的腐殖化有机质，且 B 层和 E 层性质不明显；具有因耕作、放牧或类似的扰动作用而形成的土壤性质。

E 层：硅酸盐黏粒、石英、其他抗风化矿物砂粒或粉粒相对富集的矿质发生层，呈蓝灰色泽。

B 层：位于 O 层、A 层、E 层之下的发生层，完全或几乎完全丧失岩石构造，并具有下列一个或一个以上的特征：聚集有硅酸盐黏粒、铁、铝、腐殖质、碳酸盐、石膏或二氧化硅；碳酸盐的淋失；残积三氧化物、二氧化物的富集；有大量三氧化物和二氧化物的胶膜，使该层具有较低的亮度、较高的彩度和较红的色调；具有粒状、块状或棱柱状结构。

G 层：潜育层，指长期被水饱和并在有机质存在的条件下，铁、锰还原或聚集而成的强还原土层。

C 层：母质层，无明显上述层次发育。

R 层：基岩。

2）土层附加符号，以小写字母表示，作为大写字母的后缀，用以说明土层特性。

a：高分解有机质，搓后纤维含量不足土壤物质体积的 1/6，不包括其他粗碎屑物及矿质层。

b：矿质土壤中被埋藏的矿质土层，如 B_{tb}。

e：半分解有机质，搓后纤维含量占土壤的体积介于低分解有机质与高分解有机质之间，不包括其他粗碎屑物及矿质层。

f：有冰凌的永冻层（不包括"干冰层"）。

g：因氧化还原交替而形成的锈纹或潜育斑，如 B_g、B_{tg}、C_g。

h：有机质在矿质层中的聚积，如 A_h、B_h。

i：低分解有机质，搓后纤维含量占土壤体积的 3/4 或更多一点，不包括其他粗碎屑物及矿质层。

k：碳酸钙聚积，形成假菌丝状、白色眼球斑状积钙现象，甚至为明显钙积层。

m：二强度胶结的土层，根系只能从坚硬的土块间隙中穿过，如 C_{km}。

n：交换性钠的聚积，如 B_{tn}。

p：受耕作影响的土层，p_1 耕作层；p_2 型底层。

q：硅作硅粉状淀积而聚积，如 C_{qm}。

s：有斑纹、胶膜和结核等铁锰新生体聚集，如 B_s。必要时可进一步可分为 s_1 铁淀积层；s_2 锰淀积层。

t：黏粒淀积层。

u：人为堆积层和灌淤层。

v：网纹，指红（黄）白相间、富含铁、干时极硬的网纹。

w：就地风化，有次生黏粒形成，游离氧化铁释放，粒状、块状或棱状结构发育，如 B_w。

x：脆磐特征，容重高，有脆性，如 B_{tx}。

y：石膏聚积，如 C_y。

z：易溶盐聚积，如 A_z。

此外，在一层土层中可续分出几个亚层，以阿拉伯数字作为后缀表示，如 B_{t1}-B_{t2}-B_{tk1}-B_{tk2}。当岩性不连续时，则以阿拉伯数字作为前缀表示，如 A_p-E-B_{t1}-2，B_{t3}-$2B_c$。

3）剖面描述。

4）土层深度以 cm 表示，以与残落物接触的矿质土表（A 层）为零点，分别向上、向下量得，并写出深度变幅。例如，O 层 0～4/6cm；A 层 0～17/22cm；B_w 层 17/22～34/36cm。

5）层次过渡。①土层间过渡的明显程度：A 突然过渡，过渡层厚度小于 2cm；B 明显过渡，过渡层厚度为 2～5cm；C 逐渐过渡，过渡层厚度为 5～12cm；D 模糊过渡，过渡层厚度大于 12cm。②土层间过渡形式：A 平整过渡，指过渡层呈水平或近于水平；B 波状过渡，指土层间过渡形成的凹陷，其宽度超过深度，如舌状；C 不规则过渡，土层间过渡形成的凹陷，其深度超过宽度；D 局部穿插型过渡，指土层间过渡出现中断现象。

6）土壤颜色：用芒塞尔比色卡表示，如亮红棕（5YR5/6）、灰棕（10YR6/1）等。

7）土壤水分状况。A 干：土壤水分在萎蔫系数以下（>15MPa）。B 润：土壤水分高于萎蔫系数，低于田间持水量（33kPa～1.5MPa）。C 潮：土壤水分高于田间持水量（1kPa～33kPa）。D 湿：土壤孔隙充满水分（<1kPa）。

8）土壤质地：采用美国制土壤质地划分标准。

颗粒大小（直径，mm）。A 粗砂：1.0～2.0mm。B 粗砂：0.5～1.0mm。C 中砂：0.25～0.5mm。D 细砂：0.1～0.25mm。E 细砂：0.05～0.1mm。F 粉粒：0.002～0.05mm。G 黏粒：<0.002mm。

质地划分：野外用湿搓法，采用 C. F. Shaw 简易质地分类，如下。

A 砂土：松散的单粒状颗粒，能够见到或感觉出单个砂粒。干时若抓在手中稍一松开即散落。润时可呈一团，但一碰即散。

B 砂壤土：干时手搓成团，但极易散落；润时握成团后，用手小心拿起不会散开。

C 壤土：松软并有砂粒感，平滑，稍黏着。干时握成团，用手小心拿起不会散；润时握成团后，一般性触动不至于散开。

D 粉砂壤土：干时成块，但易弄碎，粉碎后松软，有粉质感；湿时成团和为塑性胶泥。干、润时所呈团块均可拿起而不散开；湿时可用拇指与食指搓捻，不成条，呈断裂状。

E 黏壤土：破碎后呈块状，土块干时坚硬。湿土可用拇指与食指搓捻成条，但往往经受不住自身的质量。润时可塑，手握成团，手拿时更不易散裂，反而变成坚实的土团。

F 黏土：土块常为坚硬土块，润时极可塑。通常有黏着性，手指间可搓成长的可塑土条。

9）岩屑：指大于 2mm 的颗粒和石块。①大小：A 很小，2～10mm；B 小，10～75mm；C 中，75～120mm；D 大，120～250mm；E 很大，大于 250mm。②丰度：A 无；B 少，5%～

15%；C 中，15%～40%；D 多，40%～80%。

10）土壤结构：应描述土壤结构的形状、大小和发育程度。

形状和大小，见附表 9。

发育程度描述如下。

A 无结构：呈单粒状或整块状，较坚实。

B 弱发育结构：由发育不良的、不明显的单个小结构体聚合而成。土壤搅动时破碎成以下几部分：极少数完整的小结构体；许多破碎的小结构体；大量非结构体。

C 中度发育结构：由发育良好的、明显的单个小结构体组成。土壤搅动时破碎成以下几个部分：许多完整的小结构体；部分破碎的结构体；非结构体物质极少，土壤松软。

D 强发育结构：小结构体坚硬，在剖面中明显，相互间连接很弱，为大量完整的小团粒结构体；极少破碎结构体；非结构体物质极少或根本不存在。

土壤结构最好在土壤含水量中等的情况下观察记载。

附表 9 土壤结构体的形状和大小

| 形状 | 大小/mm | | | | | 说明 |
	A 极小（薄）	B 小（薄）	C 中	D 大（厚）	E 很大（厚）	
A 片状	<1	1～2	2～5	5～10	>10	表面平滑
B 鳞片状	<1	1～2	2～5			表面弯曲
C 棱柱状	<10	10～20	20～50	50～100	>100	边角明显无圆头
D 柱状	<10	10～20	20～50	50～100	>100	边角较明显有圆头
E 棱块状	<5	5～10	10～20	20～50	>50	边角明显多面体状
F 团块状	<5	5～10	10～20	20～50	>50	边角浑圆
G 核状	1	1～2	2～5	5～10		边角尖锋、紧实、少孔
H 粒状	1	1～2	2～5	5～10		浑圆少孔
I 团粒状	1	1～2	2～5	5～10	>10	浑圆多孔
J 屑粒状	1	1～2	2～5	5～10		多种细小颗粒混杂体

注：片状、柱状结构体，以短轴长度计；块状、粒状结构体，以最大长度计

11）土壤结持性。包括黏着性（指直径<2mm 的土壤物质与其他物质相互黏着的程度）和可塑性（指直径<2mm 的土壤物质在来自任一方向的外力作用下持续改变形状而不断裂的能力）。

湿时黏着性，不同程度的划分及其特点如下。

A 无黏着：两指相互挤压后，无土壤物质黏着在手指上。

B 稍黏着：两指相互挤压后，仅有一指黏附土壤物质。两指分开时，土壤无拉长现象。

C 黏着：两指相互挤压后，土壤物质在两指上均有黏附，两指分开时，有一定的拉长现象。

D 极黏着：两指相互挤压后，土壤物质在两指上的附着力极强，在两指间拉长性也最强。

湿时可塑性：观察时取直径<2mm 的土壤物质，加水湿润，在手中搓成直径为 3mm 的圆条，然后继续搓细，直到断裂为止。

A 无塑：不形成圆条。

B 稍塑：可搓成圆条，但稍加外力极易断裂。

C 中塑：可搓成圆条，稍加外力，较易断裂。

D 强塑：可搓成圆条，稍加外力，不会断裂。

润时结持性：指土壤含水量介于风干土与田间持水量之间时，土壤物质在手中挤压时破碎的难易程度。

A 松散：土壤物质相互之间无黏着性。

B 极疏松：在大拇指与食指之间，在极轻压力下即可破碎。

C 疏松：在大拇指与食指之间稍加力即可破碎。

D 坚实：在大拇指与食指之间加以中等压力即可破碎。

E 很坚实：在大拇指与食指之间极难压碎，但全手紧压时可以破碎。

F 极坚实：以大拇指与食指无法压碎，全手紧压时也难破碎。

干时结持性：指风干土壤物质在手中挤压时破碎的难易程度。

A 松散：土壤物质相互之间无黏着性。

B 松软：在大拇指与食指之间，在极轻压力下即可破碎。

C 稍坚硬：土壤物质有一定的抗压性，在大拇指与食指之间较易压碎。

D 坚硬：土壤物质抗压性中等，在大拇指与食指之间极难压碎，但以全手挤压时可以破碎。

E 很坚硬：土壤物质抗压性极强，只有用手挤压时才可破碎。

F 极坚硬：在手中无法压碎。

12）孔隙。①形状：A 气泡状；B 蜂窝状；C 管道状；D 孔洞状。②大小（孔径，mm）：A 微，<0.1mm；B 很细，0.1~1mm；C 细，1~2mm；D 中，2~5mm；E 粗，5~10mm；F 很粗，>10mm。③丰度（以平方米的个数计）：A 无；B 少，1~50 个；C 中，50~200 个；D 多，200 个以上。

13）斑纹。①形态：A 锈纹、锈斑；B 假菌丝体（沿根孔孔壁）；C 石灰斑等。②颜色：根据芒塞尔比色卡描述。③大小（直径，mm）：A 极小，<1mm；B 小，1~2mm；C 中，2~5mm；D 大，5~15mm；E 很大，>15mm。④丰度：占土体或描述面积的百分数。A 无；B 少，<2%；C 中，2%~20%；D 多，20%~40%；E 很多，>40%。⑤分布部位：A 结构体表面；B 结构体内；C 孔隙周围；D 根系周围。⑥组分：A 碳酸盐质；B 铁锰；C 石膏；D 其他。

14）网纹。红、白、黄相间成网纹状，富含铁质，见于强风化富铁铝氧化物中。网纹有机质含量极低。有一定的胶黏性，因而极易与周围土壤物质分离。网纹润时坚实，干时坚硬（但能用手掰开）。网纹一旦暴露于空气中，则不可逆地硬化，成为铁锰结核。

以网纹占平面上土壤总面积的百分数计。A 少量：<20%。B 中量：20%~50%。C 多量：>50%。

15）胶膜。①颜色：根据芒塞尔比色卡描述。②种类：A 黏粒胶膜；B 腐殖质胶膜；C 腐殖质 - 黏粒胶膜；D 铁锰胶膜；E 石灰膜、石灰沿根孔作假菌丝状累积；F 粉砂膜。③丰度（以胶膜占面积的百分数计）：A 很少，<5%；B 少，5%~10%；C 中，10%~20%；D 多，20%~50%；E 很多，>50%。

16）结核。①颜色：根据芒塞尔比色卡描述。②种类：A 铁锰结核；B 石灰结核；C 石膏结核。③丰度（占土层体积的百分数计）：A 极少，<5%；B 少，5%~10%；C 中，10%~20%；D 多，20%~50%；E 很多，>50%。

17）根系。①粗细（直径，mm）：A 极细，<1mm；B 细，1~2mm；C 中，2~5mm；D 粗，>5mm。②丰度（每 100m² 面积中所分布根系的条数）（附表 10）。③深度：分别记载集中分布的深度和达到最大的深度，以 cm 表示。

描述时应按粗细、数量和深度分别记载。

附表 10　土壤根系丰度分级标准

编号	分级	极细根和细根数量	中根或粗根数量
A	少	1～10	1 或 2
B	中	10～25	2～5
C	多	25～200	5～10
D	很多	>200	>10

18）石灰反应。指示土壤中碳酸盐的大体数量。反应强度与样本表面积、干湿程度等有关。在野外测定时，应用手指将土壤压碎，用少量水湿润，再滴加盐酸（1：3），按以下等级记录石灰反应。A 无；B 极弱，有微细气泡产生，但听不到声音；C 弱，有气泡产生，泡沫声微弱；D 中，有明显气泡产生，听到泡沫声；E 强，反应剧烈，泡沫溢出，听到明显声音，肉眼往往可见到碳酸盐颗粒。

19）pH，混合指示剂比色测定。

20）侵入物。①种类：A 砖块、陶瓷；B 工业废渣；C 生活废渣等。②数量：A 少；B 中；C 多。

21）动物活动。①种类：包括动物类型、洞穴与粪便等。②数量：A 少；B 中；C 多。

22）其他。

土壤调查记载表见附表 11，土壤剖面形态记载见附表 12、附表 13。

附表 11　土壤调查记载表

剖面号			田间号			调查人	
地点						日期	天气
土壤名称	土壤分类系统名称					剖面所在地平面图和断面图	
	当地土壤名称						
地貌类型（1）	大、中地形		水文	排水状况（11）			
	小地形		潜水（12）	深度			
地形部位（2）				水质			
坡型（3）			地表盐化状况（14）				
坡向（4）			地表碱化状况（15）				
坡度（5）			植被及土地利用改良（16）	植被类型			
地表	状态（6）			组成			
	基岩露头（7）			覆盖度 /%			
	石砾（8）	数量		长势			
		大小	年均产量	作物			
母质（9）				牧草			
岩石类型（10）				林木			
侵蚀状况（13）			其他				

填写附表11的参考材料如下。

（1）地貌类型

1）大、中地形。A山地：a高山；b中山；c低山；d岗地；e洪积扇。B丘陵：a高丘；b中丘；c低丘；d洪积扇。C平原：a冲积平原；b湖积平原；c海岸平原；d三角洲；e河漫滩。D高原。E其他：a火山；b沙丘地；c台地；d沼泽地；e其他。

2）小地形：A山（丘脊）；B坡地；C谷地；D河间地；E阶地；F古河道；G老河堤；H河漫滩；I洼地；J沙丘；K其他。

（2）地形部位　　A山地丘陵：a顶部；b上坡；c中坡；d下坡；e谷坡；f谷底；g鞍部。B阶地：aⅠ级阶地；bⅡ级阶地；cⅢ级阶地；d其他。C其他：a上部；b中部；c下部。

（3）坡型　　A直形坡；B凸坡；C凹坡；D复式坡。

（4）坡向　　E、SE、S、SW、W、NW、N、NE。

（5）坡度　　A平坡；B微坡；C缓坡；D中坡；E陡坡；F极陡坡。

（6）地表状态　　A裸岩；B裸土；C角砾岩屑；D巨砂；E砂砾；F砂；G沟纹；H龟裂；I结壳；J草坡滑块；K草毡斑驳；L草被形成草毡；M冰川雪被；N冰碛丘阜；O石环多边形等。

（7）基岩露头　　A0%；B0%～5%；C5%～10%；D10%～30%；E30%～70%；F大于70%。

（8）地表石砾

1）大小：A小；B中；C大。

2）丰度：同基岩露头。

（9）母质　　A残积风化物；B坡积物；C洪积物；D冲积物；E湖积物；F海积物；G红色黏土；H黄土；I风沙；J冰碛物；K崩积物；L泥炭物；M人工堆垫物；N火山喷发物；O其他母质等。

（10）岩石类型　　A酸性岩类：a花岗岩；b片麻岩；c流纹岩。B中性岩类：a闪长岩；b正长岩；c安山岩；d粗面岩。C基性岩类：a玄武岩；b辉长岩；c辉绿岩；d橄榄岩。D石英岩类：a砂岩；b砾岩；c石英岩。E泥质岩类：a页岩；b片岩；c千枚岩；d板岩。F碳酸岩类：a石灰岩；b泥灰岩；c硅灰岩；d大理岩。G紫红岩类：a紫红页岩；b紫红砂岩；c紫红砾岩等。H火山岩类：a火山碎屑岩；b泥灰岩等。

（11）排水状况　　A排水稍过量；B排水良好；C排水中等；D排水不畅；E排水极差。

（12）潜水水位与水质

1）深度：A小于0.5m；B0.5～1.0m；C1.0～3.0m；D3.0～6.0m；E大于6.0m。

2）水质：A淡水；B稍咸水；C咸水；D极咸水。

（13）侵蚀状况　　A水蚀：a片蚀；b细沟侵蚀；c浅沟侵蚀；d切沟侵蚀。B重力侵蚀：a崩塌；b滑坡；c沥岗；d泻溜。C风蚀：a轻度；b中度；c强度；d剧烈。

（14）地表盐化情况　　A轻度；B中度；C强度。

（15）地表碱化情况　　A轻度；B中度；C强度。

（16）植被类型及土地利用改良现状

1）植被类型。A无植被。B森林：a稀疏矮林；b针叶林；c针阔叶混交林；d落叶阔叶林；e常绿阔叶林；f季雨林；g雨林。C草原：a荒漠草原；b干草原；c稀树草原；d森林草原。D灌木：a常绿灌木；b落叶灌木；c旱生灌木；d沼泽灌丛。E草甸：a灌丛草甸；b沼泽草甸；c 草甸。F 苔原。G 荒漠。H 旱作。I 水作。J 果树。K 茶。L 桑树。M 橡胶树。N 蔬菜。O 牧草等。

　　2）组成：主要成分和伴生成分，如 Be＋Da。

　　3）覆盖度：覆盖面积（％）。

　　4）长势：A 茂盛；B 良好；C 稀疏；D 缺苗断垄。

　　5）年均产量：作物，种类、产量（kg/hm²）；牧草，产量（kg/hm²）；林木，产量（kg/hm²）。

附表 12　土壤剖面形态记载表 I

土层符号	土层深度/cm	层次过渡（1）		颜色	水分（2）	质地（3）		岩屑（4）		结构（5）		土壤结持性（6）				孔隙（7）			剖面描述
		形式	程度			大小	划分	丰度	大小	形状	大程度	湿时黏着性	湿时可塑性	润时结持性	干时结持性	形状	大小	丰度	

附表 13　土壤剖面形态记载表 II

斑纹（8）						网纹（9）	胶膜（10）			结核（11）			根系（12）			石灰反应（13）	pH	侵入物（14）		动物活动（15）		其他（16）	剖面描述
形态	颜色	大小	丰度	部位	组分		颜色	种类	丰度	颜色	种类	丰度	粗细	丰度	深度			种类	数量	种类	数量		

　　填写附表 12、附表 13 的参考材料如下。

　　（1）层次过渡

　　1）明显程度：A 突然过渡；B 明显过渡；C 逐渐过渡；D 模糊过渡。

　　2）过渡形式：A 平整；B 波状；C 不规则；D 局部穿插型过渡。

　　（2）水分　　A 干；B 润；C 潮；D 湿。

　　（3）质地

　　1）颗粒分级：A 极粗砂；B 粗砂；C 中砂；D 细砂；E 极细砂；F 粉粒；G 黏粒。

　　2）质地划分：A 砂土；B 砂壤土；C 壤土；D 粉砂壤土；E 黏壤土；F 黏土。

　　（4）岩屑

　　1）大小：A 很小；B 小；C 中；D 大；E 很大。

　　2）丰度：A 无；B 少；C 中；D 多。

　　（5）结构

　　1）形状：A 片状；B 鳞片状；C 棱柱状；D 柱状；E 棱块状；F 团块状；G 核状；H 粒状；I 团粒状；J 屑粒状。

2）大小：A极小；B小；C中；D大；E很大。

3）发育程度：A无结构；B弱发育结构；C中度发育结构；D强发育结构。

（6）土壤结持性

1）湿时黏着性：A无黏着；B稍黏着；C黏着；D极黏着。

2）湿时可塑性：A无塑；B稍塑；C中塑；D强塑。

3）润时结持性：A松散；B极疏松；C疏松；D坚实；E很坚实；F极坚实。

4）干时结持性：A松散；B松软；C稍坚硬；D坚硬；E很坚硬；F极坚硬。

（7）孔隙

1）形状：A气泡状；B蜂窝状；C管道状；D孔洞状。

2）大小：A微；B很细；C细；D中；E粗；F很粗。

3）丰度：A无；B少；C中；D多。

（8）斑纹

1）形态：A锈纹、锈斑；B假菌丝体；C石灰斑。

2）大小：A极小；B小；C中；D大；E很大。

3）丰度：A无；B少；C中；D多；E很多。

4）分布部位：A结构体表面；B结构体内；C孔隙周围；D根系周围。

5）组分：A碳酸盐质；B铁锰；C石膏；D其他。

（9）网纹：A少量；B中量；C多量。

（10）胶膜

1）种类：A黏粒胶膜；B腐殖质胶膜；C腐殖质-黏粒胶膜；D铁锰胶膜；E石灰膜、石灰沿根孔作假菌丝状累积；F粉砂膜。

2）丰度：A很少；B少；C中；D多；E很多。

（11）结核

1）种类：A铁锰结核；B石灰结核；C石膏结核。

2）丰度：A极少；B少；C中；D多；E很多。

（12）根系

1）粗细：A极细；B细；C中；D粗。

2）丰度：A少；B中；C多；D很多。

（13）石灰反应　　A无；B极弱；C弱；D中；E强。

（14）侵入物

1）种类：A砖块、陶瓷；B工业废渣；C生活废渣等。

2）数量：A少；B中；C多。

（15）动物活动

1）种类：包括动物类型、洞穴与粪便等。

2）数量：A少；B中；C多。

（16）其他